“十四五”职业教育新形态教材

U0829002

地基与基础工程

DIJI YU
JICHU GONGCHENG

主　编　杨佀珍　张　平
副主编　李颜艳　肖宏宇
主　审　周德泉

中南大学出版社
www.csupress.com.cn
·长沙·

内容简介

《地基与基础工程》依据最新的规范和标准编写，是校企合作新形态教材，由来自教学与工程一线专家团队共同编写，参与编写的团队成员包括长期在教学领域耕耘的教授、博士，以及在该领域有多年工作经验的企业高级工程师，由本科院校该领域的权威教授严把质量关。教材具有科学性、实用性、先进性。

本书包括六个模块：模块一地基基础认知、模块二地基处理、模块三浅基础、模块四桩基础、模块五地下连续墙、模块六沉井基础。建议学习者安排48学时进行系统学习。本书设计了43个教学情境和43个学习任务，包括300多个习题和近百个拓展资源，逐个击破“地基与基础工程”课程学习的重难点，提升学生实践能力、综合技能。本书配有优质课件和精品教案。

本书适合作为高等职业教育土木工程专业、道路与桥梁工程技术专业的教学用书，也可供相关技术人员参考。

出版说明 INSTRUCTIONS

为了深入贯彻党的二十大精神和全国教育大会精神，落实《国家职业教育改革实施方案》（国发〔2019〕4号）和《职业院校教材管理办法》（教材〔2019〕3号）有关要求，深化职业教育“三教”改革，全面推进高等职业院校土建类专业教育教学改革，促进高端技术技能型人才的培养，依据教育部高职高专教育土建类专业教学指导委员会《高职高专土建类专业教学基本要求》和国家教学标准及职业标准要求，通过充分的调研，在总结吸收国内优秀高职高专教材建设经验的基础上，我们组织编写和出版了这套高职高专土建类专业新形态教材。

高职高专教学改革不断深入，土建行业工程技术日新月异，相应国家标准、规范，行业、企业标准、规范不断更新，作为课程内容载体的教材也必然要顺应教学改革和新形势，适应行业的发展变化。教材建设应该按照最新的职业教育教学改革理念构建教材体系，探索新的编写思路，编写出版一套全新的、高等职业院校普遍认同的、能引导土建专业教学改革的系列教材。为此，我们成立了教材编审委员会。教材编审委员会由全国30多所高职院校的权威教授、专家、院长、教学负责人、专业带头人及企业专家组成。编审委员会通过推荐、遴选，聘请了一批学术水平高、教学经验丰富、工程实践能力强的骨干教师及企业专家组成编写队伍。

本套教材具有以下特色：

1. 教材遵循《“十四五”职业教育规划教材建设实施方案》的要求，以习近平新时代中国特色社会主义思想为指导，注重立德树人，在教材中有机融入中国优秀传统文化、“四个自信”、爱国主义、法治意识、工匠精神、职业素养等思政元素。

2. 教材依据教育部高职高专教育土建类专业教学指导委员会《高职高专土建类专业教学基本要求》及国家教学标准和职业标准（规范）编写，体现科学性、综合性、实践性、先进性等特点。

3. 体现“三教”改革精神，适应高职高专教学改革的要求，以职业能力为主线，采用行动导向、任务驱动、项目载体，教、学、做一体化模式编写，按实际岗位所需的知识能力来选取教材内容，实现教材与工程实际的零距离“无缝对接”。

4. 体现先进性特点，将土建学科发展的新成果、新技术、新工艺、新材料、新知识纳入教材，结合最新国家标准、行业标准、规范编写。

5. 产教融合，校企双元开发，教材内容与工程实际紧密联系。教材案例选择符合或接近真实工程实际，有利于培养学生的工程实践能力。

6. 以社会需求为基本依据，以就业为导向，有机融入“1+X”证书内容，融入建筑企业岗位(八大员)职业资格考试、国家职业技能鉴定标准的相关内容，实现学历教育与职业资格认证的衔接。

7. 教材体系立体化。为了方便教师教学和学生学习，本套教材建立了多媒体教学电子课件、电子图集、教学指导、教学大纲、案例素材等教学资源支持服务平台；部分教材采用了“互联网+”的形式出版，读者扫描书中的二维码，即可阅读丰富的工程图片、演示动画、操作视频、工程案例、拓展知识等。

高职高专土建类专业新形态教材

编 审 委 员 会

前 言 PREFACE

本教材是根据我国高职院校土木工程专业专科培养目标和“地基与基础工程”课程的教学大纲，高等职业教育专业委员会制定的道路与桥梁技术专业教育标准、人才培养方案及专业平台课程教学基本要求，并按照国家颁布的《公路桥涵地基与基础设计规范》(JTG 3363—2019)、《公路桥涵设计通用规范》(JTG D60—2015)、《公路桥涵施工技术规范》(JTG/T 3650—2020)等有关设计新规范、施工规范、新标准编写的。

“地基与基础工程”是一门理论性和实践性均较强的专业基础课，内容广泛，综合性强，编写过程中，编者结合长期教学与实践的经验，融入多项资源，结合行业需求和岗位特点，以培养技术应用能力为主线，对基本理论的讲授以应用为目的，教学内容取材以满足学习需求、能反映本学科的新成果为原则，注重针对性和实用性，强调理论与工程实际相联系，体现高等职业教育特色，使读者掌握课程要点及正确的学习方法，提高学生分析和解决地基与基础工程中存在的实际问题的能力，使读者学习到的知识能适应工程建设的需求，为相关专业学生今后从事工程设计、施工等工作打下坚实基础。

教材教学的形态由浅入深：学习导图指点迷津，学习情境引入抛出问题，知识导航解决问题，巩固拓展深化认识，思政理念穿针引线，注重依托项目背景，抽丝剥茧重塑经典案例，层层深入。

本教材编写与时俱进、图文并茂，融入岗位标准特点，结合多年教学改革实践，借助道路桥梁工程技术专业课程建设之机遇，进行校企深度合作，开发新形态教材。具体特点如下：

(1)任务驱动贯穿于学习项目

依托企业真实素材设计教材内容，基于工作过程和工作任务设计课程体系。分析岗位技能和要求，以具体项目为背景，基于认知—设计—施工—检验的过程重新整合教学内容、重构情境化学习型项目，将地基基础涉及的知识和技能内容进行整合提炼、加工重组，形成6个模块：地基基础的认知、地基处理、浅基础、桩基础、地下连续墙、沉井基础。设计多个情境化学习单元，提炼多个学习任务，学习情境与学习任务相辅相成，理实一体，实现理论学习和技能训练统一、教学目标和职业素养统一、教学内容与岗位工作统一。

(2)教学框架层层深入，思政教育内化于形，1+X考试资源有效融入

教材建设中，建设团队从不同专业，多视角、多时期，将育人元素融入。教材框架包含“学习导图”“学习情境”“知识导航”“单元知识巩固”“知识点拓展”等几部分，设计意图层层递进，充分体现以学生为主体的学习地位。思政点拨“润物细无声”地穿插其中，直面引导。

学习导图：使学生明确学习内容，认识到学习本单元的意义和重要性等。

学习情境：为教学内容展开作铺垫，创建工作情境，抛砖引玉，提出问题。

知识导航：涵盖解决学习问题，知识点。

单元知识巩固和拓展：知识点的汇聚和凝练，便于学生总结归纳；习题引入大量注册岩土工程师考试真题，为学生热身训练。

知识点拓展：延伸行业新知识，拓展学生知识版图。

思政点拨：从质量、安全责任意识、家国情怀、工程实践、求真务实等多个角度引导学生养成良好的职业道德修养和正确的价值观。坚持研类型构造、琢设计方案、建地基基础、立道德品行、砺工匠心的思政主线，引导学生创新思维与意识的教育与提升。

(3)数字化升级，多元化资源交融

本教材是一本具有创新性的“数字化”教材，以信息资源优化为核心，实现了传统教材的数字化升级。通过嵌入微课、动画、视频等多媒体元素，生动直观地呈现了复杂的概念和原理。教材中还提供了丰富的标准规范和工程案例，并利用二维码技术，将学习内容强化训练和巩固拓展到更广阔的知识领域，为读者打造了一个深度学习、个性化发展的立体化学习媒介，实现教材、课堂、教学资源三者有机结合。本教材具有更强的互动性、开放性和实用性，提供集思考、操练、观看、互动于一体的数字化媒介，满足不同学习者的需求。全书主要分为6大模块：模块一为地基基础的认知，模块二为地基处理，模块三为浅基础，模块四为桩基础，模块五为地下连续墙，模块六为沉井基础。

本书由杨侣珍、张平主编，李颜艳、肖宏宇任副主编，主审为长沙理工大学周德泉教授。本书为校企人员共建教材，确保教材的针对性和实用性。全书主要由“地基与基础工程”课程团队各位骨干编写完成，具体编写工作情况如下。肖宏宇编写了模块一(部分)、模块二(部分)，陈小薇编写了模块二(部分)，赵曦编写了模块三(部分)，杨侣珍编写了模块一(部分)、模块二(部分)、模块四(部分)、模块五(部分)、模块六，李颜艳编写了模块三(部分)、模块

四(部分)、模块六(部分)，全书由杨侣珍统稿，汇总整理完成。在本书编写过程中，得到了企业一线人员的鼎力支持和长沙理工检测咨询有限责任公司的大力支持，张平编写了模块二、模块三、模块四的部分内容，在涉及岩土材料介绍、地基检测、桩基检测方面给予了专业指导。感谢长沙市公路桥梁建设有限责任公司的大力支持，何伟军在不同类型地基和基础的施工方面给出了专业指导。特此感谢他们的热情付出！在编写本书时，还得到了其他兄弟院校等单位的大力支持，他们提出了一些宝贵的意见；感谢中交一公局厦门公司提供的部分教学素材，把“现场”搬进“课堂”，让我们了解了工程人坚持不懈的魅力。

本书得到了湖南交通职业技术学院路桥工程学院领导们的大力支持，特向各位专家及领导们表示感谢！

本书引用了一些国内专家和学者的文献资料及工程现场照片，向提供资料的单位和个人表示衷心感谢！

限于编者理论水平和实践经验，不妥或者错误之处难免，恳请广大读者和同行专家批评指正。

编 者

2024年8月

教学课时参考

《地基与基础工程》教学内容建议课时 48 课时，具体安排如下，不同专业可以结合相关内容展开教学，课时安排仅供参考。

模块	知识单元	主要内容	课时规划
模块一 地基基础认知	单元一　地基基础概述	学习任务 1　认识地基与基础	2 课时
		学习任务 2　收集分析基础设计和施工所需原始资料	
		学习任务 3　作用效应组合计算	
	单元二　地基岩土的分类、工程特性与地基承载力	学习任务 1　地基岩土分类，岩土与地基基础的关系	4 课时
		学习任务 2　认识地基岩土的工程特性	
		学习任务 3　计算地基承载力	
		学习任务 4　浅层平板载荷试验确定地基承载力	
模块二 地基处理	单元一　软弱地基处理	学习任务 1　识别软土地基	2 课时
		学习任务 2　处理软土地基	
	单元二　其他特殊地基处理	学习任务 1　认识其他特殊地基	2 课时
		学习任务 2　处理其他特殊地基	
模块三 浅基础	单元一　识别浅基础的类型、构造	学习任务 1　认识浅基础类型	2 课时
		学习任务 2　识别浅基础构造	
	单元二　浅基础的设计与计算	学习任务 1　刚性扩大基础的设计与计算	6 课时
		学习任务 2　重力式桥墩刚性扩大基础设计案例分析	
	单元三　浅基础施工	学习任务 1　旱地浅基础施工	2 课时
		学习任务 2　水域浅基础施工	

续表

模块	知识单元	主要内容	课时规划
模块四 桩基础	单元一　桩基础的认知	学习任务 1　认识桩基础及了解其特点应用	2 课时
	单元二　识别桩和桩基础的类型及构造	学习任务 1　识别桩和桩基础的类型	
		学习任务 2　识别桩和桩基础的构造	
	单元三　单桩的工作机理	学习任务 1　单桩竖向荷载工作机理	1 课时
		学习任务 2　单桩横向荷载工作机理	
		学习任务 3　桩的摩阻力与抗拔力	
	单元四 群桩基础的工作机理	学习任务 1　认识端承桩群桩基础和摩擦桩群桩基础	2 课时
		学习任务 2　群桩基础的破坏模式和验算	
	单元五 单桩承载力的确定	学习任务 1　单桩竖向容许承载力的确定	3 课时
		学习任务 2　单桩横向容许承载力的确定	
	单元六 桩基础设计流程分析	学习任务 1　桩基础设计流程分析	4 课时
		学习任务 2　桩基础方案的选择	
	单元七 桩基础施工	学习任务 1　钻孔灌注桩施工	6 课时
		学习任务 2　预制桩施工	
		学习任务 3　深水中桩基础栈桥平台及围堰施工	
		学习任务 4　识读桩基础设计图，领悟施工重难点	
	单元八 桩基础工程质量控制及检验	学习任务 1　灌注桩的质量控制及检验	2 课时
		学习任务 2　预制桩的质量控制及检验	
模块五 地下连续墙	单元一　认识地下连续墙	学习任务 1　了解地下连续墙的发展、特点，识别地下连续墙的类型	2 课时
	单元二　地下连续墙施工	学习任务 1　地下连续墙施工工艺流程分析	
		学习任务 2　地下连续墙施工案例分析	
模块六 沉井基础	单元一　认识沉井	学习任务 1　了解沉井的发展、特点，识别沉井类型及构造	2 课时
	单元二　旱地沉井施工	学习任务 1　分析旱地沉井施工	2 课时
		学习任务 2　分析旱地沉井基础施工案例	
	单元三　水域沉井施工	学习任务 1　分析水域沉井施工	2 课时
		学习任务 2　分析水域沉井基础施工案例	

目　录 CONTENTS

模块一　地基基础认知

模块二　地基处理

模块三　浅基础

模块四　桩基础

模块五　地下连续墙

模块六　沉井基础

模块一　地基基础认知

单元一　地基基础概述

学习目标

【知识目标】

1. 知道地基和基础的定义、特点。
2. 理解基础设计和施工所需资料的作用。
3. 知道基础设计需要考虑哪些作用。

【能力目标】

1. 能根据地基与基础的特点，辨别不同类型地基和基础。
2. 会识读收集的各种设计和施工资料。
3. 能鉴定常见的地基与基础，能初步判断地基与基础工程性质。

【素质目标】

1. 培养文化自信、科技强国责任意识。
2. 培养严谨求实、一丝不苟的职业素养。
3. 培养刻苦钻研、团结协作、乐于奉献的职业素养。

学习导图

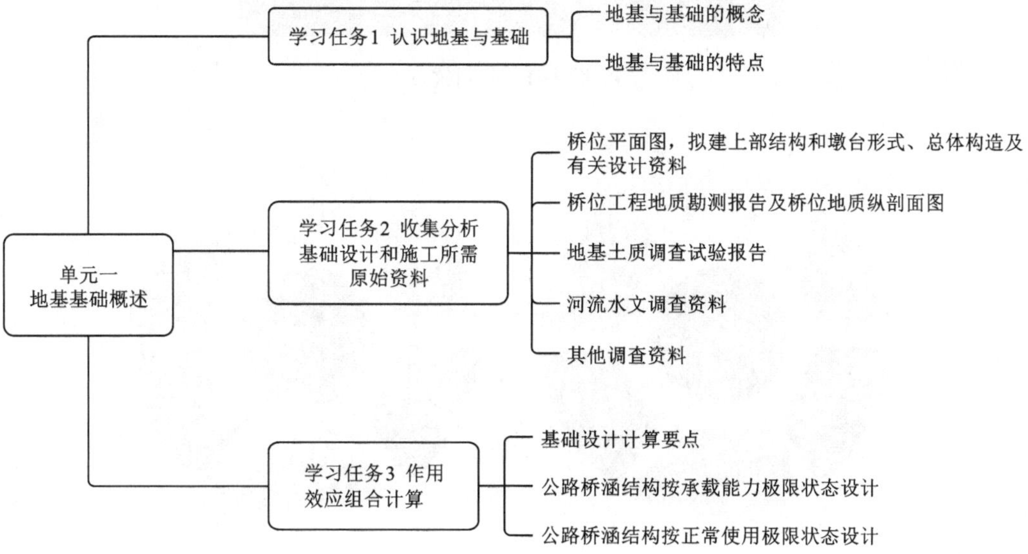

学习任务 1　认识地基与基础

学习情境

“逢山开路，遇水架桥”，对于交通而言，桥梁的修建，无疑是突破河流天堑的最主要且最有效的手段。早在原始社会，人们就利用自然倒下的树木及沿岸生长的藤蔓等来跨越河流和峡谷。据史料记载，从我国周朝开始，诸如梁桥、浮桥、索桥等多种形式的桥梁逐渐出现。距今 1400 多年的赵州桥，是一座位于河北省石家庄市赵县城南洨河之上的石拱桥。赵州桥建于隋开皇十五年至大业元年(595—605 年)，由匠师李春设计建造，因赵县古称赵州而得名。赵州桥是世界上现存年代久远、跨度最大、保存最完整的单孔坦弧敞肩石拱桥。它的根基是由 5 层石条砌成的高 1.56 m 的桥台，直接建在较浅的密实砂土层上，沉降很小，现反算基底压力为 500~600 kPa，与现行规范要求的该土层承载力容许值(550 kPa)接近。

随着时代的发展，科学技术的进步，不同类型的地基与基础不断涌现，如图 1-1、图 1-2 所示。“中国制造”在世界的呼声也越来越响亮，也留下了很多杰作。

图 1-1　赵州桥

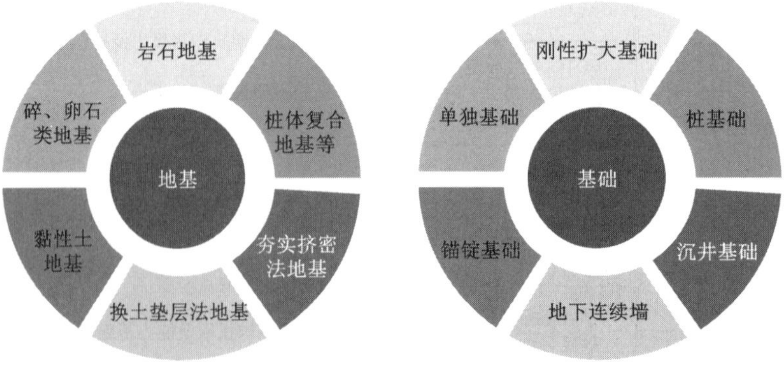

图 1-2　地基与基础的类型(例举部分)

知识导航

一、地基与基础的概念

我们日常生活中常见的道路工程、桥梁工程、隧道工程、房建工程、港口工程等各类土建构筑物均依靠地球的土体或岩体支撑。这些建筑物建造在地面以下一定深度的土体或岩体部分，统称为地层。建筑物通过其下部结构将荷载传递到地层中去，受建筑物荷载影响的地层称为地基。

“万丈高楼平地起”，所有的土建构筑物都需要牢固的地基。地基的功能是承受建筑物的荷载并保持建筑物稳定。地基一般可分为天然地基和人工地基，天然地基是不需要对原有地基进行加固处理就能满足设计要求的地基，自然状态下就可承担基础全部荷载。采用天然地基的基础可缩短工期，降低造价。当天然地基土质软弱，无法满足上部结构对地基承载力和变形的要求时，需对其进行加固处理，这种地基称为人工地基。

通常将建筑物向地基传递荷载的下部（扩大）支承结构统称为基础，如图1-3所示。承受建筑物荷载最大的那一部分地基称为地基持力层（也称为主要受力层）。持力层以上的所有地层统称为覆盖层。位于持力层之下的地基称为下卧层。当下卧层的土性明显比持力层软弱时，则将该层称为软弱下卧层。

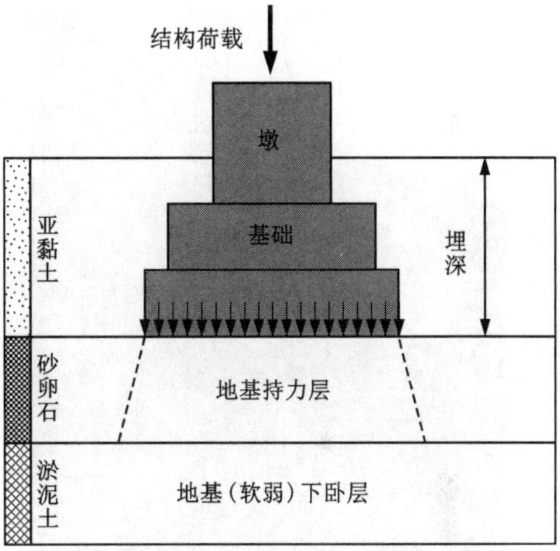

图1-3　桥梁地基、基础示意图

基础根据埋置深度和施工工艺特点分为浅基础和深基础，一般埋置深度较浅（通常埋置深度 $h\leqslant5$ m）只需要经过开挖、排水等施工后就可以建造的称为浅基础，如墙下条形基础、柱下独立基础等；由于浅层土质不良或建筑物荷载过大而需要将基础底面置于较深（通常埋置深度 $h>5$ m）的良好的土层上，并且施工较为复杂的基础称为深基础，如桩基础、沉井基础和地下连续墙等。

基础依据建筑物材料的抗压和抗拉性能，还可以分为刚性基础和柔性基础。刚性基础是指用抗压性能较好而抗拉、抗剪性能较差的材料建造的基础，受刚性角的限制，常用的材料有砖、三合土、灰土、混凝土、毛石、毛石混凝土等。柔性基础是指用钢筋混凝土修建的基础。与刚性基础相比，柔性基础钢材、水泥用量增加，技术复杂，造价较高。当然，柔性基础的抗弯和抗剪能力大大提高，且不受刚性角的限制。

二、地基与基础的特点

1. 地基的特点

隐蔽性。地基位于基础以下，虽然能进行量测和检测，但往往无法直接观测。同时，建筑物地基建设过程中会受多种外界因素影响，过程相对复杂，因此，在地基施工过程中任何一个因素欠缺考虑都会对整个地基处置的施工质量带来巨大的影响。

离散性。地基由岩土体组成，由于其母体和生成条件的复杂性，各种岩(土)性指标的离散性也很大，当不同岩土体的组成使地基具有典型的地域性。

低强度。相对于其他建筑材料，由于岩土体母体组合排列的多样性，岩土体(特别是土)的强度偏低，当天然地基无法支承时，需采用人工地基。

变形复杂。与其他建筑材料相比，岩土体(特别是土)在荷载作用后易于变形且呈现出复杂的变形性质。

2. 基础的特点

基础位于地下，具有隐蔽性；基础的施工环境一般较差，所以施工质量通常较难控制，容易成为建筑体系中的薄弱环节，如图 1-4 所示。基础工程施工难度大，因为常在地下或水下进行，往往需挡土排水。基础的造价比较高，工期也比较长。在一般的多、高层建筑中，其造价约占总造价的 25%，工期占总工期的 25%~30%，如需采用人工地基或深基础，其造价和工期所占比重会更大。

(a) 钻芯后灌注桩内灌注不密实　　(b) 混凝土脱落、钢筋外露

图 1-4　基础暴露出的问题

学习任务 2　收集分析基础设计和施工所需原始资料

学习情境

某高速公路穿越南方某景区城市。该城市交通量较大，为亚热带季风气候，气候条件比较好。预建设一座特大桥横跨某大河，水流流速不大，建成后的情况如图 1-5 所示。在大桥的基础设计和施工过程中，需要在事前通过详细的调查研究，充分分析和解读各项资料，认真设计，规范施工。思考：在基础设计和施工过程中需要准备哪些原始资料呢？这些资料在不同的环节有什么用途？

图 1-5　某桥梁建成通车示意图

知识导航

地基与基础的设计方案、计算中有关参数的选用，都需要根据当地的地质条件、水文条件、上部结构形式、作用特性、材料情况及施工要求等因素进行全面考虑。施工方案和方法也应该结合设计要求、现场地形、地质条件、施工技术设备、施工季节、气候和水文等情况来研究确定。因此，应在事前通过详细的调查研究，充分掌握必要的、符合实际情况的资料。在此对桥梁基础工程设计和施工所需资料及计算荷载确定原则作简要介绍。

在桥梁的地基与基础设计及施工开始之前，除了应掌握有关上部结构形式、跨径、作用、墩台结构及国家颁布的桥梁设计和施工技术规范等全桥的资料外，还应注意地质、水文资料的搜集和分析，重视土质和建筑材料的调查与试验。基础设计主要应掌握的地质、水文、地形等资料，各项资料内容可根据桥梁工程规模与重要性、建桥地点工程地质与水文条件的具体情况、设计阶段确定取舍。

1. 桥位平面图、拟建上部结构和墩台形式、总体构造及有关设计资料

在进行大中型桥梁基础初步设计时，应掌握经过实地测绘和调查取得的桥位地形、地貌、洪水泛滥线、河道主河槽和河床位置等资料及绘成的地形平面图，图形比例为 1∶500～1∶5000，测绘范围应根据桥梁工程规模与重要性、河道情况确定，若桥址处有不良工程地质现象，如滑坡、崩坍和泥石流等，以及河道弯曲、主支流汇合、河心滩和活动沙洲等，均应在图上标示出。

桥梁上部结构的形式、跨径和墩台的结构形式、高度、平面尺寸等对地基与基础设计方案的选择和具体的设计计算都有很大的影响，如超静定结构的上部结构对地基、基础的沉降有较严格的要求，上部结构、桥墩、桥台的永久作用、可变作用是地基基础的主要荷载，除了特殊情况，基础工程的设计荷载标准、等级应与上部结构一致，因此应获得全面的上部结构及墩台的总体设计资料、数据、设计等级、技术标准等。

桥位平面图如图 1-6 所示，其资料主要内容包括：桥位地形，桥位附近地貌、地物，不良工程地质现象的分布位置，桥位与两端路线平面关系，桥位与河道平面关系等。其资料用途包括：桥位的选择，下部结构位置的研究，施工现场的布置，地质概况的补充描述，河岸冲刷及水流方向改变的估计，墩台、基础防护构造物的布置等。

图 1-6　桥位平面示意图

2. 桥位工程地质勘测报告及桥位地质纵剖面图

对桥位地质构造进行工程评价的主要资料包括：河谷的地质构造，桥位及附近地层的岩性，如地质年代、成因、层序、分布规律及工程性质(岩层产状、构造、结构、完整及破碎程度、风化程度等)，以及覆盖层厚度和土层变化关系等。并且，对建桥地点一定范围内各种不良工程地质现象或特殊地貌，如溶洞、冲沟等的成因、分布范围、发展规律及其对工程的影响进行说明。

桥位工程地质勘测报告及桥位地质纵剖面图如图 1-7 所示。其资料主要内容包括：桥位地质勘测调查资料，地质、地史资料的说明，不良工程地质现象及特殊地貌的调查勘测资料等。其资料用途包括：桥位、下部结构位置的选定，地基持力层的选定，墩台高度、结构形式的选定，墩台、基础防护构筑物的布置等。

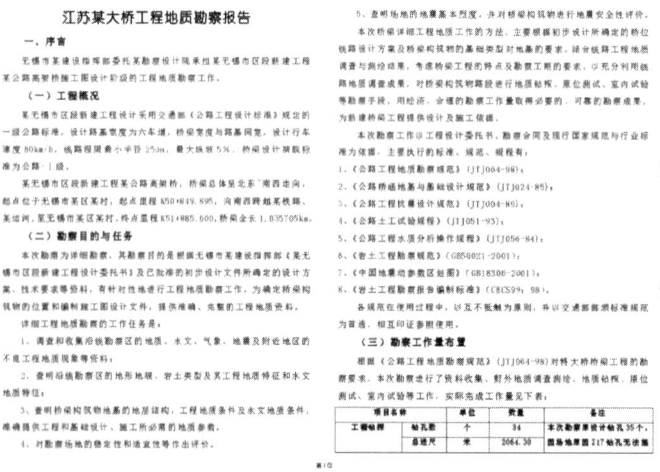

江苏某大桥工程地质勘察报告

一、序言

无锡市某建设指挥部委托某勘察设计院承担某无锡市区段新建工程某公路高架桥施工图设计阶段的工程地质勘察工作。

（一）工程概况

某无锡市区段新建工程设计采用交通部《公路工程设计标准》规定的一级公路标准，设计路基宽度为六车道，桥梁宽度与路基同宽，设计行车速度 80km/h，线路极限最小半径 250m，最大纵坡 5%，桥梁设计荷载标准为公路－I 级。

某无锡市区段新建工程某公路高架桥，桥梁总体呈北东～南西走向，起点位于无锡市某区某村，起点里程 K50+849.895，向南西跨越某铁路、某运河，至无锡市某区某村，终点里程 K51+885.600，桥梁全长 1.035705km。

（二）勘察目的与任务

本次勘察为详细勘察，其勘察目的是根据无锡市某建设指挥部《某无锡市区段新建工程设计委托书》及已批准的初步设计文件所确定的设计方案、技术要求等资料，有针对性地进行工程地质勘察工作，为确定桥梁构筑物的位置和编制施工图设计文件，提供准确、完整的工程地质资料。

详细工程地质勘察的工作任务是：

1、调查和收集沿线勘察区的地质、水文、气象、地震及附近地区的不良工程地质现象等资料；

2、查明沿线勘察区的地形地貌、岩土类型及其工程地质特征和水文地质特征；

3、查明桥梁构筑物地基的地层结构，工程地质条件及水文地质条件，准确提供工程和基础设计、施工所必需的地质参数。

4、对勘察场地的稳定性和适宜性等作出评价。

5、查明场地的地震基本烈度，并对桥梁构筑物进行地震安全性评价。

本次桥梁详细工程地质工作的方法，主要根据初步设计所确定的桥位线路设计方案及桥梁构筑物的基础类型对地基的要求，结合线路工程地质调查与测绘结果，考虑桥梁工程的特点及勘察工期的要求，以充分利用线路地质调查成果，对桥梁构筑物路段进行地质钻探、原位测试、室内试验等勘察手段，用经济、合理的勘察工作量取得必要的、可靠的勘察成果，为新建桥梁工程提供设计及施工依据。

本次勘察工作以工程设计委托书，勘察合同及现行国家规范与行业标准为依据，主要执行的标准、规范、规程有：

1、《公路工程地质勘察规范》(JTJ064-98)；

2、《公路桥涵地基与基础设计规范》(JTJ024-85)；

3、《公路工程抗震设计规范》(JTJ004-89)；

4、《公路土工试验规程》(JTJ051-93)；

5、《公路工程水质分析操作规程》(JTJ056-84)；

6、《岩土工程勘察规范》(GB50021-2001)；

7、《中国地震动参数区划图》(GB18306-2001)；

8、《岩土工程勘察报告编制标准》(CECS99：98)。

各规范在使用过程中，以互不抵触为原则，并以交通部部颁标准规范为首选，相互印证参照使用。

（三）勘察工作量布置

根据《公路工程地质勘察规范》(JTJ064-98)对特大桥桥梁工程的勘察要求，本次勘察进行了资料收集、野外地质调查测绘、地质钻探、原位测试、室内试验等工作，实际完成工作量见下表：

项目名称		单位	数量	备注
工程钻探	钻孔数	个	34	本次勘察原设计钻孔 35 个，因场地原因 Z17 钻孔无法施
	总进尺	米	2064.30	

第1页

(a) 某地区地质勘察报告

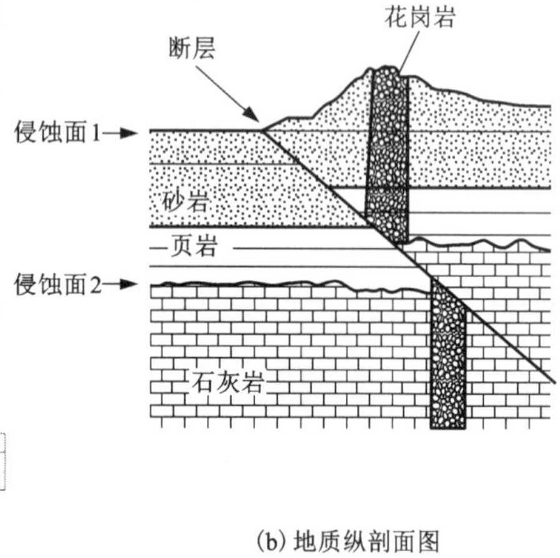

(b) 地质纵剖面图

图 1-7　工程地质勘测报告与地质纵剖面图

3. 地基土质调查试验报告

地基土质调查试验报告通常包括地质背景，土(岩)质分类，土的物理、力学性质等信息，并进行原位测试和地下水位情况调查，如图 1-8、1-9 所示。其资料主要内容包括：钻孔资料，覆盖层及地基土层状生成分布情况，分层土(岩)层状生成分布情况，载荷试验报告，地下水位调查资料等。其资料用途包括：分析和掌握地基的层状，地基持力层及基础埋置深度的研究与确定，地基各土层强度及有关计算参数的选定，基础类型和构造的确定，基础沉降的计算等。

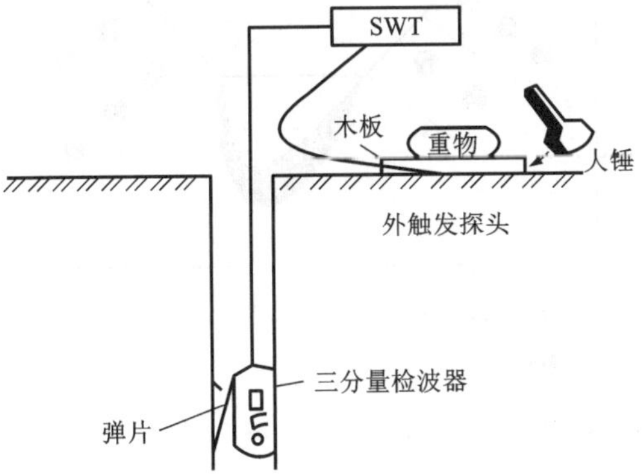

图 1-8 单孔剪切波试验示意图

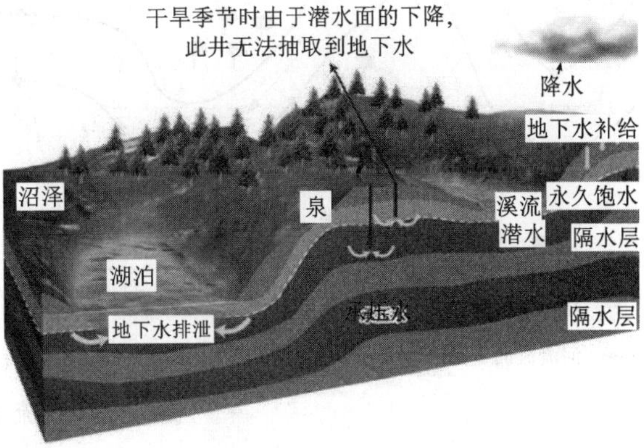

图 1-9 地下水位示意图

在进行施工详图及施工设计时，应掌握地基土层的类别及物理力学性质。在工程地质勘测时，应调查、钻(挖)取各层地基上足够数量的原状土(岩)样，用室内或原位试验方法得到各层土(岩)的物理力学指标，如粒径级配、塑性指数、液性指数、天然含水率、密度、孔隙比、抗剪强度指标、压缩特性、渗透性指标，以及必要的载荷试验、岩石抗压强度试验等的结果，并将这些结果编制成表，在土(岩)层柱状剖面图中予以说明。

根据土质调查试验报告评定各土层的强度和稳定性，报告中应有各层土的颜色、结构、密实度和状态等的描述资料，对岩石还应包括有关风化、节理、裂隙和胶结物等情况的说明。地基土质调查资料包括地下水及其随季节升降的高程，在冰冻地区应掌握土层的冻结深度、冻融情况及有关冻土力学数据。

当遇到湿陷性黄土、多年冻土、软黏土、含大量有机质土或膨胀土、盐碱土时，对这些土层的特性应有专门的试验资料，如湿陷性指标、冻土强度、土壤可溶盐和有机质含量等。

4. 河流水文调查资料

桥梁墩台基础的设计，要有通过计算和调查取得的比较可靠的设计冲刷深度数据，并了解设计洪水频率的最高洪水位、低水位和常年水位及流量、流速、流向变化情况，河流的下蚀情况与侵蚀和河床的稳定性，架桥地点河槽、河滩、阶地淹没情况，如图 1-10 所示，并应注意收集河流变迁情况和水利设施及规划情况的资料，还应有河水及地下水侵蚀的检验资料。在沿海地点应了解潮汐、潮流有关资料及其对桥梁的影响。

河流水文调查资料主要内容包括：桥位附近河道纵横断面图，有关流速、流量、水位调查资料，各种冲刷深度的计算资料，通航等级、漂浮物、流冰调查资料等。其资料用途包括：确定根据冲刷要求基础的埋置深度，计算桥墩身水平作用力，确定施工季节、施工方法的研究等。

5. 其他调查资料

其他调查资料主要包括：地震资料、施工所需的建筑材料、气象资料、附近桥梁的调查资料、施工方面的资料等(见表 1-1)。

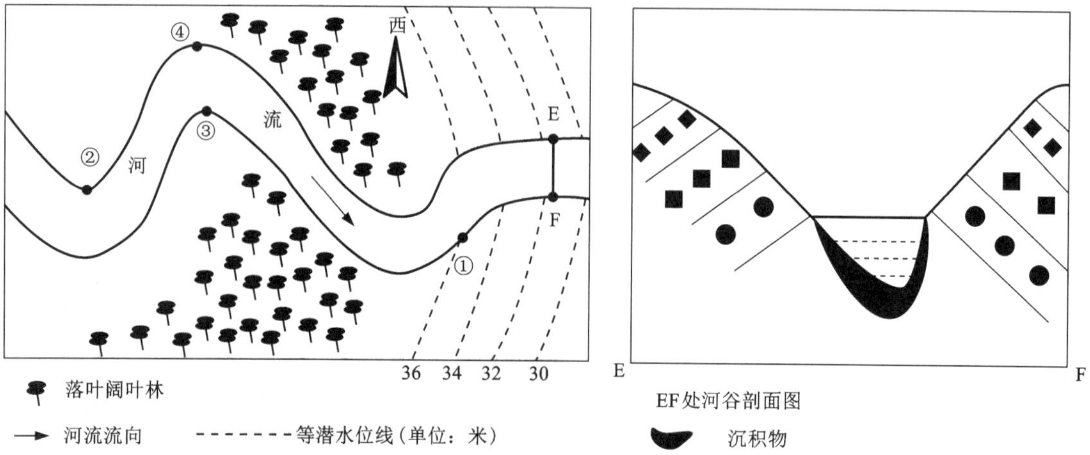

图 1-10　河流水文信息图

表 1-1　其他调查资料

资料种类	资料主要内容	资料用途
地震	(1)地震记录； (2)震害调查	(1)确定抗震设计强度； (2)抗震设计方法和抗震措施的确定； (3)地基土振动液化和岸坡滑移的分析研究
建筑材料	(1)就地可采取、可供应的建筑材料种类、数量、规格、质量、运距等； (2)当地工业加工能力、运输条件有关资料； (3)工程用水调查	(1)下部结构采用材料种类的确定； (2)就地供应材料的计算和计划安排
气象	(1)当地气象台有关气温变化、降水量、风向风力等的记录资料； (2)实地调查采访记录	(1)气温变化的确定； (2)基础埋置深度的确定； (3)风压的确定； (4)施工季节和方法的确定

学习任务 3　作用效应组合计算

学习情境

在不同的环境下进行工程建设，受到的荷载类型有很多。如图 1-11 所示，桩基础受到的荷载有桥塔质量、桥面的自重、拉索的质量、桥墩的自重、基础的自重、汽车荷载、风载、水流的作用等。在多项荷载的影响下，结构可能会出现一些不利的状态，需要我们提前研究和消除其不利影响。不同的荷载作用下叠加组合的方式不一样，对基础产生的效果（弯矩、扭矩、位移）也不相同。下面一起了解作用、作用类型、作用效应以及它的计算组合。

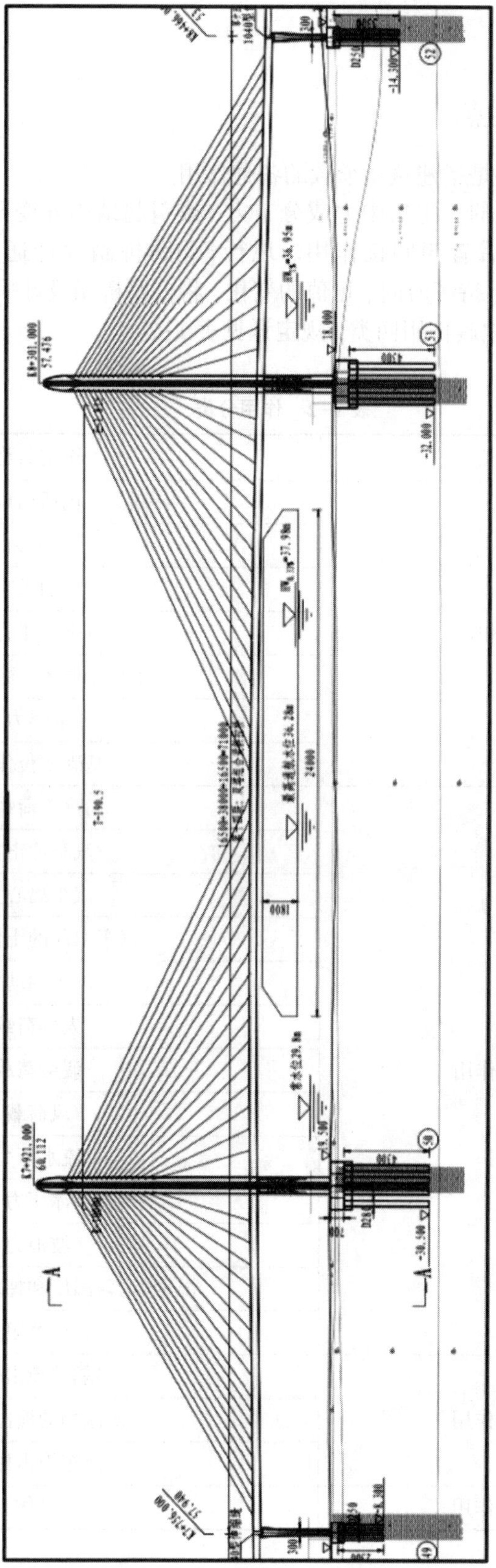

图1-11 桥梁结构图

知识导航

一、基础设计计算要点

基础设计计算要点主要是指建筑物承载的各种作用。

作用是指施加在结构上的一组集中力或分布力，或引起结构外变形或约束变形的原因。前者叫直接作用（荷载），后者叫间接作用。现行《公路桥涵设计通用规范》（JTG D60—2015）根据作用出现的概率、持续时间、量值的变化，将公路桥涵设计采用的作用分为永久作用、可变作用、偶然作用、地震作用四类，规定详见表 1-2。

表 1-2 作用分类

编号	分类	作用名称
1	永久作用	结构重力（包括结构附加重力）
2		预加力
3		土的重力
4		土侧压力
5		混凝土收缩、徐变作用
6		水浮力
7		基础变位作用
8	可变作用	汽车荷载
9		汽车冲击力
10		汽车离心力
11		汽车引起的土侧压力
12		汽车制动力
13		人群荷载
14		疲劳荷载
15		风荷载
16		流水压力
17		冰压力
18		波浪力
19		温度（均匀温度和梯度温度）作用
20		支座摩阻力
21	偶然作用	船舶的撞击作用
22		漂流物的撞击作用
23		汽车撞击作用
24	地震作用	地震作用

作用效应是指结构对所受作用的反应，如弯矩、扭矩、位移等。组合原则：按承载能力极限状态和正常使用极限状态进行作用效应组合，取其最不利效应进行组合。最不利作用效应组合指所有可能的作用效应组合中对结构构件产生总效应最不利的一组作用效应组合。桥梁结构设计的关键是全面合理的作用效应组合，而各种作用效应组合又与预期中桥梁所能达到的极限状态密切相关。

根据国际标准《结构可靠性总原则》(ISO2394)，采用以概率理论为基础的极限状态设计方法。极限状态是指结构或结构的一部分超过某一特定状态就不能满足设计规定的某一功能要求。公路桥涵结构设计应考虑结构上可能同时出现的作用，按承载能力极限状态和正常使用极限状态进行作用效应组合，取其最不利的作用效应组合进行设计：只有在结构上可能同时出现的作用，才进行其效应的组合。当结构或结构构件需做不同受力方向的验算时，则应以不同方向的最不利的作用效应进行组合。当可变作用的出现对结构或结构构件产生有利影响时，该作用不应参与组合。实际不可能同时出现的作用或同时参与组合概率很小的作用，按表 1-3 规定不考虑其作用效应的组合。

(1)永久作用(恒载)：结构重力，土的重力，土的自重产生的侧压力，水浮力，预应力结构中的预加力，超静定结构中因混凝土收缩、徐变和基础变位而产生的作用。

(2)可变作用(活载)：汽车荷载、汽车冲击力、汽车离心力、汽车引起的土侧压力、人群荷载、平板挂车或履带车荷载引起的土侧压力；风荷载、汽车制动力、流水压力、冰压力、支座摩阻力，在超静定结构中尚需考虑温度变化的作用。

(3)偶然作用：船舶或漂流物撞击力。

(4)地震作用：地震力。

表 1-3　可变作用不同时组合

编号	作用名称	不与该作用同时参与组合的作用编号
12	汽车制动力	16，17，18，20
16	流水压力	12，17，18
17	冰压力	12，16，18
18	波浪力	12，16，17
20	支座摩阻力	12

施工阶段的作用组合，应按计算需要及结构的条件而定，结构上的施工人员和施工机具设备均应作为可变作用加以考虑。组合式桥梁中，当把底梁作为施工支撑时作用组合效应宜分两个阶段计算，底梁受荷为第一个阶段，组合梁受荷为第二个阶段。多个偶然作用不同时参与组合，地震作用不与偶然作用同时参与组合。

现行《公路桥涵设计通用规范》(JTG D60—2015)中规定，公路桥涵结构的设计基准期为 100 年，在设计计算时应考虑基准期内各种可能出现的作用效应组合，并分别按承载能力极限状态和正常使用极限状态进行设计。下面对现行《公路桥涵设计通用规范》(JTG D60—2015)中有关承载能力极限状态和正常使用极限状态下的各种作用效应组合进行简单的介绍。

二、公路桥涵结构按承载能力极限状态设计

公路桥涵结构按承载能力极限状态设计时，应采用作用效应基本组合和偶然组合。承载能力极限状态是指达到最大承载能力或不适于继续承载大变形的状态，参考 JTG D60—

2015 公路桥涵设计通用规范。

按承载能力极限状态设计时，永久作用的设计值效应与可变作用设计值效应相组合，称基本组合。按承载能力极限状态设计时，永久作用标准值效应与可变作用某种代表值效应、一种偶然作用标准值效应组合，称为作用效应偶然组合。对持久设计状况和短暂设计状况应采用作用的基本组合，对偶然设计状况应采用作用的偶然组合，对地震设计状况应采用作用的地震组合。

（1）基本组合表达式为：

$$S_{ud} = \gamma_0 S\left(\sum_{i=1}^{m} \gamma_{G_i} G_{ik},\ \gamma_{L1}\gamma_{Q_1} Q_{1k},\ \psi_c \sum_{j=2}^{n} \gamma_{Lj}\gamma_{Q_j} Q_{jk}\right) \tag{1-1}$$

$$S_{ud} = \gamma_0 S\left(\sum_{i=1}^{m} G_{id},\ Q_{1d},\ \sum_{j=2}^{n} Q_{jd}\right) \tag{1-2}$$

式中：S_{ud} 为承载能力极限状态下作用基本组合的效应组合设计值，当作用与作用效应可按线性关系考虑时，作用偶然组合的效应设计值 S_{ud} 可通过作用效应代数相加进行计算。$S(\quad)$为作用组合的效应函数。γ_0 为结构重要性系数，按持久状况承载能力极限状态设计时，公路桥涵结构的设计安全等级应根据结构破坏可能产生的后果的严重程度划分为三个设计等级，并不低于表 1-4 的规定，对应于设计安全等级一级、二级和三级分别取 1. 1、1. 0、0. 9。γ_{G_i} 分别为第 i 个永久效应的分项系数。G_{ik}、G_{id} 为第 i 个永久作用的标准值和设计值。γ_{Q_1} 为汽车荷载（含汽车冲击力、离心力）的分项系数，采用车道荷载计算时取 $\gamma_{Q_1}=1.4$，采用车辆荷载计算时，其分项系数取 $\gamma_{Q_1}=1.8$。当某个可变作用在效应组合中其值超过汽车荷载效应时，则该作用取代汽车荷载，其分项系数与车道荷载计算时的分项系数同值；对专为承受某作用而设置的结构或装置，设计时该作用的分项系数与车道荷载计算时的分项系数同值；计算人行道板和人行道栏杆的局部荷载，其分项系数也与车道荷载计算时的分项系数同值。Q_{1k}、Q_{1d} 分别为汽车荷载（含汽车冲击力、离心力）的标准值和设计值。γ_{Q_j} 为作用组合中除汽车荷载（含汽车冲击力、离心力）、风荷载外的其他第 j 个可变作用的分项系数，取 $\gamma_{Q_j}=1.4$，但风荷载的分项系数取 $\gamma_{Q_j}=1.1$。Q_{jk}、Q_{jd} 为除汽车荷载（含汽车冲击力、离心力）外的其他第 j 个可变作用的标准值和设计值。ψ_c 为除汽车荷载（含汽车冲击力、离心力）外的其他可变作用的组合值系数，取 $\psi_c=0.75$。$\psi_c Q_{jk}$ 为在作用组合中除汽车荷载（含汽车冲击力、离心力）外的第 j 个可变作用的组合值。γ_{Lj} 为第 j 个可变作用的结构设计使用年限荷载调整系数。公路桥涵结构的设计使用年限按现行《公路工程技术标准》（JTG B01）取值时，可变作用的结构设计使用年限荷载调整系数取 $\gamma_{Lj}=1.0$；否则，γ_{Lj} 取值应按专题研究确定。

表 1-4　公路桥涵结构的设计安全等级

设计安全等级	破坏后果	适用对象
一级	很严重	（1）各等级公路上的特大桥、大桥、中桥； （2）高速公路、一级公路、二级公路、国防公路及城市附近交通繁忙公路上的小桥
二级	严重	（1）三级公路、四级公路上的小桥； （2）高速公路、一级公路、二级公路、国防公路及城市附近交通繁忙公路上的涵洞
三级	不严重	三级公路、四级公路上的涵洞

(2)偶然组合表达式为：

$$S_{ad}=S\left(\sum_{i=1}^{m}G_{ik},\ A_{d},\ (\psi_{f1}\text{ 或 }\psi_{q1})Q_{1k},\ \sum_{j=2}^{n}\psi_{qj}Q_{jk}\right)\tag{1-3}$$

式中：S_{ad} 为承载能力极限状态下作用偶然组合的效应组合值，当作用与作用效应可按线性关系考虑时，作用偶然组合的效应设计值 S_{ad} 可通过作用效应代数相加进行计算。A_d 为偶然作用的设计值。ψ_{f1} 为汽车荷载(含汽车冲击力、离心力)的频遇值系数，取 $\psi_{f1}=0.7$；当某个可变作用在组合中其效应值超过汽车荷载效应时，则该作用取代汽车荷载，人群荷载取 $\psi_f=1.0$，风荷载取 $\psi_f=0.75$，温度梯度作用取 $\psi_f=0.8$，其他作用取 $\psi_f=1.0$。$\psi_{f1}Q_{1k}$ 为汽车荷载的频遇值。ψ_{q1}、ψ_{qj} 为第 1 个和第 j 个可变作用的准永久值系数，汽车荷载(含汽车冲击力、离心力)取 $\psi_q=0.4$，人群荷载取 $\psi_q=0.4$，风荷载取 $\psi_q=0.75$，温度梯度作用取 $\psi_q=0.8$，其他作用取 $\psi_q=1.0$。$\psi_{q1}Q_{1k}$、$\psi_{qj}Q_{jk}$ 为第 1 个和第 j 个可变作用的准永久值。

三、公路桥涵结构按正常使用极限状态设计

公路桥涵结构按正常使用极限状态设计时，应采用作用的频遇组合和准永久组合。正常使用极限状态是指桥涵结构或其构件达到正常使用或耐久性的某项限值的状态。按正常使用极限状态设计时，永久作用标准值效应与可变作用频遇值效应的组合，称为作用的频遇组合。按正常使用极限状态设计时，永久作用标准值效应与可变作用准永久值效应的组合，称为作用的准永久组合。

当基础结构需要进行正常使用极限状态设计时，应根据不同的设计要求，采用作用的频遇组合和作用的准永久组合两种效应组合。

(1)频遇组合表达式为：

$$S_{fd}=S\left(\sum_{i=1}^{m}G_{ik},\ \psi_{f1}Q_{1k},\ \sum_{j=2}^{n}\psi_{qj}Q_{jk}\right)\tag{1-4}$$

式中：S_{fd} 为作用频遇组合的效应设计值，当作用与作用效应可按线性关系考虑时，作用频遇组合的效应设计值 S_{fd} 可通过作用效应代数相加计算。ψ_{f1} 为汽车荷载(不计汽车冲击力)频遇值系数，通常取 0.7。

(2)准永久组合表达式为：

$$S_{qd}=S\left(\sum_{i=1}^{m}G_{ik},\ \sum_{j=1}^{n}\psi_{qj}Q_{jk}\right)\tag{1-5}$$

式中：S_{qd} 为作用准永久组合设计值。ψ_{qj} 为汽车荷载(不计汽车冲击力)准永久值系数，通常取 0.4；

单元知识巩固和拓展

一、知识要点汇总

1. 了解地基和基础的概念。了解地基与基础的定义(地基是指承受建筑物荷载影响的地层；基础是建筑物下部传递荷载到地基的扩大支承结构)；了解地基类型(天然地基和人工地基)；了解基础类型的划分(分为浅基础和深基础，以及刚性基础和柔性基础)。

2. 熟悉设计与施工原则。资料收集：设计和施工前需收集地质、水文、地形等资料，以确保设计准确性和施工安全。计算要点：基础设计涉及永久作用、可变作用、偶然作用、地震作用等荷载的合理计算。

3. 掌握作用效应组合计算。了解作用效应基本概念(包括弯矩、扭矩、位移等结构对荷载的反应)；明白组合原则(按承载能力极限状态和正常使用极限状态进行作用效应组合，采用以概率理论为基础的极限状态设计方法)；清楚永久作用与可变作用(结合结构可能同时面临的多种作用，采用基本组合或偶然组合进行设计)。

二、习题练习

习题练习答案

(一) 单选题

1. 地基分为以下哪几种类型？(　　)

A. 天然地基和人工地基　　B. 浅基础和深基础

C. 刚性基础和柔性基础　　D. 永久作用和可变作用

2. 基础设计计算不需要考虑下面哪项作用？(　　)

A. 永久作用　　B. 可变作用

C. 偶然作用　　D. 外力作用

3. 浅基础按受力条件不同分为(　　)。

A. 刚性基础和柔性基础　　B. 浅基础和深基础

C. 天然地基和人工地基　　D. 临时基础和永久基础

4. 天然地基指的是(　　)。

A. 需要进行人工加固处理的地基　　B. 无须人工加固即可满足设计要求的地基

C. 仅包含土体的地基　　D. 仅包含岩石的地基

5. 关于基础工程设计的原则描述不正确的是哪项？(　　)

A. 基础底面的压应力小于地基的容许承载力

B. 地基及基础的变形值大于建筑物要求的沉降值

C. 地基及基础的整体稳定性有足够保证

D. 基础本身的强度、刚度、耐久性满足要求

(二) 判断题

1. 所有的土建构筑物均依靠地球的土体或岩体支承。(　　)

2. 浅基础的埋置深度通常大于 5 m。(　　)

3. 承载能力极限状态的设计，指的是考虑结构达到其最大承载能力或不宜继续承载大变形的状态。(　　)

4. 作用效应组合计算时，不同荷载类型通常可以随意组合使用。(　　)

5. 在地基施工过程中，任何一个因素的欠缺考虑都不会对整个地基处置的施工质量带来影响。(　　)

6. 软弱下卧层是位于持力层之下的地基，且其土性明显比持力层软弱。(　　)

7. 进行桥梁基础设计时，不需要考虑所处河流的水文情况。(　　)

8. 地基持力层上方的所有土层称为覆盖层。(　　)

9. 地基与基础的设计方案和计算中的参数选择不需要考虑地质条件。(　　)

（三）简答题

1. 简述地基和基础的定义及它们各自的特点。

2. 地基设计和施工所需的资料包括哪些方面？请举例说明它们各自的作用。

3. 解释什么是天然地基和人工地基，并给出它们各自的应用实例。

4. 进行基础设计时，浅基础和深基础的区别是什么？并请举例说明。

5. 赵州桥的基础是怎样构建的？其概述有助于我们了解哪些地基特性？

6. 在基础结构的设计和施工中，对地质、水文调查资料的了解有什么重要性？

7. 列举承载能力极限状态和正常使用极限状态下，基础结构设计应该考虑的作用效应组合。

8. 阐述永久作用和可变作用之间的主要区别，并说明为什么这些区别对基础设计至关重要。

9. 如何选择适当的地基持力层？举例说明持力层对基础设计的重要性。

10. 描述桥梁结构中的偶然作用，并解释其在基础设计中的考虑因素。

（四）计算题

赵州桥的基底应力反算出的承载力为500～600 kPa，现有一个相似的地基承载设计，地基面积为10 m^2，要求地基的最小安全承载力为5500 kN，请根据赵州桥的数据计算，该地基是否满足要求？

（五）实验题

设计一个简单的桥梁地基实验，要求：使用不同密度的沙土模拟不同承载力的地基环境，设计一个质量为5 N的小型桥梁模型并放于上述沙土上，记录桥梁模型在不同密度沙土上的下沉深度。请简述实验步骤、使用的工具材料以及进行预期实验结果分析。

三、知识点拓展

案例一：某商业建筑地基沉降案例

图1-12　地基不均匀沉降导致建筑物裂缝

某商业大楼位于城市新开发区域，该区域土质主要以软黏土为主，地下水位较高。土体承载力较低，大楼在建设过程中，发现地基出现了不均匀沉降的问题，大楼墙体出现明显的裂缝，楼层局部下沉，建筑物裂缝如图1-12所示，使用功能受到严重影响，大楼的部分建筑位于软土地基区域，建设初期没有采取充分的地基加固措施，导致地基沉降现象加剧，后期监测发现该建筑物地基在不同区域的沉降量不一致，最大沉降差达到10 cm。考虑在建筑物周边及下方采用化学注浆法，通过注入高强度的化学浆液，填充和加固地基土体，提高地基承载力。在沉降严重区域设置沉降缝，减小不均匀沉降对建筑结构的影响。对受损的墙体和楼板进行修复，更换变形的门窗，并进行整体加固。经过加固处理以及沉降缝和结构修复后，建筑物的使用功能恢复正常，进一步监测表明结构稳定性显著改善。

单元二　地基岩土的分类、工程特性与地基承载力

学习目标

【知识目标】

1. 知道不同类型的岩土及其工程特性。
2. 知道地基承载力定义和计算承载力的方法。
3. 领会地基破坏的主要模式，地基变形的三阶段。
4. 理解用经验公式法确定地基承载力容许值的流程。

【能力目标】

1. 能区分不同类型的地基岩土。
2. 能计算不同类型地基岩土容许承载力。
3. 会识别不同类型岩土的工程特性。
4. 能进行简单浅基础载荷试验操作。

【素质目标】

1. 培养文化自信、科技强国责任意识。
2. 培养敢于担当、求真务实的职业素养。
3. 培养不断钻研、不断探索的创新意识。

学习导图

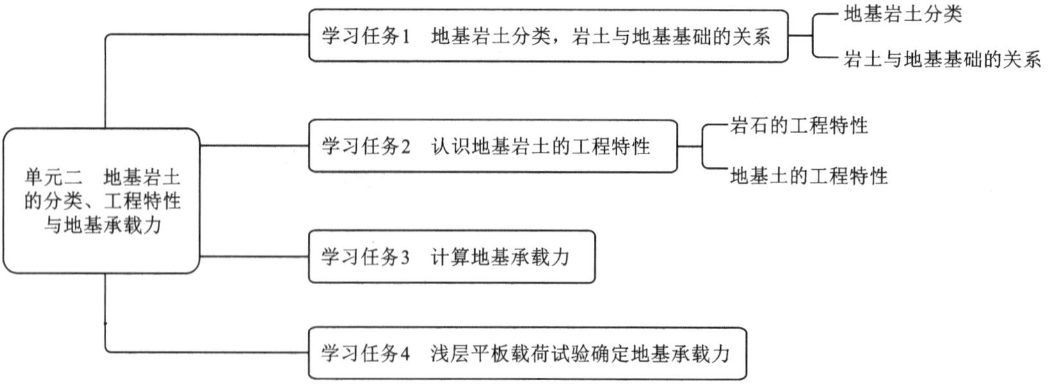

学习任务 1 地基岩土分类，岩土与地基基础的关系

学习情境

某高速公路中某标段所属的丘陵区段部分临水，其路基主要由河流冲积层和沉积层组成，河流冲积层主要包含粉质黏土、砂类土、砾石等，沉积层主要包含分布量较大的淤泥、淤泥粉质细砂、粉细砂、中砂等，局部路段分布有软土层。该标段虽然是重型交通区段，但经过现场试验后，在不改变原有路基填筑材料的情况下，路基压实环节采用重型压实标准，按照分层顺序依次压实到位即可。

同项目中某 x 标段所属的丘陵地带部分临山，其路基岩性以强风化岩土为主，其典型代表是风化千枚岩。该标段路基压实作业遵循就地取材、经济合理的原则，在路堤填筑阶段，考虑采用 4%水泥改良风化千枚岩。在路床填筑阶段，考虑强风化千枚岩遇水后力学强度大大降低，加之考虑其稳定变形时间较长，后期不均匀沉降变形无法预测，路床填筑采用碎石铺筑，辅以 4%水泥和适量石屑填充。

同一项目中的路基压实作业，因不同标段路基岩性特征不同，路基作业选用的施工方案也各不相同。通常情况下，施工单位会综合考虑标段内的地质岩土、水文情况、施工环境等因素后选择更为合理的施工方法。

知识导航

一、地基岩土分类

从工程建筑观点出发，组成地壳的任何一种岩石和土的集合体统称为岩土。以“学习情境”中提及的高速公路项目为例，在设计阶段项目开展了大量的土工试验来确定沿线的土质类别和属性，设计单位依据现场勘察资料同时结合当地地质历史资料，参照规范对沿线的岩体和土体进行分级。根据试验结果，结合各类岩体和土体的施工指南及相关规范，在施工时结合当地气象、水文条件进行处理，如临水段潮湿类岩土或临山段干燥类岩土不能直接用于土方工程，潮湿类岩土在施工时需掺灰或晾晒后填筑，干燥类岩土则需进行洒水或采用水硬性材料改良，以风化千枚岩为代表的软岩也需要依据施工需求采用水泥进行改良。由于岩石和土的种类、比例、含水量等情况不同，岩土所呈现的工程性质也各不一样。本教材中介绍的岩土分类主要参考《岩土工程勘察规范(2009 年版)》(GB 50021—2001)。

(一)岩石(体)的分类

岩石是地球上由矿物质或矿物质的碎屑组成的固体物质。岩石是自然界中的基本矿物组合，可以包括一种或多种不同类型的矿物质。岩石是微观层面的概念，通常用来描述矿物质的组成、结构、坚硬程度、颜色等性质。岩石的分类通常基于其形成过程，如火成岩、沉积岩、变质岩等。岩体是指自然界中一定范围内的岩石集合，通常包括多个岩石体积和结构相互关联的部分。岩体是宏观层面的概念。岩体考虑的是大规模的地质构造，如山脉、山脊、峡谷或岩层，它们由多岩石形式组成，并以一定的方式相互关联。岩体的性质包括其稳定

性、岩层倾角、节理、断层、岩石类型的分布等。这些特性对于土木工程、采矿和隧道建设等具有重要影响。

岩石(体)根据不同指标可以进行多种类型的划分，本教材从风化程度、抗风化能力、坚硬程度、软化性、结构类型、完整程度及节理发育程度角度进行分类。

1. 岩石的风化

岩石风化是一个十分复杂的过程，受到物理、化学和生物多种风化作用的影响。

物理风化是岩石破碎的主要途径，主要是指受岩石自身性质(孔隙度和含水率)和气候(温度和降水)等因素的影响。通过大量试验研究发现，含水率高的岩石更易风化。岩石自身的孔隙度和经历冻融循环次数对岩石的风化也有很大影响。一般认为岩石中部分水分的流失是引起岩石风化的主要原因，温差变化引起的冻融作用加速了物理风化，这类现象常见于日夜温差较大地区。

化学风化是岩石成土的必经过程，主要受到氧气、水和水中二氧化碳等因素的影响。水作为一种天然溶剂，在与岩石接触的过程中，可使岩石中的部分物质发生溶解和流失。岩石中的某些矿物质与水发生水合作用形成次生矿物，例如氧化铁转变为氢氧化铁，硬石膏转变为石膏等。另外，遇到空气中的水与二氧化碳，岩石中的某些碳酸盐类矿物会发生水解作用，例如菱铁矿、方解石、白云石等。

生物风化能有效促进岩石风化。植物生长动物的活动以及人类的工程建设都会对岩石产生生物风化作用，加速岩石的分解和破坏。

风化作用削弱了岩体的物理力学性能。削弱的程度取决于岩体的风化程度。风化岩石工程地质研究的主要内容就是要对岩体风化程度进行分带，研究各带岩体的工程地质及风化效应，确定物理力学性质指标，以便选择岩石的利用高程(建基面)。岩体按风化程度分带，国内外对风化壳划分的带数不完全相同，通常划分为4~6带。现阶段我国根据岩石风化程度主要划分为5带：未风化带、微风化带、弱风化带、强风化带和全风化带。

识别各种新鲜岩石的抗风化能力，对工程建筑有重要意义，例如各种建筑石料的使用，路堑边坡、地下坑道稳定性的预测等，都受到岩石抗风化能力的影响。因此，在勘察调研过程中有必要了解新鲜岩石抗风化能力的划分标准，具体如表1-5所示。

表1-5　新鲜岩石抗风化能力的分级指标与特征

<table>
<tr><td rowspan="2">指标</td><td colspan="4">分级</td></tr>
<tr><td colspan="2">不易风化的</td><td colspan="2">易风化的</td></tr>
<tr><td>软化性</td><td colspan="2">不易软化的</td><td colspan="2">易软化的</td></tr>
<tr><td>抗冻性</td><td colspan="2">抗冻的</td><td colspan="2">不抗冻的</td></tr>
<tr><td>岩浆岩的结构</td><td colspan="2">细粒的</td><td colspan="2">粗粒的</td></tr>
<tr><td>造岩矿物</td><td>以石英为主</td><td colspan="2">长石、辉石、角闪石较多</td><td>黄铁矿、橄榄石、黑云母较多</td></tr>
<tr><td>胶结物</td><td>硅质的</td><td colspan="2">钙质的</td><td>泥质的</td></tr>
<tr><td>耐风化时间</td><td colspan="2">暴露1~2年风化不明显</td><td colspan="2">暴露后数日至数月即出现风化</td></tr>
</table>

2. 岩石的坚硬程度

岩石单轴抗压强度试验

岩石的坚硬程度通常采用定性划分，以描述其相对硬度和抵抗磨损的能力。这样的定性划分有助于描述岩石的坚硬程度，如极硬的表面光滑而难以划伤的钻石、蓝宝石，中硬的能一定程度抵抗划伤的砂岩、石灰岩，极软的容易变形的煤、泥炭等。定性划分在地质学和工程领域广泛应用，以选择合适的岩石用于不同的工程项目或研究，具体如表 1-6 所示。

表 1-6　岩石坚硬程度的定性划分

名称		定性鉴定	代表性岩石
硬质岩	坚硬岩	锤击声清脆，锤击有回弹，震手，难击碎，浸水后大多无吸水反应	未风化或微风化的花岗岩、玄武岩、片麻岩、闪长岩、石英岩、硅质灰岩、硅质胶结的砂岩或砾岩等
	较硬岩	锤击声较清脆，锤击有轻微的回弹，稍震手，较难击碎，浸水后有轻微的吸水反应	弱风化的极硬岩；未风化或微风化的熔结凝灰岩、大理岩、板岩、白云岩、灰岩、钙质胶结的砂岩等
软质岩	较软岩	锤击声不清脆，锤击无回弹，较易击碎，吸水明显，浸水后指甲可划出印痕	强风化的极硬岩；弱风化的硬岩；未风化或微风化的千枚岩、云母片岩、砂质泥岩、钙泥质胶结的粉砂岩和砾岩、泥灰岩、页岩、凝灰岩等
	软岩	锤击声哑，锤击无回弹，有凹痕，易击碎，浸水后手可掰开	强风化的极硬岩；弱风化~强风化的硬岩；弱风化的较软岩；未风化或微风化的泥质岩类，如泥岩、泥质胶结的砂岩和砾岩等
	极软岩	锤击声哑，锤击无回弹，有较深的凹痕，手可掰开，浸水后可捏成团或捻碎	全风化的各类岩石；强风化的软岩；成岩作用差的岩石；第三纪砂岩、泥岩等半成岩

3. 岩体的结构类型

岩体按结构类型分类是指对地下或地表的岩石集合进行宏观级别的分类，是根据其内部结构和组织方式来进行区分的。不同结构类型的岩体对岩体结构有着显著的影响，清晰区分岩体结构类型有助于工程、地质勘探、隧道建设、采矿、地质灾害研究等领域的探索，主要可以分为巨块状整体结构、块状结构、层状、块石、碎石状结构、碎石角砾状结构、散体状结构。

岩石中含有特殊的矿物成分或结构，具有特殊的物理力学和化学性质，并影响工程地质条件时，定义为特殊岩石。

4. 岩体的完整程度

岩体的完整程度，是地质专业人员用以描述岩体在承受外力作用后仍能保持其连续性和完整性的程度的指标。了解岩体的完整程度对于诸多领域都有着深远的意义，如为评估一个地区的地质稳定性提供依据，预测工程建设中可能遇到的地质问题，甚至帮助工程师评估矿产资源的开采价值。

工程师通常会通过节理间距、岩体破碎程度以及结构面密度等因素来衡量岩体的完整度，此外，通过观察岩体的颜色、矿物成分及岩石结构等特征来进一步判断其完整程度。这些因素不仅为工程师提供了关于岩体在过去经历的外部作用的理解，也提供了关于其未来可能的变化的宝贵信息，具体划分如表 1-7 所示。

表 1-7　岩体完整程度划分

完整程度	结构面特征	结构类型	岩体完整性指数 K_v
完整	结构面 1~2 组，以构造型节理或层面为主，裂隙为密闭型	巨块状整体结构	K_v>0.75
较完整	结构面 2~3 组，以构造型节理、层面为主，裂隙多呈密闭型，部分为微张型，少有充填物	块状结构	0.55<K_v≤0.75
较破碎	结构面一般为 3 组，以节理及风化裂隙为主，在断层附近受构造作用影响较大，裂隙以微张型和张开型为主，多有充填物	层状、块石、碎石状结构	0.35<K_v≤0.55
破碎	结构面大于 3 组，以风化型裂隙为主，在断层附近受构造作用影响较大，裂隙以张开型为主，多有充填物	碎石、角砾状结构	0.15<K_v≤0.35
极破碎	结构面杂乱无序，在断层附近受构造作用影响很大，宽张裂隙全是泥质或泥夹岩屑充填，充填物厚度大	散体状结构	K_v≤0.15

5. 岩体的节理发育程度

节理是在岩石形成过程中或其后经历一系列地壳运动而产生的一种剥裂面，是岩石中最常见的工程地质现象。节理主要是地壳变动和地表风化作用的结果。节理的特征主要包括节理面形态、节理间距、节理连续性、节理面的粗糙度等，这些特征受到地壳应力、矿物含量、岩石类型等许多因素的影响。岩体的节理是岩体中的自生裂缝，是岩体的重要结构特征之一。节理的发育程度对岩体的完整性、力学性质和工程行为有着重要的影响。节理的存在会改变岩体的强度、渗透性、抗风化能力等，会对隧道、坝基、斜坡等岩土工程项目的稳定性产生重要影响，在水工建筑物中，甚至可能影响其防渗效果。工程实践中，需要根据岩体的节理发育程度来采取相应的措施，以确保工程的安全和稳定。

节理发育程度会影响岩体的完整性、力学性质和工程行为。岩体节理发育程度分为以下等级：节理不发育、节理较发育、节理发育、节理很发育。通常节理发育程度越高，岩体的完整性越差，岩体更容易破碎；节理发育程度越高，岩体的抗压强度、抗剪强度和弹性模量等力学性质越低；节理发育程度越高，岩体的稳定性越差，更容易发生滑坡、崩塌等工程事故。

（二）土的分类

土壤是地球表面的一种自然资源，是地球表层的一种疏松物质，由岩石风化而成。土壤对于植物生长至关重要，因为它为植物提供水分、营养和支撑，它还存储碳并帮助调节气候。它由矿物质、有机物质、水和空气组成。

土的分类非常多，可以从不同的角度进行分类。如按成因分类，可以根据其形成的地质过程和环境分为残积土、冲积土、湖积土、海积土、风积土、冰川积土等。按粒径大小分类

（国际 ISO 标准），常见的类型有砾石、粗砂、细砂、粉砂、粉土、黏土等。按塑限和液限分类，可根据塑性指数（I_p）和液性指数（I_L）将土划分为低塑性土、中塑性土、高塑性土等类别。按密实性分类，可以根据土密度或相对密度将土分为疏松土、中密土、密实土等级别。按含水量分类，可以将土分为干土、湿土、饱和土、流塑土等。按有机质含量分类，有机质含量较高的土壤可以分为泥炭质土和有机质土等类型。按力学性质分类，根据土的力学行为和反应将土分为可压缩土、不可压缩土、可膨胀土、不可膨胀土等。按工程性质分类，可以依据土的工程应用划分为填筑土、基础土、隔水土、自然堆积土等。本教材中介绍的岩土分类主要参考《岩土工程勘察规范（2009 年版）》（GB 50021—2001）和公路桥涵地基与基础设计规范 JTG 3363—2019。

1. 一般土的分类

土壤的颗粒分组是土木工程和地质学中的一个基本概念，它以土颗粒的大小为依据，将土壤划分为不同的类别。土按颗粒分组主要是基于土颗粒的大小来进行分类。这种分类方式对于理解土的物理性质和工程特性，以及预测土壤在不同工程条件下的行为非常重要，具体如表 1-8 所示。

表 1-8 土的颗粒分组

颗粒名称		粒径 d/mm
漂石（浑圆、圆棱）或块石（尖棱）	大	$d>800$
	中	$400<d\leq800$
	小	$200<d\leq400$
卵石（浑圆、圆棱）或碎石（尖棱）	大	$100<d\leq200$
	小	$60<d\leq100$
粗圆砾（浑圆、圆棱）或粗角砾（尖棱）	大	$40<d\leq60$
	小	$20<d\leq40$
细圆砾（浑圆、圆棱）或细角砾（尖棱）	大	$10<d\leq20$
	中	$5<d\leq10$
	小	$2<d\leq5$
砂粒	粗	$0.5<d\leq2$
	中	$0.25<d\leq0.5$
	细	$0.075<d\leq0.25$
粉粒		$0.005<d\leq0.075$
黏粒		$d\leq0.005$

1）碎石土的划分

根据土壤颗粒的形状和级配来划分碎石土时，可以将其分为以下几种不同的类型，具体包括漂石、块石、卵石、碎石、圆砾、角砾。

碎石土的密实度定性描述可根据结构特征、地貌、天然坡形态、开挖及钻探情况，确定规范，可以分为密实、中密、稍密、松散。

对于平均粒径等于或小于 50 mm 且最大粒径小于 100 mm 的碎石土，密实度应按规范进行定量评价。对于平均粒径大于 50 mm，或最大粒径大于 100 mm 的碎石土，密实度应按规范定量评价。

2)砂类土的划分

砂土是粒径大于 2 m 的颗粒，含量不超过总质量 50%，且粒径大于 0.075 mm 的颗粒超过总质量 50%的土。砂类土是常见的岩土材料，其主要成分是砂粒。根据砂粒的粒径和含量，可以将砂类土进一步细分为不同的类型。按照颗粒级配划分砂类土应符合表 1-9 的规定。

表 1-9　砂类土的划分

土的名称	土的颗粒级配
砾砂	粒径大于 2 mm 的颗粒的质量占总质量的 25%～50%
粗砂	粒径大于 0.5 mm 的颗粒的质量超过总质量的 50%
中砂	粒径大于 0.25 mm 的颗粒的质量超过总质量的 50%
细砂	粒径大于 0.075 mm 的颗粒的质量超过总质量的 85%
粉砂	粒径大于 0.075 mm 的颗粒的质量超过总质量的 50%

注：定名时应根据颗粒级配由大到小，以最先符合者确定。

砂类土根据标准贯入实测击数或相对密度划分密实度，如规范所示。

3)粉土的划分

粉土是塑性指数等于或小于 10 且粒径大于 0.075 mm 的颗粒质量不超过总质量的 50%的土。粉土密实度的划分应根据孔隙比，按规范定量评价。

粉土潮湿程度应根据天然含水率划分，如表 1-10 所示。

表 1-10　粉土潮湿程度的划分

潮湿程度	天然含水率 w/%
稍湿	$w<20$
潮湿	$20\leqslant w\leqslant 30$
很湿	$w>30$

4)黏性土的划分

黏性土是指塑性指数大于 10 的土，且粒径大于 0.075 mm 的颗粒含量不超过总质量 50%的土。黏性土的主要特征是其具有较强的塑性和可塑性，易于变形，并且在受水分影响时会发生明显的体积变化。

黏性土根据塑性指数 I_p 划分，如表 1-11 所示。

表 1-11　黏性土的划分

土的名称	塑性指数 I_p
粉质黏土	$10<I_p\leqslant 17$
黏土	$I_p>17$

黏性土的软硬状态以液性指数划分，如表1-12规定。土的液性指数介于0~1之间，液性指数越小表示土越坚硬，液性指数越大表示土越软。

表1-12　黏性土软硬状态的划分

塑性状态	液性指数 I_L
坚硬	$I_L \leq 0$
硬塑	$0<I_L \leq 0.25$
可塑	$0.25<I_L \leq 0.75$
软塑	$0.75<I_L \leq 1$
流塑	$I_L>1$

2. 特殊土的分类

特殊土是一种具有独特性质，特殊成分、结构特征及独特的工程地质性质的区域性地基土。根据以上因素，可将特殊土划分为黄土、红黏土、膨胀土、软土、盐渍土、多年冻土、填土等。

1）黄土的判定及分类

黄土为第四纪以来，在干旱、半干旱气候条件下形成的，土颗粒成分以粉粒为主，含碳酸钙及少量易溶盐，并具有大孔隙和垂直节理、抗水性能差、易崩解和潜蚀、上部多具有湿陷性等工程地质特征的土。黄土按堆积时代划分，如表1-13所示。

表1-13　黄土按堆积时代划分

<table>
<tr><th colspan="2">地层时代</th><th colspan="2">地层名称</th><th>湿陷性及其他特征</th></tr>
<tr><td rowspan="2">全新世 Q_4</td><td>近期 Q_4^2</td><td rowspan="3">新黄土</td><td>新近堆积黄土状土</td><td rowspan="3">一般为自重或非自重湿陷性黄土地基，常具有高压缩性</td></tr>
<tr><td>早期 Q_4^1</td><td>黄土状土</td></tr>
<tr><td colspan="2">晚更新世 Q_3</td><td>马兰黄土</td></tr>
<tr><td colspan="2">中更新世 Q_2</td><td rowspan="2">老黄土</td><td>离石黄土</td><td>部分土层上部具有湿陷性</td></tr>
<tr><td colspan="2">早更新世 Q_1</td><td>午城黄土</td><td>不具有湿陷性</td></tr>
</table>

注：Q_2 离石黄土层以下的黄土湿陷性应根据建筑物的实际压力或上覆土的饱和自重压力进行室内湿陷性试验或现场浸水性试验确定。

黄土的湿陷性应根据室内湿陷性试验在一定压力下测定的湿陷系数值确定，如表1-14所示。

表1-14　黄土湿陷性的划分

名称	湿陷系数 δ_s
非湿陷性黄土	$\delta_s<0.015$
湿陷性黄土	$\delta_s \geq 0.015$

黄土在上覆土的自重压力下受水浸湿发生湿陷时，应定为自重湿陷性黄土；黄土在大于上覆土的自重压力（包括土的自重压力和附加压力）下受水浸湿发生湿陷时，应定为非自重湿

陷性黄土。

2)红黏土的判定及分类

红黏土指碳酸盐类岩石经强烈化学风化后形成的高塑性黏土。原生红黏土颜色呈棕红色、褐黄色等，是覆盖于碳酸盐系岩层之上且液限等于或大于50%的高塑性黏土。原生红黏土经搬运、沉积后仍保留残积黏土的基本特征，且液限大于45%，应判定为次生红黏土。红黏土具有遇水软化、失水收缩强烈、裂隙发育、易剥落等工程地质特征。

红黏土按塑性状态划分，如表1-15所示。

表1-15　红黏土塑性状态的划分

状态	含水比 α_w	比贯入阻力 P_S/MPa	经验指标
坚硬	$\alpha_w \leq 0.55$	$P_S \geq 2.3$	土质较干、硬
硬塑	$0.55 < \alpha_w \leq 0.70$	$1.3 \leq P_S < 2.3$	不易搓成3 mm粗的土条
软塑	$0.70 < \alpha_w \leq 1.00$	$0.2 \leq P_S < 1.3$	易搓成3 mm粗的土条
流塑	$\alpha_w > 1.00$	$P_S < 0.2$	土很湿，接近或处于流动状态

注：含水比为土的天然含水率与液限之比，液限采用液塑限联合测定法测定，液限为10 mm液限。

3)膨胀土的判定及分类

膨胀土也称为膨润土或可膨土，在含水量变化或荷载作用下，其体积会发生明显胀缩。膨胀土是含有蒙脱石或其他具有类似特性的黏土矿物的土壤类型，这些矿物具有吸水时显著膨胀、软化，崩解和失水时急剧收缩、开裂、硬结的现象。这种土壤的特性使得它在土木工程和建筑实践中需谨慎对待，因为其膨胀性可能对结构造成损害。膨胀土主要分布在干旱、半干旱地区，是我国特有的土种之一。

膨胀土的初判应根据地貌、土的颜色、结构、土质情况、自然地质现象和自由膨胀率等特征，按表1-16综合判定。

表1-16　膨胀土的初判条件

地貌	具垄岗式地貌景观，常呈垄岗与沟谷相间状；地形平缓开阔，无自然陡坡，坡面沟槽发育
土的颜色	多呈棕、黄、褐色，间夹灰白、灰绿色条带或薄膜；灰白、灰绿色多呈透镜体或夹层出现
结构	多裂隙结构，方向不规则。裂面光滑，常见擦痕。裂隙中常充填灰白、灰绿色黏土
土质情况	土质细腻，具滑感，土中常含有钙质或铁锰质结核或豆石，局部可富集成层
自然地质现象	坡面常见浅层溜坍、滑坡、地面裂缝。当坡面有数层土时，其中膨胀土层往往形成凹形坡。新开挖的坑壁易发生坍塌
自由膨胀率 F_S/%	$F_S \geq 40$

4)软土的判定及分类

软土是指天然含水量较高、质地软弱、强度较低的土。软土主要分布在河流、湖泊、滩涂等水体沉积区，以及冲积扇、洪积扇等地貌单元。软土为天然孔隙比大于或等于1.0，天然含水率大于或等于液限，压缩系数大于或等于0.5 MPa^{-1}，不排水抗剪强度小于30 kPa的黏性土。软土一般含有机质，具有压缩性高、强度低、灵敏度高和排水固结缓慢的特点。

软土在公路设计中按物理力学性质分类，有淤泥质土、淤泥、泥炭质土、泥炭、在铁路设计中除之前提及的四类还有软黏性土，如表 1-17。

表 1-17　软土的分类

分类指标	软黏性土	淤泥质土	淤泥	泥炭质土	泥炭
有机质含量 W_u/%	$W_u<3$	$3\leqslant W_u<10$		$10\leqslant W_u\leqslant60$	$W_u>60$
天然孔隙比 e	$e<1.0$	$1.0\leqslant e<1.5$	$e\geqslant1.5$	$e>3$	$e>10$
天然含水率 w/%	$w\geqslant w_L$			$w\geqslant w_L$	
渗透系数 k/(cm·s^{-1})	$k<10^{-6}$			$k<10^{-3}$	$k<10^{-2}$
压缩系数 $a_{1\sim2}$/MPa^{-1}	$a_{1\sim2}\geqslant0.5$			—	
不排水抗剪强度 C_u/kPa	$C_u<30$			$C_u<10$	
静力触探比贯入阻力 P_s/kPa	$P_s<700$				
静力触探端阻 q_c/kPa	$q_c<600$				
标准贯入试验锤击数 N/击	$N<4$	$N<2$			
十字板剪切强度 S_u/kPa	$S_u<30$				
土类指数 I_D	$I_D<0.35$				

注：1. 当粉土的物理力学性质大部分与表中指标相符时，可定名为“软粉土”。

2. μ 为修正系数：当 $I_p\leqslant20$ 时，$\mu=1$；当 $20<I_p\leqslant40$ 时，$\mu=0.9$。

5）盐渍土的判定及分类

盐渍土是指土壤中可溶性盐分含量过高，导致土壤理化性质发生变化，对植物生长造成不良影响易溶盐含量大于 0.3%的土。当地表以下 10 m 深度内易溶盐的平均含量大于 0.3%时，应定为盐渍土地区或场地。盐渍土具有较强的吸湿、松胀、溶陷及腐蚀性等工程地质特性。它们主要存在于干旱地区或盐碱地区，如沿海地区、河流下游地区以及缺乏排水系统的区域。盐渍土的形成主要是由于土壤中水分蒸发后，地下水中的盐分随之被带到土壤表面，随着时间的推移，盐分逐渐在土壤表面积累，最终形成盐渍土。

盐渍土按含盐性质的不同，可以分为氯盐渍土、亚氯盐渍土、亚硫酸盐渍土、硫酸盐渍土、碱性盐渍土。盐渍土盐渍化程度的分类，应符合表 1-18 的规定。

表 1-18　盐渍土盐渍化程度的分类

盐渍化程度	土层的平均含盐量 $\overline{DT}$/%		
	氯盐渍土及亚氯盐渍土	硫酸盐渍土及亚硫酸盐渍土	碱性盐渍土
弱盐渍土	$0.3<\overline{DT}\leqslant1.0$	—	—
中盐渍土	$1.0<\overline{DT}\leqslant5.0$	$0.3<\overline{DT}\leqslant2.0$	$0.3<\overline{DT}\leqslant1.0$
强盐渍土	$5.0<\overline{DT}\leqslant8.0$	$2.0<\overline{DT}\leqslant5.0$	$1.0<\overline{DT}\leqslant2.0$
超盐渍土	$\overline{DT}>8.0$	$\overline{DT}>5.0$	$\overline{DT}>2.0$

注：平均含盐量按取样所代表的厚度加权平均计算。

6)冻土的判定及分类

冻土是指温度为0 ℃或低于0 ℃并含有冰晶的土(岩)，其广泛存在于高纬度地区和高海拔山区，约占地球陆地表面积的15%。这类土壤可以分为3大类：短时冻土、多年冻土(permafrost)；季节冻土(seasonally frozen ground)。土木工程设计必须基于对冻土区气候、地质、水文及土壤特性的深入理解，精确地评估地区的冻融周期、土壤的温度分布和冰含量是确保工程安全和有效的重要前提。

当多年冻土温度改变后，其物理力学性质随之改变，并可能产生冻胀、融沉、热融滑塌等现象。冻土地区的人类活动，例如建筑、基础设施建设等，都需要考虑冻土的存在对工程的影响。多年冻土的分类应根据土的类别、总含水率、平均融化下沉系数δ_0，按表1-19进行划分。

$$\text{平均融化下沉系数}\ \delta_0=\frac{h_1-h_2}{h_1}\times100\% \tag{1-6}$$

式中：h_1为冻土试件融化前的高度(mm)；h_2为冻土试件融化后的高度(mm)。

表1-19　多年冻土的分类

<table>
<tr><th>多年冻土的类型</th><th>土的名称</th><th>总含水率 ω_A/%</th><th>融化后的潮湿程度</th><th>平均融化下沉系数 δ_0/%</th><th>融沉等级</th><th>融沉类别</th></tr>
<tr><td rowspan="5">少冰冻土</td><td>碎石类土，砾砂、粗砂、中砂(粉黏粒质量不大于15%)</td><td>$\omega_A<10$</td><td>潮湿</td><td rowspan="5">$\delta_0\leqslant1$</td><td rowspan="5">Ⅰ</td><td rowspan="5">不融沉</td></tr>
<tr><td>碎石类土，砾砂、粗砂、中砂(粉黏粒质量大于15%)</td><td>$\omega_A<12$</td><td rowspan="3">稍湿</td></tr>
<tr><td>细砂、粉砂</td><td>$\omega_A<14$</td></tr>
<tr><td>粉土</td><td>$\omega_A<17$</td></tr>
<tr><td>黏性土</td><td>$\omega_A<\omega_P$</td><td>坚硬</td></tr>
<tr><td rowspan="5">多冰冻土</td><td>碎石类土，砾砂、粗砂、中砂(粉黏粒质量不大于15%)</td><td>$10\leqslant\omega_A<15$</td><td>饱和</td><td rowspan="5">$1<\delta_0\leqslant3$</td><td rowspan="5">Ⅱ</td><td rowspan="5">弱融沉</td></tr>
<tr><td>碎石类土，砾砂、粗砂、中砂(粉黏粒质量大于15%)</td><td>$12\leqslant\omega_A<15$</td><td rowspan="3">潮湿</td></tr>
<tr><td>细砂、粉砂</td><td>$14\leqslant\omega_A<18$</td></tr>
<tr><td>粉土</td><td>$17\leqslant\omega_A<21$</td></tr>
<tr><td>黏性土</td><td>$\omega_P\leqslant\omega_A<\omega_P+4$</td><td>硬塑</td></tr>
</table>

续表1-19

多年冻土的类型	土的名称	总含水率 ω_A/%	融化后的潮湿程度	平均融化下沉系数 δ_0/%	融沉等级	融沉类别
富冰冻土	碎石类土，砾砂、粗砂、中砂（粉黏粒质量不大于15%）	$15\leqslant\omega_A<25$	饱和出水（出水量小于10%）	$3<\delta_0\leqslant10$	Ⅲ	融沉
	碎石类十，砾砂、粗砂、中砂(粉黏粒质量大于15%)		饱和			
	细砂、粉砂	$18\leqslant\omega_A<28$				
	粉土	$21\leqslant\omega_A<32$				
	黏性土	$\omega_P+4\leqslant\omega_A<\omega_P+15$	软塑			
饱冰冻土	碎石类土，砾砂、粗砂、中砂（粉黏粒质量不大于15%）	$25\leqslant\omega_A<44$	饱和出水（出水量小于10%）	$10<\delta_0\leqslant25$	Ⅳ	强融沉
	碎石类土，砾砂、粗砂、中砂（粉黏粒质量大于15%）		饱和			
	细砂、粉砂	$28\leqslant\omega_A<44$				
	粉土	$32\leqslant\omega_A<44$				
	黏性土	$\omega_P+15\leqslant\omega_A<\omega_P+35$	软塑			
含土冰层	碎石类土、砂类土、粉土	$\omega_A\geqslant44$	饱和大量出水（出水量10%~20%）	$\delta_0>25$	Ⅴ	融陷
纯冰层	黏性土	$\omega_A\geqslant\omega_P+35$	软塑			
	厚度大于25 cm或间隔2~3 cm冰层累计超过25 cm					

注：1. 总含水率包括冰和未冻水。

2. 盐渍化冻土、泥炭化冻土、腐殖土、高塑性黏土未列。

3. ω_P 为塑限含水率。

季节冻土是指地壳表层寒季冻结，暖季又全部融化的土(岩)。季节冻土和多年冻土季节融化层土的冻胀性分级，应根据土层的平均冻胀率按表1-20划分。

表 1-20　季节冻土与季节融化层土的冻胀性分级

土的类别	冻前天然含水率 ω/%	冻前地下水位距设计冻深的最小距离 h_w/m	平均冻胀率 η/%	冻胀等级	冻胀类别
粉黏粒质量不大于15%的粗颗粒土(包括碎石类土，砾砂、粗砂、中砂，以下同)，粉黏粒质量不大于10%的细砂	不饱和	不考虑	$\eta \leqslant 1$	Ⅰ	不冻胀
粉黏粒质量大于15%的粗颗粒土，粉黏粒质量大于10%的细砂	$\omega \leqslant 12$	$h_w > 1.0$			
粉砂	$12 < \omega \leqslant 14$	$h_w > 1.0$			
粉土	$\omega \leqslant 19$	$h_w > 1.5$			
黏性土	$\omega \leqslant \omega_P + 2$	$h_w > 2.0$			
粉黏粒质量不大于15%的粗颗粒土，粉黏粒质量不大于10%的细砂	饱和含水	无隔水层时	$1 < \eta \leqslant 3.5$	Ⅱ	弱冻胀
粉黏粒质量大于15%的粗颗粒土，粉黏粒质量大于10%的细砂	$\omega \leqslant 12$	$h_w \leqslant 1.0$			
	$12 < \omega \leqslant 18$	$h_w > 1.0$			
粉砂	$\omega \leqslant 14$	$h_w \leqslant 1.0$			
	$14 < \omega \leqslant 19$	$h_w > 1.0$			
粉土	$\omega \leqslant 19$	$h_w \leqslant 1.5$			
	$12 < \omega \leqslant 22$	$h_w > 1.5$			
黏性土	$\omega \leqslant \omega_P + 2$	$h_w \leqslant 2.0$			
	$\omega_P + 2 < \omega \leqslant \omega_P + 5$	$h_w > 2.0$			
粉黏粒质量不大于15%的粗颗粒土，粉黏粒质量不大于10%的细砂	饱和含水	有隔水层时	$3.5 < \eta \leqslant 6$	Ⅲ	冻胀
粉黏粒质量大于15%的粗颗粒土，粉黏粒质量大于10%的细砂	$12 < \omega \leqslant 18$	$h_w \leqslant 1.0$			
	$\omega > 18$	$h_w > 0.5$			
粉砂	$14 < \omega \leqslant 19$	$h_w \leqslant 1.0$			
	$19 < \omega \leqslant 23$	$h_w > 1.0$			
粉土	$19 < \omega \leqslant 22$	$h_w \leqslant 1.5$			
	$22 < \omega \leqslant 26$	$h_w > 1.5$			
黏性土	$\omega_P + 2 < \omega \leqslant \omega_P + 5$	$h_w \leqslant 2.0$			
	$\omega_P + 5 < \omega \leqslant \omega_P + 9$	$h_w > 2.0$			

续表1-20

土的类别	冻前天然含水率 ω/%	冻前地下水位距设计冻深的最小距离 h_w/m	平均冻胀率 η/%	冻胀等级	冻胀类别
粉黏粒质量大于 19%的粗颗粒土，粉黏粒质量大于 10%的细砂	$\omega>18$	$h_w\leqslant0.5$	$6<\eta\leqslant12$	Ⅳ	强冻胀
粉砂	$19<\omega\leqslant23$	$h_w\leqslant1.0$			
粉土	$22<\omega\leqslant26$	$h_w\leqslant1.5$			
	$26<\omega\leqslant30$	$h_w>1.5$			
黏性土	$\omega_P+5<\omega\leqslant\omega_P+9$	$h_w\leqslant2.0$			
	$\omega_P+9<\omega\leqslant\omega_P+15$	$h_w>2.0$			
粉砂	$\omega>23$	不考虑	$\eta>12$	V	特强冻胀
粉土	$26<\omega\leqslant30$	$h_w\leqslant1.5$			
	$\omega>30$	不考虑			
黏性土	$\omega_P+9<\omega\leqslant\omega_P+15$	$h_w\leqslant2.0$			
	$\omega\geqslant\omega_P+15$	不考虑			

注：1. ω_P 为塑限，ω 为冻前天然含水率在冻层内的平均值(%)。

2. 盐渍化冻土未列。

3. 塑性指数大于 22，冻胀性降低一级。

4. 粒径小于 0.005 mm 的颗粒含量大于 60%时，为不冻胀土。

5. 当充填物大于总质量的 40%，碎石类土的冻胀性按填充物土的类别判定。

6. 隔水层指季节冻结、季节融化活动层内的隔水层。

7. 对冻胀变形敏感的工程尚应分析冻胀类别为“不冻胀”土的微冻胀性对工程的影响。

$$\text{冻土层的平均冻胀率 } \eta=\frac{\Delta_z}{h-\Delta_z}\times100\% \tag{1-7}$$

式中：Δ_z 为地表冻胀量(mm)；h 为冻结层厚度(mm)。

7)填土的判定和分类

填土是人为活动堆填的土，一般具有成分复杂、固结时间短等特点。填土涉及将土壤、岩石或类似材料搬运至特定地点，以建立土坝、堤岸、路基或者平整地面。填土的目的通常是改变地形，为建筑工程提供支撑，或修复环境。

填土按物质组成和堆填方式分类，应符合表 1-21 的规定。

表 1-21　填土的分类

名称	填土特征
杂填土	土中含有较多的建筑垃圾、工业废料、生活垃圾等杂质
素填土	由碎石类土、砂类土、粉土、黏性土组成，不含杂质或杂质很少
冲填土	由水力冲填泥、砂等而成
填筑土	经人工按一定标准夯实、压密

二、岩土与地基基础的关系

岩土作为地基基础的重要组成部分，其本身的稳定性发挥了不可替代的作用。建筑物的安全和正常使用与基础工程勘察、设计、施工质量密切相关。随着大型、重型、高层建筑和大跨径桥梁等的日益增多，国内外在基础工程勘察设计与施工方面积累了不少成功的经验和出现了不少工程典范，然而也有不少失败的教训。因为基础属于地下隐蔽工程，一旦出现事故，事后补救十分困难。国内外对建筑物的地基基础勘察设计或施工不当，导致建筑物承载失效和造成重大经济损失的例子屡见不鲜。地基不均匀沉降导致建筑物倾斜、开裂、垮塌，如下文案例一、案例二中情境。

(1)专业学科的包容。岩土工程起着基础作用，岩土工程是指研究土与岩石在工程中的性质、行为以及它们与工程结构相互作用的科学。地基基础工程则是岩土工程的一个分支，主要研究建筑物或结构物的支承层的性质和承载能力，以及如何在此基础上设计安全稳固的基础。

(2)地基承载力的重要性。地基基础的设计和施工均依赖于对岩土即地基介质(土和岩石)的理解。土和岩石的性质，如强度、压缩性和透水性等，决定了地基的承载力，进而影响基础的设计方案。

(3)岩土条件的影响。不同的岩土条件对地基基础有着不同的影响。例如，软土、膨胀土、含水量高的土壤等，对基础的稳定性和安全性提出了额外的挑战，需要通过特殊的工程技术和设计手段来解决。

(4)地质灾害的考虑。岩土工程还需要考虑地质灾害对地基基础的影响，如地震、滑坡、沉降等，这要求岩土和地基基础工程师充分考虑这些因素，以确保结构的安全性。

(5)可持续发展的角色。随着对环境问题的日益关注，岩土与地基基础工程也需要考虑到可持续发展的要求。这涉及选择环境友好的材料和技术，减少工程对环境的影响，同时保障工程的安全性和稳定性。

案例一：苏州虎丘塔(云岩寺塔)

虎丘塔位于江苏省苏州市阊门外西北郊3.5 km的虎丘山之巅，因其位于云岩寺内，也称为云岩寺塔，如图1-13所示。虎丘塔始建于五代后周末期(约959年)，北宋建隆二年(961年)落成，距今已有1000多年的历史，比意大利的比萨斜塔还早建200多年。虎丘塔采用楼阁式砖塔形式，塔高47.7 m，平面呈八角形，分别由外壁、回廊、塔心组成。虎丘塔在明代崇祯十一年(1638年)改建第7层时发生倾斜，当时曾将此层位置略向相反方向校正以纠正倾斜，但由于地基出现不均匀沉降，近300年来塔身倾斜还在继续发展。1956—1957年，苏州市政府首先对塔身进行加固，即在每层塔身加钢箍3道，并在每层楼面的东西方向和南北方向加置十字钢筋，于塔身钢筋拉结在一起，由此保住了虎丘塔不坍塌，并对塔体裂缝和塔壁缺损部位喷灌水泥砂浆进行修补。1981—1986年，苏州市进行了第二次大修，这次以加固塔基和基础为主，在塔底外围2 m处共打了44个深坑，直至岩石层，再在坑里构筑混凝土壳体基础，试图从根本上消除塔体沉降和倾斜的危险。据初步测量，塔顶部中心点距塔中心垂直线已过2.34 m，斜度为2.48 m，由于倾斜成因与意大利的比萨斜塔相似，故其被誉为“东方比萨斜塔”。

图 1-13　苏州虎丘塔

案例二：加拿大特朗斯康谷仓

1913 年建成的加拿大特朗斯康谷仓，由 65 个圆柱形筒仓组成，高 31 m，平面尺寸为 23.5 m×59.4 m，基础为钢筋混凝土筏板基础，厚 0.6 m。谷仓装谷物后，出现明显下沉，在 24 h 内西端下沉 8.8 m，东端上抬 1.5 m，谷仓整体倾斜 26°53′。事后勘察发现，基础下有厚达 16 m 的高塑性软黏土，谷物及谷仓质量在基底处产生的平均压力为 330 kPa，远远超过了地基承载力 251 kPa，从而造成地基整体破坏，如图 1-14 所示。因谷仓整体性很强，谷仓虽倾斜但完好无损。采取的补救措施是在谷仓下做了 70 多个支承于基岩上的混凝土墩，使用了 388 个 50 t 的千斤顶及支撑系统，才把仓体纠正，但其标高比原来降低了 4 m。

图 1-14　加拿大特朗斯康谷仓事故示意图

学习任务 2　认识地基岩土的工程特性

学习情境

中国位于亚洲东部、太平洋西岸，国土面积约 960 万平方公里，地大物博。区域环境不一样，地质条件也不一样，岩土的颜色、质地、物理力学性质差异很大。进行工程建设必须了解不同地区的地质条件，工程岩土的特点，因地制宜地开展工程建设。如图 1–15 所示，你知道都是什么岩土吗？有什么工程特性？让我们一起认识了解一下。

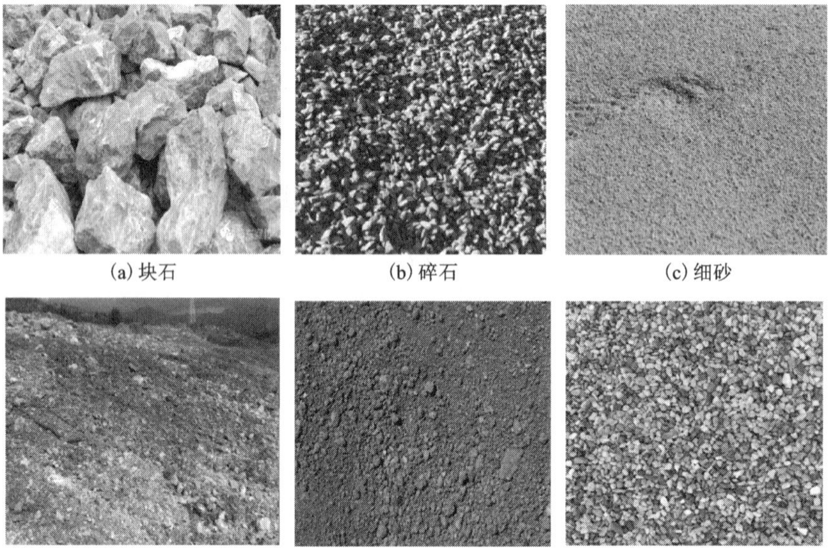

(a) 块石　(b) 碎石　(c) 细砂

(d) 碎石土　(e) 粘土　(f) 粗砂

图 1–15　不同类型地基土

知识导航

工程项目现场的地基岩土主要由岩石和地基土构成，不同区域、不同环境中的岩土差异性很大。岩土的工程特性可采用抗压强度、抗剪强度湿陷性、压缩性静力触探探头阻力、动力触探锤击数、地基承载力、侧摩阻力端阻力等指标描述。

一、岩石的工程特性

组成岩石的矿物成分不同，成因及风化程度也不一样，岩石表现出的软硬程度也不尽相同，因此其地基承载力不同。土建工程中，根据岩石的坚固程度可将其分为硬质岩石和软质岩石，根据岩石的风化程度可分为未风化岩石、微风化岩石、弱风化岩石、强风化岩石和全风化岩石。土建工程中微风化岩石和弱风化岩石可以作为土建结构物地基或桩基础持力层。

1. 岩石的组成

我们所居住的地球从外到内分别由地壳、地幔、地核三个部分组成。地壳厚度一般为 30~80 km，土建结构物的基础都位于这个部分。地壳位于地球的最外层，地壳组成物质中最基本的就是矿物，矿物是地壳中的各种化学元素在一定的地质条件下结合形成的天然化合物或单质。矿物的种类很多，能被人类利用的就是矿产，例如煤、石英、石墨、石油、铁矿石等，含矿产的岩石就是矿石，例如大理石、花岗岩、石灰岩等，其中含量高的有石英、云母、长石、方解石等。岩石中的矿物通常按照一定的规律聚合分布。

2. 岩石的指标

本教材对岩石的坚硬程度、软化性、结构类型、完整程度及节理发育程度进行分类，分类依据主要是岩石的不同指标。岩石坚硬程度的定量划分依据是岩石饱和单轴抗压强度(f_r)。同一岩体中岩石饱和单轴抗压强度与烘干状态下岩石饱和单轴抗压强度的比值就是岩石的软化性(K_r)，岩石的软化性按软化系数划分。岩石的质量通常是根据岩石质量指标(RQD)确定，如表 1-22 所示。

表 1-22　岩石质量指标

岩石质量	好的	较好	较差	差	极差
RQD 值	>90	75~90	50~75	25~50	<25

二、地基土的工程特性

土是一种在自然界中广泛存在的三相体系，自然界中的土体由固相(固体颗粒)、液相(土中水)和气相(土中气)组成，通常称为三相分散体系。固体颗粒构成土的骨架部分，骨架中的孔隙被液相水和气相气体填充。自然界中的每个土单元中由于三相部分所占比例不同，土的物理状态和工程性质也各不相同。

1. 土的颗粒组成

土的颗粒组成是指土中各种颗粒的类型、含量和粒度分布。土的颗粒类型主要有三种：砂粒，指粒径为 0.075~2 mm 的颗粒；粉粒，指粒径为 0.002~0.075 mm 的颗粒；黏粒，指粒径小于 0.002 mm 的颗粒。土的粒度分布是指土中各种颗粒含量的百分比。土的粒度分布可以用粒度曲线表示。

2. 土的孔隙性

土的孔隙性是指土中孔隙的多少和大小。土的孔隙性对土的渗透性、压缩性、承载力等工程特性有着重要影响。土的孔隙度是指土中孔隙的体积与土体总体积的比值。土的孔隙度越大，土的孔隙性越好。

3. 土的含水量

土的含水量是指土中水的质量与土的干土质量的比值。土的含水量对土的强度、变形性、压缩性等工程特性有着重要影响。土的含水量越低，土的强度越高，变形性越低，压缩性越低。

4. 土的密度

土的密度是指土的质量与土的体积的比值。土的密度反映了土的紧密程度。土的密度越大，土的紧密程度越高，强度越高。

5. 土的塑性

土的塑性是指土在含水量变化时体积和形状发生可逆性改变的能力。土的塑性对土的施工和使用有着重要影响。土的塑性越好，土的施工性越好，但土的稳定性越差。

6. 土的强度

土的强度是指土抵抗破坏的能力。土的强度是土的重要工程特性之一，是土体稳定性的重要指标。土的强度取决于土的颗粒组成、结构状态、含水量和密度等因素。

7. 土的变形性

土的变形性是指土在荷载作用下发生变形的能力。土的变形性是土的重要工程特性之一，是土体稳定性的重要指标。土的变形性取决于土的颗粒组成、结构状态、含水量和密度等因素。土的压缩模量、变形模量、压缩系数等压缩性指标可采用室内压缩、旁压、深层平板载荷或原位浅层等试验确定。

8. 土的渗透性

土的渗透性是指水流过土体的能力。土的渗透性是土的重要工程特性之一，是土体稳定性的重要指标。土的渗透性取决于土的颗粒组成、结构状态和含水量等因素。

学习任务 3　计算地基承载力

学习情境

如图 1-16 所示为某区域的地质剖面图，上面要建设一座中桥，地层情况从上到下分别为腐殖土地层、一般黏性土地层、砂卵石地层、中等风化岩石地层，通过前期勘探和试验获得钻孔柱状图、土质的物理力学性质指标，以及水文条件、地质条件、桥梁的工程地质评价表。思考：如何确定不同土层的承载能力？确定不同类型地基土的容许承载力的方法有哪些？

图 1-16　某区域的地质剖面图

知识导航

地基承载力是指地基土单位面积上承受荷载的能力。在荷载作用下，地基土内部应力改变附加应力引起地基土体变形，使地基沉降，土体剪应力增加。当荷载不断增大，地基承载不满足要求时,地基会失稳破坏，此时地基承载力达到极限承载力大小。地基破坏主要有整体剪切破坏、局部剪切破坏、冲切剪切破坏等三种破坏形式。实践表明，地基发生破坏多数是由地基土持力层抗剪强度不足，土体发生剪切破坏引起的。

地基的比例界限是指地基土中即将出现且未出现塑性变形区时对应的基底压力。地基的临界荷载是指允许地基内产生一定范围塑性区所对应的荷载。地基的极限荷载(地基的极限承载力)是指地基承受基础传递荷载的极限压力。

地基承载力特征值(地基容许承载力)是指保证地基不发生破坏(不产生过大沉降)、留有一定安全储备时所允许的最大基底压力，(兼顾地基强度、稳定性和变形)。地基承载力特征值(地基容许承载力)是在地基原位测试或规范给出的各类岩土承载力特征值 f_{a0} 的基础上，经修正后得到。桥涵地基承载力的验算应以修正后的地基承载力特征值 f_a 乘以地基承载力抗力系数 γ_R 确定，并应符合规范条款要求。

地基及岩土的工程特性指标的代表值可采用平均值、标准值或特征值。岩土的强度指标应取标准值，压缩性指标应取平均值，地基承载力指标应取特征值。

1. 地基容许承载力的确定方法

地基容许承载力的确定方法如图 1-17 所示。

图 1-17　地基容许承载力确定方法

1) 原位测试法

原位测试法是一种通过现场试验确定地基承载力的方法。以实测数据为基础，结合区域性、工程经验确定地基土的承载力。这种方法快捷、方便、适用、准确。

原位测试法是在保持岩土层的位置不变，保持天然结构不变，在天然含水量以及天然应力状态下，测定岩土的工程力学性能指标的方法。

原位测试方法主要包括静力触探、动力触探、标准贯入试验、载荷试验(浅层平板载荷试验、深层平板载荷试验)、十字板剪切试验、旁压试验、扁铲在侧胀试验、应力铲试验、现场直剪试验、岩体应力试验、岩土波速测试等(图 1-18)。其中，载荷试验为最可靠的原位测试法。

动力触探试验利用一定的锤击动能，将一定规格的圆锥探头打入土中，然后依据贯入击数或动贯入阻力判别土层的变化，确定土的工程性质，对地基土作出岩土工程评价。按贯入能力的大小重锤质量不同可分为轻型、重型、超重型三种。

标准贯入试验(SPT)，是用质量为 63.5 kg 的穿心锤，以 76 cm 的落距，将标准规格的贯

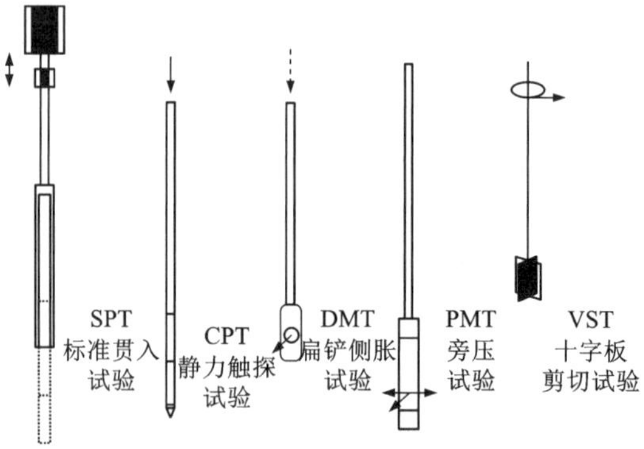

图 1-18　部分原位测试方法

入器，自钻孔底部打入 15 cm，以后每打入土层 30 cm 的锤击数，为实测锤击数 N，记录打入 30 cm 的锤击数，判定土的力学特性。

地基承载力特征值 f_{a0} 宜通过载荷试验或者其他原位测试方法实测取得，其值应小于等于地基极限承载力的一半，对其他实测开展有困难的，查规范表格确定。

2）理论公式法

理论公式法是通过试验确定土的抗剪强度指标，然后套用公式计算以确定地基土承载力的方法。抗剪强度指标根据不同土质条件、不同试验方法、不同工程情况选用。确定土的抗剪强度的方法主要有室内试验和现场试验。室内试验主要有直接剪切（直接快剪、固结快剪、直接慢剪）试验、三轴剪切（固结排水剪、不固结不排水剪、固结不排水剪）试验、无侧限抗压强度试验（单剪试验）。现场试验主要是十字板剪切试验、旁压试验。用理论公式法确定地基承载力受试验结果影响大，因为试样在采样、运输、保管的过程中可能受到干扰，试样易扰动，测试结果可能偏高或者失真。

3）当地经验法（参照的方法）

当地经验法是一种基于同地区的使用经验进行类比判断以确定承载力的方法，这是一种辅助方法。在地层条件相近、地层起伏变化不大时，如附近已有建设资料包含地基承载力数据，新建工程可以根据经验和已有资料，参考周围地基的承载能力确定相关数值。

4）经验公式法（规范表格法）

经验公式法是指根据岩土类别、岩土状态、工程经验、各项指标（室内物理力学指标、现场测试指标或野外鉴别指标），通过查规范表格确定地基承载力特征值 f_{a0} 的方法，可按表 1-23 至表 1-26 的规定确定。这种方法快捷、方便，能近似计算，大部分土质条件适用，特殊地质土不能直接套用。采用的规范不同（包括不同部门、不同行业、不同地区的规范），其承载力不会完全相同，应用时需注意各自的使用条件。

下面以《公路桥涵地基与基础设计规范》（JTG 3363—2019）为例，介绍用经验公式法确定地基容许承载力的步骤和方法：首先确定土的分类名称，其次确定土的状态，最后确定土的容许承载力（根据情况确定是否需要修正）。

根据岩石的坚硬程度、节理发育情况按表 1-23 确定一般岩石地基承载力特征值 f_{a0}。溶洞、断层、软弱夹层、易溶岩石、软化岩石等复杂的岩石应按各项因素综合确定地基承载力特征值。

表 1–23　承载力特征值 f_{a0}（岩石地基）　单位：kPa

坚硬程度	节理发育程度		
	节理不发育	节理发育	节理很发育
坚硬岩、较硬岩	>3000	2000~3000	1500~2000
较软岩	1500~3000	1000~1500	800~1000
软岩	1000~1200	800~1000	500~800
极软岩	400~500	300~400	200~300

根据碎石土密实度、碎石土类别按表 1–24 确定碎石土地基承载力特征值 f_{a0}。

表 1–24　承载力特征值 f_{a0}（碎石土地基）　单位：kPa

类别	密实度			
	密实	中密	稍密	松散
卵石	1000~1200	650~1000	500~650	300~500
碎石	1000~800	800~550	550~400	400~200
圆砾	600~800	400~600	300~400	200~300
角砾	500~700	400~500	300~400	200~300

根据砂土地基的密实程度、湿度条件按表 1–25 确定地基承载力特征值 f_{a0}。

表 1–25　承载力特征值 f_{a0}（砂土地基）　单位：kPa

土的名称	湿度	密实度			
		密实	中密	稍密	松散
砾砂、粗砂	与湿度无关	550	430	370	200
中砂	与湿度无关	450	370	330	150
细砂	水上	350	270	230	100
	水下	300	210	190	—
粉砂	水上	300	210	190	—
	水下	200	110	90	—

根据天然孔隙比 e、液性指数 I_L，按表 1–26 确定一般黏性土地基承载力特征值 f_{a0}。

表 1–26　承载力特征值 f_{a0}（一般黏性土地基）　单位：kPa

天然孔隙比 e	液性指数 I_L												
	0	0.1	0.2	0.3	0.4	0.5	0.6	0.7	0.8	0.9	1.0	1.1	1.2
0.5	450	440	430	420	400	380	350	310	270	240	220	—	—
0.6	420	410	400	380	360	340	310	280	250	220	200	180	—
0.7	400	370	350	330	310	290	270	240	220	190	170	160	150

续表1-26

天然孔隙比 e	液性指数 I_L												
	0	0.1	0.2	0.3	0.4	0.5	0.6	0.7	0.8	0.9	1.0	1.1	1.2
0.8	380	330	300	280	260	240	230	210	180	160	150	140	130
0.9	320	280	260	240	220	210	190	180	160	140	130	120	100
1.0	250	230	220	210	190	170	160	150	140	120	110	—	—
1.1	—	—	160	150	140	130	120	110	100	90	—	—	—

修正后的地基承载力特征值 f_a 按式(1-8)确定。当基础位于水中不透水地层上时，f_a 按平均常水位至一般冲刷线的水深每米再增大 10 kPa 提升。

$$f_a = f_{a0} + K_1\gamma_1(b-2) + K_2\gamma_2(h-3) \tag{1-8}$$

式中：f_a 为修正后的地基承载力特征值(修正后的地基容许承载力)(kPa)。f_{a0} 为地基承载力特征值(地基容许承载力)(kPa)。K_1、K_2 分别为基础宽度、深度方面的修正系数，根据基底持力层土的类别按表 1-27 示确定。γ_1 为基底下持力层土的天然重度(kN/m^3)，当持力层在水面以下且为透水性土时，应采用浮重度。γ_2 为基底以上土的重度(为多层土时采用换算重度计算)(kN/m^3)，当持力层在水面以下且为不透水性土时，不论基底以上土的透水性质如何，应一律采用饱和重度；当持力层为透水性土时，水中部分土层应取浮重度。b 为基础底面的最小边宽(m)，当 $b<2$ m 时，取 $b=2$ m；当 $b>10$ m 时，取 $b=10$ m。h 为基础底面的埋置深度(m)，有水流冲刷的基础，按一般冲刷线算起；没有水流冲刷的基础，按天然地面算起；当 $h<3$ m 时，取 $h=3$ m；当 $h/b>4$ 时，取 $h=4b$。

表 1-27　地基承载力宽度、深度方面的修正系数

土类 系数	黏性土				粉土	砂土								碎石土			
	老黏性土	一般黏性土		新近沉积黏性土	—	粉砂		细砂		中砂		砾砂、粗砂		碎石、圆砾角砾		卵石	
		$I_L\geq$ 0.5	$I_L<$ 0.5		—	中密	密实	中密	密实	中密	密实	中密	密实	中密	密实	中密	密实
K_1	0	0	0	0	0	1.0	1.2	1.5	2.0	2.0	3.0	3.0	4.0	3.0	4.0	3.0	4.0
K_2	2.5	1.5	2.5	1.0	1.5	2.0	2.5	3.0	4.0	4.0	5.5	5.0	6.0	5.0	6.0	6.0	10.0

注：1. 对于稍密和松散状态的砂、碎石土，K_1、K_2 值可采用表列中密值的 50%。

2. 强风化和全风化的岩石，参照所风化成的相应土类取值；其他状态下的岩石不修正。

2. 软弱下卧层承载力的确定方法

当持力层下存在明显的软弱层时，此时必须验算软弱层地基承载力。软土地基承载力容许值 f_a 按规范表格确定。软土地基承载力特征值 f_{a0} 应由载荷试验或其他原位测试方法取得。当原位测试方法和载荷试验有难度时，中小桥、涵洞基底未经处理的软土地基承载力容许值 f_a 可采用以下两种方法确定。

(1)根据原状土天然含水率 ω，按规范表格确定软土地基承载力特征值 f_{a0}，然后计算修正后的地基承载力容许值f_a。

(2)根据原状土强度指标确定软土地基承载力容许值f_a。经排水固结方法处理的软土地基，其承载力特征值f_{a0}应通过载荷试验或其他原位测试方法确定；经复合地基方法处理的软土地基，其承载力特征值f_{a0}应通过载荷试验确定，然后按规范公式计算修正后的软土地基承载力容许值f_a。

3. 案例分析

某公路桥梁基础采用刚性扩大基础，桥梁类型为中桥，桥梁基础的宽度b为5 m，勘察报告揭露地质条件，岩土的参数指标和基础的入土情况如图1-19所示。河流中有冲刷作用，现已知淤泥质土的饱和重度$\gamma_{sat1}=23\ kN/m^3$，黏性土饱和重度$\gamma_{sat2}=22\ kN/m^3$，中密中砂饱和重度$\gamma_{sat3}=25\ kN/m^3$，根据《公路桥涵地基与基础设计规范》(JTG 3363—2019)，试确定持力层的地基容许承载力f_a。

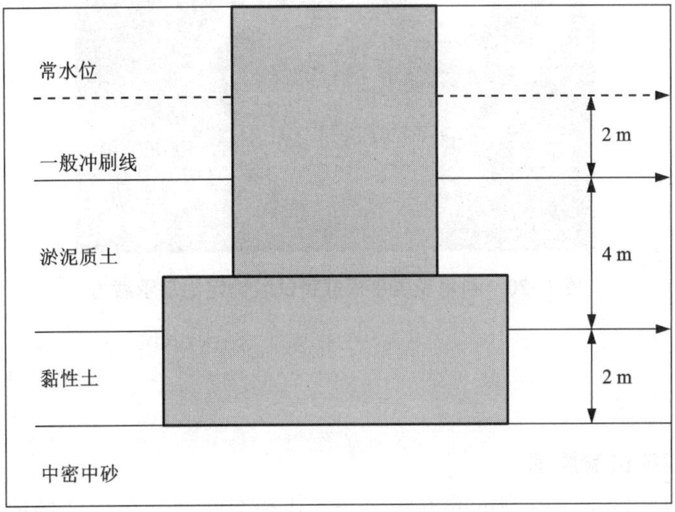

图1-19　某中桥示意图

(1)刚性扩大基础的持力层为中密中砂，地基的承载能力好，查表1-25得持力层地基承载力特征值$f_{a0}=370$ kPa，深度修正系数查表1-27$K_1=2.0$，宽度修正系数$K_2=4.0$。

(2)因持力层透水中密中砂，故取浮重度计算，γ_1为$25-10=15\ kN/m^3$，后续代入式中计算。

(3)因基底以上为有淤泥质土和黏性土两层土，基底以上土需要换成加权平均重度计算，且持力层透水，水中部分土层取浮重度计算，计算过程如下：

$$\gamma_2=\frac{(23-10)\times4+(22-10)\times2}{4+2}=12.67(kN/m^3) \tag{1-9}$$

(4)所以
$$f_a=f_{a0}+K_1\gamma_1(b-2)+K_2\gamma_2(h-3) \tag{1-10}$$

$$f_a=370+2\times(25-10)\times(5-2)+4\times12.67\times(6-3)=612.04(kPa)$$

因此确定持力层中密中砂的地基容许承载力为612.04 kPa。

学习任务 4　浅层平板载荷试验确定地基承载力

学习情境

某天然地基的承载能力为 60 kN，地基土质条件为较软的黏性土，不满足工程建设要求，经过人工处理后，需要重新测定复合地基的承载能力，采用如图 1-20 所示方法检测。思考：该种方法的基本原理是什么？这种方法有什么特点？如何确定地基土的承载能力呢？

图 1-20　利用浅层平板载荷试验确定地基承载力

知识导航

1. 浅层平板载荷试验原理

浅层平板载荷试验是原位测试的方法之一，其基本原理是在测试场地(地基持力层、岩土体原位)上放置圆形或方形的一定面积的载荷板(刚性板或承压板)，然后逐级施加竖向荷载在地基土上，观测在逐级荷载作用下的稳定沉降量，直至达到地基破坏标准，收集数据绘制 p-s 曲线(p 是指荷载，s 是指沉降)，然后依据相关规范确定地基土的承载力值和变形参数。浅层平板载荷试验具有直观、可靠、准确等特点，被广泛应用在地基基础勘察设计中。

2. 浅层平板载荷试验目的

浅层平板载荷试验的主要目的包括：可以确定地基土的变形特征，为地基上部工程的评估提供帮助；可以确定地基土的变形模量，为计算地基沉降提供参考；可以确定地基承载力特征值，为合理进行基础的设计提供依据；还可以为工程管理和施工验收提供参考资料，保障工程的质量和安全。

3. 浅层平板载荷试验适用条件

浅层平板载荷试验适用于 5 m 以内深度范围内地基的承压板下应力主要影响范围内地基承载力和变形参数确定，也适用于天然地基及人工地基(无竖向增强体)，还适用于单桩和多桩复合地基承载力的确定。《公路桥涵地基与基础设计规范》(JTG 3363—2019)规定：试验点不应少于 3 点，当试验实测值的极差不超过其平均值的 30%时，取平均值作为地基(复合地基）承载力特征值；当试验实测值的极差超过其平均值的30%时，根据地质条件、测试结果、试验操作、工程情况等分析确定。

4. 浅层平板载荷试验方法

浅层平板载荷试验的地基反力通过堆载法或地锚法等提供。结合地基土质条件、持力层的深度、碎石土的最大粒径、基础类型，在满足规范要求的条件下，合理地选择承压板的尺寸。例如，承压板可采用圆形、正方形钢板或钢筋混凝土板，承压板面积应不小于0.25 m^2，软土面积应不小于0.5 m^2，对于处理过的复合地基承载力的检验，承压板面积要求覆盖桩加固的面积，如图1-21所示。

浅层平板载荷试验

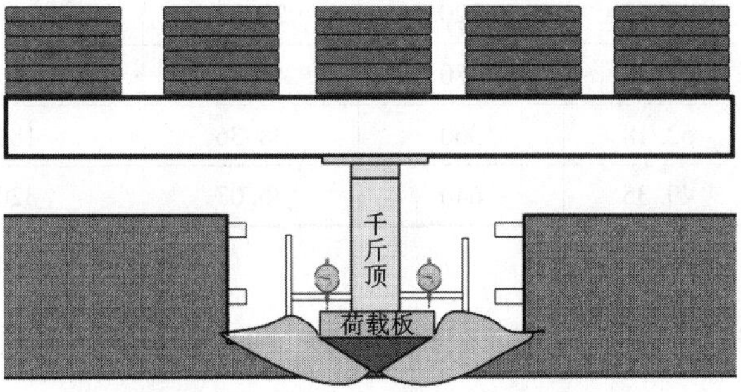

图1-21　基坑内浅层平板载荷试验

标高和尺寸满足要求。载荷试验的基坑的底部标高应与基础设计基底标高相符，且试坑尺寸满足要求。保持试验土层的原状结构和天然湿度。试验基坑宽度应大于等于承压板宽度或直径的3倍。在拟试压表面使用不超过0.02 m厚的中砂、粗砂层找平。

采用压力表或压力传感器测定载荷，根据千斤顶校准结果换算荷载，也可以用压力传感器直接测定；变形沉降采用百分表或位移传感器测量，百分表或位移传感器数量根据测试面积大小确定，一般为2~4个。

测点数量结合面积大小（每500 m^2≥1个点）确定，要求土（岩）地基载荷试验的检测数量大于等于3个；重要工程和复杂环境地基应增加检测点数。

试验荷载分多级施加，每级加载后在不同时间内测读一次沉降值，之后每隔0.5 h测读一次沉降值。沉降稳定判定标准是指在连续2 h内，沉降量不超过0.1 mm/h。当沉降稳定后可施加下一级荷载。当出现下列情况之一时，即可终止加载。

（1）刚性板周围的土体侧向挤出明显。

（2）变形沉降突然增大，p–s曲线有陡降段出现。

（3）在某一级荷载下，24 h内的沉降速率未达到稳定标准。

极限荷载的确定。当出现终止加载的上述情况之一时，取其对应的前一级荷载为极限荷载。当平板载荷试验达预定最大荷载时，未出现如上终止加载情况，最大荷载即极限荷载。

当p–s曲线上有比例界限且比例界限小于极限荷载的一半时，取该比例界限所对应的荷载值为承载力特征值；当比例界限大于等于极限荷载的一半时，取极限荷载值的一半为承载力特征值；当比例界限难以判定时，可取沉降量与承压板宽度之比等于0.01~0.015（宽度为0.7 m时，沉降量为7.00~10.50 mm）所对应的荷载值为承载力特征值。

5. 浅层平板载荷试验案例分析

某地层上预建工程项目，采用浅层平板载荷试验检验地基土的承载力，该处地基土是全风化的破碎带及全风化砂岩，含水率较低，土质坚硬，强度较低。设计要求的基础的承载力为 200 kPa，承压板面积为 0.5 m^2。试验共检测了 4 个测点，收集了各级数据，绘制了荷载的 s-lg$t$ 曲线、p-s 曲线。根据表 1-28 所示浅层平板载荷试验结果，试判断：各点承载能力是否满足要求？需如何处理？

表 1-28　浅层平板载荷试验结果表

测点编号	最大荷载/kPa	总沉降量/mm	极限荷载/kPa	同级沉降量/mm	承载力特征值/kPa	相应沉降量/mm
测点 1	760	49.44	720	29.02	360	9.02
测点 2	520	51.46	480	42.48	240	6.0
测点 3	400	52.18	360	38.36	180	9.8
测点 4	680	49.35	640	36.03	320	3.5

数据分析如下。

因试验点均在全风化土上，比例界限均不明显，所以承载力特征值的确定统一为极限荷载的一半。

测点 1 最大荷载为 760 kPa，总沉降量为 49.44 mm，曲线出现停止加载特征，判断达到破坏标准，根据规范要求，判断承载力特征值为极限荷载的一半，即承载力特征值为 360 kPa，承载力大于设计要求的基础的承载力。

测点 2 最大荷载为 520 kPa，总沉降量为 51.46 mm，曲线出现终止加载特征，判断达到破坏标准，根据规范要求，判断承载力特征值为极限荷载的一半，即承载力特征值为 240 kPa，承载力大于设计要求的基础的承载力。

测点 3 最大荷载为 400 kPa，总沉降量为 52.18 mm，曲线出现终止加载特征，判断达到破坏标准，根据规范要求，判断承载力特征值为极限荷载的一半，即承载力特征值为 180 kPa，地基承载力低于设计要求的基础的承载力。

测点 4 最大荷载为 680 kPa，总沉降量为 49.35 mm，曲线出现终止加载特征，判断达到破坏标准，根据规范要求，判断承载力特征值为极限荷载的一半，即承载力特征值为 320 kPa，承载力大于设计要求的基础的承载力。

综上，测点 1、2、4 承载力均高于设计要求的基础的承载力，只有测点 3 承载力低于设计要求的基础的承载力，于是需要分析测点 3 的土质情况，并对周围环境采取有效措施增大地基土的承载能力，满足设计需求。

单元知识巩固和拓展

一、知识要点汇总

1. 岩土的分类和结构类型划分：岩土主要分为漂石、块石、卵石、碎石、圆砾、角砾、砂砾等，分类依据为颗粒的大小；不同的结构类型如厚层状、块状、柱状等对工程建设的稳定性和地基承载力有显著影响。

2. 地基容许承载力是指使地基不发生破坏(不产生过大沉降)、留有一定安全储备时所允许的最大基底压力。地基的破坏形式，主要包括整体剪切破坏、局部剪切破坏和冲切剪切破坏，多数破坏是由地基土持力层抗剪强度不足引起的。

3. 原位测试方法包括触探试验(静力、动力)、标准贯入试验、载荷试验、十字板剪切试验、旁压试验、扁铲侧胀试验、应力铲试验、现场直剪试验、岩体应力试验、岩土波速测试等。

4. 地基容许承载力确定方法主要有原位测试法、经验公式法、理论公式法等。其中，现场原位试验法主要有平板载荷试验、标准贯入试验、静力触探试验；经验公式法根据公式的建立方法有回归分析法、聚类分析法和主成分分析法；理论公式法主要有极限平衡法、弹塑性理论法、有限元法。

5. 经验公式法是指一种基于历史数据、长期实践和地基工程经验建立起来的计算方法。这种方法通过简单的数学公式来估算地基的承载力。它通常用于初步设计阶段或在地质数据不充分的情况下快速提供预估。其中，经验公式是指根据以往工程经验和实际测量的数据归纳总结出的，用于快速计算特定工程参数的数学表达式。

6. 浅层平板载荷试验基本原理是在测试场地上放置圆形或方形的一定面积的承压板，然后逐级施加竖向荷载在地基土上，观测在逐级荷载作用下的稳定沉降量，直至达到地基破坏标准。试验时需要收集数据绘制 p–s 曲线，然后依据相关规范确定地基土的承载力值和变形参数。

二、习题练习

习题练习答案

(一) 单选题

1. 地基岩土的分类中，颗粒粒径大于 800 mm 的是(　　)。

A. 中砂　　B. 漂石或块石

C. 细圆砾　　D. 粉粒

2. 地基承载力的定义是指(　　)。

A. 地基土单位面积上的最大承载能力

B. 地基土单位面积上的平均承载能力

C. 地基土内部应力改变附加应力引起的变形

D. 地基土单位面积上承受荷载的能力

3. 在岩土工程分类标准中，以下哪种岩体完整性指数 K_v 的描述是正确的？(　　)

A. $K_v>0.75$ 表示岩体完整　　B. $0.55<K_v\leqslant0.75$ 表示岩体较完整

C. $0.35<K_v\leqslant0.55$ 表示岩体较破碎　　D. 所有选项都正确

4. 下列关于土的结构描述错误的是(　　)。

A. 单粒结构的土体渗透性强　　B. 浮粒结构的土体抗剪强度高

C. 团粒结构的土体有良好的透水性　　D. 浮粒结构的土体压缩性较高

5. 以下关于土的构造描述正确的是(　　)。

A. 层状构造是由侵蚀作用形成的　　B. 块状构造的土体弹性较强

C. 柱状构造多见于冻胀土中　　D. 土的构造不影响工程性质

6. 柱状构造一般是因为以下哪种作用形成？(　　)

A. 水力作用　　B. 风化作用　　C. 冻胀作用　　D. 构造作用

7. 需要考虑岩石的哪些特征，从而对其完好程度进行判断？(　　)

A. 色泽　　B. 矿物成分　　C. 结构特征　　D. 所有选项

8. 粗角砾的粒径(d)范围是多少？(　　)

A. 40 mm<d≤60 mm　　B. 20 mm<d≤40 mm

C. 10 mm<d≤20 mm　　D. B 和 C 都正确

9. 以下哪个选项不是地基土的工程特性？(　　)

A. 颗粒组成　　B. 孔隙性　　C. 密度　　D. 热导性

10. (　　)是保证地基不发生破坏(不产生过大沉降)、留有一定安全储备时所允许的最大基底压力。

A. 地基承载力　　B. 地基压力

C. 地基强度　　D. 地基的承载力特征值(地基容许承载力)

11. 某浅基础底面的压应力为 200 kPa，地基土的容许承载力为 400 kPa，请问进行基础设计计算时，施工阶段地基承载能力满足要求吗？(暂不考虑其他因素)(　　)

A. 满足　　B. 不满足　　C. 不知道

12. (　　)是一种通过现场试验确定地基承载力的方法，以数据为基础，结合区域性、工程经验，确定地基土的承载力，这种方法方便、适用、快捷、准确。

A. 原位测试法　　B. 理论公式法　　C. 经验公式法　　D. 当地经验法

13. (　　)是根据岩土类别、岩土状态、工程经验、各项指标(室内物理力学指标、现场测试指标或野外鉴别指标)，通过查规范表格确定承载力特征值f_{a0}的方法。

A. 当地经验法　　B. 理论公式法　　C. 经验公式法　　D. 原位试验法

14. (2015 年注册岩土工程师试题)以下关于载荷试验的终止条件描述正确的是？(　　)

A. 承压板周围的土体有明显的侧向挤出

B. 沉降量超过承压板直径或宽度的 1/12

C. 24 h 内沉降随时间近似等速或加速开展

D. A、B、C 三者之中的任何一种

15. (2012 年注册岩土工程师试题)某建设场地为岩石地基，进行了 3 组岩基载荷试验，试验数据如下。请问根据试验数据，岩石地基承载力特征值为(　　)。

序号	比例界限(kN)	极限荷载(kN)
1	640	1920
2	510	1580
3	560	1440

A. 480 kPa　　B. 510 kPa　　C. 570 kPa　　D. 823 kPa

16. 浅层平板载荷试验适用于深度 5 m 以内地基的承压板下应力主要影响范围内的地基承载力和变形参数确定，试验点不应少于(　　)点，承压板面积应不小于 0.25 m^2，软土面积应不小于(　　) m^2。

A. 3　0.5　　B. 4　0.6　　C. 5　0.7　　D. 6　0.8

17. 原位测试中静力触探适用于下面哪种土质条件？(　　)

A 淤泥、黏性土　　B. 填土、黏性土、密实粉砂

C. 粉土、淤泥、黏性土、密实粉砂　　D. 粉土、黏性土、密实粉砂及含碎石的土层

18. 原位测试中标准贯入的锤重质量为？（　　）

A. 40 kg　B. 10 kg　C. 120 kg　D. 63.5 kg

19.《公路桥涵地基与基础设计规范》(JTG 3363—2019)把岩土分为以下几类，描述错误的是(　　)。

A. 工程岩土可以分为特殊性岩土、岩石、碎石土、砂土、粉土、软黏土

B. 黏性土有坚硬、硬塑、可塑、软塑、流塑几种状态

C. 砂土包含砾砂、粗砂、中砂、细砂、粉砂

D. 特殊性岩土包含软土、膨胀土、湿陷性土、红黏土、冻土、盐渍土、填土几种

20.(2019年注册岩土工程师试题)根据《岩土工程勘察规范(2009年版)》(GB 50021—2001)，标贯试验中钻杆直径使用正确的是下列哪个选项？（　　）

A. 42 mm　B. 50 mm

C. 42 mm 或 50 mm　D. 50 mm 或 60 mm

(二)多选题

1. 地基破坏的三种主要形式是哪些？（　　）

A. 整体剪切破坏　B. 局部剪切破坏

C. 冲切剪切破坏　D. 弯曲破坏

2. 在确定地基承载力时经验公式法(规范表格法)需要考虑的因素包括哪些？（　　）

A. 岩土类别和状态　B. 工程经验和指标

C. 土的颜色和味道　D. 岩石含水量和渗透系数

3.(2018年注册岩土工程师试题)采用换填垫层法处理的地基，下列关于地基承载力的确定或修正的说法中，正确的选项有哪些？（　　）

A. 按地基承载力确定基础底面尺寸时，其基础宽度的地基承载力修正系数取零

B. 垫层的地基承载力宜通过现场静载荷试验确定

C. 处理后的垫层承载力不应大于处理前地基承载力的1.5倍

D. 某基槽式换填垫层，采用干密度大于2100 kg/m^3 的级配砂石换填，其基础埋深的修正系数可取2.0

(三)判断题

1. 地基岩土分类中将粒径为0.075~2.0 mm的颗粒定义为砂粒。（　　）

2. 地基承载力是指地基土内部应力改变附加应力引起地基土体剪应力增加的能力。（　　）

3. 地基破坏主要有两种形式：整体剪切破坏和局部剪切破坏。（　　）

4. 团粒结构的土体比单粒结构的土体具有更强的渗透性。（　　）

5. 岩石的结构面间距对其稳定性和承载力具有显著影响。（　　）

6. 地基的临界荷载是指基底压力达到造成塑性变形区出现的荷载。（　　）

7. 土的微观组成与宏观构造相互独立，互不影响。（　　）

8. 任何时候土中的液相(孔隙水)不存在时，土被称为饱和土。（　　）

9. 土的含水量对土的强度、变形性、压缩性等工程特性没有显著影响。（　　）

10. 在地基土的工程特性中，土的密度是指土的质量与体积的比值。（　　）

(四)简答题

1. 不同岩土类型按照粒径的分类及其对应的粒径范围有哪些？

2. 什么是地基承载力和地基容许承载力？

3. 列举造成地基破坏的三种主要形式，并简要解释每种形式。

4. 土的结构对其工程特性有何影响？

5. 经验公式法如何确定地基土的承载力？

6. 什么叫原位测试法？原位测试包含哪些试验？

7. 地基承载力的确定方法有哪些？

8. 浅层平板载荷试验的原理和目的是什么？

9. 列举原位测试方法（任写其五）。

（五）计算题

（2018 年注册岩土工程师试题）桥梁墩台基础底面尺寸为 5 m×6 m，埋深 5.2 m。地面以下均为一般黏性土，按不透水考虑，天然含水率 $\omega=24.7\%$，天然重度 $\gamma=19.0\ \text{kN/m}^3$，土粒相对密度 $G=2.72$，液性指数 $I_L=0.6$，饱和重度为 $19.44\ \text{kN/m}^3$，平均常水位在地面上 0.3 m，一般冲刷线深度为 0.7 m，水的重度取 $\gamma_w=9.8\ \text{kN/m}^3$。按《公路桥涵地基与基础设计规范》（JTG 3363—2019）确定修正后的地基承载力容许值，其值最接近以下哪个选项？（　　）

A. 275 kPa　　B. 285 kPa　　C. 289 kPa　　D. 303 kPa

三、知识点拓展

案例拓展一：北方某城市房屋变形沉降案例分析

北方某城市高层建筑的地表突然出现大面积沉陷和开裂，如图 1-22 所示，地表的破坏情况比较严重。随后专家们从设计、施工方面进行了详细的调查和分析。专家们审慎、科学地给定研判结果，将其定性为突发地质灾害。主观原因不排除地热井打井施工触及了深层地质构造，从而导致涉事地区浅层水土流失，出现地面沉降等现象。客观原因可能是房屋建筑下有一定深度的地下水层，事发地底下 1300 m 深度以下存在地质空腔。总的来说，因为人为的干预（地热井打孔贯穿了地下水层，部分水可能流入了下部的地质空腔）破坏了原有的地质平衡，房屋建筑下地基土的承载力减弱，由量变引起了质变，导致这一问题的发生。

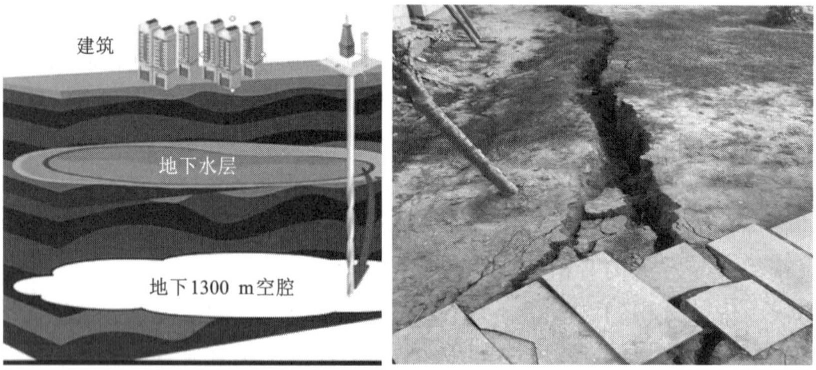

(a) 地层结构　　(b) 地面沉陷开裂

图 1-22　某城市房屋变形沉降案例

（案例来源——网络平台资料）

案例拓展二：砂土地基液化案例分析

砂土液化是指砂土受到振动时，砂土空隙中的水会被排出，形成“喷砂冒水”现象。如果砂土体的透水性不好，孔隙水不能及时排出，必然引起孔隙水压力上升，则砂土的有效应力会随之降低，直至为零，于是砂土就会悬浮于水中，此时砂土的抗剪强度与抗剪刚度几乎都等于零，土体处于流动状态，这就是砂土液化现象，如图1-23所示。砂土液化的危害是常使地基失效，地面出现不同程度的沉陷，造成建筑物倾斜、开裂、倾倒或下沉，破坏农田。

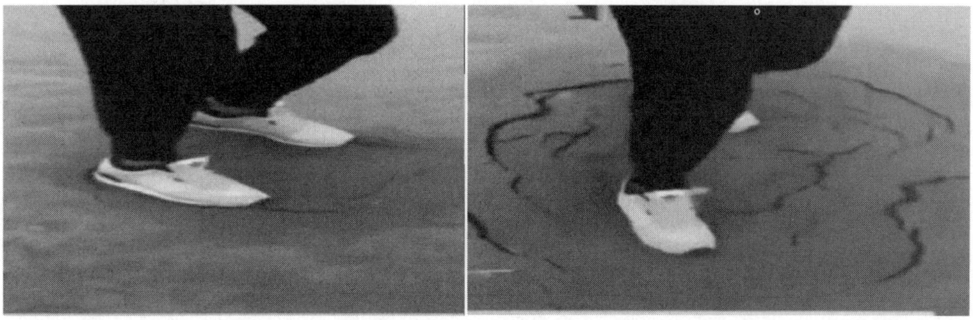

(a) 跳1次　　(b) 跳多次

图1-23　砂土地基液化

在设计基础时应尽量避免将未经处理的液化土层作为地基持力层，而是选择表层非液化盖层厚度大、地下水埋藏深度大的地区作为建筑场地。计算非液化土层和不饱和水砂层的自重压力，如其值接近或等于液化层的临界值，则属符合要求的场地。选择地表地形平缓、液化砂层下伏底板岩土体平坦无坡度者为宜；选择液化均匀且轻微的地段时，液化层厚度均一较不均一的为好。

砂土液化地基处理：可采用加密法(如振冲、振动加密，挤密碎石桩，强夯等)加固处理至液化深度下界，且对地基边缘以外的处理宽度按规范要求实施；采用非液化土替换全部液化土层或增加上覆非液化土层厚度。

砂土液化基础和上部结构处理：选择合适的基础埋深(因基础形式而定)；调整基础底面积，减少基础偏心；加大基础刚度和加强整体性；减轻荷载，增大上部结构的整体刚度和增强均匀对称性。

模块二　地基处理

单元一　软弱地基处理

学习目标

【知识目标】

1. 理解软土的定义，软土地基的病害及其成因，软土的类型及其特点。

2. 熟悉软土的类型、识别方法，并了解软土地基的常见处理方法。

3. 学习具体案例，掌握软弱地基处理工程在实践中的应用。

【能力目标】

1. 分析评估能力：能够对软弱地基的特性进行准确评估，包括土壤的分类、物理和力学性质。

2. 培养施工技术能力：能够举一反三地匹配或设计出施工安全、经济效益好和环境可持续的软弱地基解决方案。

3. 培养问题解决能力：在遇到软弱地基的不利条件时，能够快速识别问题、分析原因、提出解决方案，并进行调整优化。

【素质目标】

1. 培养适应地基工程领域专业精神的职业素养，展现出对地基工程专业的热情与承诺，不断追求精益求精，确保工作质量满足高标准要求。

2. 培养具有责任感的职业素养，对所承担的地基工程项目有高度责任感，确保遵守规范、尊重自然、注意安全、保护环境。

3. 培养在地基工程领域持续学习的职业素养，树立终身学习观念，对知识的渴求不仅局限于专业技术，还拓展到专业相关领域。

学习导图

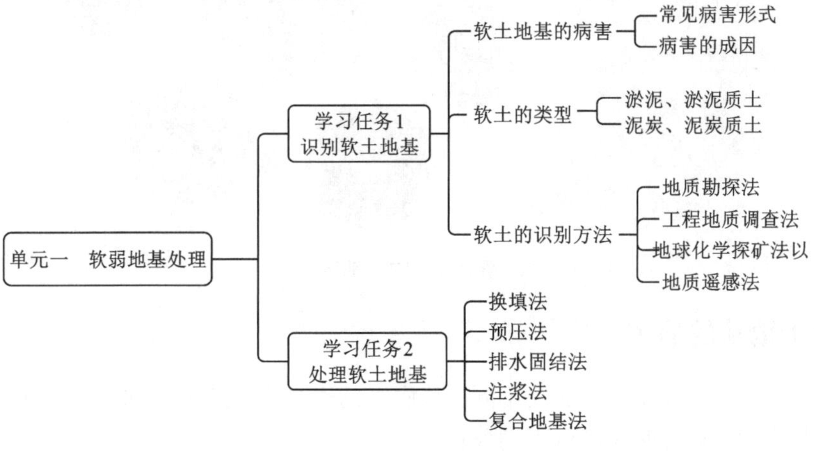

学习任务1　识别软土地基

学习情境

作为一名年轻的工程师，你参与了位于城市郊区的大型土建施工项目。该地区的土壤为深层软土地基，之前的初步勘探报告表明，该地区的地下存在大量的软土层，这对结构的稳定性和安全性提出了严峻的挑战。由于软土具有较高的压缩性和低承载力，传统的地基处理方法在此种地基条件下可能并不适用，或需要在施工阶段特殊考量。作为一名工程师，你要如何开始工作？让我们一起开始软土地基处置的学习。

首先是资料收集。翻阅历史地质调查报告，以收集该区域的地质资料，包括土层分布、土壤的物理及化学性质、过去处理软土问题的案例。

其次是现场考察。安排现场考察，直接观察土壤的状态，并与土木工程师、地质学家交流以获取更多的第一手资料。记录软土层的颜色、质感、水分、气味等特征和现场检测试验结果。

再次是方案讨论。组织一个团队讨论会，向团队展示收集到的数据，并初步分析软土地基的特点、承载力，探讨地基处理可行方案，并制定一系列施工和设计准则。

最后是总结。基于以上工作，归纳软土地基的识别要点，总结并评估提高软土地基稳定性的方法，将这一过程形成文档记录，用于类似情境参考或工程报告。

知识导航

软土地基常指强度低、压缩量高、透水性差、易液化的地基，软土地基是由软黏土、淤泥质土、沼泽泥炭质土等松散的土壤构成的地基，其承载力低，变形大，易发生沉降、变形、液化等问题。其特殊的工程性质对建筑物的结构安全性和耐久性有着严重威胁，因此，需要采取有效的措施进行防治，确保建筑物的安全稳定（图 2-1）。

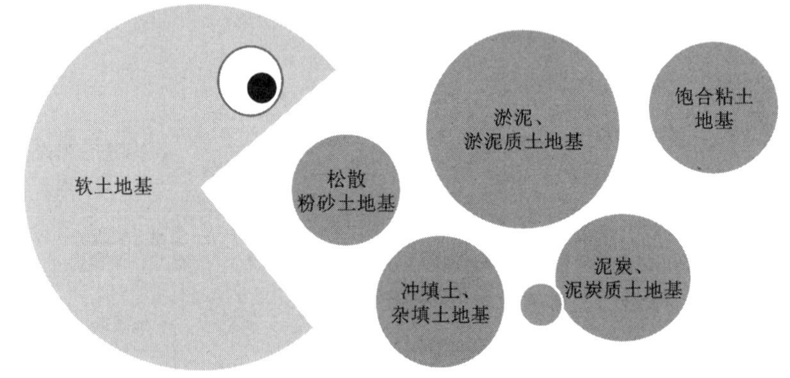

图 2-1　软土地基

一、软土地基的病害

软土地基由于软土构造、组成的不同，其病害的表现形式多样，进而导致建筑物病害情况不一，需要对不同病害形式进行不同分析。

1. 常见病害形式

软土地基病害主要包括沉降、变形、液化、地基破坏等问题。

1）沉降

软土地基在建筑物自重和荷载的作用下，会发生压缩变形，导致建筑物整体或局部沉降。沉降过大会导致建筑物倾斜、开裂甚至倒塌。

2）变形

软土地基在荷载的作用下，会发生不均匀压缩变形，导致建筑物发生倾斜、扭曲、拱起等。变形过大会导致建筑物结构破坏、使用功能受损。

3）液化

在强震等动荷载的作用下，软土地基中的孔隙水压力会迅速上升，导致土体失去抗剪强度，发生液化。液化会使建筑物失去支撑，发生倾倒、沉陷等灾害。

4）地基破坏

软土地基在长期荷载的作用下，可能会发生蠕变、剪切破坏等，导致地基承载能力下降，引发建筑物基础开裂、墙体倾斜、楼层坍塌等事故。

2. 病害的成因

软土地基病害的发生是多种因素共同作用的结果。

（1）软土地层的性质。软土地层越厚，性质越软弱，其发生病害的可能性就越大。

（2）建筑物的荷载。建筑物的荷载越大，对地基的压力就越大，导致地基发生病害的可能性就越大。

（3）地下水位。地下水位越高，对软土地基的稳定性影响就越大，导致地基发生病害的可能性就越大。

（4）地震活动。地震等动荷载会对软土地基产生强烈的冲击，导致地基发生液化等病害。

（5）施工质量。地基施工质量不合格，也会导致地基发生病害。

软土地层的厚度和性质、建筑物的荷载大小和分布、地下水位和地震活动等因素影响软土地基病害的程度。为了防止软土地基病害，需要针对不同软土类型采取对应的措施，提高地基的承载能力和稳定性。

二、软土的类型

软土通常是指强度低、压缩性大、承载能力低的土层，主要是指天然孔隙比≥1.0且天然含水量大于液限的细粒土。软土地基的类型繁多，其不同类型特征对工程建设的影响也不同，需要在工程设计和施工中进行详细的勘察和分析，并采取相应的处理措施，以确保工程的稳定性和安全性。工程建设中软土分为淤泥、淤泥质土、泥炭和泥炭质土、冲填土、系填土、杂填土、饱和软黏土以及其他高压缩性土等，如图 2-1 所示。

软土地基介绍

1. 淤泥、淤泥质土

淤泥是在水中沉积，含水率大于液限，天然孔隙比大于等于 1.5 的黏性土。淤泥质土是指淤泥含量大于 50%的土，它是一种富含黏土和有机质的土壤类型，通常呈现黏稠、湿润的状态，具有较高的保水性和肥力。这种土壤适合种植水稻、蔬菜和其他需要湿润环境的作物，常见于湖泊、河流、滩涂等区域，如图 2-2 所示。其物理力学性质的特点主要有：含水量高(>50%)，孔隙比大(>1)，压缩性大(压缩系数 Cv>0.5 MPa^{-1})，抗剪强度低(<20 kPa)，敏感性高，扰动后强度和稳定性会降低，具有较强的流动性，容易发生液化。其在工程方面主要体现为：地面沉降变形大，容易发生不均匀沉降，导致结构物倾斜、开裂甚至倒塌。

(a) 湖泊淤泥质土　　(b) 河流淤泥质土

图 2-2　河流、湖泊、滩涂区域常见淤泥质土

2. 泥炭、泥炭质土

泥炭是有机质含量大于 60%时的土，泥炭质土是由植物残体在缺氧条件下堆积而成的土。在某些河湖沉积低平原及山间谷地中，由于长期积水，水生植被茂密，在缺氧情况下，大量分解不充分的植物残体积累并形成泥炭层的土壤。尽管泥炭质土在工程性质上存在一些不利因素，但它作为有机物质资源具有巨大的开发利用潜力，可用于土壤改良、肥料、能源等方面。其物理力学性质的特点主要有：质地松软，容重小(<1.2 g/cm^3)，孔隙比大(>90%)，压缩性大(Cv>10 MPa^{-1})，有机质含量高(>60%)，腐殖酸含量高，酸性强(pH<4)，具有较强的吸水性和保水性。常见的有水藓泥炭地、沼泽泥炭地，如图 2-3 所示。泥炭质土在工程方面主要体现为：压缩变形大，长期沉降持续时间长，且易发生二次沉降，颜色呈黑色或深褐色。

(a) 水藓泥炭土　　(b) 沼泽泥炭土

图 2-3　常见泥炭质土

三、软土的识别方法

软土地基的识别是土木工程中的重要内容。在设计和施工中，对软土地基的认识和识别是至关重要的，直接影响工程的稳定性、承载力和变形性能，涉及地基的稳定性、安全性和

经济性。进行相应的地质勘查和土力学测试是识别、评估软土地基特性的关键步骤。软土地基常用的识别方法有地质勘探法、工程地质调查法、地球化学探矿法和地质遥感法。

1. 地质勘探法

通过钻孔、取样、试验等手段，获取地层的物理性质和力学性质，如密度、含水量、压缩系数、抗剪强度等，从而判断地层是否为软土。地质勘探是通过各种手段和方法对地质进行调查和探测的活动，主要目的是寻找和评价矿产资源、水资源、工程地质条件等。

地质勘探的常用方法是坑探、槽探、钻探和地球物理勘探。其中，坑探、槽探是用人工或机械方式挖掘坑、槽、井、洞，以直接观察地层岩性、结构和矿化情况，并取得原状土样；钻探是用钻机在地层中钻孔，以鉴别和划分地表下地层，并沿孔深取样。钻探是当前最常用的一种勘探方法，可以直接获得深层的地质资料。取样是获取地下地质信息的重要手段。取样时应注意保持样品的完整性，并尽量避免样品受到扰动。试验是获取地下地质信息的重要手段。常用的试验包括土工试验、力学试验、化学试验等。土工试验可以获取土壤、岩石的物理力学特性信息；力学试验可以获取土壤、岩石的强度特性信息；化学试验可以获取土壤、岩石的化学成分信息。

地球物理勘探是利用岩石和矿石的密度、磁性、导电性、弹性、放射性等物理性质的差异，用不同的物理方法和仪器探测天然的或人工的地球物理场的变化，推断和解释地质构造和矿产分布情况。常用物探方法有重力勘探、磁法勘探、电法勘探、地震勘探、放射性勘探等。

2. 工程地质调查法

工程地质调查是为了满足工程建设和地质灾害评估的需要，对地质情况进行系统、综合、科学的调查和研究。它涉及土壤、岩石、地下水等地质要素，以确保工程建设的可行性、安全性和稳定性。通过工程地质调查，可以对周边地形、地貌、植被、水文等因素进行相对详细的了解，如了解软土地基的分布范围和特征。工程地质调查是软土地基识别的间接方法，可以为地质勘查提供参考。工程地质调查常规调查项目包括地形地貌调查、植被调查、水文调查。

地形地貌调查可以了解软土地基的起伏程度、坡度等信息。软土地基通常分布在平坦、低洼地带，以及坡度较小的区域。地形地貌调查的结果可以提供关于地表地质特征的丰富信息，为地质勘查、工程设计、自然资源评估和环境保护提供基础数据。地形是指地表高低起伏的总体特征。地形调查可以了解工程建设区域的地势起伏、坡度、形态等信息。地貌是指地表由自然力作用形成的各种形态。地貌调查可以了解工程建设区域的岩石类型、土壤类型、植被类型等信息，主要采取野外调查和遥感调查等调查方法进行。

植被调查是工程地质调查中的一项重要任务，旨在了解和记录调查区域内的植被分布、类型、密度、生长状况等信息，还可以了解软土地基的含水率、盐碱度等信息。软土地基通常植被稀疏，土壤颜色较深。这些信息对于环境评估、土地利用规划、生态学研究以及地质勘查中的土壤稳定性评估等都具有重要的意义。常见的调查内容包括植被类型、植被覆盖度、植被生长状况；常见的调查方法包括野外调查、遥感调查等。

水文调查是工程地质调查的重要组成部分，是对工程建设区域的水文特征进行调查研究的方法。水文调查可以为工程设计、施工、维护提供依据。软土地基通常地下水位较高，土壤含水率较高，需要引起高度重视。

3. 地球化学探矿法

地球化学探矿是指利用岩石和矿石的化学成分和元素含量的差异，用不同的化学方法和仪器采集并分析岩石、土壤、水等样品中的化学元素，确定和评价矿产分布情况。常用的地球化学探矿方法有岩溶法、流溶法、气溶胶法等。

地球化学探矿岩溶法是一种利用岩溶作用产生的地球化学异常来寻找矿产资源的方法。岩溶作用是指碳酸盐岩、石膏、盐岩等易溶岩石在地下水的作用下发生溶解、沉淀、再结晶等的过程，形成各种岩溶地貌和岩溶空间。岩溶作用可以改变岩石的物理性质和化学成分，从而影响地球化学场的分布。岩溶法主要适用于寻找与碳酸盐岩有关的矿产资源，如铅锌、铁、锰、金、铜等。岩溶法的基本原理是当含有矿物质的水流通过岩溶空间时，会在其中沉积或吸附一定量的矿物质，产生岩溶异常。通过对岩溶异常的采样、分析和解释，可以判断矿体的位置、规模和品位。

地球化学探矿流溶法是一种利用地表水或地下水中的溶解物来反映矿体的存在和分布的方法。流溶法的基本原理是矿体与水接触时，会向水中释放出一些元素或化合物，产生流溶异常。流溶异常的产生受到多种因素的影响，如矿体的性质、地质构造、水文条件、气候条件等。流溶法的优点：可以探测到深部或隐伏的矿体，可以覆盖大面积的区域，可以减少样品数量和降低分析费用，可以提高探矿效率和精度。流溶法的缺点：流溶异常受到多种干扰因素的影响，需要对复杂的异常进行解释和划分，需要结合其他方法进行综合分析和评价。

地球化学探矿气溶胶法是利用气溶胶的物理和化学特性对矿物进行预测和勘探的方法。气溶胶是指在空气中悬浮的固体或液体粒子，其粒径通常在 0.001～10 μm 之间。矿物质在风化过程中会释放出各种化学元素，这些元素会被气溶胶吸附或包裹。因此，气溶胶的组成和含量可以反映矿物的存在。

常见的地球化学探矿气溶胶法主要有气溶胶的化学分析法、放射性分析法和光谱分析法。气溶胶的化学分析法主要是利用化学分析方法对气溶胶的组成进行分析，探测矿物质的含量。气溶胶的放射性分析法主要是利用放射性分析方法对气溶胶进行分析，探测矿物质的含量。气溶胶的光谱分析法主要是利用光谱分析方法对气溶胶进行分析，探测矿物质的含量。地球化学探矿气溶胶法是近些年发展起来的一种矿产资源勘探方法。

4. 地质遥感法

利用航空或卫星等平台搭载的各种传感器，获取地表的电磁波反射或发射信息，经过处理和解译，能识别和判别地表的岩性、构造、植被、水文等特征，为地质勘查提供宏观和综合的信息。常用的遥感方法有光学遥感、雷达遥感、红外遥感等。

软土地基的识别是一个复杂的过程，需要采取多种方法进行综合判断。除了上述提到的地质勘探法、工程地质调查法、地球化学探矿、地质遥感法，还可以根据土壤采样、实验室分析和原位测试等方法对软土成分、力学性质进行相关分析，也可以通过地震勘探技术等手段来确定地下地质结构，进一步明确软土层的分布和性质。在进行工程设计和施工前，必须对拟建场地的地质条件进行全面调查和评估，以确保地基的稳定性和安全性。综合运用各种科学手段和方法，能够为工程设计和施工提供更加准确可靠的地质资料，从而确保工程的顺利实施和质量安全。

学习任务 2　处理软土地基

学习情境

作为一名工程师，你参与了位于沿海城市新区的大型公共设施建设。该项目场地位于河口附近，地质勘查报告显示，土层主要由深度超过 30 m 的软黏土组成，含有较多水分，属于典型的软土地基。该软土地基的存在对项目的建设构成重大挑战，因为软土具有较高的压缩性和低承载力，若不进行适当处理，建筑物可能发生不均匀沉降甚至崩塌。作为一名工程师，你会如何处理？

在上一个学习情境中掌握了相关方法的基础上，开展如下工作。

首先是案例研究，根据当前项目条件筛选常用处置方法，分析历史上类似地基条件下的成功处理案例，研究他们采取的方法、过程中遇到的问题及解决方案，借鉴经验教训。

其次是技术方案实施计划编制。根据确定的地基处理方法，制定详细的施工实施计划，包括施工工艺、时间安排、预期效果与成本估算等。

再次是模拟演练与评估。通过建模模拟软土地基处理过程，预测地基处理后的效果，如土体强度提升、沉降量控制等，对方案进行评估和优化。

最后是总结。将整个学习过程中收集到的资料、讨论的内容和方案制定过程整理成文档，用于分组学习和经验分享，同时可以准备一次交流，向相关人员讲解软土地基处理的重要性和技术要点。

知识导航

软土地基普遍存在强度低、压缩性高、承载力低的土层，容易发生沉降、变形、液化等，对建筑物结构的稳定性和安全性造成严重威胁。软土地基处理的目的是提高地基的承载力和稳定性，减少沉降和变形，防止液化，确保建筑物的安全使用。

软土地基处理方法

软土地基的处理是工程地质处置中的常见问题。由于软土地基工程性质较差，易产生较大的沉降和变形，在工程建设中需要进行相应的处理以保证工程的安全和稳定。常见的软土地基处理方法有换填法、预压法、排水固结法、加固法和桩基础法等。

一、换填法

换填法是将软土挖除，换填坚硬的土料(图 2-4)。换填法是处理软土地基极有效的方法之一，适用于软土厚度较小(<5 m)、上部建筑物荷载较大、周围环境允许挖土换填的情况。

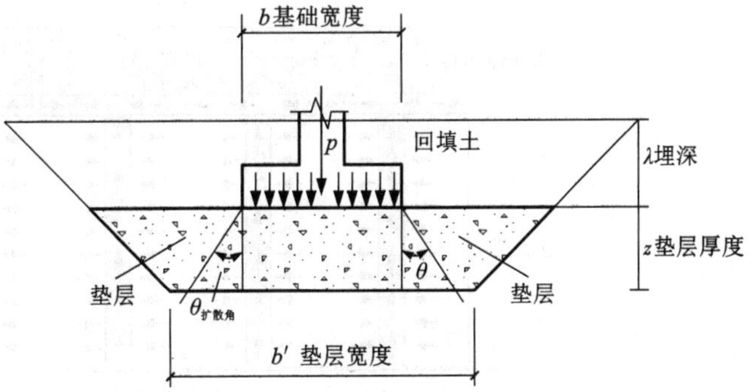

图 2-4　换填法示意图

案例：浦东国际机场 T2 航站楼地基换填法处置

上海浦东国际机场 T2 航站楼位于上海市浦东新区，地处长江三角洲冲积平原，地基土层为软弱淤泥质土，厚度为 30~40 m，承载力低，压缩性高，容易发生沉降和变形，对航站楼的安全性和稳定性造成严重威胁。为了提高地基承载力，减少沉降和变形，确保航站楼的安全使用，项目方采用了换填法处理软弱地基。

1. 处理方案

本案例中采用换填法，将软弱地基土层挖除，换填强度较高和压缩性较低的土料，以提高地基承载力，减少沉降和变形。

2. 具体适用条件

(1)软弱地基土层厚度较大，且分布均匀。

(2)有足够的场地和合格的换填土料。

(3)有足够的施工资金和时间。

3. 换填法施工工艺

(1)按照设计要求，确定换填深度和范围。

(2)采用挖掘机、卡车等机械设备进行土方开挖，将软弱淤泥质土挖除。

(3)采用压路机、夯实机等机械设备进行换填土料的碾压夯实，确保换填土料密实度符合要求。

(4)进行回填土料的质量检测，确保回填效果符合设计要求。

4. 换填法施工效果

通过换填法处理后，T2 航站楼的地基承载力明显提高，沉降和变形得到有效控制，航站楼的安全性和稳定性得到有效保障。

二、预压法

预压法是一种软土地基处理方法，通过在软土地基上施加预压荷载，加速软土地基的压缩变形和孔隙水排出，提高地基承载力和稳定性。预压法是利用荷载作用下土体的压缩性，通过预先压缩软土地基，使地基在建筑物自重和荷载作用下产生的沉降和变形提前发生，并在建筑物建造之前完成大部分沉降，从而减少建筑物建成后的沉降和变形(图 2-5)。该方法适用于软土厚度较大、上部建筑物荷载不大、有足够的时间进行预压的情况。

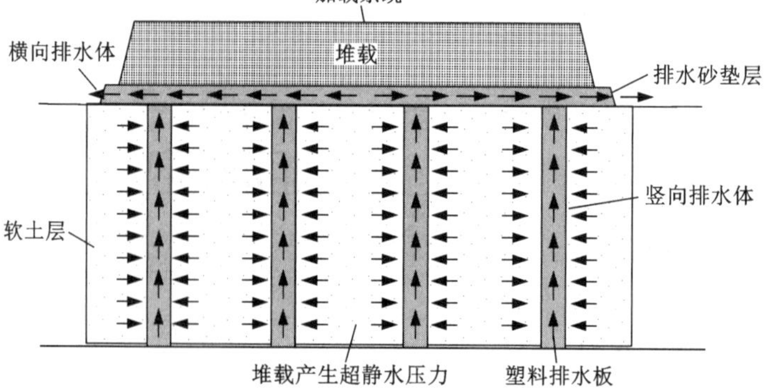

图 2-5　预压法示意图

案例：某高速公路软土地基利用预压法处置

某高速公路位于长江三角洲地区，地处冲积平原，地基土层主要为软弱淤泥质土，厚度为 5~10 m，具有含水量高、压缩性高、承载力低等特点，对路基稳定性和行车安全造成了严重威胁，难以满足高速公路建设要求。为提高地基承载力，减少路基沉降和变形，确保高速公路安全运营，项目方采用预压法对软土地基进行处理。

1. 处理方案

本案例中采用预压法，通过在软土地基上施加预压荷载，利用土体的压缩性，使土体在施工前预先压缩到一定程度，从而提高地基承载力，减少路基沉降和变形。

2. 具体适用条件

(1) 软弱地基土层厚度相对均匀。

(2) 有足够的场地和时间进行预压。

(3) 有足够的预压荷载来源。

3. 预压法施工工艺

(1) 堆载荷载施加：根据地基土的性质、厚度和上部建筑物荷载，采用土料堆载、水袋堆载或真空预压等方式施加预压荷载。本案例采用土料堆载方式，堆载土料取自路基填料，最大堆载高度达 3 m。

(2) 排水措施：在堆载体下设置砂垫层和排水管，以加快软土地基中的孔隙水排出，提高地基固结速度。本案例采用的砂垫层厚度为 0.5 m，排水管间距为 5 m。

(3) 监测与控制：在预压过程中，设置沉降观测点、孔隙水压力观测点等，对地基沉降、孔隙水压力等进行监测，并根据监测结果及时调整预压方案。本案例设置的沉降观测点每 20 m 一个，孔隙水压力观测点每 50 m 一个。

4. 预压法施工效果

经过预压处理后，软土地基压缩变形得到有效控制，地基承载力明显提高，满足高速公路建设要求。经监测，路基沉降平均值不大于 50 mm，最大沉降值不大于 80 mm，孔隙水压力基本消散。

三、排水固结法

排水固结法是一种软土地基处理方法，通过在软土地基中设置排水通道，加速孔隙水排出，提高地基承载力和稳定性。排水固结法是利用荷载作用下土体的压缩性，通过增加排水途径，缩短排水距离，加速土体中的孔隙水排出，使土体有效应力增加，从而提高地基承载力和稳定性（图 2-6）。该方法适用于具有较好透水性的软土、地下水位较低的情况。

根据排水方式的不同，排水固结法可分为重力排水法、真空排水法、电渗排水法和强制排水法等类型。重力排水法是利用重力作用，通过砂井、塑料排水板等竖向排水体排出孔隙水，该方法适用于透水性较好的软土地基。真空排水法是利用真空泵抽真空，降低地下水位，加速孔隙水排出，该方法适用于透水性较好的软土地基。电渗排水法是利用电场作用，改变土体孔隙水的流动方向，加速孔隙水排出，该方法适用于具有较高含水量的软土地基。强制排水法是利用水泵或压缩机等设备，强制排出孔隙水，该方法适用于透水性较差的软土地基。本教材以重力排水法为例进行介绍。

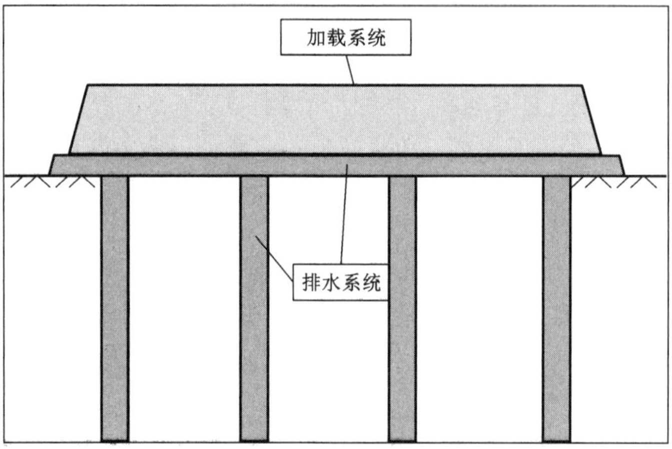

图 2-6　排水固结法示意图

案例：某高速公路软土地基排水固结法处置

珠江三角洲地区的一条高速公路，其所处地理环境为冲积平原。这一区域的地基土层主要由软弱淤泥质土构成，土层厚度为 10~15 m。该区域软土具有显著的高含水量、高压缩性和低承载力等特性。这些特性使得土层难以满足高速公路建设的工程要求，而且这种地质条件对高速公路的路基稳定性和行车安全构成了严重威胁。项目方为提高地基承载力，减少路基沉降和变形，确保高速公路安全运营，采用排水固结法对软土地基进行处理。

1. 处理方案

本案例采用排水固结法，利用排水措施降低土体孔隙水压，使土体在自重荷载作用下发生固结，从而提高地基承载力，减少路基沉降和变形。

2. 具体适用条件

(1)软弱地基土层厚度相对均匀。

(2)土体具有较好的排水性。

(3)有足够的场地和时间进行排水。

3. 排水固结法施工工艺

(1)砂井施工：沿路基中心线每隔 2 m 设置一口砂井，砂井直径为 0.5 m，深度达软土层底。

(2)排水板施工：在砂井周围铺设塑料排水板，排水板与砂井连接，形成排水通道。

(3)荷载施加：在路基上堆载土料，以促进地基固结。

4. 排水固结法施工效果

经过排水固结法处理后，软土地基压缩变形得到有效控制，地基承载力明显提高，满足高速公路建设要求。经监测，路基沉降平均值不大于 50 mm，最大沉降值不大于 80 mm，孔隙水压力基本消散。采用排水固结法处理软土地基是一种有效的方法，可以有效提高地基承载力，减少路基沉降和变形，确保高速公路安全运营。

四、注浆法

注浆法是通过将黏稠的浆液注入土体内部，以改善土体物理力学性质，提高地基的承载能力和稳定性。常见注浆浆液有，水泥基浆液，化学浆液，其他浆液等，如图 2-7 所示。

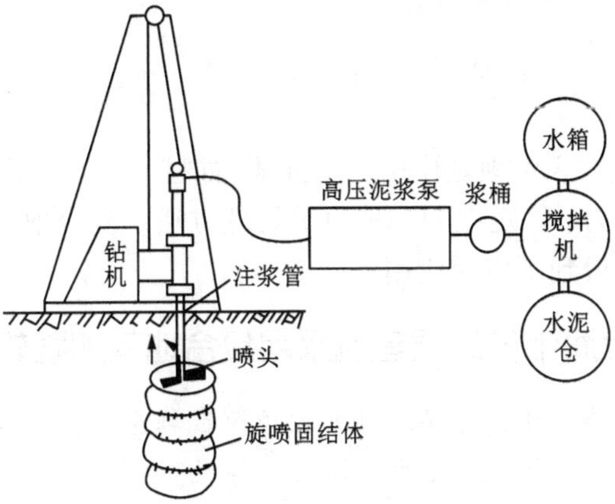

图 2-7　注浆法示意图

案例：某城市中心区域加固

某工程位于某城市中心区域，地基土层主要为淤泥质土和粉质黏土，承载力较低，且存在不均匀沉降的风险。为了保证高层建筑的安全性和稳定性，施工单位决定采用地基注浆法进行加固处理。

1. 处理方案

考虑到地基土的特性，选用水泥-粉煤灰复合浆液作为注浆材料。该材料具有较高的强度、良好的黏结性以及较小的收缩性，能够有效改善土体的强度和密实度。根据地基土的承载力、不均匀沉降的程度以及建筑物的荷载分布，合理布置注浆孔。注浆孔的深度、间距和数量均经过详细的计算和分析。采用分层注浆的方式，从下向上逐层进行。每层注浆完成后，进行静置养护，待浆液充分硬化后再进行下一层注浆，注浆压力和流量根据地基土的渗透性进行调整。

2. 具体适用条件

(1) 淤泥、淤泥质土、粉土、黏土等软弱土层。

(2) 地基的不均匀沉降。

(3) 地基裂缝或渗漏严重的地基。

(4) 地下空洞或岩溶地基。

3. 注浆法施工工艺

(1) 钻孔：使用钻机在设计位置钻孔，孔径和深度符合设计要求。

(2) 清孔：用高压水冲洗钻孔，清除孔内的泥浆和杂物。

(3) 安装注浆管：在钻孔内安装注浆管，确保注浆管位置准确。

(4) 配制浆液：根据设计配合比，将水泥、粉煤灰、水等材料按比例混合，配制成浆液。

(5)注浆：使用注浆泵将浆液注入注浆管，并控制注浆压力和流量。

(6)养护：注浆完成后，对注浆区域进行养护，防止浆液过快失水，影响强度。

4. 注浆法施工工艺效果

通过静载荷试验、动载荷试验和原位测试等方法，对注浆加固的效果进行评价。结果表明，注浆加固后，地基土的承载力显著提高，不均匀沉降得到有效控制，满足了工程设计要求。

五、复合地基法

复合地基法是指通过在天然地基中引入增强体(如桩、土工合成材料等)，改善地基土的工程性质，提高地基承载力、稳定性的一种地基处理方法。复合地基兼具天然地基和人工地基的优点，在工程实践中得到了广泛应用。

案例：上海市某高层建筑采用复合地基加固软弱地基

某高层建筑位于上海市，通过钻探取样和原位测试判定该区域地基土层主要为淤泥质土和软塑黏土，承载力较低，且存在较大的不均匀沉降风险。为了保证建筑物的安全性和使用寿命，施工方决定采用复合地基法对地基进行加固处理。

1. 处理方案

为了提高地基承载能力，确保建筑物安全稳定，项目方考虑到地基土的软弱程度和建筑物的荷载，选择碎石桩复合地基作为加固方案。碎石桩具有较好的承载力、耐久性和经济性。

2. 具体适用条件

(1)高层建筑、重型建筑；

(2)大跨度建筑、水上建筑；

(3)地震烈度较高区域的重要建筑；

3. 复核地基法施工工艺

(1)准备工作：清理施工场地，设置施工围挡，进行测量放线。

(2)钻孔：采用旋挖钻机或冲击钻等设备进行钻孔。

(3)碎石填充：采用自卸车或输送带将碎石运至施工现场，并通过振动锤等设备进行密实。

(4)桩顶处理：采用混凝土浇筑或预制桩顶的方式进行桩顶处理。

(5)质量检测：对桩的承载力、完整性等进行检测，确保施工质量。

4. 复合地基施工效果

通过碎石桩复合地基的处理，显著提高了地基的承载力，减小了地基的不均匀沉降，确保了高层建筑的安全性和使用寿命。

单元知识巩固和拓展

一、知识要点汇总

1. 软土地基常指强度低、压缩量高、透水性差、易液化的地基。

2. 软土通常指强度低、压缩性大、承载能力低的土层，主要分为淤泥、淤泥质土、泥炭和泥炭质土等。

3. 软土的识别方法有地质勘探法、工程地质调查法、地球化学探矿法和地质遥感法。

4. 软土地基的处理方法有换填法、预压法、排水固结法、注浆法和复合地基法等。

二、习题练习

习题练习答案

(一)选择题

1. 软土地基处理中，排水固结法适用于哪种类型的土？(　　)

A. 砂土　　B. 黏土

C. 碎石土　　D. 有机土

2. 在处理软土地基时，预压法的主要目的是什么？(　　)

A. 增强土壤的抗剪强度

B. 减少土壤的含水量

C. 加速土壤的固结过程

D. 减小土壤的液化风险

(二)多选题

1. (2019 年注册岩土工程师试题)下列关于砂石桩特性说法错误的是哪些选项？(　　)

A. 均匀地层中桩间土抵抗桩体膨胀能力随深度降低

B. 砂石桩易在地基深部局部软土处发生剪切破坏

C. 饱和软土中置换砂石桩单桩承载力大小主要取决于桩周土的侧限力

D. 砂石桩在饱和软土中容易发生膨胀破坏

2. 排水堆载预压法适合于(　　)。

A. 淤泥　　B. 淤泥质土

C. 饱和粘性土　　D. 湿陷黄土

E. 冲填土

3. (2020 年注册岩土工程师试题)软土特性描述正确的是哪几项？(　　)

A. 天然含水量大于液限

B. 孔隙比大于 1

C. 不均匀系数大于 10

D. 仅在缓慢流动的海洋环境下沉积形成

(三)简答题

1. 描述软土地基的常见问题以及可能导致这些问题的原因。

2. 软土地基处理方法中，换填法的工作原理是什么？

三、知识点拓展

案例拓展一：泡沫混凝土在桥头软土地基处理中的效果研究

某桥于2003年建成，原桥头台背路基经过多年的运营已基本稳定。2020年初，因某航道网集装箱运输通道建设工程的实施，需抬高桥梁高度以适应航道要求，而大桩号方向桥头两侧的路基放坡因涉及基本农田而受到限制，故拟采用泡沫砼结合悬臂式挡土墙方案施工。

建设地点的地表从上至下分别如下：①素填土，厚度0.5~2.7 m；①粉质黏土，厚度0.9~3.5 m；②淤泥质粉质黏土，厚度14.4~27.0 m；③淤泥质粉质黏土，厚度11.4~22.7 m；④粉质黏土，厚度9.0~16.5 m；④粉质黏土夹粉土，厚度3.4~5.7 m；⑤粉质黏土，厚度3.1~5.1 m；⑤粉质黏土，厚度3.3~8.2 m；⑥含砂粉质黏土，最大层厚16.3 m；⑦粉质黏土，最大层厚17.5 m。工程自上而下采用沥青面层、水泥稳定碎石基层、泡沫混凝土路堤。台背路基最大高度3.05 m，两侧设置悬臂式挡土墙收缩坡脚，施工时采用分层填筑的方式，其中桥头段设置水泥搅拌桩，桩长8~10 m，采用三角形布置，间距1.3 m，台背填筑材料采用泡沫混凝土。泡沫混凝土是采用物理方式将发泡剂制作成泡沫，再将泡沫按预设的体积占比混入水泥浆料中，并掺入外加剂、掺合料等材料，凝固成含有大量均匀封闭气孔的轻质混凝土路堤材料。该方法工程造价较高，应用实例大多局限于高速公路、国道等规格较高的工程项目。经过近年来的不断发展，泡沫混凝土被认为是一种力学性能较好的路基替代材料。路基示意图如图2-8所示。

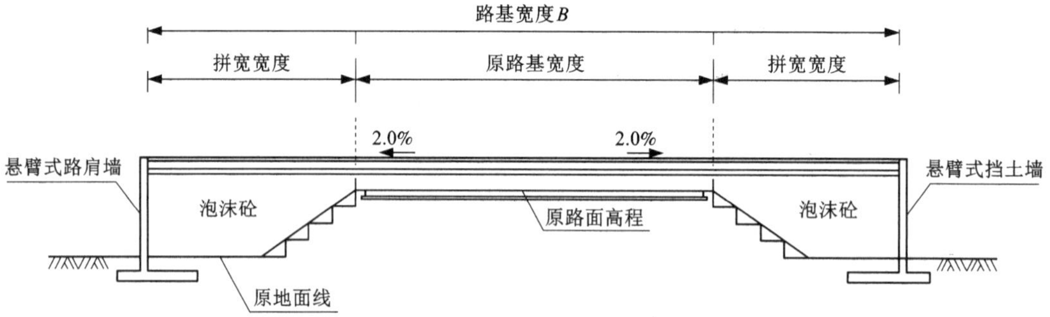

图2-8　某桥改建工程路基示意图

（案例来源——知网论文《泡沫砼在桥头软土地基处理中的效果研究》）

案例拓展二：某市政城市道路真空联合堆载预压法处理软土地基

某市政城市道路K0+600~K1+200标段处有鱼塘和农田路段，均有软土地基分布，且软土深厚（厚度为15~30 m），力学性能差。为保证路堤的稳定，减小施工后沉降和沉降差，提高路面的平整度和行车的舒适性，标段范围内的所有道路均需要进行软土地基处理。后期软土地基处理的形式主要为真空联合堆载预压。

真空联合堆载预压施工内容包括：平整场地→量测地面起始高程、铺设砂垫层、土中原型观测→打设塑料排水板、打设黏土围幕→挖密封沟、安装主管出膜装置、铺设主管和滤管、埋设砂垫层中的真空度测头→量测施工沉降、铺设密封膜、安装抽真空装置→回填密封沟、连接主管抽真空设备→埋设施工沉降板→测沉降初始值→试抽真空→检查膜上及密封沟漏气情况→正式抽真空开始→施工监测开始→抽真空结束。真空联合堆载预压施工工艺流程如图 2-9 所示。

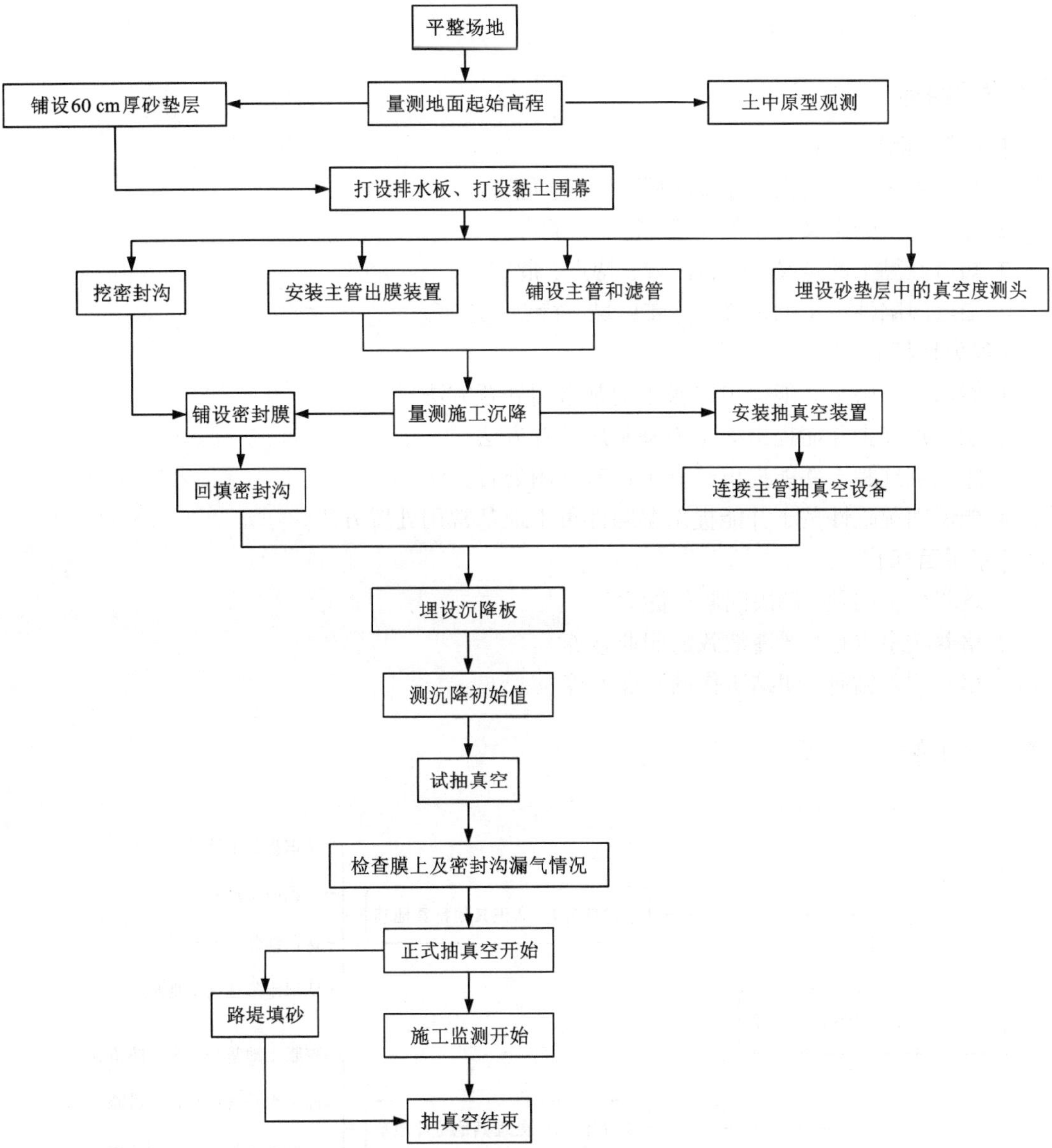

图 2-9　真空联合堆载预压施工工艺流程

（案例来源——知网论文）

单元二　其他特殊地基处理

学习目标

【知识目标】

1. 知道膨胀土的定义、分布区域、特点、危害。
2. 知道冻土的定义、分布区域、特点、危害。
3. 知道红黏土的定义、分布区域、特点、危害。
4. 知道湿陷性黄土的定义、分布区域、特点、危害。

【能力目标】

1. 能识别膨胀土并能提出膨胀土地基常用处置方法。
2. 能识别冻土并能提出冻土地基常用处置方法。
3. 能识别红黏土并能提出红黏土地基常用处置方法。
4. 能识别湿陷性黄土并能提出湿陷性黄土地基常用处置方法。

【素质目标】

1. 培养分析问题、解决问题的能力。
2. 培养实事求是、严谨细致的职业素养。
3. 培养刻苦钻研、团结协作的职业素养。

学习导图

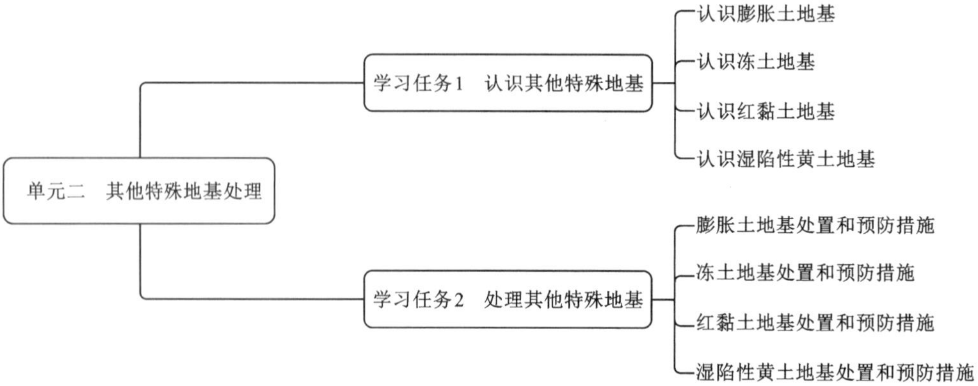

学习任务1　认识其他特殊地基

学习情境

房屋建筑、公路、铁路、桥梁、隧道、民航建设等工程中常常会遇到不同的特殊土，特殊土形式多种多样。在这些特殊土层上进行地基施工作业会有一定安全隐患。我们只有了解它们，深入研究它们，摸透它们的“脾气秉性”，在设计和施工中采取一些有效的措施，才能在工程建设中规避很多不良的问题，保障工程建设顺利有序地进行，保障后期工程的质量。

案例一：某市为华东地区重要的交通枢纽，有地铁建设项目，然而在地铁建设过程中膨胀考虑土地层以及地铁接近施工对周边结构安全性影响大等众多问题。该地区梅雨季节长，干湿交替频繁，对地层膨胀土力学性质影响显著。该市的膨胀土为弱膨胀土，具有膨胀结构、多裂隙性、强胀缩性、高塑性和强度衰减性等特点。根据地质勘察报告，该地铁处膨胀土分布广泛，且深度大，地铁站点结构设计比较复杂，在施工将形成深基坑群。地铁项目周边分布有重要建筑物，对基坑变形控制严格。施工过程中，开挖卸载及持续的干湿循环等作用下，容易导致主、附属构开裂和不均匀沉降，也会诱发基坑边坡坍塌失稳。如果弱膨胀土地基强度受水进入而降低显著，原状样黏聚力显著下降。

通过实地取样试验，了解该土样的主要黏土矿物成分为蒙脱石(46%)和伊利石(37%)，液限为57.2%、塑限为25.7%、自由膨胀率为55.6%，测得该市地铁基坑土干密度为1.6 g/cm^3。地铁车站结构临近土层土样呈棕黄色、色泽灰暗、夹带灰色黏土条带、呈硬塑-坚硬状态等典型特性;且有比较粗的硬块，有滑腻感，遇水后黏性较强，可塑性高。请问膨胀土有什么特点？该处地铁建设中膨胀土的出现对工程有什么影响？如何评定膨胀土的等级？

知识导航

特殊土主要有软土、膨胀土、冻土、红黏土、黄土、人工填土。前面详细介绍了软土，这部分重点介绍其他几种特殊土。特殊地基是指膨胀土、冻土、湿陷性黄土、红黏土地基，以及山区地基、地震区地基等。特殊地基由于其独特的地质特点，常需要特殊的处理方法，以确保结构(道路)的安全和持久性。下面简单介绍几种不同类型的特殊地基，主要是膨胀土地基、冻土地基、红黏土地基、湿陷性黄土地基(图2-10)。

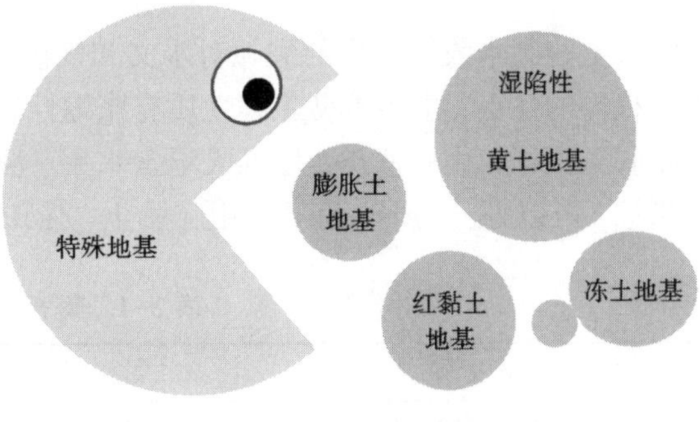

图2-10　特殊地基

一、认识膨胀土地基

膨胀土是由富含强亲水性矿物质((蒙脱石)或伊利土)和高岭土组成的一种具有显著胀缩性的自由膨胀率大于或等于40%高塑性黏土。膨胀土的主要黏粒成分为黏土，一般呈棕色、黄色、褐色及灰白色。膨胀土主要分布在我国广西、云南、四川、陕西、湖北、河南、河北、安徽、江苏等地。由膨胀土形成的地基称膨胀土地基，膨胀土地基有着膨胀土的显著特征。

膨胀土的介绍

膨胀土一般承载力较高，具有吸水膨胀、失水收缩、反复胀缩变形、浸水承载力衰减、干缩裂隙发育等特性，它是一种“脾气特别古怪”的土，是一种膨缩变化明显的土。膨胀土具有反复胀缩的特性，性质极不稳定，如图2-11所示。膨胀土在反复的干湿循环过程中，内部结构改变，膨胀土体产生大量裂缝。在雨水的作用下，水渗入裂缝，会降低土体的抗剪强度。膨胀土产生的隐蔽性的灾害对工程的破坏极大且不易修复：对路基的破坏作用大，很难修复；膨胀土路堤一般会出现沉陷、边坡溜塌、路肩坍塌、滑坡等破坏现象；膨胀土路堑易出现剥落、冲蚀、溜塌、滑坡等破坏现象；膨胀土地基沉降容易使建筑地基受影响，使房屋变形、沉降甚至开裂。解决膨胀土造成的工程问题是很重要的。

(a) 原始膨胀土　(b) 吸水膨胀　(c) 失水收缩

图2-11　膨胀土吸水和失水示意图

膨胀土的失水收缩产生的裂隙对水文和气候特别敏感，由膨胀土裂隙引发的工程问题已成为工程界的焦点，主要不良工程性质有胀缩性、裂隙性、超固结性、渗透性等。

膨胀土根据自由膨胀率、标准吸湿含水率、液限、塑性指数、<0.003 mm胶体颗粒含水量等指标，可以划分为弱膨胀土、中膨胀土、强膨胀土三种类型，如表2-1所示。

表2-1　膨胀土的分类

技术指标	弱膨胀土	中膨胀土	强膨胀土
自由膨胀率 δ_{ef}/%	$40<\delta_{ef}<60$	$60\leq\delta_{ef}<90$	$\delta_{ef}\geq90$
标准吸湿含水率 w_a/%	2.4~4.7	4.7~6.9	≥6.9
液限/%	40~52	52~72	≥72
塑性指数 I_P	$15\leq I_P<28$	$28\leq I_P<40$	$I_P\geq40$
<0.003 mm胶体颗粒含水量/%	≤35	35~52	≥52

膨胀土地基应结合地基的膨胀、收缩变形量、对结构物的影响程度进行划分，可分为轻微、中等、严重破坏程度。

二、认识冻土地基

冻土是一种性质不稳定、温度敏感性强、温度低于0℃且含有冰的特殊性岩土。冻土根据冻结持续时间不同，一般可分为短时冻土、季节冻土、多年冻土三大类。短时冻土的冻结持续时间很短，小于30 d，一般为几天或几个小时，冻结深度从几毫米至几十毫米；季节冻土的冻结持续时间略长，大于等于30 d，冻结深度从几十毫米至2 m，呈现冬季冻结—夏季融化、每年周期性交替的趋势；多年冻土的冻结持续时间很长，大于等于两年。

我国冻土主要可分为多年冻土和季节冻土。我国多年冻土可分为高纬度的多年冻土和高海拔的多年冻土。东北地区多分布高纬度的多年冻土；在西部高山高原及东部一些较高山地，如大兴安岭南端，则多分布高海拔的多年冻土。

我国多年冻土面积约为206.8×10^4 km^2，约占我国国土面积的22%，占世界多年冻土面积的10%，我国是世界上第三大冻土大国。我国领土面积的54%分布季节冻土，其主要分布在长沙、安庆、杭州、四川盆地北边、昆明、贵阳附近区域，大致可以划分为东北冻土区、西北冻土区、西南冻土区。季节冻土冻结深度在北方寒冷地区比如黑龙江南部、内蒙古东北部、吉林西北部，大于等于3 m，并且冻结深度随纬度的降低逐渐减小。

依照公路桥涵地基与基础设计规范（JTG 3363—2019）按冻胀性不同，根据冻胀系数 K_d 地基土分为不冻胀、弱冻胀、冻胀、强冻胀、特强冻胀、极强冻胀几类。融沉性是评价多年冻土工程性质的关键指标，多年冻土依据平均融沉系数。含水率分为不融沉、弱融沉、融沉、强融沉、融陷等五类。融沉的等级由轻到重分为五级：Ⅰ、Ⅱ、Ⅲ、Ⅳ、Ⅴ。某冻土区域见图2-12。冻土类型分为少冰冻土、多冰冻土、富冰冻土、饱冰冻土。

图2-12　某冻土区域

在冻结状态下，冻土地基具有较低的压缩性或不具有压缩性，以及较高的强度等工程特性。冻土地基对温度特别敏感，在全球变暖影响之下，多年冻土地基也出现了显著的变化，改变了冻土的结构、冻土的强度与性质，会产生冻胀和融沉。冻胀是指气温低于0℃时，地基土中水会冻结形成冰体，体积变大，导致土体膨胀、地表拱起的现象。冻胀的原因主要是水结冰体积膨胀；水从未冻结区向冻结区转移。融沉是指气候变暖后，冻土地基承载力降低，压缩性变化较大，使地基土产生融陷。冻土会发生融化，体积会变小，改变内部结构与体积，在荷载的作用下地基大幅度沉降，土体会变成稀泥土，挤压并排出土体空隙中的水，加速土体密实。含冰量高的冻土地基，融沉现象更为明显。

地基冻融是地质灾害的一种，大量的铁路、公路线路位于冻土地区，地基冻融会给工程建设和人民生活带来很大的危害。多年冻土地区，融沉和冻融问题严重，地基冻融对工程结构的影响显著。因为地基在冻融过程中，土层冻结使体积膨胀，融化使土层变软产生沉陷，会导致建筑物基础破坏，墙体开裂，产生斜裂缝、水平裂缝或垂直裂缝；还会使道路路基变形，威胁道路行车安全，影响通行等。地基冻融还会导致主体构造产生倾斜或倾倒，因为春季解冻后地基发生不均匀沉陷，导致建筑物倾斜。在斜坡地区，还会产生冻融、滑塌、冻融泥流，这种现象在西南、西北高海拔地区常见，会给工程建设造成很大影响。

三、认识红黏土地基

红黏土是在特殊的地质条件下形成的土，是碳酸盐类岩石(如石灰岩)在一定的气候条件影响下，在剧烈的风化作用影响下，形成的颜色呈棕红色、褐红色、黄褐色的，液限大于50的高塑性黏土，区域性特别强。红黏土中黏土矿物成分主要是高岭石，也包含比较丰富的石英颗粒。根据红黏土形成的原因和特征，其可分为原生红黏土、次生红黏土。原生红黏土是指液限大于等于50%的红黏土。次生红黏土是指原生红黏土经搬运、沉积仍保留其基本特征且液限大于45%的红黏土。按物理和力学性质不同，其可分为一类红黏土和二类红黏土。石灰岩经过岩石风化并经过复杂的红土化作用形成的棕红色、褐黄色等颜色的高塑性黏土，称为石灰岩类红黏土，如图2-13所示。

图2-13　红黏土

红黏土广泛分布于我国云南、贵州、四川东部、湖南和湖北的北部、广东和广西的北部。

红黏土工程特性十分特殊，在结构特征、变形特性、物理性质、力学性质、剪切特性等方面与一般黏性土不同。比如，红黏土的工程物理性质与其他土的性质不同，主要受到含水状态、工程扰动、气候、地质条件等各个方面的影响。

红黏土具有“三高一低”不良物理特性，即高含水率、高孔隙比、高塑性和低密度；红黏土具有“一高二低”不良力学特性，即高力学强度、低压缩性、低膨胀性。红黏土是一种区域性特殊土，天然条件下的红黏土含水率一般较高，红黏土液限大于50%、孔隙比大于1.0，结构疏松，失水收缩性强。高液限红黏土的透水性能较差，吸水后承载力小，稳定性差，毛细现象比较明显，黏土粒含量高，随着埋藏深度的增大，红黏土从上到下含水率逐渐增大，呈上硬下软状态，土质情况由硬变软。

红黏土具有明显的胀缩性、裂隙性、分布不均匀等工程地质特性，因而存在很大的工程隐患。将红黏土地基作为建筑地基和铁路或公路的持力层时，因为红黏土失水干裂、遇水强度骤降的特性，结构上常呈现上硬下软和厚度变化大的特性，导致在荷载过大时，红黏土地基会产生过大的差异沉降、工后沉降，不均匀沉降过大时容易出现上部建筑物开裂、结构基础破坏、开挖的基坑破坏、地基塌陷破坏。比如胀缩性，红黏土胀缩性极强，胀量小，缩量大，发生收缩时易导致房屋开裂，影响房屋使用寿命。红黏土滑坡容易引起边坡失稳、边坡坍塌等问题。在不良的气候条件和地下水的影响下，还可能会出现泥石流、红黏土溜塌、红黏土剥落、支挡结构破坏等病害。

四、认识湿陷性黄土地基

湿陷性黄土是一种浸水后产生附加沉降且湿陷系数大于等于0.15的黄土。湿陷性黄土浸水饱和后结构迅速破坏，强度迅速降低，产生较大的湿陷性沉降。湿陷性黄土分布广泛，主要分布在我国西北黄土高原地区，如山西省、甘肃省、陕西省、河南西部等。湿陷性黄土地基是指在含水饱和状态下遭受荷载作用时，由于黄土中含有较多的黏土和黏粒，黄土发生明显的沉降和变形现象的地基（图 2–14）。湿陷性黄土显著的湿陷性沉降与变形会导致地基基础沉降或产生不均匀变形，进而引发上部建筑物（结构物）开裂、倾斜和下沉等病害。

图 2–14　湿陷性黄土地基

湿陷性黄土主要有以下特点：具有吸水膨胀和干燥收缩的特点，易导致湿陷性黄土地基容易产生荷载诱发的沉降和变形；具有较高的含水量，在外界含水量突然增加时，地基易软化，丧失地基承载力，可能引发地基塌陷；具有较高的抗剪强度、较强的可塑性，其黏性较大，易产生黏聚力，在受到外部荷载作用时容易发生剪切断裂和塑性变形；具有湿陷性，容易形成地基不均匀沉降，导致结构产生裂缝和坑洼，影响结构的安全和使用。

黄土的湿陷性应根据湿陷系数 δ_s 来确定。黄土地区桥涵地基的湿陷类型根据自重湿陷量 Δ_{zs} 来确定。当自重湿陷量 $\Delta_{zs} \leqslant 70$ mm 时，判定为非自重湿陷性黄土地基；当 $\Delta_{zs} > 70$ mm 时，判定为自重湿陷性黄土地基。由自重湿陷量 Δ_{zs} 和基底以下地基湿陷量确定湿陷性黄土地基的湿陷等级，具体分类参考表 2–2。

表 2–2　湿陷性黄土地基的湿陷等级

湿陷性类型		非自重湿陷性地基	自重湿陷性地基	
自重湿陷量 Δ_{zs}/mm		$\Delta_{zs} \leqslant 70$	$70 < \Delta_{zs} \leqslant 350$	$\Delta_{zs} > 350$
基底以下地基的湿陷量 Δ_s	$\Delta_s \leqslant 300$ mm	Ⅰ（轻微）	Ⅱ（中等）	—
	300 mm $< \Delta_s \leqslant 700$ mm	Ⅱ（中等）	Ⅱ（中等）或Ⅲ*（严重）	Ⅲ（严重）
	$\Delta_s > 700$ mm	Ⅱ（中等）	Ⅲ（严重）	Ⅳ（很严重）

注：Ⅲ* 对应于湿陷量的计算值 $\Delta_s \geqslant 600$ mm 且自重湿陷量的计算值 $\Delta_{zs} \geqslant 300$ mm 的情况，其他情况可判定为Ⅱ（中等）。

学习任务 2　处理其他特殊地基

学习情境

案例一：某地区铁路全长 1800 多公里。部分地段处于北亚热带季风型大陆性气候，形成了大量膨胀土。膨胀土地区普遍存在严重的边坡变形与基床变形，容易导致边坡溜塌、滑坡、线路不均匀下沉等变形病害现象。通过改良膨胀土地基，可以提高路线的稳定性，降低工程维护成本，确保工程的可持续运行，从而支持整个区域的基础设施和经济发展。该地区处于山间丘陵盆地，膨胀土厚度大于 10 m，该区域主要分布的是中等膨胀土，长度约 23.05 km，占比 72.60%；弱膨胀土长度约 8.70 km，占比 27.40%。由于膨胀土的工程特性，为防止地基下沉对路线平顺性及运营安全的影响，需对膨胀土地基进行改性加固。该地区适合有什么方法进行改良呢？大家一起探讨下吧？膨胀土有什么危害和评定其等级呢？

案例二：某高速公路位于北方地区，公路沿线均为黄土层，为马兰黄土、黄土状土，以“戴帽黄土”的形式分布于黄土台地及局部山体上部，大多为灰黄色原生黄土。黄土的厚度大，胶结压实作用较弱，有垂直节理，黄土地基以中等-强湿陷性为主，湿陷层的深度为5~10 m。该区域属于自重湿陷性地基。采用灰土挤密桩对地基进行处理，如图2-15所示。湿陷等级为Ⅱ(中等)。假如区域基底以下地基的湿陷量计算值Δ_s为400 mm，自重湿陷量Δ_{zs}为200 mm。请思考：如何确定湿陷程度等级？为什么要采用灰土挤密桩处理湿陷性黄土地基？

图2-15　施工后的灰土挤密桩地基

知识导航

一、膨胀土地基处置和预防措施

膨胀土地基处理

膨胀土与一般的黏性土有着显著的不同，在设计和施工中必须采取有效的措施，防止膨胀土地基变形给地基上的构造物(建筑物)带来灾害，破坏工程结构。膨胀土地基处置方法主要有置换法、垫层法、强夯法、改良法、砂石挤密桩法、桩基础加固法(图2-16)。

图2-16　膨胀土地基处置方法

(1)置换法。其基本原理是挖除地基土后置换为非膨胀性黏土、砂砾土、碎石土、灰土等，直接从源头改善和消除膨胀土的不利影响。该法施工简单易操作，适用于小面积区域，面积较大区域不具备经济性。根据当地的气候特点，由膨胀土的工程性质来确定膨胀土地基置换深度。

(2)垫层法。一是在工程设计时加设垫层，预留一定的变形膨胀空间。其基本原理是挖除部分膨胀土，然后铺设一定厚度的砂、石、碎石垫层消除地基的胀缩性，因为造成膨胀土裂隙最主要的外界因素是大气干湿循环和地下水。该法可以减缓沉降，将变形量降至最低，避免建筑结构因不均匀沉降而变形。二是可以适当设计较高的基础埋深，将基础埋深加大至大气影响深度范围以外，减小外界因素的影响。

(3)强夯法。其基本原理是通过反复把夯锤提高至一定高度落下，用机械方法产生冲击动能和冲击波来夯实地基土，提升地基土的强度，防止地面水渗入。同时它能保持地基土中含水量的稳定，使土体不容易产生显著胀缩变形。

(4)改良法。其原理是利用无机改良材料改良土体，从本质上改变土体结构和成分，提升性能。改良法既可以改良土体性质，又可以充分利用土体资源，应用广泛，造价较低。膨胀土常用的改良材料主要有水泥、石灰、粉煤灰。水泥价格便宜，而且把水泥掺入膨胀土后会发生水化反应，水化反应后生成强度较高的水化产物，水化产物逐渐硬化形成复合的骨架。石灰能够降低土体胀缩性并提高其强度。通过掺入石灰材料，能较好地降低土体中的含水量，提升整个土体的水稳性，提高地基土的强度。水泥相比石灰更适用于膨胀土的改良，但是后期对环境影响比较大。膨胀土地基施工要点主要包括场地平整、基底处理、布灰拌和、分层填筑、摊铺整平、机械碾压。现场施工前一般会根据室内试验数据和模拟现场施工试验段获得有效的施工方法和工艺参数，为现场施工提供一定的技术指导。

(5)砂石挤密桩法。其原理是采用砂石等松散材料，利用振动沉管机械的下沉入土，将砂或石材料振动压入土体之中，通过挤密、排水、直接提供承载等方式，形成具有一定深度和较大直径的密实砂(石)桩与天然地基形成的人工地基，提高地基的承载力，减少沉降量。也可以用水泥粉煤灰碎石桩法(CFG 桩)，其基本原理是将混合材料水泥、粉煤灰、碎石掺入膨胀土地基中，使无机结合材料产生凝胶作用后抵消膨胀土产生的膨胀力，从而降低裂隙的发生概率，使膨胀土地基更加稳定。

(6)桩基础加固法。桩基础加固膨胀土地基主要是将桩基础的持力层打入稳定的土体中，而桩自身承载力会在一定程度上限制膨胀土的胀缩变形，进而减少膨胀土对上部结构的影响。结合工程条件设计基础，选用适宜的基础类型，并利用上部结构物(建筑物)竖向荷载作用，使基底压力远大于膨胀土的膨胀力，削弱膨胀土的影响。

二、冻土地基处置和预防措施

在冻土区域修建结构物时，不但要了解冻土作为结构物地基时冻土地基的强度随温度和时间变化的情况，还要考虑结构物的强度与变形情况。采用合适的防冻胀和防融沉措施是工程建设成功的关键。通常冻土地基的处置方法主要有地源热泵法、热棒技术、复合型基础、碎(片、块)石路基、换填法、隔热材料法、保温护道法等，它们可以减轻冻胀融沉的程度，解决冻土地基或路基的问题。

(1)地源热泵法。设计专用地源热泵系统，满足冻胀需求。比如，内蒙古中部及山西北部准池铁路某路段冻胀严重，表层填筑 0.5 m 厚非冻胀性填料，下部填筑 0.1 m 厚中粗砂垫层。路基顶面上部为 0.4 m 厚的道砟，试验路段布置多套热泵，纵向间距设计为 2.5 m，使用后，冻结深度满足要求，轨道变形量控制在规范要求以内，换热温度完全满足设计要求，冻结期相比天然路基减少 45 d，冻胀病害基本解决。

(2)热棒技术。热棒是一种气液两相闭式热虹吸管。热棒上部为冷凝段，中间是绝热材料，下部为蒸发段。热棒技术主要是利用热虹吸原理驱动热棒中工作介质进行循环，吸收地基中热量将其排放到大气中，冷却地基。热棒具有优良的导热性能，其作为“冷却路基”的首选，被广泛应用于公路、铁路、输电塔基、输油管道等工程结构中，特别是在路基工程中，可以起到维护多年冻土热稳定性的作用。青藏公路、青藏铁路冻土路基处理中，该技术的应用显著地降低了路基温度，实现了路基稳定的目的。

(3)复合型基础。多年冻土区域为防治冻土工程灾害采取复合型基础(CFG 桩、碎石桩)处理冻土地基。在暖期，地基土的承载力下降，主要由碎石桩承担上部荷载——碎石桩刚度较大，压缩性低，能提升地基土的承受荷载能力；在寒期，碎石桩比地基土体渗透性要好，能够阻止地基产生冻胀现象。

(4)碎(片、块)石路基。碎石、片石、块石层起到隔热、传冷作用，使得块石路基内年平均温度下降，促使冻土上限上升。利用碎(片、块)石路基大孔隙的特点，可以使空气在空隙中较自由地流通。在暖期，上部质量较轻的热空气往下传递会受到制约；在寒期，有利于对流，将路基内部的热量排出。碎(片、块)石路基施工需要大量的碎石材料，需要因地制宜合理采用。碎(片、块)石排水性能较差，在雨水丰富区域应结合其他措施综合选用。

(5)换填法。换填法是一种常用的冻土地基处理方法。在土层比较浅的多年冻土地区，利用砾石、碎石等填充稳定、透水性好的材料去置换出冻结深度范围内透水性较差的冻胀土，减少下部毛细水的向上迁移，缓解冻胀问题。换填法能有效地提升地基的稳定性和地基承载力。该法适用于容易获取置换材料砾石、碎石且换填冻土层的深度不大的情况，通常来说，随着换填深度的增加，地基温度场温度会越高。

(6)隔热材料法。常用隔热材料聚苯乙烯泡沫塑料(EPS)板、挤塑聚苯乙烯板处理冻土地基。隔热材料法是在路基内铺设高热阻的保温材料形成保温层，形成一层保温结构，阻止地表热量向下传导，阻止上层地基土热能传入下层地基土里。隔热材料具有吸水性弱、导热性低、环保性好、隔水效果好等特点，阻断冻胀阶段地下水的作用，能有效阻止保温板下水分的迁移。不同隔热层材料、不同隔热层厚度对冻土地区产生的温度和深度影响不一样。不同隔热层材料与不同隔热层厚度对冻土地基融化深度的作用如下：当隔热层厚度相同时，聚苯乙烯泡沫塑料板地基融化深度大于挤塑聚苯乙烯板材料跑道地基融化深度；当隔热层材料相同时，冻土地基融化深度越浅，隔热层厚度越厚，地基融化深度增大的速率越缓。工程实践中，换填法和隔热材料法有时候可以组合互补，共同提升冻土地基处置效果。

(7)保温护道法。该法是指在护道两侧设置保温材料的一种方法，能增大路基坡脚处地表层热阻，阻止路基侧向地表水渗入基底，提高路基稳定性，但保温护道的表面对冻土的影响大于天然地面，会加速冻土融化，且融化深度逐渐加大，平均地温也会逐渐升高，所以保温护道处理方式不能作为冻土地基处理的主要方法。

例如，某公路平均海拔在 4000 m 以上，公路周围广泛分布低温多年冻土，在试验段路基结构设置有碎(片、块)石路基、热棒技术路基、普通路基、通风管法路基，区域地质主要为黏土夹泥灰岩，土质疏松，孔隙较大，局部覆盖砂砾石层。通过在路基设置监测设备，从冻土的上限、温度稳定值、含水率、沉降等方面对比不同位置实测数据及进行数理分析可得，该处多年冻土区路基结构适用性由强到弱分别为热棒技术路基、通风管法路基、碎(片、块)石路基、普通路基，它们都具有保护高山多年冻土稳定性的作用。

综上，每种方法都有一定的适用性，根据区域的特点，结合处置方法的优势，秉承技术可行、经济合理的原则综合选择合适的方法处理冻土地基或路基，或者采用多种方法组合形式，能起到不错的效果。

三、红黏土地基处置和预防措施

红黏土地基处置方法多种多样，常采用换填垫层法、改良法、深层搅拌法、碎石桩法(复合地基法)、强夯法等方法进行地基处理。处理红黏土地基的原理是通过提高土体密实度减小地基土中的孔隙率，减少地基土中水分渗入。设计中也可以掺砂增加压实厚度，设计排水结构进行处理等。

(1)换填垫层法。换填垫层法指使用稳定性材料代替原有地基土层，在实施过程中主要使用压实性能好的合成材料(例如碎石、砾石)更换缓冲层来处理地基，保证地基的整体稳定性。换填碎、砾石类似于在地基内设置复合碎石排水层。排水层通常为压实后的碎石层或粗砂层，它能调节地基温湿度变化范围，从而保持地基土的稳定性。换填垫层法特别适合地基土压实面积不大的工程，然而对于一些大面积、厚度较大的填筑工程，该法经济成本较高，工期长，不能有效地应用。

(2)改良法。改良法是指采用水泥或石灰改良红黏土地基。水泥改良红黏土地基的原理主要是水泥和地基土中的水发生水化反应，生成氢氧化钙及其他水化产物。水化产物凝结硬化后和土颗粒相互胶结形成水泥骨架，从而能提升结构强度，使水稳性增强，明显改善红黏土地基性质。

(3)高压旋喷法。利用钻机将带有喷嘴的注浆管钻进土层预定位置，通过高压设备将浆液或水(空气)的高压射流，冲切、扰动土体，将浆液与土体拌合形成圆柱状或葫芦形结合体。某隧道地基基础加固采用水泥旋喷桩，如图 2-17 所示。隧道明洞段基础置于红黏土中，暗洞衬砌下穿红黏土。隧道地基采用水泥旋喷桩进行加固处理，避免地基基础底部产生冒顶、塌方、掉块等现象。施工中相关参数为：旋喷桩直径设计为 60 mm，梅花形布置，间距设计为 1.2 m×1.2 m，桩底深入基岩大于等于 0.5 m。

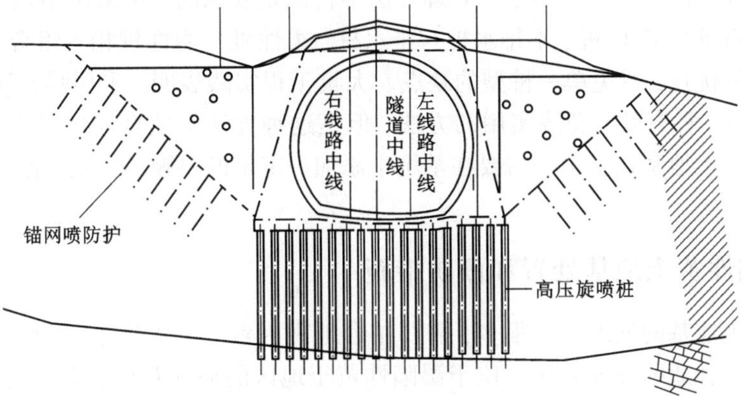

图 2-17　高压旋喷桩加固隧道地基

(4)碎石桩法(复合地基法)。碎石桩法主要利用挤入或灌入碎石桩在地层中形成竖向桩体。碎石桩主要起排水作用，一定程度上能提升地基土的强度，起到加固红黏土地基的作用。因为碎石桩具有良好的透水性，能够促进红黏土地基的固结沉降，因此这种方法不但能满足地基承载力和沉降要求，还能提升红黏土地基的抗震性。该方法工期短、工程费用较低，因此在大面积的地基处理中应用广泛。另外也可以采用碎石桩和 CFG 桩组合型桩处理红黏土地基。组合布桩方式为 CFG 桩与碎石桩交错布置，布桩形式为正方形，如图 2-18 所示。常采用振动沉管进行碎石桩施工，桩径一般为 500 mm，按勘察钻孔处红黏土厚度，计算桩长至好的持力层。组合型复合地基施工顺序：测量放样→场地准备→机械就位→振动沉管→碎石桩施工(挤密)→桩位放线(CFG)→长螺旋钻孔灌注成桩→处理桩顶面松散土层→垫层铺设。

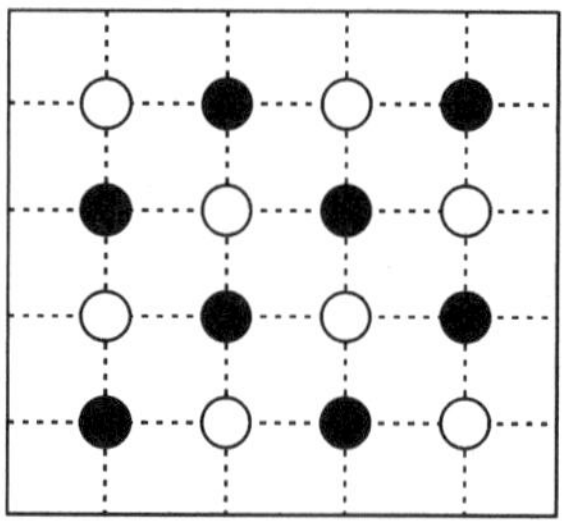

图 2-18　碎石桩和 CFG 桩交替布置(白色的为碎石桩，黑色的为 CFG 桩)

(5)强夯法。强夯法主要是利用一定质量的重锤，从高处自由松锤落下，对土体进行动态锤击，使土体在重力作用下被压密而降低其压缩性。强夯法是一种应用广泛的地基处理方法，可有效提高地基承载力，减小土层孔隙比，改善土层均匀性，有效减少工后沉降。随着高能级强夯工艺的推广应用，通过合理的强夯参数设置，可大幅提高地基承载力和压缩模量，取得更好的加固效果，且工期更短。采用强夯法处理红黏土地基时，施工人员应按照项目的实际情况，有效选择强夯机械设备，控制好夯锤与夯点之间的距离、夯击的次数，并及时检测强夯后地基压实度。对于红黏土地基，强夯处理技术成本低、流程简单、施工效率高，在地基压实处理上有着不可忽视的应用价值。

工程中当强夯法或单一桩型地基处理方法不再满足要求时，可采用多桩型复合地基，比如振动沉管碎石桩与 CFG 桩、不排水桩与排水桩、柔性桩与刚性桩相互组合，优势互补，充分发挥各桩型的优点，避免单一桩型的缺点。大量工程实践表明，采用强夯法处理山区非均匀回填地基，是一种有效、经济实用的方法，但是这种方法不适合厚度较大的红黏土地基。饱和度高的红黏土地基在施工中需要在基坑中添加一定量的粗颗粒夯实，保证红黏土地基整体稳定性。

四、湿陷性黄土地基处置和预防措施

湿陷性黄土地基的处理方法很多，需要结合地理因素、水文条件、气候条件、施工因素有针对性地选择合适的处理方法。位于湿陷性黄土地区的桥涵基础，需要结合结构物分类、水流特征、湿陷性黄土的等级，因地制宜地采取合适的设计措施和处理方法。可参考表 2-3 中地基处理的措施，也可根据施工经验采用其他可靠措施。结构物可根据其重要性、结构特点、受水浸湿后的危害程度和修复难易程度进行分类，如表 2-4 所示。

表 2-3　湿陷性黄土地区地基处理措施

类型及措施		水流特征及湿陷等级							
		经常性流水(或浸湿可能性较大)				季节性流水(或浸湿可能性较小)			
		Ⅰ	Ⅱ	Ⅲ	Ⅳ	Ⅰ	Ⅱ	Ⅲ	Ⅳ
A	措施	①				①			
B	措施	②③	②③	①②	①	③		②③	②
	处理深度/m	2.0~3.0	3.0~5.0	4.0~6.0	6.0	0.8~1.0	1.0~2.0	2.0~3.0	5.0
C	措施	③			②	③			
	处理深度/m	0.8~1.0	1.0~1.5	1.5~2.0	3.0	0.5~0.8	0.8~1.2	1.2~2.0	2.0
D	措施	④				④			

注：①②③④为措施编号，各编号的处理措施如下：①墩台基础采用明挖、沉井或桩基，置于非湿陷性土层中；②采用强夯法或挤密桩法，并采取防水和结构措施；③采用重锤夯实，并采取防水和结构措施；④地基表层夯实。

表 2-4　湿陷性黄土地区结构物分类

类别	结构物
A 类	20 m 及以上高墩台和外超静定桥梁
B 类	一般桥梁基础,拱涵
C 类	一般涵洞及倒虹吸
D 类	桥涵附属工程

湿陷性黄土地基处置方法主要有换填法、强夯法、深层搅拌法、挤密法、复合型地基法等。它们可以有效地改善不良的地质条件，为工程的顺利建设提供支撑。湿陷性黄土的区域性、局部性较强，因此需要结合不同情况并采用合适的湿陷性地基处理方法和施工工艺。工程建设中必须充分考虑湿陷性黄土的特殊性，保证工程建设稳定、安全可靠。

(1)换填法。其基本原理是将受水浸泡的或受湿变形的湿陷性黄土置换为无湿陷性的素土或其他质地好、性能稳定、强度高的填料分层换填，同时分层碾压处理。该方法适合处理厚度较小(3 m 以内)的湿陷性黄土地基。换填法的优点是提高了路基稳定性，能降低土体中含水量，减小地基的湿陷变形，减小地基沉降，对周围建筑物影响很小。采用该法处理湿陷性黄土地基时应合理确定置换率和垫层厚度。换填法可以为新老路基提供一个良好的结合面，使其具有较高的整体强度和变形模量，有效提高地基承载力。换填材料可以选用砂石(碎石、卵石、粗砂、中砂)、粉土(不含有砖、石块等杂质)、灰土(粉质黏土与新鲜的氢氧化钙，颗粒粒径不得大于 5 mm)、粉煤灰、矿渣等。

(2)强夯法。其基本原理是通过起重机械将夯锤提升至一定高度，然后松开，让夯锤自由落下(提升高度一般为 10~40 m)，反复提锤、落锤，在强烈的冲击作用下，加固湿陷性黄土地基，起到降低黄土的湿陷性，提高地基土承载力及稳定性的作用。强夯法相当于竖向加密处理地基土。采用强夯法处理湿陷性黄土地基效果明显，施工操作简单，可见这是一种良好的地基处理方法。湿陷性黄土地基的处理方法较多，其中强夯法优势明显。其工艺流程如下：施工准备→场地平整→确定夯击遍数及夯点布置→强夯孔隙水压力监测试验→强夯施工作业。强夯法适用于处理深度为3~5 m的湿陷性黄土地基，确定落距与击数是强夯施工作业质量控制的关键。

(3)深层搅拌法。其基本原理是通过深层搅拌机械将黄土与搅拌剂(如水泥、石灰、粉煤灰或其他化学添加剂)混合，形成均匀的土壤-搅拌剂混合体。混凝土搅拌桩是最常用的深层搅拌法。将混凝土注入土体中，通过不断地搅拌和固化，土体形成具有一定强度和刚度的混凝土桩，以提高路基的承载能力。

(4)挤密法。其作用机制是采用重锤(重1.5~2.5 t)将回填材料(素土、灰土)在孔内分层夯实至设计标高，使填料横向挤压周围土体，在形成桩体的过程中达到挤密桩周土的目的。深层强夯法(DDC工法)是挤密法的一种。挤密法相当于横向加密处理地基土，和强夯法原理不一样。该方法不但可以消除(5-10)m深度内黄土地基湿陷性，还可以大大提高地基承载力。也可采用深层超强夯法(SDDC工法)处理湿陷性黄土地基。挤密法工艺流程主要包括测量放样与桩位布设、成孔、夯实成桩。

(5)复合型地基法。当湿陷性黄土的湿陷等级较低，地基的承载力不足时，在实践中可以采用复合型地基。考虑采用桩基础，要根据工程实际情况来选择合理的桩体形式，确保桩体在湿陷性黄土地基中能够分担地基的荷载。

工程实践中也可用土钉墙法和土工合成材料加固法。土钉墙法的基本原理是在斜坡或切土中，按要求打入一定的竖向的土钉(预应力锚杆)形成土钉墙，防止黄土滑动和塌陷，有效地提高湿陷性黄土地基的整体稳定性。土工合成材料加固法主要是在土体中加入土工合成材料，借助土工合成材料提高拉伸强度和抗剪强度，提高湿陷性黄土地基的强度和稳定性。

单元知识巩固和拓展

一、知识要点汇总

1. 膨胀土地基、冻土地基、红黏土地基、湿陷性黄土地基的特点和处置与预防措施汇总如表2-5所示。

表2-5　不同类型地基汇总

地基类型	特点	处置和预防措施
膨胀土地基	承载力较高，具有吸水膨胀、失水收缩、反复胀缩变形、浸水承载力衰减、干缩裂隙发育的特性	置换法、垫层法、强夯法、改良法、砂石挤密桩法、桩基础加固法
冻土地基	对温度十分敏感且性质不稳定，在冻结状态下，冻土地基具有较低的压缩性或不具有压缩性以及较高的强度；在较高温度下，冻土地基承载力降低，压缩性变化较大，使地基产生融陷冻胀	地源热泵法、热棒技术、复合型基础、碎(片、块)石路基、换填法、隔热材料法、保温护道法

续表2-5

地基类型	特点	处置和预防措施
红黏土地基	高含水率、高孔隙比、高塑性、低密度、高力学强度、低压缩性、低膨胀性，结构疏松，失水收缩性强，透水性能较差，黏土粒含量高，从上到下含水率逐渐增大，上硬下软，土质由硬变软	换填垫层法、改良法、高压旋喷法、碎石桩法(复合地基法)、强夯法
湿陷性黄土地基	吸水膨胀和干燥收缩，具有较高的含水量，路基易软化，具有较弱的抗剪强度、较强的可塑性、湿陷性	换填法、强夯法、深层搅拌法、挤密法、复合型地基法

2. 膨胀土是由富含强亲水性矿物质((蒙脱石)或伊利土)和高岭土组成的一种具有显著胀缩性的自由膨胀率大于或等于 40%高塑性黏土。

3. 由于冻土对温度敏感的特殊性，在冻土地基上修筑建筑物必将面临冻胀破坏和融沉破坏两大危险。

4. 红黏土是指碳酸盐类岩石(如石灰岩)在一定的气候条件影响下，在剧烈的风化作用影响下，形成的颜色呈棕红色、褐红色、黄褐色的，液限大于 50 的高塑性黏土。

5. 湿陷性黄土是一种浸水后产生附加沉降且湿陷系数大于等于 0. 15 的黄土。

二、习题练习

习题练习答案

(一)单选题

1. 某多年冻土地区(富冰冻土)有一层粉质黏土，总含水率 $w_0=26.8\%$，塑限含水率 $w_p=18.2\%$，判断融沉类别，属于下列选项中的(　　)。

A. 不融沉　　B. 弱融沉　　C. 融沉　　D. 强融沉

2. 黏性土的液性指数为 0. 2，判定土的状态为(　　)。

A. 坚硬　　B. 硬塑　　C. 可塑　　D. 软塑

3. 冻土地区路堤填料应具备的要求是(　　)。

A. 应用保温隔温性能较好的土　　B. 应用保温隔温性能较好的石灰土

C. 应用保温隔温性能较好的碎石土　　D. 应用保温隔温性能较好的黄土

4. 下列各项属于非湿陷性土的是(　　)。

A. 湿陷系数 $\delta_s=0.03$　　B. 湿陷系数 $\delta_s=0.025$

C. 湿陷系数 $\delta_s=0.02$　　D. 湿陷系数 $\delta_s=0.01$

5. (　　)是一种在天然含水率下强度较高、压缩性较弱、有较强结构性的非饱和土。

A. 湿陷性黄土　　B. 软土　　C. 膨胀土　　D. 冻土

6. (　　)是在特殊的地质条件下形成的特殊土，碳酸盐类岩石在一定的气候条件影响下，在剧烈的风化作用影响下，形成的颜色呈棕红色、褐红色、黄褐色的一种高塑性黏土。

A. 湿陷性黄土　　B. 软土　　C. 膨胀土　　D. 红黏土

7. 冻土地基对温度特别敏感，在全球大环境变暖影响之下，多年冻土地基也出现了显著的变化，改变了冻土的结构、冻土的强度与性质，会产生(　　)。

A. 冻胀和融沉　　B. 沉陷和滑坡　　C. 冻胀和冲蚀　　D. 塌陷和融沉

8. (2020 年注册岩土工程师试题)某公路工程对湿陷性黄土地基采用强夯法处理。拟采用圆底夯锤，质量 10 t，落距 10 m。已知梅纳公式的修正系数为 0.5，估算此强夯处理有效加固深度最接近下列哪个选项？（　　）

A. 3 m　　B. 4 m　　C. 5 m　　D. 6 m

9.（2020 年注册岩土工程师试题）下列关于膨胀土性质的表述，错误的是哪个选项？（　　）

A. 蒙脱石含量越高，膨胀性越强

B. 硅铝分子比 $SiO_2/(Al_2O_3+Fe_2O_3)$ 越大，膨胀性越强

C. 黏粒含量越高，胀缩变形越大

D. 密度越大，失水收缩越强

（二）多选题

1. 红黏土地基处置方法多种多样，常采用以下哪些方法？（　　）

A. 换填垫层法　　B. 水泥（石灰）改良法

C. 高压旋喷法　　D. 碎石桩法（复合地基）

E. 强夯法

2. 湿陷性黄土地基处理方法主要有（　　）。

A. 换填法　　B. 强夯法　　C. 深层搅拌法　　D. 挤密法

E. 复合型地基法

3. 膨胀土地基处理方法主要有（　　）。

A. 置换法　　B. 垫层法　　C. 强夯法　　D. 砂石挤密桩

E. 保温护道法

4. 冻土是一种性质不稳定、温度敏感性强、温度低于 0℃ 且含有冰的特殊性岩土。冻土根据冻结延续时间不同，一般可分为（　　）。

A. 短时冻土　　B. 季节冻土　　C. 多年冻土　　D. 长时冻土

三、知识点拓展

案例拓展一：碎石桩处理红黏土地基

云南省某高速公路采用双向八车道高速公路技术标准建设，设计速度为 100 km/h，整体式路基设计宽度为 41 m。工程项目地处滇中高原，地势由西北向东南倾斜，山川多沿北南方向展布。沿线最低处位于嵩明盆地，海拔为 1900~2200 m，沿线地势起伏稍大。该项目处于亚热带和暖温带气候区，路线穿越了盆地、河谷、低中山区等地形。路线的主要地层分别是粉质黏土、红黏土、黏土及砂土、卵砾石等，性质差异大。全线所经过的特殊性岩土主要为软土、红黏土等，软土主要位于盆地地带，地下水较浅，含水量高，孔隙比大，压缩性强，物理力学性质较差。全线均分布红黏土，主要包含原生红黏土和次生红黏土。例如，路线局部 600 m 范围内地基土层为红黏土，表层 3 m 左右为非饱和土，其他土层均为饱和土体，红黏土覆盖层厚度为 26 m。要求复合地基承载力特征值不应小于 175 kPa；单桩竖向承载力特征值不应小于 135 kN。红黏土地基采用振冲碎石桩法处置，挤密土颗粒，加速排水固结，提高地基的整体承载力。具体施工中采用直径为 0.5 m 的碎石桩，桩间的距离设计为 1.2 m，碎石桩的桩长为 15 m，碎石直径为 20~40 mm。在碎石桩桩顶设 30 cm 砂砾石垫层，在砂垫层中下部和表面分别铺设一层土工格栅。处置后红黏土复合地基承载力满足设计要求，工后沉降

较小，工程质量良好，地基承载力满足设计要求，变形沉降可控。

（案例来源——知网论文《红黏土地区振冲碎石桩复合地基特性研究》）

案例拓展二：海上丝绸之路沿线地基处理技术

“21 世纪海上丝绸之路”从中国沿海港口过南海到东南亚、南亚、印度洋、欧洲、南太平洋，沿线穿越很多的国家和地区，跨度大，路径远，海上基础设施建设面临的环境比陆地上更加艰难、更加复杂！因为不同区域、不同国度、不同环境、不同气候下，沿线的岩土都具有一定的特殊性和工程特性，不同国家的标准和要求都不一样。“21 世纪海上丝绸之路”沿线国家重大工程建设中遇到的很多特殊岩土主要包括珊瑚礁砂、深厚粉细砂、软土、膨胀土、风化页岩、盐渍土、有机土、有机质土。特殊岩土是工程建设的重点和难点，主要地基问题包括地震区砂土地基处理、吹填砂土地基处理、含高细粒砂性土地基处理、强震区珊瑚礁砂地基处理、疏浚吹填（绞吸、耙吸）地基处理等。

砂土地基主要是采用动力密实法处理，强夯法、振冲密实法是境外常用的两种大面积地基处理方法。珊瑚礁砂常采用振冲密实法、碎石桩、强夯方式处理。软土地基常采用堆载预压、真空预压、真空联合堆载预压法处理。盐渍土采用堆载预压方式进行处理。疏浚吹填（绞吸、耙吸）地基常采用振冲密实法（深层）和表层碾压方式处理。采用高细粒含量吹填砂性土强夯加固地基，利用大功率振冲器加固吹填砂性土，采用高细粒含量振冲密实法加固地基。对水下地基的处理，可以采用水下爆炸挤淤、水下开挖、水下挤密砂桩、水下碎石桩（海外某集装箱码头）、水下振冲密实、水下强夯、水下深层水泥搅拌桩（深中通道）等方式。

（案例来源——全国土力学及岩土工程学术大会上中交集团海外发言资料）

模块三　浅基础

单元一　识别浅基础的类型、构造

学习目标

【知识目标】

1. 知道刚性基础、柔性基础的定义和特点。
2. 领会工程中刚性基础的适用条件。
3. 领会工程中柔性基础的适用条件。

【能力目标】

1. 能描述刚性基础、柔性基础的受力特点。
2. 能区别刚性基础和柔性基础的异同。
3. 会识别不同类型的浅基础。

【素质目标】

1. 培养文化自信、科技强国责任意识。
2. 培养严谨求实、一丝不苟的职业素养。
3. 培养刻苦钻研、团结协作、乐于奉献的职业素养。

学习导图

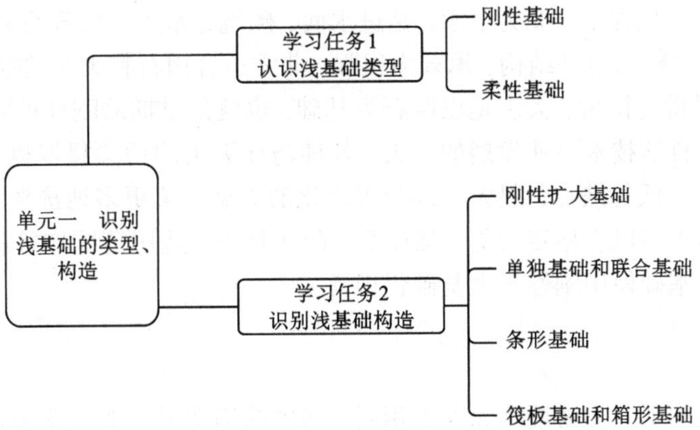

学习任务1　认识浅基础类型

学习情境

唐朝时出现了不少闻名天下的石梁桥。据《唐六典》记载，天下著名的石梁桥有4座，即洛阳的天津桥、永济桥和西安的中桥、灞桥。到了宋朝，人们改造自然的能力提高了，又在福建泉州建成了我国第一座濒临海湾的大石梁桥万安桥，又名洛阳桥。这座桥长834 m，宽7 m。因在江海交汇处造桥，江阔水深，工程艰巨。造桥者首创筏板基础以造桥墩，养殖牡蛎以固桥基。

北魏郦道元《水经注》云，公元282年在河南洛阳东六七里有一座用石头建造的旅人桥，下圆以通水。这是最早见于记载并保留至今的石拱桥——河北赵县的安济桥，即赵州桥。赵州桥建于1400多年前的隋朝，由工匠李春设计监造，是一座敞肩式单孔圆弧石拱桥，比欧洲19世纪建的同类拱桥早了1200多年，在世界桥梁史上占有重要地位。

介于北京西南郊的卢沟桥（图3-1）。是北京市现存古老的石造联拱桥，1192建成，是我国第一批国家重点文物保护单位。卢沟桥桥面略呈弧形，两端较低，中间隆起。桥墩、拱券以及望柱、栏板、抱鼓石、华表等都用天然石英砂岩及大理石砌筑，而桥面却是用天然花岗岩巨大条石铺设的。卢沟桥桥下河床铺设几米厚的鹅卵石和石英砂，整个桥体砌筑其上，十分坚实稳固。桥墩平面呈平底船形，北为上游，是进水面，砌筑分水尖，状若船头，长4.5~5.2 m，约占桥墩的1/4。这样的地基结构，承载力很强，非常适合用石料砌筑的刚性扩大基础。

图3-1　著名的石拱桥——卢沟桥

这些古代的梁桥与拱桥，大多是以巨石为基础，也就是早期的刚性扩大基础，有独立式、条形、筏板等。在科学技术飞速发展的今天，各种巧夺天工的桥梁星罗棋布，虽然由于浅基础自重大、抗拉强度低等缺点，很大一部分现代化的大型桥梁更多地选择了其他类型的深基础，但刚性浅基础仍然以它稳定性好、强度高、耐久性强、适用范围广等特点应用于各种桥梁中，特别是桥台基础使用刚性扩大基础仍很常见。

知识导航

天然地基上的基础，因为埋置深度不相同，基础的构造类型和施工方法也有所不同，分为浅基础和深基础两类。

浅基础是指埋入较浅地层，常采用敞口开挖施工，主要由块石或混凝土砌筑而成的实体基础，也称为明挖基础或扩大基础。浅基础是指埋置深度h（图3-2）小于5 m或埋置深度大于5 m，但埋置深度与基础宽度比值不大于1的基础，如筏板基础和箱形基础。

天然地基浅基础的特点是埋置深度浅，结构形式简单，施工方法简便，施工造价较低，

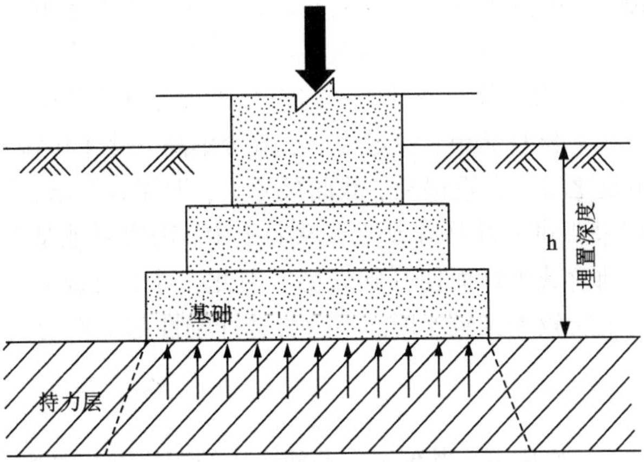

图 3-2　天然地基上的浅基础

因此是建筑物、中小桥梁、挡土墙下通道、涵洞等常用的基础类型。浅基础是一种实用且经济的基础。浅基础在设计计算时可以忽略基础侧面土体对基础的影响，所以基础结构形式和施工方法也较简单。

根据受力条件和构造的不同，天然地基上的浅基础可以分为刚性基础和柔性基础。如图 3-3 所示，基础在外部荷载 N 和基础自重 W 的作用下，基底受到地基向上的应力 f_a，此时基础的悬出部分 $a-a$ 断面左端或右端相当于承受着强度为 f_a 的均布荷载的悬臂梁，在荷载作用下，$a-a$ 断面将产生弯曲拉应力和剪应力。

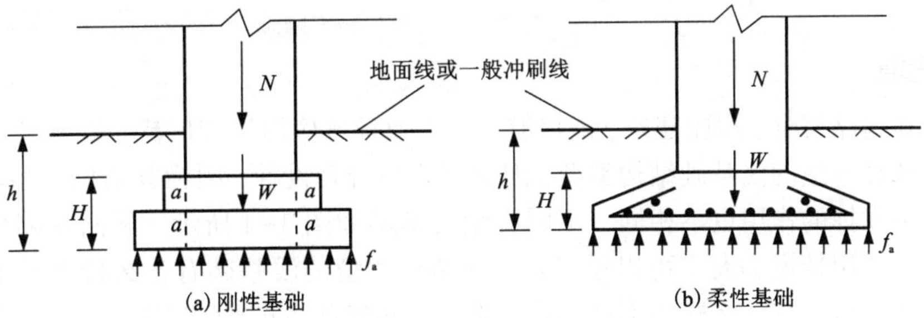

图 3-3　基础类型

一、刚性基础

刚性基础是指在基底反力作用下，基础圬工具有足够的截面强度，使材料的容许应力大于地基反力对基底产生的弯曲拉应力和剪应力时，$a-a$ 断面不会出现裂缝，此时，这种基础内无须配置受力钢筋[图 3-3(a)]。刚性基础是桥梁、涵洞、房屋等建筑物常用的基础类型。其主要形式包括刚性扩大基础、单独柱下刚性基础、条形基础等。

刚性基础可以选用混凝土、毛石混凝土、砖、毛石、灰土、三合土等材料。其中混凝土基础抗压强度高、耐久性好、抗冻性较好，可浇筑成任意形状的基础。刚性基础的抗拉强度值远小于其抗压强度值，为保证基础不发生破坏，基础相对刚度都比较大，几乎不会发生弯曲变形。刚性基础的混凝土一般采用 C20～C25，当基础遇到有侵蚀性的地下水时，对混凝土的成分要严加选择，否则可能会影响基础的耐久性。为了节约水泥用量，对于大体积混凝土基础，可掺入砌体体积 25%以内的片石或块石，称为片块石混凝土基础。

刚性基础的主要优点：材料简单，稳定性好，造价不高，设计和施工简便，能承受较大的荷载，抗压性能好。不足之处：自重很大，截面尺寸大，埋深有要求，抗拉抗剪强度不高，荷载较大时尺寸受限。如果要将刚性基础设置在软弱土中，需要对地基进行处理或加固后才能采用，否则持力层会受到荷载破坏而使基础失稳。因此，对于荷载大或对不均匀沉降较敏感的建筑物，当持力层的土质较差又较厚时，不适合选择刚性基础作为浅基础。

二、柔性基础

柔性基础在地基的反力作用下，当在 $a-a$ 截面产生的弯曲拉应力和剪应力超过基础圬工的强度极限值，基础在 $a-a$ 截面有可能开裂甚至断裂时，重新优化基础尺寸，必须在基础内部掺入一定数量的钢筋[图 3-3(b)]。柔性基础的混凝土一般采用 C25～C35，柔性基础的常见形式有柱下扩展基础、条形基础、十字形基础、筏板基础及箱形基础。

柔性基础主要用钢筋混凝土浇筑，整体性能较好，外形尺寸较小，抗弯拉和抗剪强度较大，一般在地基承载力不高以及承受水平力和力矩荷载、竖向荷载较大等情况时采用。柔性基础不易产生裂缝，基础的高度不受台阶“宽高比”的约束，可以在“宽基浅埋”的环境中应用。

学习任务 2　识别浅基础构造

学习情境

浅基础在道路桥梁、房屋建筑、港口航道等专业领域应用比较广泛。设计者会根据不同的背景环境选择合适的浅基础结构类型，因地制宜地合理设计，因为其结构类型不一样，在不同的工程中发挥的作用也不相同。不同类型浅基础如图 3-4 所示。下面是部分浅基础在不同行业内的应用情况，大家可以思考：这种结构类型的浅基础有什么特点？受力情况如何？如果设计不当会有什么样的不良影响？带着这些问题一起来学习吧。

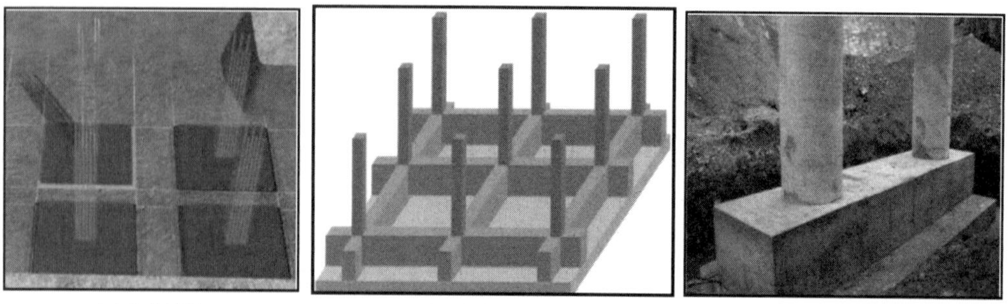

(a) 单独基础　(b) 筏板基础　(c) 联合基础

图 3-4　不同类型浅基础

知识导航

浅基础根据构造形式不同可以分为刚性扩大基础、单独基础、联合基础、条形基础、筏板基础、箱形基础等。上部结构的荷载通过柱、墙等承重构件传递下去，会产生较大的压强，这时需要设计刚性基础或柔性基础分担荷载，使其满足地基承载力和变形的要求，保证结构物稳定。

一、刚性扩大基础

刚性扩大基础是指由于地基强度一般较墩台或其他建筑物圬工的强度低，因而需要将基础平面尺寸扩大而使基底应力减小以满足地基强度要求，提高地基的稳定性和承载能力。刚性扩大基础是将上部结构墩传递的荷载逐级向下传递至较浅的支撑地基的一种基础形式。每边扩大的尺寸为 0.20~0.50 m，扩大的尺寸结合土质条件、基础高度、埋置深度和施工方法而定，每边扩大的最大尺寸应受到材料刚性角的限制，比如当选用混凝土材料时，刚性角不超过 40°。当基础较厚时，可在纵、横两个剖面上都做成台阶形，以减少基础自重，节省材料。混凝土强度等级一般采用 C20，环境严寒地区应采用不低于 C25 的混凝土。

图 3-5 所示基础为刚性扩大基础。其平面形状为常见的矩形，实用性好，基础分两层，每层等厚，这种刚性扩大基础是桥梁、涵洞、其他建筑物经常用到的基础类型之一。

浅基础三视图

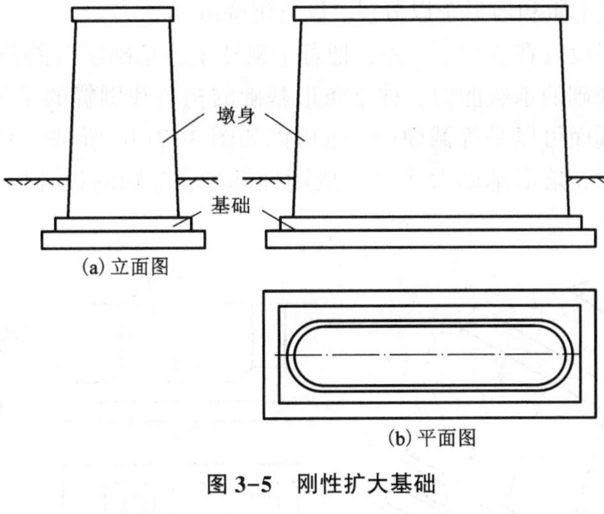

图 3-5　刚性扩大基础

二、单独基础和联合基础

单独基础是指基础之间是相互独立的，没有关联的独立基础形式。单独基础的主要形式是单独柱下基础，房屋建筑和立柱式桥墩。单独柱下基础大部分是用石或砖等圬工材料砌筑的，它的纵、横剖面均可砌筑成台阶式，如图 3-6(a)、图 3-6(d)所示。个别情况下柱下基础用钢筋混凝土浇筑时，其剖面也可浇筑成锥形，如图 3-6(c)所示。由于掺入了钢筋，钢筋发挥了作用，改变了结构的受力情况，此时为柔性扩大基础。

联合基础是指扩大相邻单独基础的平面尺寸，会导致相邻的单独基础在平面上相联系或部分重叠所形成的基础形式，基础的底面尺寸扩大可以提升地基的承载力，满足地基强度要求，如图 3-6(b)所示。

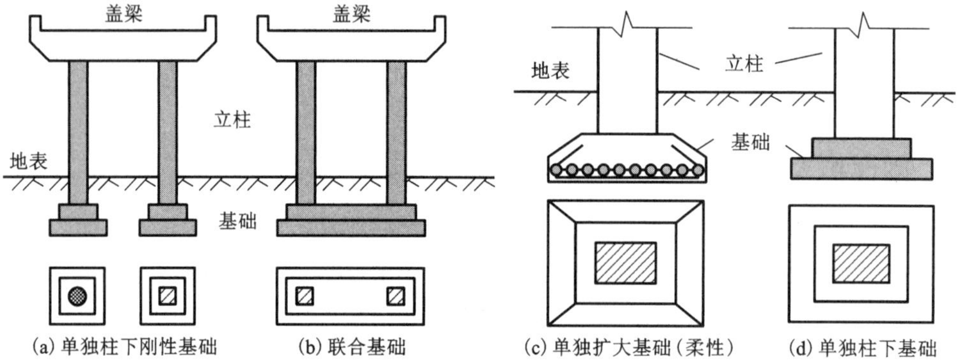

图 3-6　单独基础和联合基础

三、条形基础

条形基础是指基础的长度尺寸远大于宽度尺寸的基础形式。条形基础根据设置的位置不同可以分为墙下条形基础和柱下条形基础。条形基础采用的混凝土强度等级不低于 C20。

墙下条形基础是指常用的设置在挡土墙下或涵洞下的基础形式。墙下条形基础横剖面可以是矩形或筑成台阶形如图 3-7(a)所示。当挡土墙很长时，为了避免在沿墙长方向因沉降不均匀而开裂，可根据土质和地形予以分段，设置沉降缝。

柱下条形基础是指设置在立柱下，并且把若干根柱子的基础联合的条形基础。这种基础能极大地增强结构物基础的承载能力。柱下条形基础的构造和倒置的 T 形截面梁有些类似，沿柱子的排列方向的剖面可以是等截面的，也可以如图 3-7(b)所示，在柱位处加注混凝土呈锥形。在桥梁基础中，条形基础大多是做成刚性基础，个别的设计成钢筋混凝土的柔性基础。

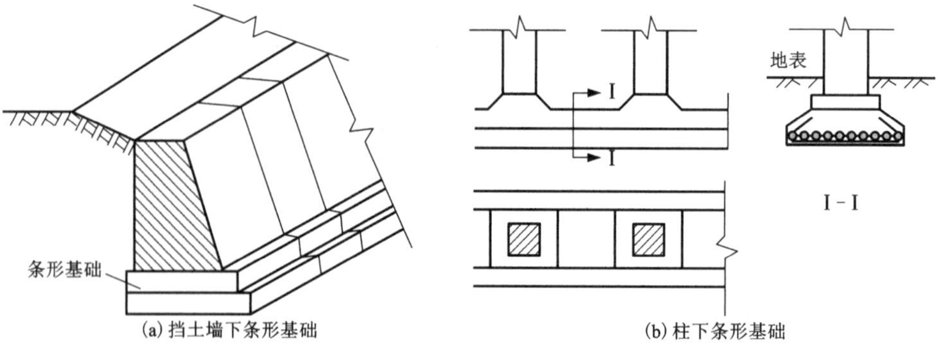

图 3-7　条形基础

此外，在地基土很软的情况下，当基础在宽度方向需要扩大面积同时保证基础具有一定的刚度来调整不均匀沉降时，可在柱下纵、横两个方向均设置条形基础，成为十字形基础。十字形基础在房屋建筑中经常用到，也称为交叉条形基础。

四、筏板基础和箱形基础

筏板基础是指采用钢筋混凝土材料做成的连续整片基础，像一大块倒置的楼盖板，也称为满堂基础、片筏基础、筏基房屋建筑常用箱形基础和筏板基础，因为这种基础的整体刚度更大，可以有效地调整地基土层的不均匀沉降。当上部结构(立柱或承重墙)传递的荷载较大，地基土质条件不理想(软弱又不均匀)，采用单独或条形基础形式不合适(承载力和沉降不满足要求)时，考虑采用筏板钢筋混凝土基础。筏板基础“大底板”受力面积显著地增大，筏板基础的整体性增强，防止建筑物发生不均匀沉降。

筏板基础类似于倒置的钢筋混凝土楼盖，可以分为平板式[图3-8(a)]和梁板式[图3-8(b)]，还有组合式的桩筏基础[图3-8(c)]。平板式筏板基础主要由底板和立柱组成，而梁板式筏板基础主要由底板、立柱、梁组成；桩筏基础是指桩基础和筏板基础相结合的基础形式。平板式筏板基础多用于立柱传递荷载比较小、立柱排列均匀、立柱间距较小的情况。平板式筏板基础和梁板式筏板基础适用于土层很厚，地基土质条件较差，建筑物对不均匀沉降较敏感或荷载较大而基础建筑面积不太大的高层建筑，也适用于有水池、油库、地下室的房屋等。

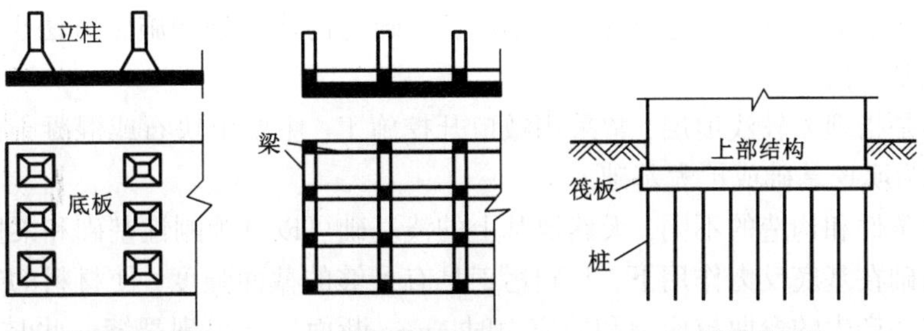

(a) 平板式筏板基础 (b) 梁板式筏板基础 (c) 桩筏基础

图3-8 筏板基础

箱形基础，主要是由钢筋混凝土顶板、隔板(纵墙、横墙)、底板、外墙、梁(柱)等组成的单层或多层箱体式钢筋混凝土空间结构，刚度很大的箱基础形式，如图3-9(a)所示，也可以设计成桩基础与箱形基础组合的形式，如图3-9(b)所示。箱形基础内部支撑多，其刚度比筏板基础大得多，由基础顶板和底板围成的空间很大，可做地下室。箱形基础的特点是整体刚度大、稳定性强，内部空间具有很好的抗震性和附属功能(地下室、车库、设备间、人防、库房)。箱形基础多用于高层建筑(无水或少水)，也可以和桩基础组合使用，组成桩箱基础。其不足之处是箱形基础形成的围护空间对材料需求量大，施工周期长，施工比较复杂，当有基坑开挖时，还需要考虑降水、支护费用及对相邻建筑的沉降影响。

箱形基础适合用于上部结构荷载较大，地基承载力较低，采用其他基础(十字交叉条形基础)无法满足承载力需求的情况。箱形基础内部的隔墙把空间分隔成较小空间，不适合用作地下停车场等，而筏板基础比较适合大型的地下停车场，空间大，设计方便。

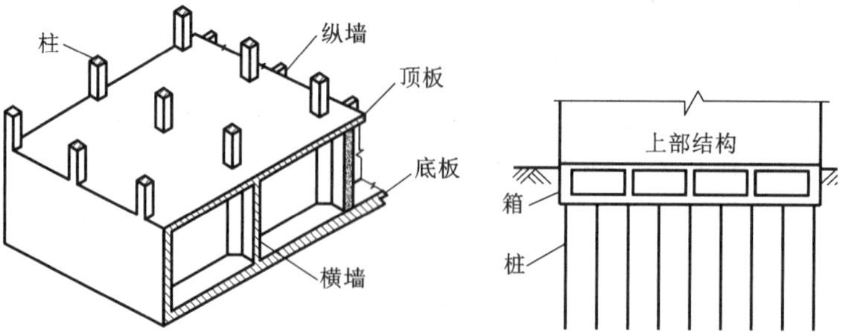

(a) 箱形基础　　(b) 桩箱基础

图 3-9　箱形基础与桩箱基础

单元知识巩固和拓展

一、知识要点汇总

1. 天然地基上的基础，因为埋置深度不同，基础的构造类型和施工方法也有所不同，分为浅基础和深基础两类。

2. 浅基础是指埋入较浅地层，常采用敞口开挖施工，主要由块石或混凝土砌筑而成的实体基础，也称为明挖基础或扩大基础。

3. 按受力条件和构造的不同，天然地基上的浅基础可以分为刚性基础和柔性基础。

4. 刚性基础在基底反力作用下，基础圬工具有足够的截面强度，使材料的容许应力大于地基反力对基底产生的弯曲拉应力和剪应力时，a–a 断面不会出现裂缝。此时，这种基础内无须配置受力钢筋。

5. 柔性基础在地基的反力作用下，当在 a–a 截面产生的弯曲拉应力和剪应力超过基础圬工的强度极限值，基础在 a–a 截面有可能开裂甚至断裂时，重新优化基础尺寸，必须在基础内部掺入一定数量的钢筋。

6. 浅基础根据构造形式不同可以分为刚性扩大基础、单独基础、联合基础、条形基础、筏板基础、箱形基础等。

二、习题练习

习题练习答案

(一) 单选题

1. (　　　) 是指埋入较浅地层，常采用敞口开挖施工，主要由块石或混凝土砌筑而成的实体基础，也称为明挖基础。

A. 浅基础　　B. 柔性基础　　C. 深基础　　D. 刚性基础

2. 关于天然地基浅基础的特点描述不正确的是(　　　)。

A. 施工造价较高

B. 施工方法简便

C. 埋置深度浅、结构形式简单

D. 建筑物、中小桥梁、挡土墙下通道、涵洞等常用

3. 在基底反力作用下，基础圬工有足够的截面强度，基础材料的容许应力大于地基反力对基底产生的弯曲拉应力和剪应力时，基础的 *A*-*A* 截面不会出现裂缝，这种基础内部不需配置受力钢筋，这种基础称为(　　　)。

A. 柔性基础　　　B. 刚性基础　　　C. 扩大基础　　　D. 桩基础

4. 在地基的反力作用下，基础的截面产生的弯曲拉应力和剪应力超过基础圬工的强度极限值，基础某截面有可能开裂甚至断裂时，重新优化基础外形尺寸，必须在基础内部配置一定数量的钢筋，这种基础称为(　　　)。

A. 柔性基础　　　B. 刚性基础　　　C. 扩大基础　　　D. 桩基础

5. 刚性基础的特点描述不正确的是(　　　)。

A. 材料简单、稳定性好　　　B. 造价不高、设计和施工简便

C. 抗压性能好，抗弯、抗拉、抗剪能力差　　　D. 自重很小，截面尺寸大、埋深有要求

6. (　　　)是指由于地基强度一般较墩台或其他建筑物圬工的强度低，因而需要将基础平面尺寸扩大而使基底应力减小以满足地基强度要求。

A. 刚性扩大基础　　　B. 箱形基础　　　C. 联合基础　　　D. 筏板基础

7. (　　　)类似于刚度很大的箱体，它是由钢筋混凝土顶板、隔板(纵墙、横墙)、底板、外墙、梁(柱)等组成单层或多层的箱体式钢筋混凝土空间结构。

A. 刚性扩大基础　　　B. 箱形基础　　　C. 联合基础　　　D. 筏板基础

三、知识点拓展

案例拓展：长沙国际金融中心筏板基础施工

长沙国际金融中心坐落于黄兴路与解放路交会的东北角，临近五一大道和地铁 1、2 号线五一广场站。项目采用“双塔楼”设计，其中 1 号塔楼地上 93 层，建筑高度为 452 m；2 号塔楼地上 65 层，建筑高度为 315 m。长沙国金中心项目于 2017 年全部建成。

如图 3-10 所示，两座塔楼的基础采用天然筏板基础，整体浇筑成形的钢筋混凝土底板将承受高楼的荷载。1 号楼的底板厚达 5 m，2 号楼的底板厚达 3.7 m。基坑平均深度达 34.25 m，主楼处最大深度为 42.25 m，基坑面积比 10 个标准足球场还大。

图 3-10　长沙国际金融中心筏板基础施工

在基坑支护施工期间，地质勘测报告显示项目所在地地基基础土质非常好，在施工单位与勘测设计单位现场多次进行地基承载力试验后，设计单位通过试验数据调整了结构基础形式，取消了原本的桩基础方案，改成天然筏板基础。在当时，创下全国首例超 400 m 的高楼使用天然筏板基础来施工地基的记录。

和桩基础相比，天然筏板基础施工时间短，成本更省。整个项目，因为天然筏板基础的应用，施工工期缩短约 2 个月，成本减少 3000 万元左右。1 号楼基础筏板厚度为 5 m，采用 HRB400 级钢筋，C70 高性能混凝土，一次性浇筑混凝土量约 32000 m^3。该筏板基础的钢筋和混凝土强度等级、钢筋含量、底板厚度、混凝土连续浇筑量均为湖南省之最。

单元二　浅基础的设计与计算

学习目标

【知识目标】

1. 知道刚性扩大基础的设计流程。
2. 理解刚性扩大基础设计的依据、原则和具体内容。
3. 理解天然地基上浅基础设计流程和设计要点。

【能力目标】

1. 能进行刚性扩大基础资料的收集分析。
2. 能进行刚性扩大基础的设计。
3. 会进行刚性扩大基础设计方案的简单优化。

【素质目标】

1. 培养发现问题、解决问题的能力。
2. 培养实事求是、一丝不苟、团结协作的职业素养。
3. 培养逻辑思维、创新思维和创新创造能力。

学习导图

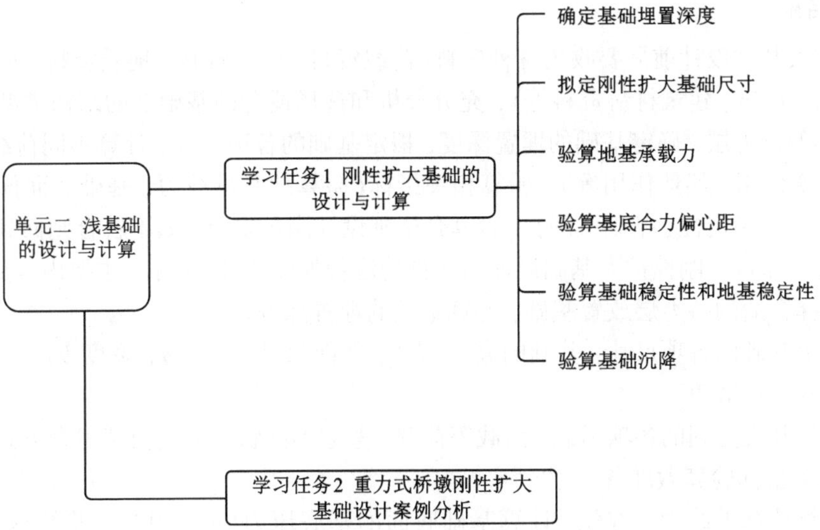

学习任务1　刚性扩大基础的设计与计算

学习情境

考虑基础的埋置深度是天然地基上浅基础设计的第一步，直接影响构筑物的成本、施工工期、施工的措施等。基础的类型和外形尺寸决定了荷载的大小和对周围环境的适应性，基础的承载力验算、变形沉降、稳定性验算关乎结构的质量和安全。天然地基上的浅基础埋置深度与要求不相符容易导致冲刷、冻胀病害。浅基础的地基与要求不符容易导致基础断裂、倾斜及沉降的发生。因此，设计浅基础时，应先熟悉桥位处的地质水文状况，确定与设计依据是否相符，必须把隐蔽工程的验收与地基的勘探工作做好，确保地基均匀稳定且承载力满足要求。项目地地质水文情况与地基承载力的大小，决定基础类型的选择与基础的设计和施工。近年发生过数起由地质情况和地基承载力引起的桥梁垮塌事件，我们需要更加重视桥梁基础的设计，设计和施工两手抓。思考下列案例中病害产生的原因，以及需要如何处置呢?

案例一：2018 年 7 月，某项目穿越较浅的河流，水流流速较缓。考虑到施工方便和造价因素，选择埋藏浅的砂砾石地层做持力层，桥梁采用浅基础，只进行了持力层承载力验算，忽略了下方 1 m 厚软黏土承载力的验算。运营一段时间后，部分桥墩之间直径变形沉降明显，局部桥面有不均匀开裂破坏。

案例二：2019 年 5 月，某项目浅基础在施工时，发现地质条件和设计文件存在较大出入，地基容许承载力远小于设计中的地基容许承载力，而且没有做任何处理直接施工，后期地基变形沉降大，导致桥墩和基础变形沉降超限。

案例三：2022 年 4 月，某陡坡上修建了浅基础，因为春季雨水多，陡坡内侧长时间被雨水浸泡后，边坡土体失稳，桥墩和其下基础一起出现了滑动破坏，导致桥梁结构部位受损。

知识导航

刚性扩大基础设计前需要收集各种资料(荷载资料、结构资料、地质资料、地形资料、水文资料、施工资料、建筑材料资料等)，充分分析和选择适合的基础上的结构类型和材料，初步选择基础的持力层，确定基础的埋置深度，拟定基础的各项尺寸，计算不同荷载的大小(永久作用、可变作用、偶然作用等)，验算相关指标(验算地基承载力、基础底面偏心距、抗倾覆稳定性和滑动稳定性、基础沉降)。验算合格则设计满足要求，如不符合则回到上一级，优化和调整部分参数。刚性扩大基础设计与计算的流程如图 3-11 所示，主要内容如下。

(1)选择合适的持力层放置基础，计算基础的埋置深度。

(2)拟定基础的各项尺寸：基础的高度(H)、平面尺寸(长度 a，宽度 b)、立面尺寸(襟边、台阶宽度、扩散角)。

(3)计算基底受到的各项恒载、活载等荷载，考虑不同状态下的荷载组合方式，进行组合计算，为后续指标验算做准备。

(4)验算地基承载力：首先，计算基础底面的基底压力(p)；其次，验算地基的承载力(f_a)，包括验算地基持力层的承载力和验算软弱下卧层的承载力。

(5)验算基础底面合力偏心距大小。

(6)验算基础的稳定性：验算基础倾覆稳定性；验算基础滑动稳定性。

(7)验算基础沉降大小。(几种特定条件下需要验算沉降)

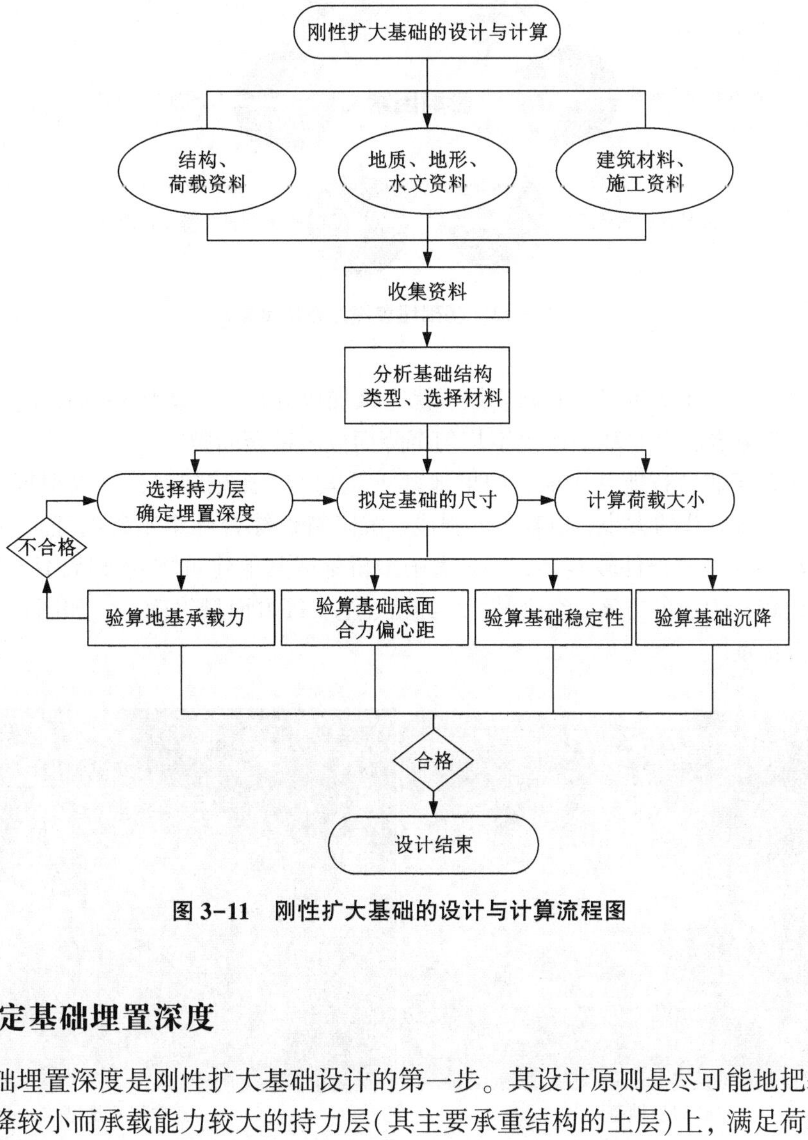

图 3-11　刚性扩大基础的设计与计算流程图

一、确定基础埋置深度

确定基础埋置深度是刚性扩大基础设计的第一步。其设计原则是尽可能地把基础设置在地层变形沉降较小而承载能力较大的持力层(其主要承重结构的土层)上，满足荷载传递下来而地基土不发生破坏(产生过大的沉降或沉降差)的要求，优先考虑埋藏浅、地基承载能力高的土层。除此之外，为了保证基础的稳定和基础的安全，基础还需埋置一定安全深度。确定基础的埋置深度时，必须综合考虑各种因素的作用，如图 3-12 所示。

1. 工程的地质因素

工程中的地基土具有离散性，通常由很多不同类型的土质组成，需要根据荷载的大小和特性选择合适的土层做持力层。工程中的地质条件是影响埋置深度的重要因素之一。

当基础埋置于岩石地基中时，如果为覆盖土层较薄(包括风化岩层)的岩石地基，就直接清除覆盖土和风化层，把基础修建在新鲜岩石地层上；如果岩石覆盖层(含风化层)很厚，全部清除困难，就考虑岩层的冲刷深度、风化程度、相应的容许承载力来确定基础嵌入风化层

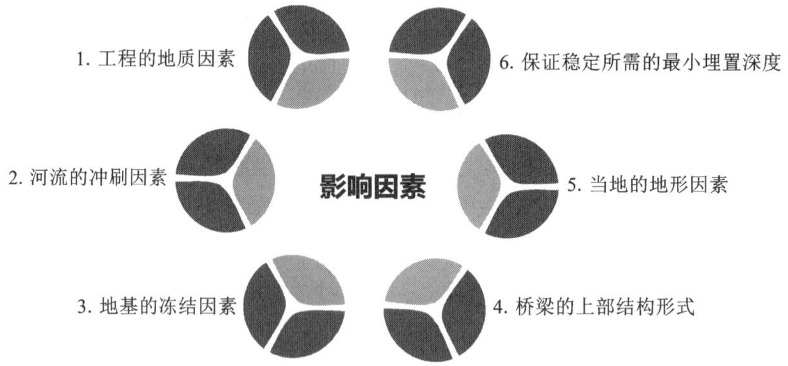

图 3-12　基础埋置深度影响因素

中的埋置深度；如果地基为表面倾斜岩层，就应该加以处理，严禁将基础置于受力不平衡的倾斜岩层上，避免岩层上的基础产生不均匀沉降而倾斜甚至断裂。

当基础埋置于非岩石地基中时，如果地基土质均匀，比较单一，可以根据河流的冲刷、土层的冻胀、上部荷载的大小、地基土的强度、沉降特性综合确定基础的埋置深度。如果地层土的类型较多或地质条件较复杂，那么大中型桥梁或其他建筑物基础持力层的选定，应通过较详细的比较持力层的方案，综合技术、经济、施工等方面最终确定。如图 3-13 所示为不同地基的埋置深度。

(a) 岩石地基

(b) 非岩石地基

图 3-13　岩石地基和非岩石地基的埋置深度

2. 河流的冲刷因素

冲刷是指水流的移动对河床的冲蚀和淘刷过程。当在有冲刷的河床上进行基础施工时，必须考虑洪水对基础下地基土的冲刷作用。水流越急，过水流量越大，水流的冲刷作用越大，被水流冲刷后，整个河床面会下降一定深度，如图 3-14 所示。

冲刷通常可划分为自然冲刷、一般冲刷、局部冲刷等三种。自然冲刷是指随着时间的推移，在水流作用影响下，自然演变而引起河床线降低的冲刷。一般冲刷是指桥梁中水中墩柱的存在缩小了过水断面，在水流作用下会使河底和两侧泥沙冲走，桥下河床断面内发生冲刷。局部冲刷是指水流作用下，存在水中基础的阻拦作用，水流会在基础附近产生旋涡，将泥沙从基础周围带走并形成的冲刷。因此，水中基础附近的冲刷深度是最大的。从原河床面到局部冲刷线的垂直距离称为总的冲刷深度，包含河床自然演变冲刷深度、一般冲刷深度、局部冲刷深度之和(图 3-14)。

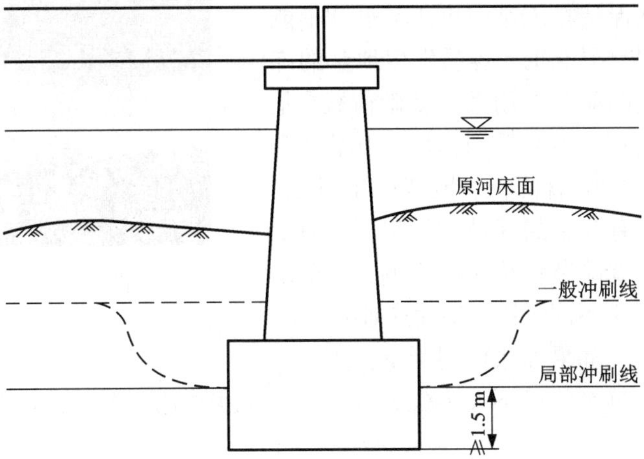

图 3-14 河流冲刷深度图

因此，为了避免桥梁墩和桥台基础四周和基础底部土层被水流冲刷掏空冲走而导致失稳倒塌，在有冲刷的河流中，基础必须埋置一定安全深度，规范要求基底必须埋置在设计洪水位最大冲刷线 1.5 m 及以上。特别是在地质条件复杂、有陡峭边坡和河流的(山区和丘陵)地区，设计时考虑季节性的洪水冲刷作用很有必要。如表 3-1 所示为参考选取非岩石的河床桥梁墩台基础底面埋置深度的安全值。

表 3-1 基础底面埋置深度的安全值 单位：m

桥梁类别	总冲刷深度				
	0	5	10	15	20
大桥、中桥、小桥(不铺砌)	1.5	2.0	2.5	3.0	3.5
特大桥	2.0	2.5	3.0	3.5	4.0

注：1. 表中的数值为墩台基底埋入总冲刷深度以下的最小值；当不确定设计流量大小、水位高低、原始断面资料时，河床演变准确资料，表中各值建议加大。

2. 新建桥梁墩台的基础埋置深度要参考上、下游已建桥梁，调查周围已建桥梁的特大洪水冲刷情况，新建桥梁的冲刷深度视情况确定其安全值。

3. 当有铺砌层在河床上时，基底距离铺砌层顶面不小于 1 m。

3. 地基的冻结因素

多年冻土约占我国国土面积的 22%，冻胀性土壤存在冬季冻结—夏季融化的每年周期性交替的趋势，土在不同季节冷暖交替，会出现地基的冻胀和融沉现象。土中水由液态变成固态，体积会膨胀，当土体温度持续保持在冻结温度下，水分不能从未冻结土层向冻结区转移时，容易发生地基的冻胀和隆起，冻胀产生的荷载作用大于基础荷载，基础可能发生上抬，基础会因此受到损坏；当温度升高时，土体软化，强度显著降低，地基产生融陷，如图 3-15 所示。在有冻胀的区域建设工程，为了保证建筑物地基土不受季节性冻胀的影响，根据地基土划分的冻胀土类别不同，基础底面应埋置在不受冻结影响的范围内。如果冻胀作用严重，基础一般宜埋置在天然最大冻结线以下大于 0.25 m 处；如冻胀作用不严重，基础埋置深度可以适当浅于冻结线深度。

图 3-15　冻结的地基

4. 桥梁的上部结构形式

桥梁有梁桥、拱桥、斜拉桥、悬索桥、刚构桥等几种类型，不同的桥梁上部结构的形式对基础产生的沉降也不同。如图 3-16 所示为简支梁桥和拱桥。一般来说，中、小跨度简支梁桥的上部结构形式对基础的埋置深度影响较小，但是拱桥等超静定结构较大，当基础发生非常小的不均匀沉降时会使内力重新分布，对结构造成影响，因此需将拱桥桥台基础设置在较深的坚硬的土层中，尽可能减小沉降差值、水平位移对结构的影响。

(a) 简支梁桥

(b) 拱桥

图 3-16　简支梁桥和中承式拱桥

5. 当地的地形因素

在确定较陡的土坡上桥梁的墩台、挡土墙等结构的基础埋置深度时，还应考虑地基土和结构物基础整体的稳定性，避免产生滑动破坏。由于在确定地基容许承载力时，一般是按地面是水平状态计算的，所以当基础位于倾斜的地基土中时，应考虑整体情况，适当折减地基容许承载力，采取有效措施保持地基土体稳定。当基础埋置在较陡的岩体中时，可以将岩体开挖成一定尺寸的台阶，降低坡度，确保岩体的稳定，如图 3-17 所示。

(a) 挡土墙基础　　(b) 陡坡岩体

图 3-17　挡土墙基础和陡坡下的岩体

6. 保证稳定所需的最小埋置深度

地表是人类生产和生活的主要场所，人类、动物、植物等生物都在上面生产和生活、生长，一定程度上会破坏地面土层的结构，对其强度和稳定性产生影响。地表土受外界温度、湿度影响很大，地表岩土在搬运、沉积、风化作用下，性质不太稳定，因此一般地表土不宜作为持力层。为了保证地基和基础的整体稳定性，要求基础(除岩石地基外)应埋置在天然地面或无冲刷河底大于 1 m 深处。

考虑基础的埋置深度时不仅需要考虑上述因素，还需要考虑经济因素、施工的因素(施工设备、排水条件、围护要求)、相邻建筑物的扰动影响，综合分析确定最合适的持力层。以上因素不但适用于天然地基上的浅基础，对某些情况下的其他类型的基础也适用(如桩基础、沉井基础)。

二、拟定刚性扩大基础尺寸

刚性扩大基础尺寸的拟定主要包括高度尺寸(H)拟定、平面尺寸长宽(a, b)拟定、立面尺寸[襟边(c)、扩散角(α)、台阶宽度(c_i)]拟定等。主要根据基础埋置深度确定基础长度和宽度，以及基础分层高度。在最不利荷载组合的条件下，既能满足基础本身有足够的结构强度要求，又能使地基与基础的承载力和稳定性均能满足规定要求，从而拟定经济合理的基础尺寸。

基础高度：应根据墩台结构形式，以及荷载大小、选用的基础材料等因素来确定。基底标高应按基础埋深的要求确定。水中基础顶面一般不高于最低水位，季节性河流或旱地上的桥梁墩台基础，则不宜高出地面，以防碰损。这样，基础高度可按上述要求所确定的基础底面和顶面标高求得。在一般情况下，大、中型桥的墩台混凝土基础高度为 1.0~2.0 m，在地质条件特别好的岩层上修建大型桥梁也可以采用浅基础。

基础的平面尺寸：基础平面形式需要考虑墩台底面的形状而确定，桥梁墩台底面常采用圆形或圆端形，基础平面形状常用矩形。基础的长度方向与桥梁行驶方向垂直，称为横桥向；基础的宽度方向与桥梁行驶方向平行，称为顺桥向。

基础剖面尺寸：刚性扩大基础的剖面形式一般是矩形或台阶形，各项尺寸如图 3-18 所示。自墩台底面边缘至基顶边缘的距离 c 称襟边，其作用是扩大基底面积增加基础承载力，同时便于调整基础施工时在平面尺寸上可能产生的误差，也为了支立墩台模板的需要。其值应视基底面积的要求、基础厚度及施工方法而定。桥梁墩台基础襟边最小值为 20 cm。基础较厚(超过 1 m)时，可将基础的剖面浇砌成台阶形。

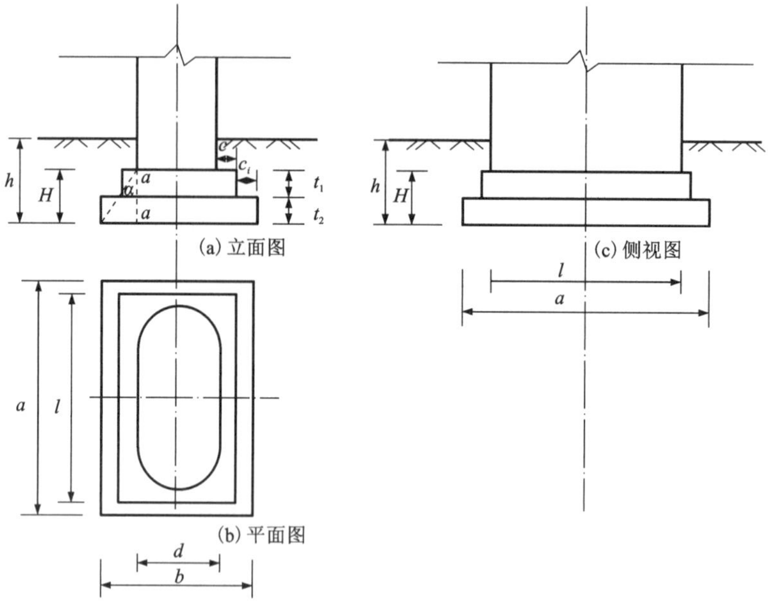

a—基础长度(m)；b—基础宽度(m)；h—基础埋置深度(m)；H—基础高度(m)；t_1、t_2—台阶厚度(m)；c_i—台阶宽度(m)，c—襟边；α—自墩台底面边缘至基础边缘线与垂线间的夹角；l—墩台底截面长度(m)；d—墩台底截面宽度(m)。

图 3-18　刚性扩大基础

基础悬出总长度：包含襟边与台阶宽度，在基底反力作用下基础悬出去的长度类似悬臂梁，在 a-a 截面[图 3-18(a)]所产生的弯曲拉力和剪应力不超过基础圬工的强度限值。满足强度要求时墩台边缘处的垂线与基底边缘的连线间的最大夹角 α_{max}，叫刚性角。刚性角 α_{max} 的大小和基础所用的圬工材料强度相关，当材料确定时，刚性角也相应确定。设计时，可使底面尺寸做大，但是不能超过刚性角的范围，保证基础底面不产生拉应力。在拟定浅基础尺寸时，保持台阶宽度 c_i 与厚度 t_i 尺寸比例合适，保证夹角 $\alpha_i \leqslant \alpha_{max}$。当为刚性基础时，在刚性基础内部不设置受力钢筋，基础的弯曲拉应力和剪应力不需要进行强度的验算。基础每层台阶高度等高，t_i 通常设计为 0.5~1 m，在一般情况下各层台阶宜采用相同厚度，襟边 c 宽度通常不少于 0.2 m。旱地上刚性扩大基础如图 3-19 所示。

图 3-19　旱地上刚性扩大基础

例如，某高速公路特大桥，桥面离地面180多米，靠近山体的5号墩下为岩石地基，主桥5号墩索塔基础设计采用双层扩大基础形式，大跨度高塔斜拉桥基础采用扩大基础，基础总高度是7.2 m，扩大基础平面尺寸长度为42.344 m，宽度为5.526 m，台阶宽度为1 m，该扩大基础基坑开挖施工遇到溶沟、溶槽等不良地质状况，采用雷达电探和地质补勘手段确定地质条件，后采取台阶爆破、溶沟填充物清理施工，有效地解决了不良地质问题。

三、验算地基承载力

桥墩和桥台下浅基础必须按最不利荷载作用组合的情况验算地基的承载力。地基承载力验算包括确定地基容许承载力、验算持力层承载力、验算软弱下卧层承载力(有软弱下卧层时验算)。

1. 验算持力层承载力

基础下方与基底直接接触的主要承重结构的岩土层称为持力层，关于持力层承载力的验算，要求荷载在基底产生的地基力不能大于持力层的地基容许承载力。因为浅基础的埋置深度较小，在计算时忽略基础周围受到的摩阻力和抗力。

当不考虑嵌固作用时，按式(3-1)验算基础底面岩土的承载力。

(1)当基底只承受轴心受压时

$$p=\frac{N}{A}\leqslant[f_a] \tag{3-1}$$

式中：p为基础底面的平均压应力(kPa)；N为短期作用效应组合在基底产生的竖向力(kN)；A为基础的底面面积($a\times b$)(m^2)；$[f_a]$为持力层土的地基容许承载力(kPa)，可按式(1-8)计算。

(2)当基础底面单向偏心受压，基础底面受到的弯矩M和竖向力N共同作用时，既要满足式(3-1)的要求，又要符合式(3-2)的条件。

$$p_{max}=\frac{N}{A}+\frac{M}{W}\leqslant\gamma_R[f_a] \tag{3-2}$$

式中：p_{max}为基础底面最大压应力(kPa)；M为短期作用效应组合产生的作用于桥梁墩台的水平力和竖向力对基础底面重心轴的弯矩(kN・m)；W为基础底面偏心方向边缘弹性抵抗矩，$W=1/6ab^2$。

(3)当基础底面双向偏心受压，基础底面承受竖向力N和绕x轴弯矩M_x与绕y轴弯矩M_y共同作用时，既要满足式(3-1)的要求，又要符合式(3-3)的条件。

$$p_{max}=\frac{N}{A}+\frac{M_x}{W_x}+\frac{M_y}{W_y}\leqslant\gamma_R[f_a] \tag{3-3}$$

式中：M_x、M_y分别为作用于基底的水平力和竖向力绕x轴、y轴对基底的弯矩；W_x、W_y分别为基础底面偏心方向边缘绕x轴、y轴的弹性抵抗矩。

(4)当基础设置在基岩地基上时，基础底面承受单向偏心荷载作用，偏心距e_0超过核心半径时，不用考虑基底承受拉应力，只按受压区计算基底最大压应力即可，如图3-20所示。按式(3-4)计算基础底面为矩形截面的最大压应力p_{max}。

$$p_{max}=\frac{3N}{3da}=\frac{2N}{3\left(\frac{b}{2}-e_0\right)a} \tag{3-4}$$

式中：a为垂直于b边基础底面的边长；b为偏心方向基础底面的边长；d为N作用至基底受

压边缘的距离；e_0 为 N 作用点与截面中心的距离。

2. 验算软弱下卧层承载力

当地基下受压层范围内地基由多层土（主要指地基承载力有差异）组成，且持力层以下有软弱下卧层（指下卧层的容许承载力小于持力层容许承载力的土层）时，此时还应验算软弱下卧层处的承载力，如图 3-21 所示，应按式（3-5）验算软土层或软弱地基的承载力。验算时先计算软弱下卧层顶面（在基底形心轴下）的压应力（包括自重应力及附加力），需小于等于此处地基土的容许承载力。

$$p_z=\gamma_1(h+z)+\alpha(p-\gamma_2 h)\leqslant r_R[f_a] \tag{3-5}$$

$$[f_a]=[f_{a0}]+k_1\gamma_1(b-2)+k_2\gamma_2(h-3)$$

式中：p_z 为软土层或软弱地基的压应力，可按式（3-5）计算。p 为基底压应力（kPa），当基底压应力为不均匀分布且 z/b（或 z/d）>1 时，p 为基底平均压应力；当 z/b（或 z/d）≤1 时，p 采用基底应力图形距最大应力边 $b/3 \sim b/4$ 处的压应力［其中 b 为矩形基础的短边宽度（m），d 为圆形基础直径（m）］。h 为基础底面或桩端处的埋置深度（m），当基础不受水流冲刷时，由天然地面起算；当基础受水流冲刷时，由一般冲刷线起算；如果位于挖方内，则由开挖后地面起算。z 为从基底或桩基桩端处到软弱土层或软弱地基顶面的距离（m）。γ_1 为深度（$h+z$）范围内土层的换算重度（kN/m^3），当软弱下卧层为透水性土时，水中部分土层应取浮重度；当软弱下卧层在水面以下且为不透水性土时，不论下卧层以上土的透水性如何，应一律采用饱和重度。γ_2 为深度 h 范围内土层的换算重度（kN/m^3），基底以上土层重度取值情况同 γ_1。α 为基底中心下土层的附加应力系数，按《公路桥涵地基与基础设计规范》提供的系数表查用。$[f_a]$ 为软弱地基或软弱下卧层顶面处地基的容许承载力（kPa），可按式（3-2）计算采用。

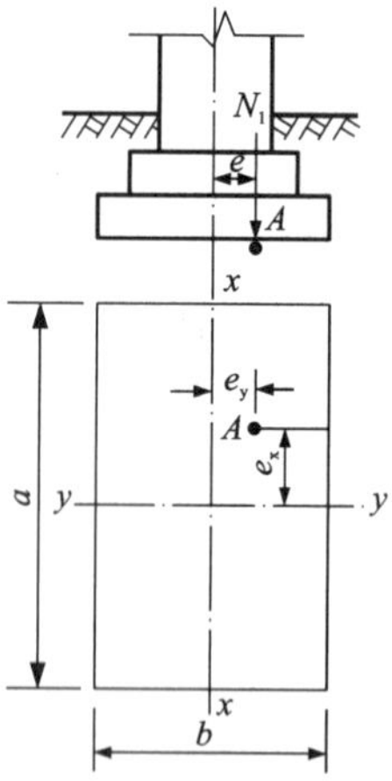

图 3-20　偏心竖直力作用在任意点

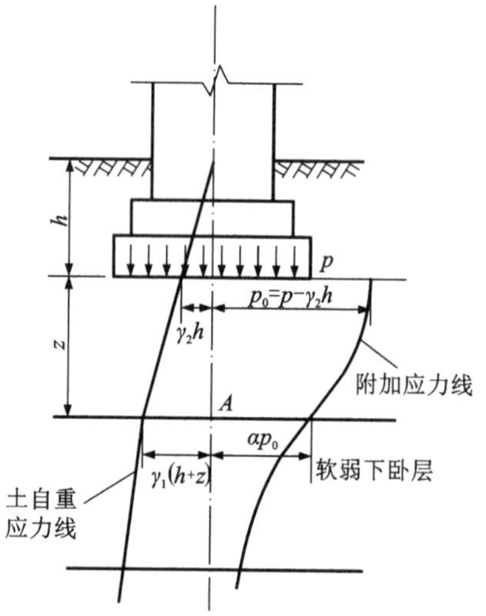

图 3-21　软弱下卧层承载力验算

四、基底合力偏心距的验算

在验算基底的偏心距时，采用计算基底应力相同的最不利荷载组合。桥梁墩台基础控制基底合力偏心距的目的是尽可能地使基底压应力分布比较均匀，以免基底两侧应力相差过大，使基础产生较大的不均匀沉降，使桥梁的墩台发生倾斜，影响正常使用。当所有的合力通过基底中心，虽然可得均匀分布的应力，但实际情况下各种荷载组合条件下的合力通过基底的中心成本上不经济，往往也是不可能的，所以在设计时一般要求以不出现拉应力为原则，根据有关设计规范确定。

(1)桥涵墩台基底的合力偏心距容许值[e_0]应符合表 3-2 的规定。

表 3-2　墩台基底的合力偏心距容许值[e_0]

作用情况	地基条件	合力偏心距[e_0]	备注
仅承受永久作用标准值效应组合	非岩石地基	桥墩[e_0]$\leqslant 0.1\rho$	拱桥、刚构桥墩台，其合力作用点应尽量保持在基底重心附近
		桥台[e_0]$\leqslant 0.75\rho$	
承受作用标准值效应组合或偶然作用(地震作用除外)标准值效应组合	非岩石地基	[e_0]$\leqslant\rho$	拱桥单向推力墩不受限制，但应符合规范规定的抗倾覆稳定系数
	软破碎~极破碎岩石地基	[e_0]$\leqslant 1.2\rho$	
	完整、较完整岩石地基	[e_0]$\leqslant 1.5\rho$	

注：表中ρ为基底的核心半径，$\rho=\frac{1}{6}b$。

(2)基底以上外力作用点对基底重心轴的偏心距e_0，按式(3-6)计算。

$$e_0=\frac{M}{N}\leqslant[e_0] \tag{3-6}$$

式中：e_0为外力对基底截面重心的偏心距(m)；N为作用在基底的竖向力(kN)；M为所有外力(竖向力、水平力)对基底截面重心轴的弯矩(kN·m)；[e_0]为偏心距容许值(m)。

(3)基底承受单向或双向偏心受压值的p值可按式(3-7)计算。

$$p=\frac{e_0}{1-\frac{p_{\min}A}{N}} \tag{3-7}$$

$$p_{\min}=\frac{N}{A}-\frac{M_x}{W_x}-\frac{M_y}{W_y} \tag{3-8}$$

式中：$p_{\min}$为基底最小压应力，当为负值时表示拉应力；e_0为N作用点与截面重心的距离(m)；其余符号意义同上。

五、验算基础稳定性和地基稳定性

桥墩和桥台下浅基础必须按最不利荷载作用组合验算基础和地基的稳定性。稳定性验算包含验算基础稳定性和地基的稳定性。基础稳定性验算包括基础抗倾覆稳定性验算和基础抗滑动稳定性验算。此外，对某些土质条件下的桥台、挡土墙，还要验算地基的稳定性，以防桥台、挡土墙下地基的滑动。

1. 验算基础稳定性

(1)验算基础抗倾覆稳定性。基础抗倾覆或倾斜除了地基的强度和变形原因外，其往往发生在承受较大的单向水平推力而其合力作用点又离基础底面的距离较高的结构物上，如挡土墙或高桥台受侧向土压力作用，大跨度拱桥在施工中其墩台受到不平衡的推力，以及在多孔拱桥中一孔被毁等，此时在单向恒载推力作用下，均可能引起墩台连同基础的抗倾覆和倾斜。理论和实践均证明，基础抗倾覆稳定性与合力的偏心距有直接关系；合力偏心距愈大，基础抗倾覆的安全度愈小，合力偏心距愈小，基础抗倾覆的安全度愈大，如图 3-22 所示。因此，设计中用控制合力偏心距 e_0 来保持基础的抗倾覆稳定性。

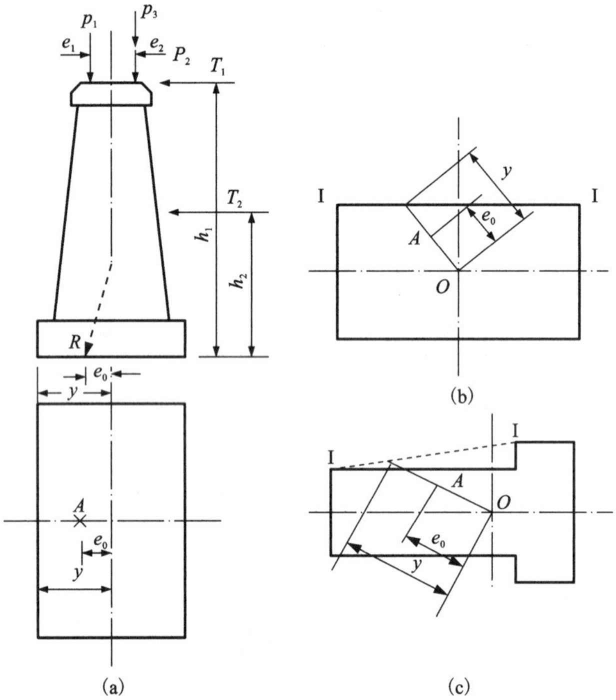

图 3-22　验算基础倾覆稳定性

假设基底截面重心至压力最大一边的边缘的距离为 y（荷载作用在重心轴上的矩形基础 $y=\dfrac{b}{2}$），如图 3-22（a）所示，外力合力偏心距为 e_0，则两者的比值 κ_0 可反映基础倾覆稳定性的安全度，κ_0 称为抗倾覆稳定系数，即

$$\kappa_0=\frac{y}{e_0} \tag{3-9}$$

$$e_0=\frac{\sum p_i e_i+\sum H_i h_i}{\sum P_i}$$

式中：κ_0 为桥涵墩台基础抗倾覆稳定性安全系数；y 为在截面重心至合力作用点的延长线上自截面重心至验算倾覆轴的距离（m）；e_0 为所在外力的合力 R 在验算截面上的作用点对基底重心轴的偏心距（m）；p_i 为不考虑其分项系数和组合系数的作用标准值组合或偶然作用（地震除外）标准值组合引起的竖向力（kN）；e_i 为竖向力 p_i 对验算截面重心的力臂（m）；H_i 为不考虑其分项系数和组合系数的作用标准值组合或偶然作用（地震除外）标准值组合引起的水

平力(kN)；h_i 为水平力 p_i 对验算截面重心的力臂(m)。

如果外力合力不作用在形心轴上，如图 3-22(b)所示，或基底截面有一个方向为不对称，而合力又不作用在形心轴上，如图 3-22(c)所示，基底压力最大一边的边缘线应是外包线，如图 3-22(b)、图 3-22(c)中的Ⅰ-Ⅰ线，y 值应是通过形心与合力作用点的连线并延长与外包线相交点至形心的距离。不同的荷载组合，在不同的设计规范中，对抗倾覆稳定系数 κ_0 的容许值均有不同要求。

(2)验算基础抗滑动稳定性。基础在水平推力作用下沿基础底面滑动的可能性即基础抗滑动安全度的大小，可用基底与土之间的摩擦阻力和水平推力的比值 κ_c 来表示，κ_c 称为抗滑动稳定系数，即

$$\kappa_c = \frac{\mu \sum p_i + \sum H_{ip}}{\sum H_{ia}} \tag{3-10}$$

式中：κ_c 为桥涵墩台的基础抗滑动稳定性安全系数；$\sum p_i$ 为竖向力总和(kN)；$\sum H_{ip}$ 为抗滑稳定水平力总和(kN)；$\sum H_{ia}$ 为滑动水平力总和(kN)；μ 为基础底面(圬工材料)与地基之间的摩擦系数，通过试验确定，当缺少实际资料时，可参照表 3-3 采用。

注：$\sum H_{ip}$ 和 $\sum H_{ia}$ 分别为两个相对方向的各自水平力总和，绝对值较大者为滑动水平力 $\sum H_{ia}$，另一方抗滑动稳定力 $\sum H_{ip}$；$\mu \sum p_i$ 为抗滑动稳定力。

表 3-3　基底摩擦系数 μ

地基分类	μ	地基分类	μ
黏土(流塑~坚硬)、粉土	0.25	软岩(极软岩~较软岩)	0.40~0.60
砂土(粉砂~砾砂)	0.30~0.40	硬岩(较硬岩~坚硬岩)	0.60、0.70
碎石土(松散~密实)	0.40~0.50		

验算墩台抗倾覆和抗滑动稳定性时，稳定性系数不应小于表 3-4 所示的规定。

表 3-4　抗倾覆和抗滑动稳定性系数

作用组合		验算项目	稳定性系数
使用阶段	永久作用(不计混凝土收缩及徐变、浮力)和汽车、人群的标准值效应组合	抗倾覆	1.5
		抗滑动	1.3
	各种作用(不包括地震作用)的标准值效应组合	抗倾覆	1.3
		抗滑动	1.2
施工阶段作用的标准值效应组合		抗倾覆	1.2
		抗滑动	

2. 验算地基稳定性

当桥梁基础位于软土地基或陡峭斜坡上时需验算桥台的滑动稳定性，基底下地基如在不深

处有软弱夹层，在台后土推力作用下，基础也有可能沿软弱夹层土层Ⅱ的层面滑动，如图3-23(a)所示；在较陡的土质斜坡上的桥台、挡土墙也有滑动的可能，如图3-23(b)所示。这种地基稳定性验算方法可按土坡稳定分析方法即圆弧滑动面法来进行验算。在验算时一般假定滑动面通过填土一侧基础剖面角点A，但在计算滑动力矩时，应计入桥台上作用的外荷载(包括上部结构自重和活载等)以及桥台和基础的自重的影响，然后求出稳定性满足规定的要求值。

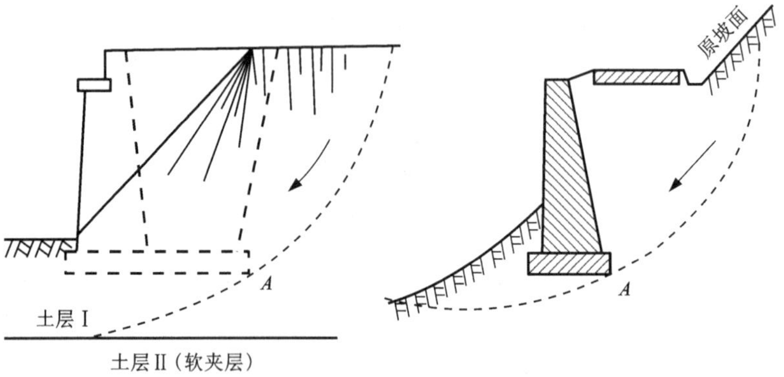

(a) 桥台后路堤地基　　(b) 挡土墙后路堤地基

图 3-23　地基稳定性验算

当高填土的桥台基础或土坡上的挡墙地基可能出现滑动破坏或在土坡上出现开裂时，增大基础的埋置深度或采用桩基础形式，以增强墩台基础下地基的整体稳定性；或设置地面排水系统引走和拦截滑坡体以外的地表水，消除渗水造成滑动的不稳定因素。

当在拱脚水平推力作用下，拱桥桥台基础的滑动稳定性不能满足要求时，把基底四周做成齿槛，基底与土间的摩擦滑动改变为土的剪切破坏，以提高基础的抗滑力；当只受单向水平推力时，把基底设计成倾斜形，以减小滑动力，增加在斜面上的压力。同时要保持基底以下土层在施工时不受扰动。

当地基与基础的验算不满足设计规定的要求时，必须采取设计措施。对于梁桥桥台土压力引起较大倾覆力矩，基础的抗倾覆稳定性不能满足要求时，把台身做成不对称的形式，增加桥台身自重所产生的抗倾覆力矩，达到提高抗倾覆稳定性的目的。当采用这种外形时，为防止台身向后倾覆和转动，台后填土必须夯实；在墙身填筑碎石、干砌片石或填石灰土，减小倾覆力矩，增大填料的内摩擦角，减小土压力，提高抗倾覆的能力。

六、验算基础沉降

桥墩和桥台下浅基础必须在最不利荷载作用组合下验算基础的沉降。基础的沉降验算包括最终的沉降量和相邻基础沉降差验算。基础的沉降主要是土层受到竖向荷载作用产生压缩变形，基础由于地基不均匀沉降而发生沉降等。沉降量过大将影响结构物的正常使用和安全，应加以限制。在确定一般土质的地基容许承载力时，已考虑这一变形的因素，所以修建在一般土质条件下的中、小型桥梁的基础，只要满足了地基的承载力要求，地基(基础)的沉降也就满足要求。

但对于下列情况，则必须验算基础的沉降，沉降计算值应不大于规定的沉降容许值：

(1)修建在非岩石地基上的拱桥、连续梁桥等超静定结构的基础。

(2)对于跨线桥、跨线渡槽要保证桥(或槽)下净空高度，预先要考虑沉降量。

(3)当相邻基础下地基土强度有显著不同或相邻跨度相差大而要考虑其沉降差时。

(4)修建在地质条件复杂、地层分布不均、承载力较小的地基土，以及软弱下卧层(压缩性高而且较厚的软黏土)的基础的沉降量计算。

桥梁墩台的沉降的验算，应符合下列规定：相邻墩台间不均匀沉降差值，扣除施工中的沉降，不得使桥面形成大于2‰的附加纵坡。超静定结构桥梁墩台之间的不均匀沉降差值不但要满足上述要求，还需满足结构的受力要求。

学习任务 2　重力式桥墩刚性扩大基础设计案例分析

学习情境

某三级公路某大桥全长 100 m，上部结构采用混凝土简支结构，下部结构采用浅基础，5 孔等跨。该桥墩地质水文条件如图 3-24 所示，桥墩下地质条件为黏土与亚黏土，受水流冲刷影响，水流流速 1~2 m/s，常水位 76.5 m，桥墩设计为实体墩，圆端形截面桥墩坡度为 30∶1。墩帽为圆端形，长度为 9.1 m，宽度为 1.9 m，墩身与基础采用 C25 片石混凝土 $r_2 = 23\ kN/m^3$，墩帽采用 C25 钢筋混凝土 $r_1 = 25\ kN/m^3$。已知上部结构自重 2000 kN，汽车荷载采用公路-Ⅱ级荷载，请问该情景下，浅基础如何设计？需要进行哪些验算？

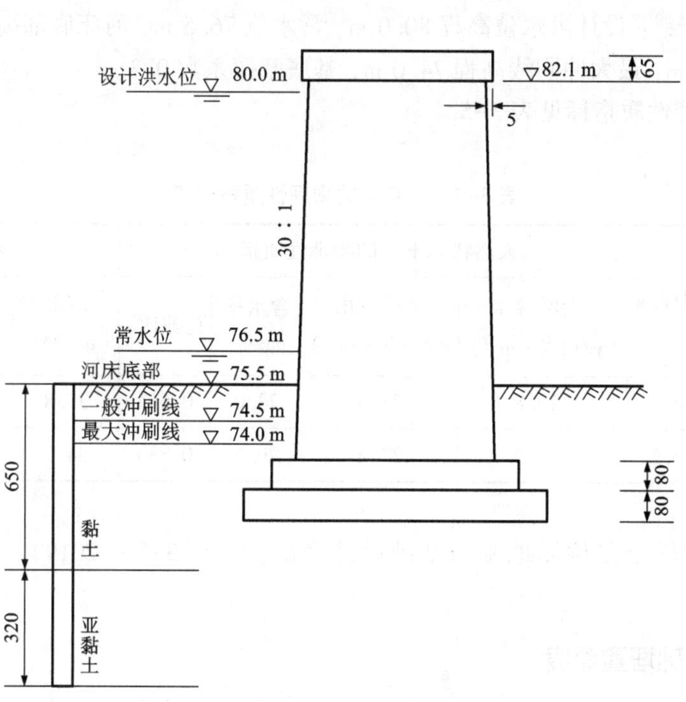

图 3-24　桥墩地质柱状图(尺寸单位：cm)，标高单位以 m 计

知识导航

(一)设计资料

某钢筋混凝土简支空心板桥采用5孔等跨，标准跨径是20 m，计算跨径 L_0 为19.50 m，双车道，桥面净宽为净7 m+2×1.0 m，一个固定支座一个滚动支座。设计荷载等级为公路-Ⅱ级荷载。墩帽采用C25钢筋混凝土，r_1 为25 kN/m³，墩身和基础采用C25片石混凝土，r_2 为23 kN/m³，基础刚性角为40°。回填土 r_3 为17 kN/m³。墩帽和墩身平面为圆端形，支座离桥墩中轴线距离为20 cm，桥墩坡度30∶1，平面尺寸如图3-25所示。

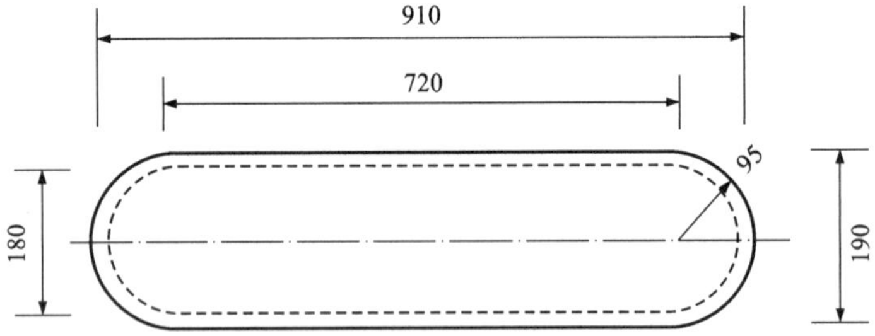

图3-25　桥墩平面尺寸图(单位：cm)

水文、地质资料：设计洪水位高程80.0 m，常水位76.5 m，河床底部高程75.5 m，一般冲刷线高程74.5 m，最大冲刷线高程74.0 m，基底摩擦系数0.3。

地基土的物理性质指标见表3-5。

表3-5　地基土的物理性质指标表

层次	土名	层厚/m	天然状态下土的物理性质指标				塑性试验		
			天然容重 $\gamma/(\mathrm{kN\cdot m^{-3}})$	土粒容重 $\gamma_s/(\mathrm{kN\cdot m^{-3}})$	含水率 $\omega/\%$	孔隙比 e	液限 $\omega_L/\%$	塑限 $\omega_p/\%$	液性指数 I_L
1	黏土	6.5	19.8	27.3	23.0	0.664	33.8	15.8	0.40
2	亚黏土	3.2	18.5	27.2	29.6	0.889	34.7	19.8	0.66

按设计资料与《公路桥涵地基与基础设计规范》(JTG 3363—2019)，设计该桥梁的中墩基础。

(二)确定基础埋置深度

从地质条件看，第一层黏土厚6.5 m，液性指数 I_L 为0.40，孔隙比 e 为0.664，查表1-28承载力基本容许值 $[f_{a0}]$ = 328 kPa，对公路-Ⅱ级荷载而言，可作为持力层。考虑黏土 I_L 为0.5(<1.0)，可视为不透水。常水位水深仅1.0 m，可设计成浅基础，采用土围堰明挖

法施工。因此，初步拟定基础埋置深度为 3 m，基底高程为 74. 5 m−3 m=71. 5 m，桥墩顶面高程为 82. 1 m，故桥墩高度为 82. 1 m−71. 5 m−1. 6 m=9 m。由桥墩坡度为 30∶1，可计算得桥墩底面长度 l_0=9. 6 m，宽度 b_0=2. 4 m。

(三)拟定基础尺寸

根据荷载和地基承载力情况，初步拟定基础设两层台阶，每层厚度为 0. 8 m，襟边和台阶等宽，取 0. 5 m。根据襟边和台阶构造要求初拟平面尺寸，如图 3-25 所示，验算不满足要求时再调整尺寸。C25 片石混凝土的刚性角 α_{max} 为 40°。基础的压力分布角为：

$$\alpha=\tan^{-1}\frac{0.5}{0.8}=32°<40°(\text{满足要求})$$

基础顶面尺寸为：

$$l_1=9.6+2\times0.5=10.6\ \text{m}$$
$$b_1=2.4+2\times0.5=3.4\ \text{m}$$

基础底面尺寸为：

$$l_2=9.6+4\times0.5=11.6\ \text{m}$$
$$b_2=2.4+4\times0.5=4.4\ \text{m}$$

(四) 荷载计算及组合

1. 恒载计算

(1)上部结构 G_1：已知上部结构自重为 2000 kN。

(2)墩帽 G_2：

$$G_2=r_1\times V_1$$

(3)墩身 G_3：

$$G_3=r_2\times V_2$$

圆端形桥墩墩身体积计算：

$$V_2=\frac{H(S_{顶}+S_{底}+\sqrt{S_{顶}S_{底}})}{3}$$

(4)基础 G_4：

$$G_4=r_2\times V_3$$

(5)基础上的回填土 G_5：

$$G_5=r_3\times V_4$$

式中：V_1 为墩帽体积(m^3)；V_2 为墩身体积(m^3)；V_3 为基础体积(m^3)；V_4 为基础上回填土的体积(m^3)。恒载计算见表 3-6。

表 3-6　恒载计算表

荷载	计算公式	计算结果/kN
上部结构 G_1	已知	2000
墩帽 G_2	10. 73×25	268. 25
墩身 G_3	167. 05×23	3842. 15
基础 G_4	69. 66×23	1602. 18
基础上回填土 G_5	84. 27×17	1432. 59
Σ	$G_1+G_2+G_3+G_4+G_5$	9145. 17

2. 计算可变荷载

1)计算汽车荷载

根据《公路桥涵设计通用规范》(JTG D60—2015)规定，计算支座对桥上作用的汽车荷载产生反力时，应采用车道荷载。车道荷载由均布荷载和集中荷载组成，均布荷载满布于使结构产生最不利效应的同号影响线上，集中荷载只作用于相应影响线中一个最大影响线峰值处。公路-Ⅰ级车道荷载的均布荷载标准值为 $q_k=10.5$ kN/m，桥涵计算跨径为 5~50 m 时，集中荷载标准值 $P_k=2(L_0+130)$，计算剪力效应时，P_k 应乘以 1. 2。公路-Ⅱ级车道荷载的均布荷载标准值 q_k 和集中荷载标准值 P_k 按公路-Ⅰ级车道荷载的 0. 75 倍采用。

本例采用公路-Ⅱ级荷载，计算跨径 $L_0=19.50$ m，均布荷载满布全跨，集中荷载作用于支座处。

均布荷载标准值为：$q_k=0.75\times10.5=7.88$ kN/m

集中荷载标准值为：$P_k=0.75\times2\times(19.50+130)=224.25$ kN/m

支座反力标准值为：

$$R_1=0.5\times7.88\times19.50=76.83\ \text{kN}$$

$$R_2=1.2\times224.25+76.83=345.93\ \text{kN}$$

当桥墩左侧有汽车荷载时，汽车荷载水平力 H 为 0，汽车荷载竖向力 N 通过左侧的支座传递，且为双车道：

$$N=2R_1=2\times76.83=153.66\ \text{kN}$$

支座与桥墩中轴线的距离为 0. 2 m，汽车荷载竖向力产生的力矩 M 为逆时针方向：

$$M=153.66\times0.2=30.73\ \text{kN}\cdot\text{m}$$

当桥墩右侧有汽车荷载时，汽车荷载水平力 H 为 0，汽车荷载竖向力 N 通过右侧的支座传递，且为双车道：

$$N=2R_2=2\times345.93=691.86\ \text{kN}$$

支座与桥墩中轴线的距离为 0. 2 m，汽车荷载竖向力产生的力矩 M 为顺时针方向：

$$M=691.86\times0.2=138.37\ \text{kN}\cdot\text{m}$$

当桥墩左、右两侧均有汽车荷载时，汽车荷载水平力 H 为 0，汽车荷载竖向力 N 通过左、右两侧的支座传递：

$$N=153.66+691.86=845.52\ \text{kN}$$

汽车荷载竖向力产生的力矩 M 为顺时针方向：

$$M=138.37-30.73=107.64\ \text{kN}\cdot\text{m}$$

2）计算人群荷载

人群荷载标准值为 $3.0\ \text{kN/m}^2$，人行道宽度为 2 m，支座反力标准值：

$$R_1=R_2=0.5\times3.0\times2\times19.5=58.50\ \text{kN}$$

当桥墩左侧有人群荷载时，人群荷载水平力 H 为 0，人群荷载竖向力 N 通过左侧的支座传递：

$$N=R_1=58.50\ \text{kN}$$

支座与桥墩中轴线的距离为 0.2 m，人群荷载竖向力产生的力矩 M 为逆时针方向：

$$M=58.50\times0.2=11.70\ \text{kN}\cdot\text{m}$$

当桥墩右侧有人群荷载时，人群荷载水平力 H 为 0，人群荷载竖向力 N 通过右侧的支座传递：

$$N=R_2=58.50\ \text{kN}$$

支座与桥墩中轴线的距离为 0.2 m，人群荷载竖向力产生的力矩 M 为顺时针方向：

$$M=58.50\times0.2=11.70\ \text{kN}\cdot\text{m}$$

当桥墩左、右两侧均有人群荷载时，人群荷载水平力 H 为 0，人群荷载竖向力 N 通过左、右两侧的支座传递：

$$N=58.50+58.50=117.00\ \text{kN}$$

人群荷载竖向力产生的力矩 $M=11.70-11.70=0$。

3）计算汽车荷载制动力

汽车荷载制动力按同向行驶的汽车荷载（不计冲击力）计算，一个设计车道上由汽车荷载产生的制动力标准值按规定的车道荷载标准值在加载长度上计算的总重力的 10%计算，公路-Ⅱ级汽车荷载的制动力标准值不得小于 90 kN。同向行驶双车道的汽车荷载制动力的标准值为一个设计车道制动力标准值的 2 倍。

依照上述规定，一个设计车道上车道荷载标准值在加载长度上计算总重力的 10%为

$$T_1=(224.25+7.88\times19.5)\times10\%=37.79\ \text{kN}<90\ \text{kN}$$

因此取 90 kN 计算，刚性简支梁桥墩支座传递制动力，固定支座按 T_4 计算，滚动支座按 $0.25T_5$ 计算，T_4 和 T_5 分别为固定支座和活动支座相应的单跨跨径的制动力，桥墩承受的制动力为上述固定支座与活动支座传递的制动力之和。T_4 和 T_5 双车道时为 $2\times90=180$ kN。

简支梁桥墩固定支座制动力：

$$T=T_4=180\ \text{kN}$$

简支梁桥墩滚动支座制动力：

$$T=0.25\times T_5=45\ \text{kN}$$

当桥墩左侧有汽车荷载制动力时，汽车荷载制动力 H 通过左侧滚动支座传递：

$$H=45\ \text{kN}$$

由桥面与基底的竖直距离计算汽车荷载制动力产生的力矩 M，方向按组合需要确定：

$$M=45\times(0.65+9.0+1.6)=506.25\ \text{kN}\cdot\text{m}$$

当桥墩右侧有汽车荷载制动力时，汽车荷载制动力 H 通过右侧固定支座传递：

$$H=180\ \text{kN}$$

由桥面与基底的竖直距离计算汽车荷载制动力产生的力矩 M，方向按组合需要确定：

$$M=180\times(0.65+9.0+1.6)=2025\ \text{kN}\cdot\text{m}$$

当桥墩左侧、右侧均有汽车荷载制动力时，汽车荷载制动力方向两侧一致：

$$H=45+180=225\ \text{kN}$$

由桥面距基底的竖直距离计算汽车荷载制动力产生的力矩 M：

$$M=225\times(0.65+9.0+1.6)=2531.25\ \text{kN}\cdot\text{m}$$

4)计算支座摩阻力

取滚动支座摩擦系数 μ 为 0.05，则支座摩阻力标准值为

$$W=0.5\times G_1=0.5\times2000=1000\ \text{kN}$$

$$F=\mu W=0.05\times1000=50\ \text{kN}>45\ \text{kN}$$

以上对制动力和支座摩阻力的计算结果表明，制动力小于支座摩阻力。根据规定，活动支座传递的制动力，其值不应大于其摩阻力；当大于摩阻力时，按摩阻力计算。可变作用组合时，制动力和支座摩阻力不可同时组合。因此，不考虑支座摩阻力的荷载组合，活动支座制动力按其计算结果计。

3. 荷载组合

根据规定，在进行结构设计时，应按承载能力极限状态和正常使用极限状态进行作用效应组合，取其最不利效应组合进行设计。当结构需做不同受力方向的验算时，则应以不同方向的最不利效应进行组合。当可变作用的出现对结构产生有利影响时，该作用不参与组合。

根据实际可能出现的荷载情况，可按以下几种状况进行荷载组合：桥墩左侧有活载；桥墩右侧有活载；桥墩左、右两侧均有活载；施工期间桥墩仅受自重及土压力作用。各种组合的荷载标准值汇总如表 3-7 所示。

表 3-7　桥墩作用效应标准值汇总表

工作状况		桥墩左侧有活载时			桥墩右侧有活载时		
作用类别		水平力/kN	竖直力/kN	力矩/(kN·m)	水平力/kN	竖直力/kN	力矩/(kN·m)
永久作用	结构重力	0	7712.58	0	0	7712.58	0
	土的重力	0	1432.59	0	0	1432.59	0
可变作用	汽车荷载	0	153.66	-30.73	0	691.86	138.37
	人群荷载	0	58.50	-11.70	0	58.50	11.70
	汽车制动力	±45.00	0	±506.25	±180.00	0	±2025.00
	支座摩阻力	0	0	0	0	0	0
Σ		-45	9357.33	-548.68	180.00	9895.53	2175.07
工作状况		桥墩左、右两侧均有活载时			施工期无上部构造时		
作用类别		水平力/kN	竖直力/kN	力矩/(kN·m)	水平力/kN	竖直力/kN	力矩/(kN·m)
永久作用	结构重力	0	7712.58	0	0	7712.58	0
	土的重力	0	1432.59	0	0	1432.59	0

续表3-7

工作状况		桥墩左、右两侧均有活载时			施工期无上部构造时		
作用类别		水平力/kN	竖直力/kN	力矩/(kN·m)	水平力/kN	竖直力/kN	力矩/(kN·m)
可变作用	汽车荷载	0	845.52	107.64	0	0	0
	人群荷载	0	117.00	0	0	0	0
	汽车制动力	±225.00	0	±2531.25	0	0	0
	支座摩阻力	0	0	0	0	0	0
Σ		225.00	10107.69	2638.89	0	9145.17	0

注：水平力以右为正，力矩以顺时针为正。

(五)验算地基承载力

1.计算基底应力

根据规定，按基础底面积验算地基承载力时，传至基础或承台底面上的荷载效应应采用正常使用极限状态下作用短期效应组合值，相应的抗力应采用地基承载力容许值。经试算，桥墩左、右两侧均有汽车荷载的作用组合为计算基底应力的最不利效应组合。

$$\frac{p_{\max}}{p_{\min}}=\frac{\sum p}{A}\pm\frac{\sum M}{W}=\frac{10107.69}{4.4\times11.6}\pm\frac{2638.89}{\frac{1}{6}\times11.6\times4.4^2}=\frac{268.53}{127.53}\ \text{kPa}$$

2.计算持力层承载力

根据土工试验资料，持力层为一般黏性土，根据《公路桥涵地基与基础设计规范》，当e=0.664，I_L=0.40时，查表1-26得承载力基本容许值$[f_{a0}]$ = 328 kPa。因基础埋置深度为h=3.0 m(从一般冲刷线算起)，不考虑深度修正，查表1-27得宽度修正系数K_1为0，宽度也无须修正。但因持力层不透水，应考虑地面水影响。

$$h_w=76.5-74.5=2.0(\text{m})$$

所以
$$[f_a]=[f_{a0}]+10h_w=328+10\times2.0=348(\text{kPa})$$

地基承受的作用效应为偶然荷载组合时，γ_R取1.25，故

$$\gamma_R[f_a]=1.25\times348=435\ \text{kPa}>268.53\ \text{kPa}$$

满足要求。

3.计算下卧层应力

下卧层为一般亚黏土，由e=0.889，I_L=0.66可查表1-26得承载力基本容许值$[f_{a0}]$=187.74 kPa，小于持力层容许承载力，故为软弱下卧层，应进行下卧层承载力验算。

下卧层顶面处的应力p_z为：

$$p_z=\gamma_1(h+z)+\alpha(p-\gamma_2 h)$$

其中，h从一般冲刷线算起，h=3.0 m，基底至下卧层顶面处的距离为z=6.5−4.0=2.5 m，$(h+z)$和h范围内均为黏土，计算时按其天然容重计算。

$$\gamma_1=\gamma_2=19.8\ \text{kN/m}^3。$$

当a/b=11.6/4.4=2.64，z/b=2.5/4.4=0.57，附加应力系数α=0.235，且计算下卧层

顶面处压应力 p_z 时，$z/b<1$，基底压应力取平均值，即

$$p=\frac{p_{max}+p_{min}}{2}=\frac{268.53+127.53}{2}=198.03\ \text{kPa}$$

所以

$$p_z=19.8\times(3+2.5)+0.235\times(198.03-19.8\times3)=141.48\ \text{kPa}$$

4. 验算软弱下卧层强度

因持力层不透水，可计入水深修正，软弱下卧层顶面处的容许承载力为

$$[f_a]_{h+z}=[f_{a0}]+K_1\gamma_1(b-2)+K_2\gamma_2(h+z-3)+10h_w$$

由下卧层一般性亚黏土 $I_L=0.66>0.5$ 查表 1-27 得，深度修正系数 $K_1=0$，宽度修正系数 $K_2=1.5$，γ_2 为下卧层以上土层平均重度，由于持力层不透水，采用黏土层的饱和容重，且考虑地面水影响。

$$\gamma_2=\frac{\gamma_s+e\gamma_w}{1+e}=\frac{27.3+0.664\times10}{1+0.664}=20.40\ \text{kN/m}^3$$

$$[f_a]_{h+z}=187.74+1.5\times20.40\times(3+2.5-3)+10\times2.0=284.24\ \text{kPa}$$

$$\gamma_R[f_a]_{h+z}=1.25\times284.24=355.30\ \text{kPa}>141.48\ \text{kPa}$$

满足要求。

（六）验算基底偏心距

控制基底合力偏心距的目的是尽可能使基底应力分布比较均匀，以免基础产生较大的不均匀沉降，使墩台倾斜，影响正常使用。经试算，在桥墩左、右两侧均有汽车荷载的状况下，为最不利效应组合。

偏心距应满足 $e_0\leqslant\rho$。

$$\rho=\frac{W}{A}=\frac{1}{6}b=\frac{1}{6}\times4.4=0.73\text{m}$$

$$e_0=\frac{\sum M}{\sum N}=\frac{2638.89}{10107.69}=0.26<\rho=0.73\ \text{m}$$

满足要求。

（七）验算基础稳定性

根据规定，在验算基础稳定性时，作用效应采用承载能力极限状态下作用效应的基本组合，但其分项系数均为 1.0。

1. 验算倾覆稳定性

经验算，在桥墩左、右两侧均有汽车荷载的状况下为最不利作用效应组合。抗倾覆稳定性系数 k_0 应满足

$$k_0=\frac{s}{e_0}>1.5$$

其中，$e_0=0.26\ \text{m}$，$s=b/2=4.4/2=2.2\ \text{m}$。

$$k_0=\frac{2.2}{0.26}=8.46>1.5$$

满足要求。

2. 验算滑动稳定性

基底摩擦系数为 $\mu=0.3$，作用效应组合以在桥墩左、右两侧均有汽车荷载的状况下为最不利作用效应组合。抗滑动稳定性系数 k_0 应满足

$$\kappa_c=\frac{\mu\sum P_i+\sum H_{iP}}{\sum H_{ia}}=>1.3$$

其中，$\sum P_i=10107.69\ \text{kN}$，$\sum H_{iP}=0$，$\sum H_{ia}=225.0\ \text{kN}$。

$$\kappa_c=\frac{0.3\times10107.69}{225.0}=13.48>1.3$$

满足要求。

(八)验算地基沉降

本桥为静定桥梁，跨径不大，且地基土质良好，可不必计算沉降。

单元知识巩固和拓展

一、知识要点汇总

1. 基础埋置深度的确定应考虑：工程的地质因素；河流的冲刷因素，地基的冻结因素，桥梁的上部结构形式，当地的地形因素，保证稳定所需的最小埋置深度。

2. 基础悬出总长度，应使悬出部分在基底反力作用下，在 a-a 截面所产生的弯曲拉力和剪应力不超过基础圬工的强度限值，这时墩台边缘处的垂线与基底边缘的连线间的最大夹角 $\alpha_{\max}$，称为刚性角。

3. 刚性扩大基础设计与计算的主要内容：①选择合适的持力层放置基础，计算基础的埋置深度。②拟定基础的各项尺寸：基础的高度、平面尺寸、立面尺寸。③计算基底受到的各项恒载、活载等荷载，考虑不同状态下的荷载组合方式，进行组合计算，为后续指标验算做准备。④验算地基承载力：计算基础底面的基底压力。验算地基持力层的承载力、验算软弱下卧层的承载力。⑤验算基础底面合力偏心距大小。⑥验算基础的稳定性：验算基础倾覆稳定性；验算基础滑动稳定性。⑦验算基础沉降大小。

二、习题练习

习题练习答案

(一)单选题

1. 在一般情况下，大、中桥墩、桥台混凝土基础厚度为(　　　)，在地质条件特别好的岩层上修建大型桥梁也可以采用浅基础。

A. 0~1 m　　　B. 0.5~1.0 m

C. 1.0~2.0 m　　　D. 1.5~3 m

2. 满足强度要求时墩台边缘处的垂线与基底边缘的连线间的最大夹角叫(　　　)。它的大小和基础所用的圬工材料强度相关。

A. 刚性角　　　B. 扩散角　　　C. 摩擦角　　　D. 内角

3. 桥墩和桥台下浅基础必须按(　　)验算地基的承载能力。地基承载力验算包括先确定地基容许承载力、验算持力层承载力、验算软弱下卧层承载力。

A. 承载能力极限状态　　B. 正常使用极限状态

C. 最有利荷载作用组合下　　D. 最不利荷载作用组合下

4. 为了避免桥梁墩和桥台基础四周和基础底部土层被水流冲刷掏空冲走而导致失稳倒塌，在有冲刷的河流中，基础必须埋置一定安全深度，规范要求基底必须埋置在设计洪水位最大冲刷线(　　)以上。

A. 0.5 m　　B. 1.0 m　　C. 1.5 m　　D. 2.0 m

5. 为了保证地基和基础的整体稳定性，要求基础(除岩石地基外)的埋置深度应在天然地面或无冲刷河底大于(　　)。

A. 0.5 m　　B. 1.0 m

C. 1.5 m　　D. 2.0 m

6. 桥梁墩台基础(　　)的目的是尽可能使基底压应力分布比较均匀，以免基底两侧应力相差过大，使基础产生较大的不均匀沉降，使桥梁的墩、台发生倾斜，影响正常使用。

A. 验算基底的偏心距　　B. 验算沉降

C. 验算稳定性　　D. 验算强度

7. 在季节性冻土地区某人口大于100万的城市市区内修建一桥梁，桥址区地形平坦，地基土为黏性土，标准冻深为1.60 m。冻前地基土的天然含水量 $w=21\%$，塑限含水率 $w_p=17\%$，冻前地下水位埋深3.0 m，按《公路桥涵地基与基础设计规范》(JTG 3363—2019)，该桥址区的设计冻深最接近下列哪个选项的数值？(　　)

A. 1.22 m　　B. 1.30 m

C. 1.45 m　　D. 1.50 m

8. (2019年注册岩土工程师试题)确定基础埋置深度时，可不考虑下列哪个因素？(　　)

A. 扩展基础的配筋量　　B. 基础的类型

C. 场地的冻结深度　　D. 建筑物的抗震要求

(二)多选题

1. 基础埋置深度影响因素有哪些？(　　)。

A. 工程的地质因素　　B. 河流的冲刷因素

C. 地基的冻结因素　　D. 桥梁的上部结构形式

E. 当地的地形因素　　F. 保证稳定所需的最小埋置深度

2. 刚性扩大基础尺寸的拟定主要包括(　　)。

A. 高度尺寸(H)拟定

B. 平面尺寸长宽(a, b)拟定

C. 立面尺寸(襟边、扩散角、台阶宽度)

(三)简答题

1. 刚性扩大基础设计与计算的主要内容是什么？

2. 地基不均匀沉降对工程有什么影响？

3. 在工程设计、施工和维护中，减轻建筑物不均匀沉降危害的措施有哪些？

三、知识点拓展

不同行业规范浅基础地基承载力的计算比较

常用地基承载力的计算方法有理论公式计算法、现场试验法、经验公式法等等。下面以经验公式法为例，查阅不同的行业规范，具体介绍下(公路和铁路桥梁下的地基，建筑地基)等不同行业领域内地基承载力的计算区别。

《公路桥涵地基基础设计规范》(JDG3363—2019)第4.3.4条地基承载力公式：$fa=fa_0+k_1\gamma_1(b-2)+k_2\gamma_2(h-3)$，式中：地基承载力基本容许值$fa_0$可根据岩土类别、状态及其物理力学特性指标查表选用；宽度b取值范围为$2\ \text{m}\leqslant b\leqslant 10\ \text{m}$；埋深$h$小于3 m时，$h$取3 m，$h/b$大于4时，$h$取$4b$，埋深扣除3 m，与建筑地基基础设计规范不同。

《建筑地基基础设计规范》(GB5007—2011)第5.2.6条岩石地基承载力特征值一般根据岩基载荷试验方法确定，对于破碎、极破碎的岩石地基承载力特征值可根据平板载荷试验确定，对于完整、较完整和较破碎的岩石地基可根据室内饱和单轴抗压强度试验确定，$fa=\psi_r\cdot f_{rk}$，其中折减系数由岩体完整程度确定选定。

《铁路桥涵地基基础设计规范》(TB10093—2017)第4.1.3条地基承载力公式：$[\sigma]=\sigma_0+k_1\gamma_1(b-2)+k_2\gamma_2(h-3)$，式中：修正系数$k_1$、$k_2$与土的类别、状态及其物理力学特性指标有关；宽度$b$取值范围为$2\ \text{m}\leqslant b\leqslant 10\ \text{m}$；埋深$h$小于3 m时，$h$取3 m，$h/b$大于4时，$h$取$4b$，与公路桥涵地基基础设计规范相似。

(参考文献——浅谈不同行业规范中浅基础地基承载力计算)

单元三　浅基础施工

学习目标

【知识目标】

1. 知道旱地浅基础的基坑开挖施工工艺。
2. 知道旱地浅基础的基坑排水施工工艺。
3. 理解水中刚性扩大基础施工的工艺流程。
4. 理解旱地和水中浅基础施工的区别。

【能力目标】

1. 能根据不同环境选择合适的浅基础进行施工。
2. 能处理浅基础施工中的简单技术问题。
3. 能辨别水中浅基础和旱地浅基础施工的异同。

【素质目标】

1. 培养自主学习、创新思维、施工逻辑分析能力。
2. 培养认真负责、吃苦耐劳、团结协作的职业素养。
3. 培养质量意识、安全意识、环保意识。

学习导图

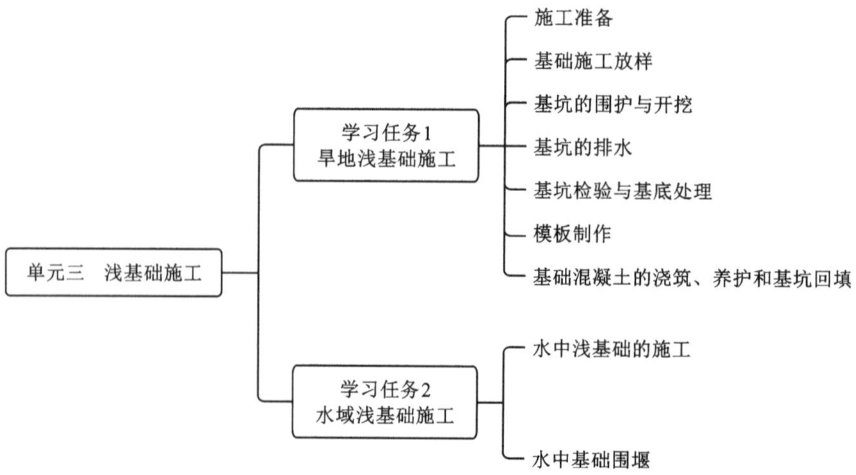

学习任务 1　旱地浅基础施工

学习情境

2021 年 10 月 2 日凌晨，某地铁 9 号线道路恢复工程，在施工单位组织进行基坑开挖及地下污水管安装施工时，发生了一起基坑坍塌事故，造成两人死亡，直接经济损失约 350 万元。经调查，事故发生经过如下：2021 年 10 月 1 日 22 时，施工单位为赶工程进度，在道路交叉口东北角，组织现场负责人和施工员等 10 人及 1 台挖掘机，开展地面开挖及地下污水管铺设作业。2 日凌晨 1 时 10 分左右，形成上口宽约 3 m、下底宽约 1.2 m、深约 4 m 的基坑作业面，基坑未支护、未放坡。而后两名工人分别乘用挖掘机挖斗和安全绳下到坑底，对污水井底部南侧预留的直径约 60 cm 的孔洞进行清理，以便后续安装直径 60 cm 的污水管。2 日凌晨，这两名工人在坑底进行清理作业时，基坑东侧堆土突然坍塌，坍塌面约 2 m×4 m，大量坍塌的回填土将两人掩埋。

事故调查报告指出，事故直接原因是施工单位未按专项施工方案进行施工，选择在基坑东侧一侧堆土，且堆土紧挨基坑边缘。堆土高度偏高、坡度不足，而开挖堆土处于松散状态，黏聚力偏低。在不能保证堆土坡度的情况下，现场同时存在施工振动荷载，堆土产生滑移坍塌，造成事故。施工总包单位制定专项施工方案时，表明基坑开挖深度均不大于 3 m，但是现场实际测量基坑开挖深度大于 4.2 m。方案未涉及开挖深度超过 3 m 时的技术要求和安全措施等相关内容。这个案例警示我们施工质量和安全不可麻痹大意。浅基础施工也有基坑作业，基坑施工常采用人工和机械结合的方法，施工人员更需要具备规范的施工管理和安全施工意识，切不可存在侥幸心理。

知识导航

天然地基上浅基础的施工是工程中常见的基础性施工。随着行业的不断发展，涉及多种结构物类型和多种施工环境，针对不同结构物形式和不同地基形式采用不同的施工方法。天然地基分为旱地上浅基础、水中浅基础两种形式。下面主要围绕旱地上浅基础施工工艺、施工特点、施工要点进行介绍。

天然地基上浅基础通常采用敞口开挖基坑，在基坑开挖和砌筑时，会在基坑边缘至基础边缘留出适当的排水和施工范围，使得基坑坑底比基础底部面积大，因此，我们常把浅基础施工称为明挖扩大基础施工。

浅基础施工的特点：施工方法简单，施工的作业面、工作面大，施工的成本低，施工的时间短。

旱地上浅基础施工流程主要包括：施工准备，施工放样，基坑的围护与开挖，基坑的排水，基坑检验与基底处理，基础混凝土浇筑，基础的养护与拆模，隐蔽检查，基坑回填。浅基础施工的工艺流程如图 3-26 所示，下面针对部分工艺流程简单介绍下。

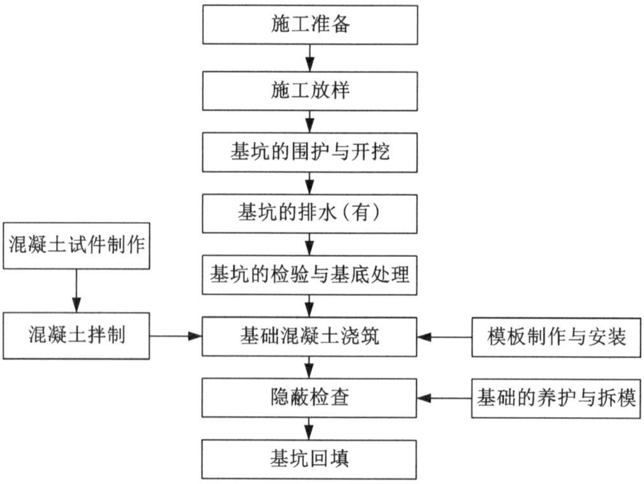

图 3-26　浅基础施工工艺流程

一、基础施工放样

基坑的放样指通过施工放样把基坑的平面位置和高程，用一定的测量仪器和方法测设到实地上去，为后期的基坑开挖施工提供依据。

（一）基坑平面放样

基坑平面放样流程：利用控制测量网，通过全站仪定出墩台基础的中心位置，然后在中心位置上安置全站仪，以桥梁线路中心线为基准，放出桥梁墩台的纵横向中线。在纵横向中线的每端至少设置 2 个方向控制护桩。护桩必须位于基坑开挖范围以外的可靠点。最后，按十字线测设基坑开挖边线，定出边线在十字线上及交角处的桩点，用白灰连成线，确定基坑开挖范围，图 3-27 为基坑平面位置放样图。

1. 确认基坑底部形状

基坑开挖时为满足基坑内结构物的施工条件，要考虑支护结构位置、排水沟位置、施工空间、开挖误差、砌筑施工等，需要将基础尺寸放大，基坑尺寸要比基底尺寸每边大 0.5~1.0 m。如图 3-27 所示，a、b、c、d 为基础底部边角，A'、B'、C'、D'为基坑底部四角的边桩。基坑底部形状大部分比较简单，多为四边形，但也有基坑底部形状比较复杂的。

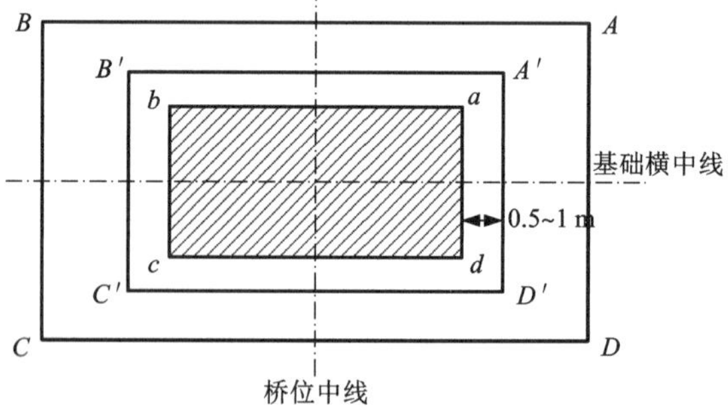

图 3-27　基坑平面位置放样图

2. 确定基坑边坡坡度

有无支护结构、基坑土层类型决定了开挖边坡坡度，坡度确认直接关系到边坡稳定性，坡度的大小也决定了基坑开挖方量的大小。施工人员应该根据技术部门的技术交底，在测量前确认开挖坡度。

基坑平面位置测定后，打上护桩，画上白线就可以开挖了，十字护桩打在基坑顶面范围之外，以确保基坑开挖时检验基坑的中心位置。如图 3-27 所示，*A*、*B*、*C*、*D* 为基坑顶部四角的边桩。

(二)基坑高程放样

如果对坑底高程精度要求不高，全站仪能测设到底部，可以使用全站仪进行测量；如果对高程精度要求高，必须用水准仪测设。用水准仪测量高程时，因为地面与坑底高差大，在水准仪上看不到标尺，只能使用高程传递的方法。可将地面高程点传到坑底，然后进行坑底测设，借助钢尺将地面水准点的高程传递到在坑底所设置的临时水准点上，再根据临时水准点测设其他各点的设计高程。

二、基坑的围护与开挖

天然地基上的浅基础的施工一般采用明挖的方法进行，基坑可用机械或人工开挖。明挖基坑应尽量在枯水或少雨季节进行，且不宜间断，接近基底设计标高应留 30 cm 高度由人工开挖，以免破坏基底土壤结构。挖至基底设计标高时应立即对基底土质及坑底情况进行检验，验收合格后应尽快修筑基础，不得将基坑暴露过久。

明挖浅基础基坑开挖，当开挖深度大的时候，要考虑基坑边坡的稳定。土质良好时，常用的方法就是放坡；当土质不好或者没有放坡条件时，基坑开挖就需要考虑围护。

基坑的围护是临时性结构。基坑围护的作用就是挡土、挡水、控制边坡变形。其主要目的是为地下施工创造安全的施工环境；确保基坑周边既有建筑物的安全性，保障环境安全；确保基坑开挖和基础结构施工安全、顺利；保证主体工程地基及桩基的安全，防止地面出现塌陷、坑底出现管涌等现象。

基坑断面类型需要考虑土的类别和性状、是否设坑壁围护结构、基坑暴露时间、基坑开挖时的天气、地下水位、土的透水性、建筑场地大小等多种因素综合确定。

(一)无围护基坑施工

当基坑较浅，地下水位较低或渗水量较少，不影响坑壁稳定时，可将坑壁挖成竖直或斜坡形。竖直坑壁只适宜在岩石地基或基坑较浅又无地下水的坚硬黏土中采用。在一般土质条件下开挖基坑时，应采用放坡开挖的方法。无围护基坑边坡类型如图 3-28 所示。

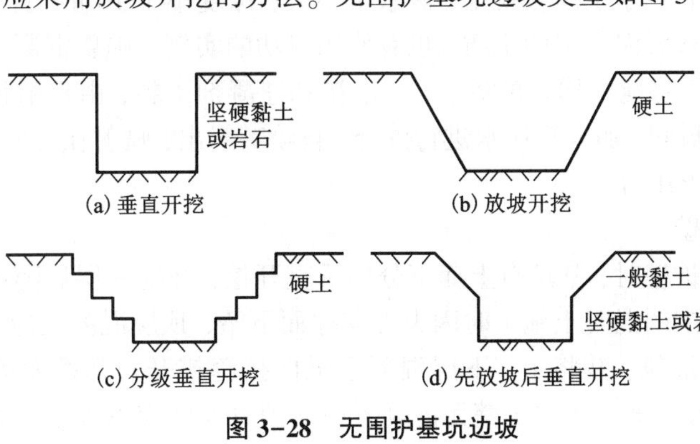

图 3-28　无围护基坑边坡

基坑可采用人工开挖或机械开挖，开挖至基底设计标高以上 30 cm 时应由人工开挖，以免破坏基底土壤结构。人工开挖采用铁锹、手推车、小白线、铅丝、钢卷尺、坡度尺等，机械开挖采用挖土机、推土机、自卸汽车等。

（二）有围护基坑施工

1. 挡板支撑

挡板支撑适用于开挖面积较小和深度较浅的基坑，挡板厚 4～6 cm，可直立或横放，再用横放或竖放加横撑木支撑。挡板支撑的特点是先开挖，后设围护结构。挡板支撑的作用是挡土。为便于挖掘运土，上、下支撑应设在同一垂直面内。对黏性和稳定性较好的土质，可一次挖至基底后再安装挡板支撑；对黏性差、易坍塌的土，可分段下挖，随挖随撑。

2. 板桩墙支护

板桩是在基坑开挖前先垂直打入土中至坑底以下一定深度，然后边挖边设支撑，开挖基坑过程始终是在板桩支护下进行的。

板桩墙有木板桩、钢筋混凝土板桩和钢板桩三种，最常用的是钢板桩，它拼接方便，可重复使用，较深的水中围堰也常用到钢板桩。

板桩墙分无支撑式[图 3-29(a)]、支撑式和锚撑式[图 3-29(d)]。支撑式板桩墙按设置支撑的层数可分为单支撑板桩墙[图 3-29(b)]和多支撑板桩墙[图 3-29(c)]。由于板桩墙多应用于较深基坑的开挖，故多支撑板桩墙应用较多。

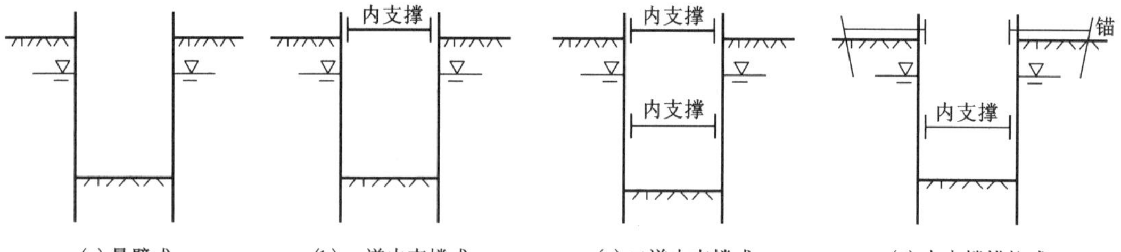

图 3-29　板桩墙支护

3. 喷射混凝土护壁

喷射混凝土护壁宜用于土质较稳定，渗水量不大，深度小于 10 m，直径为 6～12 m 的圆形基坑。对于有流沙或淤泥夹层的土质，也有使用成功的实例。喷射混凝土护壁的基本原理是以高压空气为动力，将搅拌均匀的砂、石、水泥和速凝剂干料，由喷射机经输料管吹送到喷枪，在通过喷枪的瞬间，加入高压水进行混合，自喷嘴射出，喷射在坑壁上，形成环形混凝土护壁结构，以承受土压力。

4. 混凝土围圈护壁

采用混凝土围圈护壁时，基坑自上而下分层垂直开挖，开挖一层后随即灌注一层混凝土壁。为防止已浇筑的围圈混凝土施工时因失去支撑而下坠，顶层混凝土应一次整体浇筑，以下各层均间隔开挖和浇筑，并将上、下层混凝土纵向接缝错开。开挖面应均匀分布对称施工，及时浇筑混凝土壁支护，每层坑壁无混凝土壁支护总长度应不大于周长的一半。分层高度以垂直开挖面不坍塌为原则，一般顶层高 2 m 左右，以下每层高 1～1.5 m。混凝土围圈护壁也是用混凝土环形结构承受土压力，但其混凝土壁是现场浇筑的普通混凝土，壁厚较喷射混凝土大，一般为 15~30 cm，也可按土压力作用下环形结构计算。

喷射混凝土护壁要求有熟练的技术工人和专门设备，对混凝土用料的要求也较严格，用于超过 10 m 的深基坑尚无成熟经验，因而有其局限性。混凝土围圈护壁则适应性较强，可以按一般混凝土施工，基坑深度可为 15~20 m，除流砂及呈流塑状态黏土外，可适用于其他各种土类。

5. 桩体围护

桩体围护用在软弱土层的较深的基坑中，以深层搅拌桩、粉体喷射搅拌桩、旋喷桩等为主，按密排或格框形布置成连续墙，以形成支撑结构代替板桩墙等，多用于市政工程、工业与民用建筑工程，桥梁工程中也有应用。

三、基坑的排水

基坑如在地下水位以下，随着基坑的下挖，渗水将不断涌入基坑，因此施工过程中必须不断将渗入基坑中的水排出去，以保持基坑的干燥，一般要不断地边排水边往下开挖，便于基坑挖土和基础的砌筑与养护。基坑排水的目的在于当外界降水或者地下水渗入基坑时，仍能保证开挖基坑作业在无水或少水的情况下进行。目前常用的基坑排水方法有表面排水法（集水坑排水法）和井点降水法两种。

（一）表面排水法

它是在基坑整个开挖过程及基础砌筑和养护期间，在基坑四周开挖集水沟汇集坑壁及基底的渗水，并引向一个或数个比集水沟挖得更深一些的集水井，如图 3-30 所示。分别为表面排水法、平面图、剖面图。集水沟和集水井应设在基础范围以外，在基坑每次下挖以前，必须先挖沟和井。集水井的深度应大于抽水机吸水龙头的高度。应在吸水龙头上套竹筐围护，以防土石堵塞龙头。

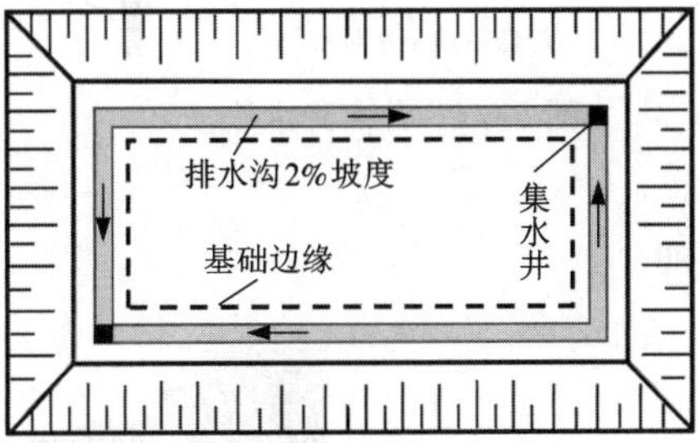

(a) 平面图

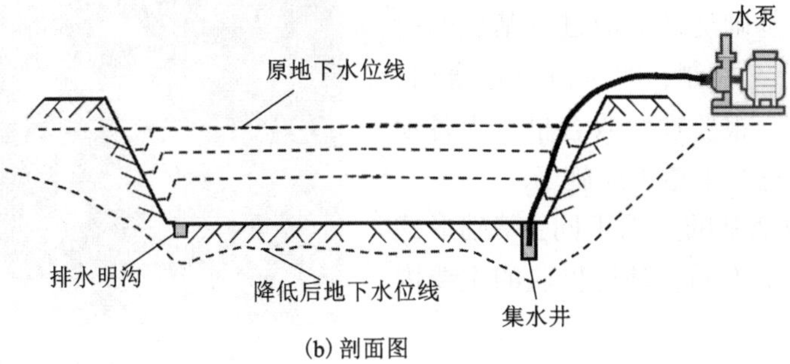

(b) 剖面图

图 3-30 表面排水法

这种排水方法设备简单、费用低，一般土质条件下均可采用。除有严重流沙的基坑不宜采用，因为当地基土为饱和粉细砂土等黏聚力较小的细粒土层时，由于抽水会引起流砂现象，造成基坑破坏和坍塌，因此当基坑为这类土时，应避免采用表面排水法。

(二)井点降水法

对粉质土、粉砂类土等，如果采用表面排水，极易引起流砂现象，影响基坑稳定，此时可采用井点降水法排水。根据使用设备的不同，井点主要有轻型井点、喷射井点、电渗井点和深井泵井点等多种类型，可根据土地渗透系数，要求降低水位的深度及工程特点选用。井点降水法适用于旱地上土质为透水性较大的亚砂土、细砂、粉砂土地基。

轻型井点降水法是在基坑开挖前预先在基坑四周打入(或沉入)若干根井管，井管下端 1.5 m 左右为滤管，上面钻有若干直径约 2 mm 的滤孔，外面用过滤层包扎起来。各个井管用集水管连接并抽水。由于井管两侧一定范围内的水位逐渐下降，各井管相互影响形成了一个连续的疏水区。在整个施工过程中保持不断抽水，以保证在基坑开挖和基础砌筑的整个过程中基坑始终保持无水状态。该法可以避免发生流砂和边坡坍塌现象，且流水压力对土层还有一定的压实作用，如图 3-31 所示。

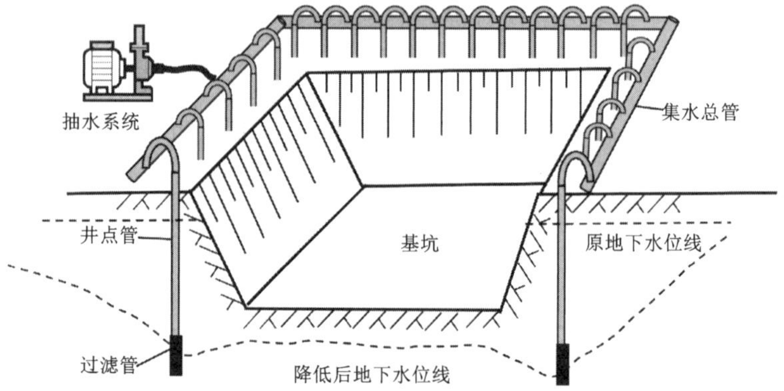

图 3-31　井点降水法

四、基坑检验与基底处理

(一)基坑检验

挖好基坑，在基础浇筑前应进行基坑的检验。施工现场实行三检制，即队伍自检合格、报项目部验收合格、报监理验收合格。当各项指标符合要求后，进行下道工序施工。

不同结构物对地基的要求不同，基础形式不同，验收的内容也不同。基坑检验的主要内容有：

图 3-32　基坑承载力的检验

(1)根据设计图纸，检查基底平面位置、

尺寸大小、基底标高是否与设计图纸相符。

(2)检查坑壁、基坑土质、地下水情况是否与勘察报告相符；核对基底的地质情况和承载力是否与设计资料相符，如图 3-32 所示。

(3)检查基底处理、排水情况是否符合规范要求。

(4)检查施工记录及有关试验资料等。

(二)基底处理

对于不同地质、水文情况的基底，需要采用不同方式处理，使其符合设计和规范的要求，如图 3-33 所示。

(a) 水泥砂浆找平　　(b) 碎石土基底处理

图 3-33　水泥砂浆找平基底和碎石土基底处理

(1)岩层基底：将未风化岩面清除干净，风化岩面按基础尺寸凿除。倾斜大的岩层宜凿成多级台阶，台阶宽度不小于 0.3 m。施工前应润湿，铺一层厚 20~30 mm 的水泥砂浆找平，然后在水泥砂浆凝结前浇筑基础混凝土。

(2)碎石类或砂类土：对于强度和稳定性满足设计要求的，将承重面修理平整；砌筑前铺一层 20~30 mm 厚的水泥砂浆找平。

(3)黏性土：天然状态铲平；或向基底夯入 10 cm 碎石作为隔离层。

(4)泉眼：可向泉眼内压注速凝水泥砂浆，再打入木塞堵眼处理。堵眼困难时将水引流排出。

不论采取哪种方式处理，均不能使基底浸泡在水中。

五、模板制作

(一)模板的制作

(1)钢模板应按批准的加工图进行制作，成品经检验合格后方可使用。组装前应对零部件的几何尺寸和焊缝进行全面检查，合格后方可进行组装。

(2)制作钢木组合模板时，钢与木之间的接触面应贴紧。

(3)木模板与混凝土接触的表面应抛光且应保持平整。木模板的接缝可制作平缝、搭接缝或企口缝，当采用平缝时，应有防止漏浆的措施；转角处应加嵌条或做成斜角。

(二)模板的安装

(1)模板应按设计要求准确就位，且不宜与脚手架连接。

(2)安装侧模板时，支撑应牢固，应防止模板在浇筑混凝土时产生移位。

(3)在模板安装过程中，必须设置防倾覆的临时固定设施。

(4)模板安装后，其尺寸、平面位置和顶部高程等应符合设计要求，节点联系应牢固。

(5)固定在模板上的预埋件预留孔洞均不得遗漏，安装应牢固，位置应准确。

六、基础混凝土的浇筑、养护和基坑回填

基础混凝土的浇筑在基坑检验和基底处理完成以后，当基础混凝土模板安装制作完毕开始进行。刚性基础(石砌基础)在砌筑中应使石块大面朝下，外圈块石必须座浆，要求丁顺相间，以加强石块间的连接，每层均应保持基本水平。圬工在终凝后才允许浸水，不浸水部分仍须养护。基础浇筑完成后，按设计和施工要求养护一定时间，基坑回填前需要进行隐蔽检查，主要是检查基础施工质量和各部分尺寸是否符合设计要求，如无问题，即可选土质较好的土回填基坑，要求分层夯实，每层回填土厚度约为 30 cm，切勿用其他不合适的土层一次性回填到位。

学习任务 2　水域浅基础施工

学习情境

当建筑物(构筑物)穿越有水的环境时，可能很多人都会有疑惑：这些建筑物(构筑物)的基础是如何在水中施工呢？真相是利用围堰。古代基础施工往往采用土质材料、木质材料、石质材料来支撑，当水深较大时，会利用木质材料砌成围挡，中间填充泥土，形成临时性的挡墙，类似于当今的围堰，如图 3-34 所示。那么围堰到底是什么？它发挥了什么作用呢？浅基础施工中围堰有哪些类型？

图 3-34　古代水中围堰

知识导航

一、水域浅基础的施工

水中浅基础施工主要在于有水的因素影响，每个施工环节都需要考虑水的影响因素，从技术、材料、设备、人员等各方面做相应的调整。具体工艺流程如图 3-35 所示。在施工放样后需要进行水中基础的围堰施工，根据围堰的类型通常需要结合水的深浅、通航要求、地质条件、施工因素、经济情况等各个方面综合进行选择。基坑的排水，根据情况可以排水也可

以不排水进行施工，进行基底处理时需要把基坑底的不良地层处理到位，满足设计要求后才能进行下一道工序——灌注混凝土。基础的浇砌，一般都在排水条件下进行，只有当水量较大，排水施工困难时，才采用直升导管法水下灌注混凝土。因为水中浅基础施工的大部分工艺和旱地浅基础类似，下面只就水中围堰进行介绍。

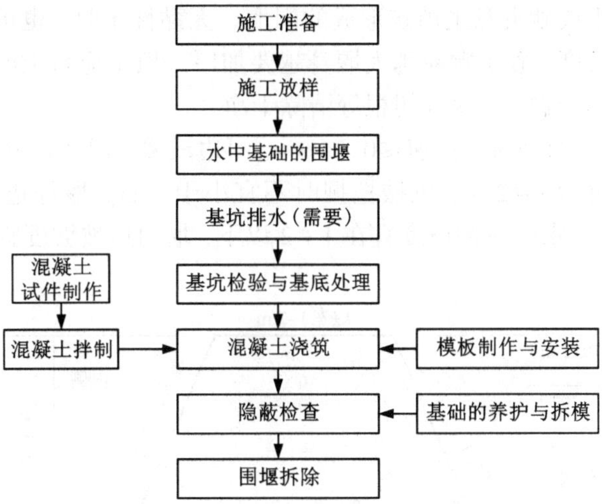

图 3-35 水中浅基础施工工艺流程

围堰是一种临时性的围护结构，一般在用完后拆除。围堰服务于水中浅基础施工或深基坑施工，其目的是防止土和水进入建筑物的施工位置，提供干燥的施工环境，有利于工作人员施工，方便完成排水、施工开挖、修建建筑物等工作。在水中修筑桥梁基础时，开挖基坑前需在基坑周围先修筑一道防水围堰，把围堰内水排干后，再开挖基坑修筑基础。如果排水较困难，也可在围堰内进行水下挖土，挖至预定标高后先灌注水下封底混凝土，然后抽干水继续修筑基础。在围堰内既可以修筑浅基础，也可以修筑桩基础等。

二、水中基础围堰

1. 浅基础围堰的要求

(1) 围堰顶面标高应高出施工期间可能出现的最高水位 0.5 m 以上，有风浪时应适当加高。

(2) 修筑围堰将压缩河道断面，使流速增大引起冲刷，或堵塞河道影响通航，因此要求河道断面压缩一般不超过流水断面积的 30%。对两边河岸河堤或下游建筑物有可能造成危害时，必须征得有关单位同意并采取有效防护措施。

(3) 围堰内尺寸应满足基础施工要求，留有适当工作面积，基坑边缘至堰脚距离一般不少于 1 m。

(4) 围堰结构应能承受施工期间产生的土压力、水压力以及其他可能产生的荷载，满足强度和稳定性要求，要求围堰插入土中一定深度，防止地下水渗入，因此围堰应具有良好的防渗性能。

2. 围堰的类型

浅基础围堰的主要类型有土围堰、土袋围堰、堆石围堰、钢板桩围堰。在水深较小、河边浅滩、流速缓慢、河床渗水性较小的河流中，基础的埋置深度不大时，修筑基础常采用土围堰、土袋围堰或堆石围堰等。

1）土围堰（图 3-36）

土围堰是用黏性土或砂夹黏土填筑形成的围堰。无黏性土时，也可用沙土类填筑，但须加宽堰身以加大渗流长度，砂土颗粒越大堰身越要加厚。填土应自上游开始至下游合龙，必须将堰底下河床底下的杂物、石块及树根等清除干净。

土围堰适用于水深≤1.5 m、流速≤0.5 m/s、河边浅滩、河床渗水性较小的水中基础施工。土围堰堰顶宽度可为 1～2 m，机械挖掘时不宜小于 3 m。堰外边坡迎水流一侧坡度为 1∶2～1∶3，堰外边坡背水流一侧坡度宜在 1∶2 以下，堰内边坡坡度宜为 1∶1～1∶1.5。

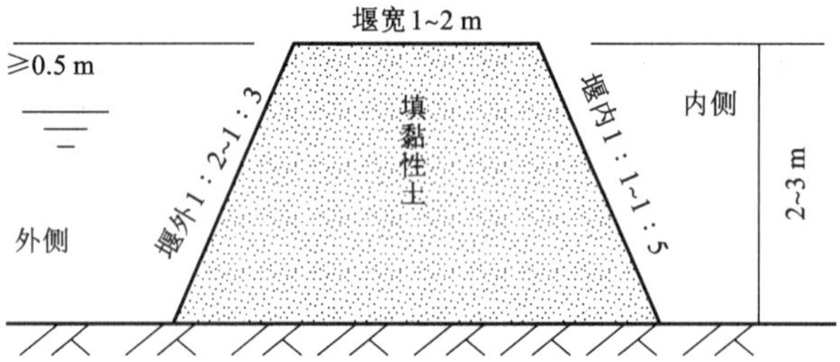

图 3-36　土围堰

2）土袋围堰（图 3-37）

土袋围堰是在围堰两侧用草袋、麻袋、玻璃纤维袋或无纺布袋装土堆码形成的围堰。袋中宜装填不渗水的黏性土，装土量为土袋容量的 1/2～2/3，袋口应缝合；围堰中心部分可填筑黏土及黏心土心墙。堆码土袋，应自上游开始至下游合龙。上下层和内外层的土袋均应相互错缝，尽量堆码密实、平稳。

土袋围堰适用于水深≤3.0 m、流速≤1.5 m/s、河床渗水性较小或淤泥较浅的水中基础施工。土袋围堰有黏土心墙时，堰顶宽度可为 2～2.5 m，堰外边坡坡度可为 1∶1～1∶0.5，堰内边坡坡度可为 1∶0.2～1∶0.5。

此外，还可以用竹笼片石围堰和木笼片石围堰做水中围堰，其结构由内、外两层装片石的竹（木）笼中间填黏土心墙组成。黏土心墙厚度不应小于 2 m。为避免对基坑顶部压力过大，并为必要时变更基坑边坡留有余地，片石笼围堰内侧一般应距基坑顶缘 3 m 以上。

3）堆石围堰

堆石围堰是在水流较快的河道中进行水流控制，保证结构物（建筑物）施工的一种有效方法，广泛应用于基础施工、河道整治、堤防加固、排涝等领域，对保护生态环境、保障民生安全具有十分重要的作用。堆石围堰处理时，基底应选择较好的地基。及时处理基底的不平整，确保围堰的稳定性。应选择大小合适且质量优良的石料作为围堰的主体，确保围堰的坚固性。石料的堆砌需要满足受力要求，准确计算数量，然后将石头和块头相互错垛、拼接、交织，及时检查。

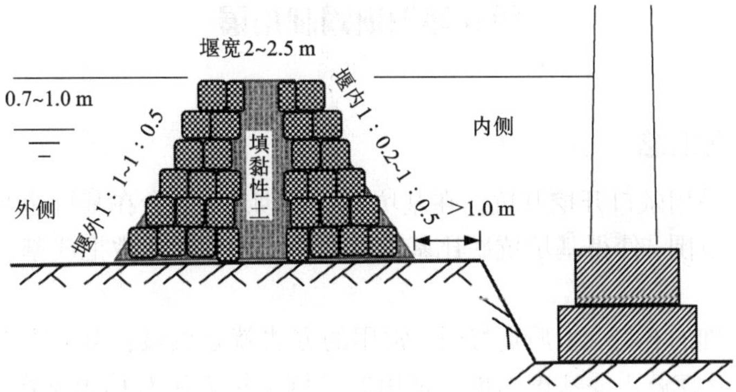

图 3-37　土袋围堰

4）钢板桩围堰

钢板桩围堰是工程中最常用的围堰形式，截面形式常见的有直板形、槽形、Z 形等，采用带有锁口的型钢拼接而成，有各种尺寸及联锁形式。钢板桩围堰应用范围广，可用于各类地层的渗水基础工程。钢板桩的优势：强度高，容易打入坚硬土层；可在深水中施工，防水性能好；可灵活组成各种外形的围堰，多多使用。其在桥梁施工中常用于浅基础、桩基础、管柱基础、沉井顶端的围堰等工程中。

当河流水位较高时，可以采用钢板桩围堰。钢板桩在旱地上可用于基坑开挖时的围护，在较深的水中可用于基础开挖前的围堰。钢板桩围堰一般用于河床为砂土、碎石土和半干硬性黏土的情况，可嵌入风化岩层，适用于基底深度为 6~8 m 的中小型基础及承台基坑开挖时挡水、挡土的围护设施。钢板桩的最小长度有 6 m，最大可以超过 20m，越长施工难度越大，长度过大易变形。水中桥梁修建基础常使用单层钢板桩围堰，其支撑系统和导向系统的框架结构称为围囹或围笼。钢板桩围堰强度高，容易打入坚硬土层，可在较深的水中施工，防水性能好。它施工快捷方便，并能多次重复使用，材料用量少且回收率高。因为钢板桩围堰刚度较小，当基坑深度较大时，内部会设置较多支撑，增加刚度，因此施工空间容易受限。

围堰类型选择情况见表 3-8。

表 3-8　围堰类型选择

围堰类型	适用条件
土围堰	水深≤1.5 m，流速≤0.5 m/s，河床渗水性较小，河边浅滩
土袋围堰	水深≤3.0 m，流速≤1.5 m/s，河床渗水性较小或淤泥较浅
堆石围堰	河床渗水性很小，流速≤3.0 m/s，石块能就地取材
钢板桩围堰	深水或深基坑，流速较大的砂类土、黏性土、碎石土及风化岩等坚硬河床

单元知识巩固和拓展

一、知识要点汇总

1. 浅基础通常采用敞口开挖基坑。在基坑开挖和砌筑时，会在基坑边缘至基础边缘留出适当的排水和施工范围，使得基坑坑底比基础底部面积大。我们常把浅基础施工称为明挖扩大基础施工。

2. 明挖扩大基础的开挖，土质良好时，常用的方法就是放坡；当土质不好或者没有放坡条件的时候，基坑开挖就需要考虑围护。常用的基坑围护方法有挡板支撑、板桩墙支护、喷射混凝土护壁、混凝土围圈护壁、桩体围护等。

3. 目前常用的基坑排水方法有表面排水法和井点降水法两种。

4. 旱地上浅基础施工流程主要包括：施工准备，施工放样，基坑的围护与开挖，基坑的排水，基坑的检验与基底处理，基础混凝土浇筑，基础的养护与拆模，隐蔽检查，围堰拆除。

5. 围堰是一种临时性的围护结构，一般在用完后拆除。围堰用于水中基础施工或深基坑施工，其目的是防止土和水进入建筑物的施工位置，提供干燥的施工环境，有利于工作人员施工，方便完成排水、施工开挖、修建建筑物等工作。

6. 围堰的主要类型有土围堰、土袋围堰、堆石围堰、钢板桩围堰、双壁钢围堰、钢套箱围堰、钢吊箱围堰、地下连续墙围堰等。

二、习题练习

习题练习答案

(一)单选题

1. 明挖基坑应尽量在枯水或少雨季节进行，且不宜间断，接近基底设计标高应留(　　)高度由人工开挖，以免破坏基底土壤结构。

A. 0.3 m　　B. 0.5 m　　C. 0.7 m　　D. 1.0 m

2. 当开挖深度很大时，采用(　　)在基坑开挖前先垂直打入土中至坑底以下一定深度，然后边挖边设支撑，开挖基坑过程始终是在它的支护下进行的。

A. 桩体　　B. 钢板桩　　C. 喷射混凝土　　D. 围挡

3. 对于浅基础施工基坑围护，下面描述不正确的是(　　)。

A. 在岩石地基采用竖直坑壁

B. 在一般土质条件下开挖基坑时，不应采用放坡开挖的方法

C. 在基坑较浅又无地下水的硬黏土中采用竖直坑壁

D. 基坑较浅、地下水位较低或渗水量较少，不需要进行基坑的围护

4. 基坑内排水时，当地基土为饱和粉细砂土等黏聚力较小的细粒土层时，适合用(　　)排水。

A. 表面排水法　　B. 井点降水法

C. 抽浆法　　D. 泵吸法

5. 以下支护结构中，有挡土、止水作用的支护结构是(　　)。

A. 混凝土灌注桩加挂网抹面护壁　　B. 密排式混凝土灌注桩

C. 土钉墙　　　　　　　　　　　　D. 钢板桩

6.（2019年注册岩土工程师试题）某基坑采用悬臂桩支护，下列选项中桩身承受的弯矩最大的部位是（　　），如图3-38所示。

A. 坑底以上某部位

B. 坑底下某部位

C. 坑底处

D. 不确定，需看土质

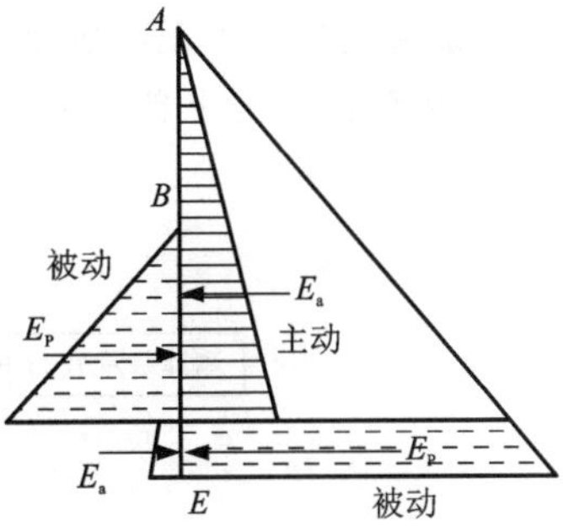

图3-38　桩身受力图

（二）多选题

1. 不同结构物对地基的要求不同，基础形式不同，验收的内容也不同，基坑检验的主要内容不包括（　　）。

A. 检查基底平面位置、尺寸大小、基底标高是否与设计图纸相符

B. 检查坑壁、基坑土质、地下水情况是否与勘察报告相符

C. 检查基底处理、排水情况是否符合规范要求

D. 基底的地质情况和承载力是否与设计资料相符

E. 检查施工记录及有关试验资料

2. 关于浅基础围堰的要求描述正确的是（　　）。

A. 围堰要满足强度和稳定要求，不需要有良好的防渗性能

B. 河道断面压缩一般不超过流水断面积的30%，防止流速增大引起冲刷，或影响通航

C. 围堰内尺寸应满足基础施工要求，由基坑边缘至堰脚距离一般不少于1 m

D. 顶面标高应高出施工期间可能出现的最高水位0.5 m以上，有风浪时应适当加高

（三）简答题

1. 围堰的主要类型有哪些？

2. 旱地浅基础施工流程？

三、知识点拓展

案例拓展：旱地上浅基础施工案例

江南互通桥跨越长江，江面水域宽约850 m，河谷岸坡不对称。受构造作用和长江侵蚀影响，长江两岸呈明显的台阶状地形。长江南岸丘陵岗地斜坡地貌区延伸至长江，常年有流水，旱季水量不大。江南互通桥位区属缓谷浅丘地貌，土层厚度不均，大部分基岩出露，中风化岩体较完整，裂隙不发育，未见滑坡、崩塌、泥石流等不良地质现象，场地区域稳定性良好。斜坡土体覆盖较薄或基岩出露，未见开裂变形迹象，斜坡稳定性较好。江南互通C匝道扩大基础基坑施工不受长江汛期及水库蓄水的影响。两岸为斜坡地形，地形坡度较大，大气降水多以坡面流形式直接排泄至长江，故南岸斜坡段地下水贫乏。

主要扩大基础工程内容包括：驸马长江大桥南岸引桥17号、19号桥台基础；南岸引桥17号、19号桥台扩大基础设计为C35混凝土，江南互通C匝道0号、13号扩大基础设计为C25片石混凝土。扩大基础表面积较大，地形地貌、地质情况复杂，且易发生滑坡，施工难点较多。扩大基础施工混凝土养护时间较长，致使总体施工周期较长。扩大基础施工地质情况

较差，江南互通桥扩大基础位于斜坡坡脚地带，纵、横向地形横坡均较陡。江南互通桥扩大基础开挖时可能产生上部表层土体滑塌、下部基岩边坡局部掉块现象。施工工艺流程如图 3-39 所示。

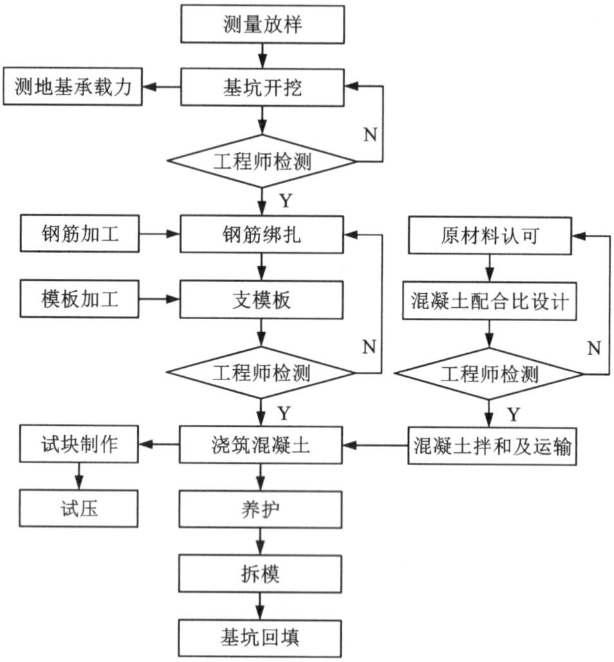

图 3-39　施工工艺流程图

1. 基坑测量放线：测量队用坐标法定出基坑各控制点的平面位置，并洒出白灰线。用水准仪测出控制点标高，根据设计标高计算出开挖深度。按地质水文资料，结合现场情况，决定开挖坡度、支护方案、开挖范围和防排水措施。

2. 基坑开挖。如图 3-40 所示，基坑采用放坡开挖，开挖作业以机械作业方式为主，采用挖掘机开挖，自卸汽车运输，人工辅助清槽。在施工过程中为避免雨水冲坏坑壁，基坑顶四周应做好排水，截住地表水，基坑下口开挖的大小应满足扩大基础施工的要求。基坑开挖应连续施工，避免晾槽，基底应避免超挖，一次开挖距基坑底面以上要预留 20~30 cm，待验槽前人工一次清除至标高，以保证基坑底面坚实。基坑开挖不宜间断，达到设计高程经检验合格后，立即灌注扩大基础。如基底暴露过久，应重新检验。岩石地基扩大基础开挖采用松动爆破法开挖，控制装药量，以确保基岩的整体性不被破坏。

图 3-40　基坑开挖

3. 基坑排水。有水基坑底面，应满足四周排水沟与汇水井的设置需要，每边放宽不小于80 cm。明挖基坑，采用表面排水法或井点降水法排水，保持基坑底不被水淹。开挖基坑排水，抽水量为渗水量的1.5~2倍，基坑排出的水以水管或水槽远引。

4. 基坑检验及处理。按设计要求检测地基承载力，地基承载力不小于设计要求。如不满足要求，根据情况进行换填、夯实或固结处理，处理范围应宽出扩大基础底50 cm。扩大基础底处理完毕后，恢复扩大基础控制点，测量基底标高。

岩层基底应清除岩面松碎石块、淤泥、苔藓，凿出新鲜岩面，表面应清洗干净。倾斜岩层，应将岩面凿平或凿成台阶。泉眼可用堵塞或排引等方法处理。

基底应检验下列内容：基底平面位置、尺寸大小；基底高程；基底地质情况；基底承载力；基底处理和排水情况。基坑检验合格后，进入下道工序。

5. 混凝土施工。为了确保混凝土施工质量，混凝土在装配有自动计量系统的强制式搅拌机的拌和站集中拌制，使用罐车运输，混凝土由罐车运至施工现场后，用输送泵或吊车吊装入模。浇筑应分层连续进行，最长间隔不得大于混凝土的初凝时间。混凝土振捣采用插入式振捣器振捣，振捣器移动间距不超过其作用半径的1.5倍，并插入下层5~10 cm。振捣要均匀，不得漏振。不得触碰钢筋、模板等。对每一振动部位，必须振动到该部位混凝土密实，混凝土停止下沉，不再冒出气泡，表面平坦、泛浆。混凝土收浆后用土工布覆盖、洒水养生，养生时间为7 d。

6. 基坑回填。扩大基础强度达到设计要求的强度后进行扩大基础回填。扩大基础采用开挖原土进行基坑回填，回填土对称、水平分层进行并采用多功能振动夯实机夯实。

模块四　桩基础

单元一　桩基础的认知

学习目标

【知识目标】

1. 知道桩基础的定义。
2. 知道桩基础的组成和作用。
3. 知道桩基础的特点。
4. 知道桩基础的适用条件。

【能力目标】

1. 能辨别不同类型的桩基础。
2. 能描述桩基础的组成结构和作用。
3. 能描述桩基础的应用领域。

【素质目标】

1. 培养文化自信、科技强国的责任意识。
2. 培养严谨求实、一丝不苟的职业素养。
3. 培养刻苦钻研、团结协作、乐于奉献的职业素养。

学习导图

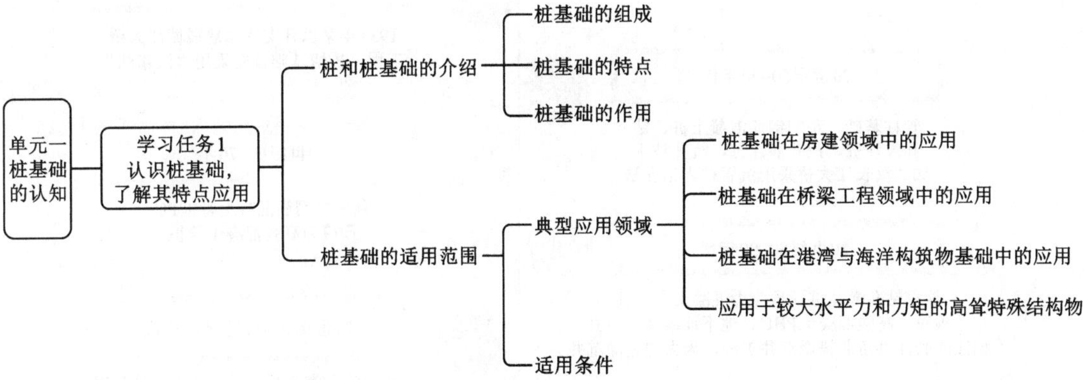

学习任务 1　认识桩基础，了解其特点应用

学习情境

北魏郦道元《水经注·渠水注》有云：“今碑之左右，遗墉尚存，基础犹在。”古代墙下夯土为基，柱下之石为础。我国每一座横跨江河湖海的桥梁工程都离不开坚实基础的支撑，基础就是桥梁的基石。中国是一个历史悠久的国度，中华文明历经数千年，文化底蕴深厚，历史的发展带动了很多领域的演变。从无到有，从有到精，古人的智慧不断在改变着周围的交通环境、建设环境，也给我们在世界桥梁建筑史上留下了不少光辉灿烂的篇章。桩在中国起源于距今 6000~7000 年的新石器时代，人类的祖先在数千年前的建筑活动中创造了独特的基础工艺。雄伟的建筑，华丽的宫殿，实用的桥梁历经千百年历史的洗礼流传至今。桩基础是一种历史悠久且应用广泛的基础形式，时至今日，桩的使用已然有了几千年的历史，在不同时期的应用也不同，如图 4-1 所示。考古研究表明，古人利用木桩支撑房屋、桥梁、高塔、码头、海塘或利用石头砌城墙。在 19 世纪 70 年代，中国考古学家相继在长江下游的余姚市河姆渡村发掘了新石器时代的文化遗址，并出土了大量木结构遗存，距今大约 7000 年，这是环

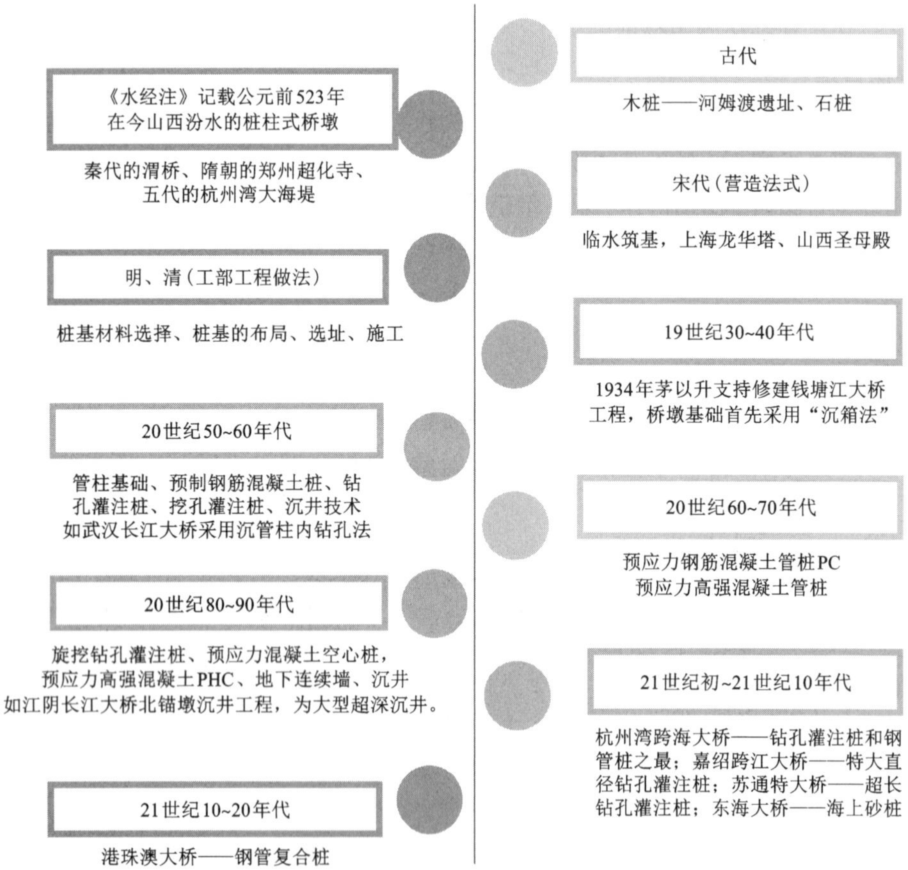

图 4-1　我国基础的发展演变

太平洋地区迄今发现的规模最大、最具有典型意义的一处文化遗址和木桩遗存。始建于隋朝现位于河南郑州的超化寺，其塔基就采用了桩基础的形式。北宋时期修建木桩的上海龙华塔，到最近才通连的湘炉洲大桥桩基础，如图 4-2～图 4-4 所示。随着新工艺、新材料、新技术、新设备等的出现，桩基础也逐渐演变，优势越发突出。那么桩基础在哪些领域中可以应用呢？它有哪些组成呢？让我们一起了解。

中国基建圈粉世界，中国基建史，是一部逆袭史，“高山大海也无法阻止中国修路架桥的脚步”，因为中国人有强大的信仰。1988 年之前，中国还没有一条高速公路，而截至 2023 年末，全国高速公路里程达 18.4 万公里，位居世界第一。中国人锲而不舍，金石可镂。港珠澳大桥碧波横卧，天山三线公路物畅其流，平潭海峡公铁大桥傲立于风暴海域……大江南北，一个个重大基建项目在速度与激情中落地，勾勒出中国发展的新坐标。考考大家：桩基础还可以在哪些领域发挥它的作用呢？

图 4-2　河姆渡出土木桩现场

图 4-3　北宋修建的桩基础建筑——上海的龙华塔

图 4-4　湘江香炉洲大桥

知识导航

一、桩和桩基础的介绍

桩是指支撑于坚硬的(基岩、密实的卵砾石层)或较硬的(硬塑黏性土、中密砂等)持力层中的柱形构件，具有很高的竖向单桩承载力或群桩承载力，足以承载结构(构筑物、建筑物）的全部竖向荷载（包括偏心荷载）。

桩基础一般是由承台把单根或若干根桩的顶部连接成整体，并共同承受荷载的一种深基础，承台的作用是承上启下，约束桩端形成整体共同受力。桩基础的作用是将上部结构的荷载通过桩身穿过较弱地层或将水传递到深部较坚硬、压缩性小的土层或岩层中，以减少上部建（构）筑物的沉降。

当地基浅层土质不良，采用浅基础无法满足建筑物对地基强度、变形和稳定性方面的要求时，往往需要采用深基础。在桥梁工程中，常用的三大基础是浅基础、桩基础、沉井基础，我们已经学习和掌握了天然地基上刚性扩大基础的设计计算及施工，本单元开始深基础形式之一的桩基础的学习。

（一）桩基础的组成

桩基础是指由单桩或多桩与承台（系梁）组成的基础。其组成有以下三种情况：单根桩（如一柱一桩的情况）、单排桩、多排桩。

单根桩：在桩基础中，每根框架柱下靠一根大直径灌注桩承受荷载称为一柱一桩。

单排桩：一般来说，柱式桥墩的单排桩基础，在桩与桩之间设置横系梁相连，增加构件的刚度，以加强各桩的横向联系，单排桩在工程中应用较多。

多排桩：多数情况下，桩基础是由（多根桩组成的）基桩群与承台共同组成的群桩基础，多排桩在工程中应用比较多。基桩可全部或部分埋入地基土中，承台可以在水中，也可以埋入地下土层中。群桩基础中所有基桩的顶部嵌入承台之中，承台将外力传递给各桩并将各桩连成一个整体共同承受外荷载。基桩穿过软弱的压缩性土层或水，使桩置于更密实的地基持力层上。各基桩承受的荷载由桩通过桩侧土的摩阻力、桩端土的抵抗力传递到桩周土及持力层中，如图 4-5 所示。

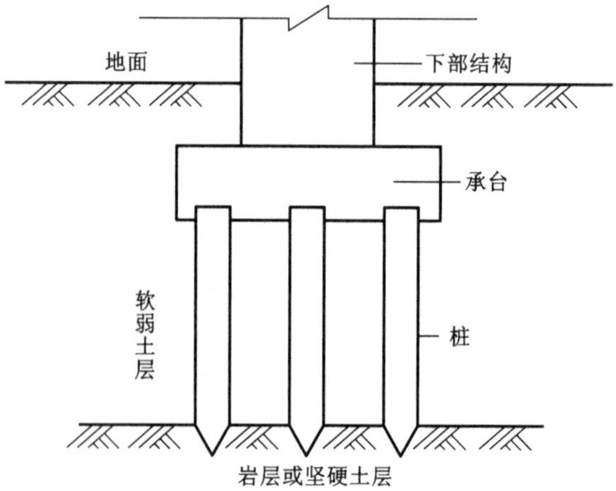

图 4-5　桩基础的组成

（二）桩基础的特点

桩基础的应用范围广，适用领域多，适应各种地质条件，因为它具有承载力较大，能承担复杂荷载，稳定性好、沉降量小而均匀、抗震能力强，以及在深基础中耗用材料少、施工简便等特点。

优点：适用面广，工艺成熟，在深水河道中可避免(或减少)水下施工作业，简化施工设备和技术要求，加快施工速度并改善工作条件。

缺点：造价比浅基础高，施工环境影响比较大，预制桩有施工噪声影响，钻孔灌注桩的泥浆可能破坏环境，有排污的困扰，施工中的质量不可控因素较多等。

嵌岩桩基础指桩身一部分或全部嵌入基岩中的桩基础。嵌岩桩具有单桩承载力大、沉降小且收敛快、抗震性能好、群桩效应小等特点，是港口码头、桥梁、高层建筑、重型厂房等结构荷载大、沉降要求高的建筑物的重要基础形式，在工程实践中被广泛应用。

(三)桩基础的作用

(1)桩支撑于坚硬的或较硬的持力层时具有较高的竖向承载力。

(2)桩基础具有很大的竖向刚度，在自重或相邻荷载影响下，不会产生过大的不均匀沉降，并确保建筑物的倾斜不超过允许范围。

(3)桩基础的侧向刚度和整体抗倾覆力能抵御风和地震造成的水平和复合荷载，保证建筑物的抗倾覆性。

二、桩基础的适用范围

(一)典型应用领域

桩和桩基础施工时的现场作业量小，材料消耗少，能适应多种地质条件和施工环境，在大型建筑、高层建筑、公路与铁路的桥梁、轨道交通工程、海洋构筑物、港口码头、特殊重要建筑、特殊结构物、地基处理、边坡防护等工程中被广泛使用，如图 4-6 所示。

1. 桩基础在房建领域中的应用

桩基础在建筑基础施工以及高层建筑施工中应用得特别多。桩基础施工技术能提升建筑基础的稳定性水平，可以在天然地基承载力和变形不能满足要求的高重建筑物应用；地震区建筑物也常用。

2. 桩基础在桥梁工程领域中的应用

地基土有可能被水流冲刷的各种桥梁基础，跨越江河、湖海、峡谷的铁路、公路桥梁的基础，须埋设在水流冲刷线以下稳定性良好的持力层上。随着桩基础技术的发展，特别是大直径超长灌注桩成桩技术的发展，桥梁基础采用桩基础的越来越多。

3. 桩基础在港湾与海洋构筑物基础中的应用

桩基础可作为栈桥、码头、海上采油平台及输油、输气管道支架、海上风力发电的基础。国家大力提倡清洁能源应用，海上风力发电项目大量涌现，比如近海海上风力发电用到的大直径单桩基础，中广核某海上风电项目，单桩直径 6.6 m，单桩基础长 93 m，重 960 t。深远海海上风力发电也常用多桩、多桶导管架基础等。

4. 应用于较大水平力和力矩的高耸特殊结构物

高耸结构中，如烟囱、输电塔，或需承受水平力或上拔力的其他建筑的基础，也常使用桩基础。比如，使用大直径预制空心方桩基础作为输电塔架基础。

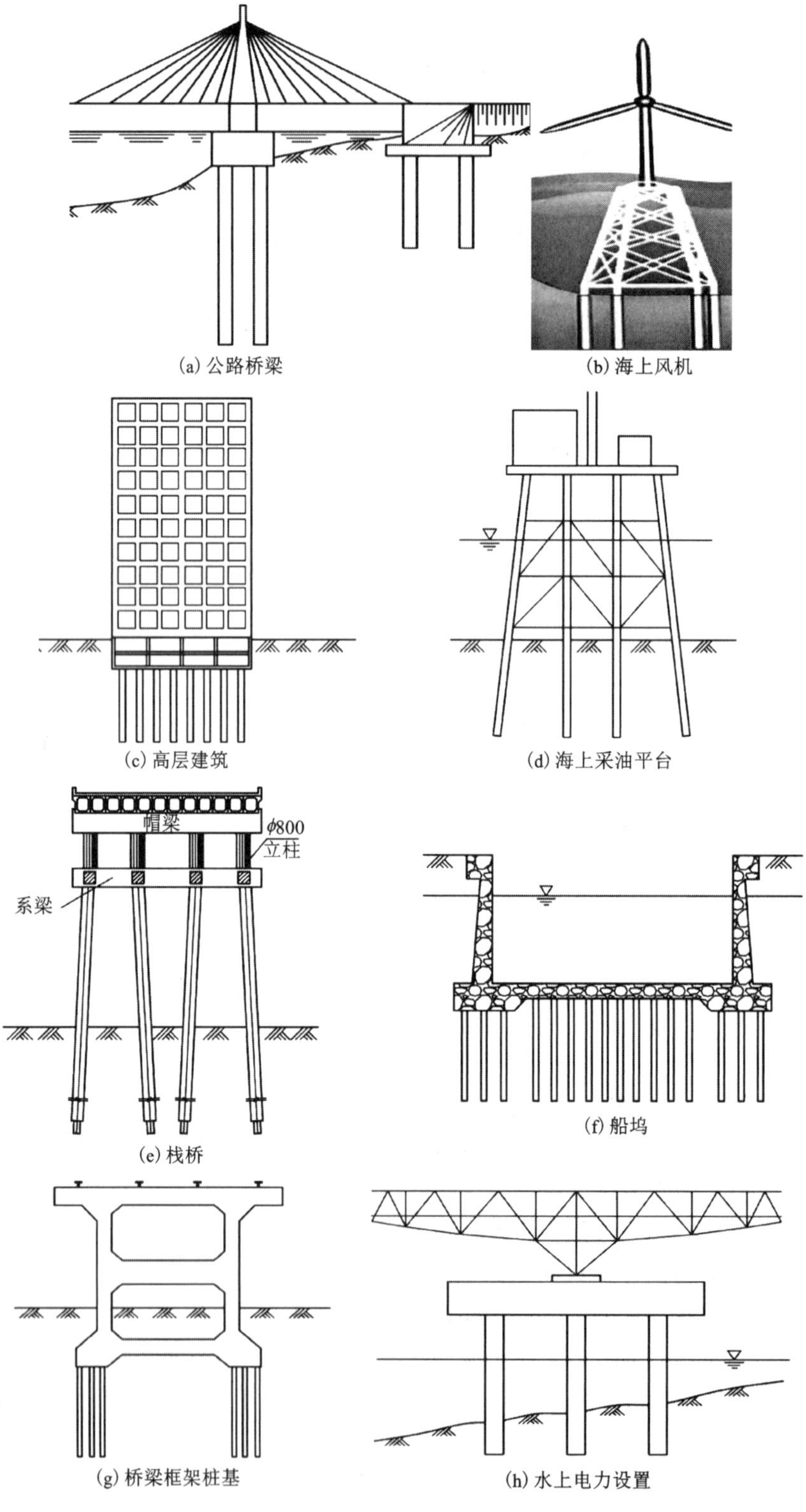

图 4-6　桩基础的应用领域

(二)适用条件

(1)荷载较大，地基上部为软弱土层且较厚，地基的持力层位置较深，当采用浅基础或人工地基在技术上、经济上不合理时。

(2)河床冲刷较严重，河道不稳定或冲刷深度不易正确计算，位于基础或结构物下面的土层有可能被侵蚀、冲刷，采用浅基础不能保证基础安全时。

(3)高层建筑或其他非常重要的建筑物或有纪念性意义的大型建筑，不允许地基有过大的沉降和不均匀沉降时。

(4)当建筑物承受较大的水平荷载及偏心荷载，需要减少建筑物的水平位移和倾斜时。

(5)当施工水位或地下水位较高，采用其他深基础施工不便或经济上不合理时。

(6)地震区，在可液化地基中，在以桩基作为抗震措施的地震区建筑物下，采用桩基础可提高建筑物抗震能力。以上情况也可以采用其他形式的深基础，但由于桩基础耗材少、施工快速简便，往往是优先考虑的深基础方案。

(7)位于水中的建(构)筑物，如桥梁、码头、栈桥、海上风力发电站基础、海上采油平台及输油、输气管道支架等。

(8)软弱地基或某些特殊土上的永久性建筑物；重型工业厂房和荷载很大的建筑物(仓库、料仓)。

单元知识巩固和拓展

一、知识要点汇总

1. 桩是指支撑于坚硬的(基岩、密实的卵砾石层)或较硬的(硬塑黏性土、中密砂等)持力层中的柱形构件。

2. 桩基础一般是单桩或由承台把若干根桩的顶部连接成整体，并共同承受荷载的一种深基础形式。桩基础的组成有如下三种情况：单根桩(如一柱一桩的情况)、单排桩、多排桩。

3. 基础按照埋置深度可以分为浅基础和深基础两种类型。浅基础和深基础对比如表4-1所示。

表4-1　浅基础、深基础对比分析表

基础类型	优点	缺点	设计计算
浅基础	埋入地层较浅，施工方法比较简单，结构形式比较简单，造价比较低	自重比较大，对地基土的要求高，对沉降比较敏感，部分基础容易变形开裂	可以忽略基础侧面土体对基础的影响
深基础	埋入地层较深，应用范围广，具有较大的承载力、承担复杂荷载、稳定性好、沉降量小而均匀。工艺成熟，有水无水均可施工	造价比浅基础高，对施工环境的影响较大	需考虑基础侧面土体的影响

4. 桩和桩基础施工时的现场作业量小，材料消耗少，能适应多种地质条件和施工环境，在大型建筑、高层建筑、公路与铁路的桥梁、海洋构筑物、港口码头、特殊重要建筑、特殊结构物、地基处理、边坡防护等工程中被广泛使用。

二、习题练习

习题练习答案

(一)选择题

1. 桩基础是指由(　　)或(　　)与承台(系梁)共同组成的基础。

A. 单桩　　B. 多桩　　C. 桥墩　　D. 盖梁

2. 关于桩基础特点描述正确的是(　　)。

A. 桩基础的造价比浅基础高

B. 施工环境影响比较小

C. 预制桩有施工噪声影响，钻孔灌注桩的泥浆可能破坏环境，有排污的困扰

D. 施工导致的质量不可控因素较多

3. 桩基础在哪些领域可以应用？(　　)

A. 大型建筑、高层建筑　　B. 公路与铁路的桥梁

C. 轨道交通建设　　D. 海洋构筑物、港口码头

E. 地基处理、边坡防护

(二)简答题

1. 什么是桩基础?

2. 什么条件下可以适用桩基础?

3. 桩基础主要由几部分组成？每个部分的作用是什么?

4. 桩基础有什么样的特点?

三、知识点拓展

案例拓展一：桩基础在桥梁工程中的应用

港珠澳大桥(图 4-7)是中国境内一座连接香港、珠海和澳门的桥隧工程，位于中国广东省珠江口伶仃洋海域内。港珠澳大桥于 2009 年 12 月 15 日动工建设；2018 年 10 月 24 日上午 9 时开通运营。港珠澳大桥东起香港国际机场附近的香港口岸人工岛，向西横跨南海伶仃洋水域接珠海和澳门人工岛，止于珠海洪湾立交；桥隧全长 55 km，其中主桥 29.6 km、香港口岸至珠澳口岸 41.6 km；桥面为双向六车道高速公路，设计速度 100 km/h；工程项目总投资额 1269 亿元。港珠澳大桥因其超大的建筑规模、空前的施工难度和顶尖的建造技术而闻名世界。

港珠澳大桥的沉管隧道工程是世界上最长最深的海底沉管隧道，是中国第一条外海沉管隧道，工程规模、技术难度位居世界同类工程首位。在港珠澳大桥建设之前，掌握沉管隧道先进技术的国家是美国、荷兰和日本，而当时中国只有 20 年左右的小型沉管隧道建设历史。大桥项目总设计师是孟凡超，总工程师是苏权科，岛隧工程项目总经理、总工程师是林鸣。

孟凡超说：“与桥结缘 40 年，人家说我是一个工作狂、是一个‘桥痴’，因为我是一个没有满足感和追求完美的人，我想一辈子都和桥打交道，把‘桥痴’进行到底。港珠澳大桥是我

图 4-7　港珠澳大桥

职业生涯的新高度，不是最高的巅峰，发展永无止境，创新没有终点。”

林鸣是中国工程院院士、桥隧领域施工技术与工程管理专家，中国交通建设股份有限公司总工程师。他主持建成中国首条、世界最长跨海公路沉管隧道，先后主持完成润扬大桥、港珠澳大桥岛隧工程等国家重点工程，攻克十余项外海沉管安装世界级工程难题；带领团队刻苦钻研、攻克难关，自主研发十几项国内首创且世界领先的专用设备和系统，获得数百项专利，创造当年动工当年成岛、一年安装 10 节沉管的中国速度，浇筑百万方混凝土无一裂缝，建成世界唯一滴水不漏的沉管隧道等诸多世界工程。

林鸣解读了工程师职业追求的“四大精神”，即工匠精神、科学家精神、担当精神、奉献精神，并激励学生要认真探索，完成常人难以想象的创造。林鸣说，国家发展靠人才，民族振兴靠人才，实现知识型社会建设，教育最为关键。在他身上，“攻坚克难”和“精益求精”仿佛是与生俱来的基因和烙印。林鸣临难不惧、敢为人先的担当精神，精益求精、锐意创新的工匠精神，无疑为当今青年学子树立了榜样。

（案例来源——2022 年 1 月于四川遂宁新闻网官方账号）

案例拓展二：桩基础在房建行业的应用

对于中国的建筑事业，想必大家第一时间想到的就是其他国家给予中国的“建筑狂魔”称号，而在新中国发展建筑业的过程中，也创造了许多世界奇迹一般的存在。在中国，有这样一栋被誉为“第一高楼”的摩天大厦，为了成功将其建造出来，我国建筑团队耗费了将近 10 年的心血，并投入了 148 亿元巨额资金。

上海中心大厦（图 4-8），是上海天际线的一抹华彩，向全世界展示着自己的建筑之美。它是中国上海市的一座超高层地标式摩天大楼，其设计高度超过附近的上海环球金融中心。上海中心大厦项目面积 433954 m^2，建筑主体为 118 层，总高为 632 m，结构高度为 580 m。2008 年 11 月 29 日，上海中心大厦主楼桩基开工。2016 年 3 月 12 日，上海中心大厦建筑总体正式全部完工。

该建筑物采用桩筏基础，筏板厚 6 m，埋深 30 m，筏板基础为圆形钢筋混凝土平台，厚度达到两层楼高，是世界民用建筑底板体积之最。桩筏基础为八角形，核心筒荷载集中区采用梅花形布桩，其他区域采用正交形布桩。这座 632 m 高的摩天大楼及其地下室的底板，由桩

图 4-8　上海中心大厦

筏基础和下方直径达 1 m、长达 87 m 的 955 根钻孔灌注桩，以及 66 幅深达 50 m、壁厚达 1.2 m 的地下连续墙围护结构一起，承载起 121 层主楼的荷载。

（案例来源——知网论文）

单元二　识别桩和桩基础的类型及构造

学习目标

【知识目标】

1. 知道桩按受力条件、施工方法的分类，以及按承台位置的分类。
2. 理解钢筋混凝土桩、钢管桩、钢管混凝土桩的构造。
3. 知道承台和横系梁的构造，桩与承台、横系梁的连接。

【能力目标】

1. 能描述端承桩与摩擦桩的区别。
2. 能描述预制桩与灌注桩各自的特点和适用性。
3. 能辨别高桩承台和低桩承台，描述其优缺点。
4. 能识别桩和桩基础的构造。

【素质目标】

1. 培养质量意识、安全意识、信息素养。
2. 培养求真务实、一丝不苟的职业素养。
3. 培养刻苦钻研、团结协作的职业素养。

学习导图

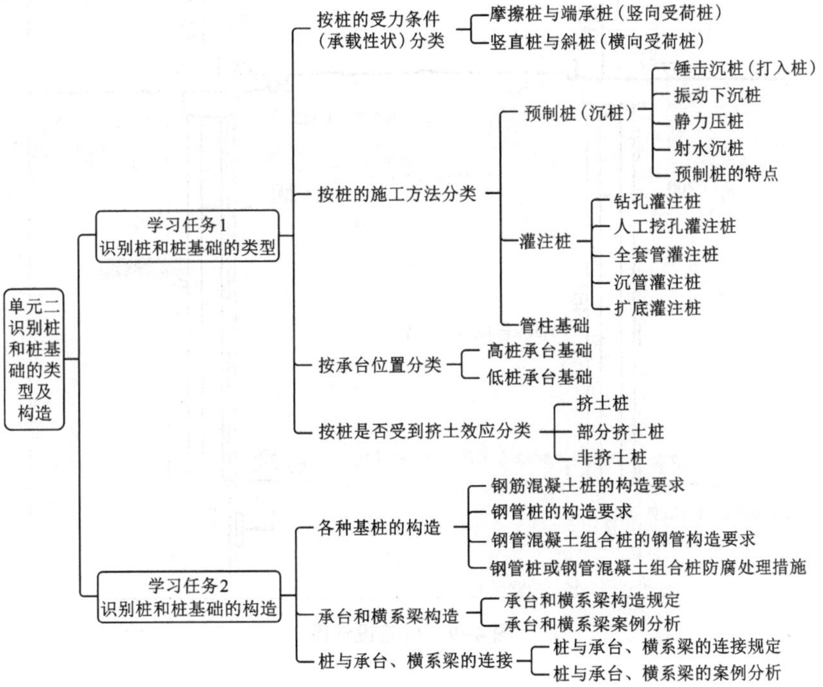

学习任务 1　识别桩和桩基础的类型

学习情境

桥梁基础设计与施工质量是整座桥梁质量的核心，我们只有熟悉和掌握各种类型桥梁基础的分类、特点，掌握基础的适用范围，才能在后续的专业人员设计和施工时更好地发挥各类基础的特长，才能更合理地选择适宜的基础，才能更有效地控制施工质量，确保建成的桥梁能安全、经济、舒适、高效地使用。

虽然目前我国关于桩的施工方法超过 300 种，并在不断增多，我国桩工工法整体水平和发达国家相比，还有一定差距，我们要争取把知识和技能学好，为中国的富强、科技创新贡献自己的力量。

如果你是设计员或施工员，某桩基设计图如图 4-9 所示，在此地质条件下需要建设一条双向四车道高速公路。该高速公路位于南方沿海城市，气候温暖，偶尔有地震和台风发生，路线上某段计划修建一座大桥，跨越一条大河和某省道，上部结构为连续 T 梁，该大桥上跨省道，有净空 12 m 的要求，双向四车道，桥梁区域中下面岩层埋藏深度较大。该大桥地质条件为：素填土、粉质黏土、细砂、卵石、块状强风化石英砂岩。各层深度不一样，部分区域粉细砂中等液化和严重液化。两侧桥墩以什么地层为基础的持力层比较合适？你觉得桥墩下选择什么类型的基础比较合适（浅基础、桩基础、沉井基础）？试分析基础的结构特点，分析其受力特点，可以考虑采用什么施工方法？

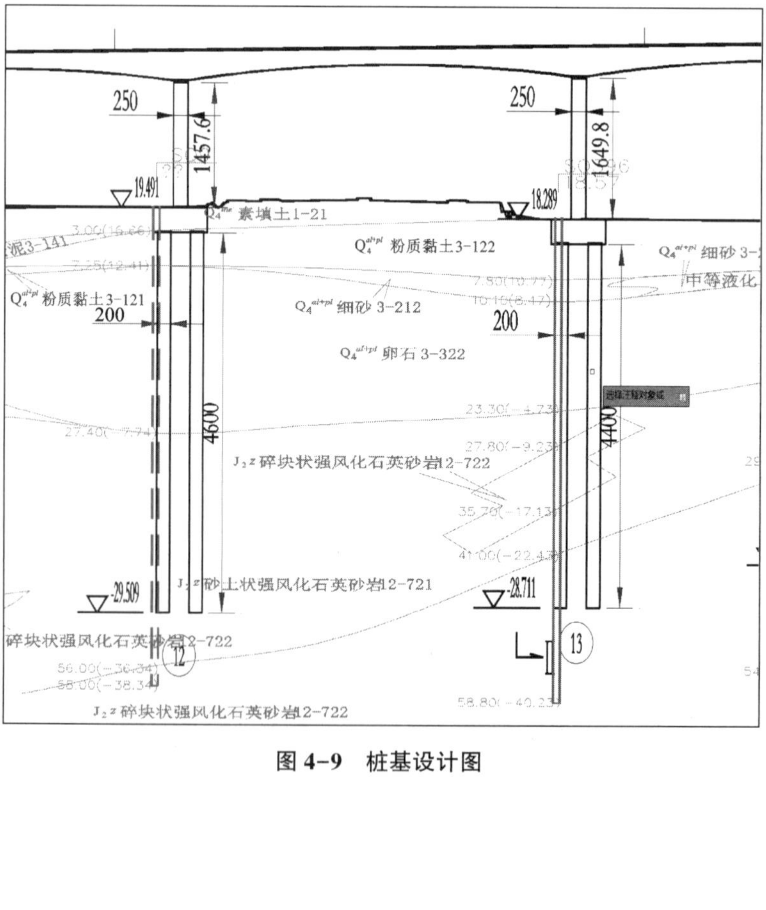

图 4-9　桩基设计图

知识导航

在我国的桥梁建设中，桩基础应用得比较广泛，是目前应用最为广泛的深基础形式。随着工程建设和科学技术的新发展，工程界对桩基受力性能、设计方法、类型、检测手段、施工工艺等不断进行研究应用，新型桩的设计理论、计算水平、施工技术不断进步提高。施工机械和施工工法也持续更新换代，相互促进，使桩基技术高速发展。为了适应复杂地形及不同构筑物(建筑物)在各方面的要求，工程实践中，各种新的桩型和施工工艺正在得到更加频繁的应用。桩基础目前正朝着桩身材料多样化、施工器械多样化、成桩工艺多样化的方向发展。

为满足建筑物的要求，适应地基特点，随着科学技术的发展，在工程实践中已形成了各种类型的桩基础，它们在本身构造上和桩土相互作用性能上具有各自的特点。学习桩和桩基础的分类，目的是掌握其特点，了解桩和桩基础的基本特征，以便设计和施工时更好地发挥桩基础的特长。桩的分类方式有很多种，下面按桩的受力条件、施工方法、承台位置、是否受挤土效应等进行分类。

一、按桩的受力条件(承载性状)分类

建筑物荷载通过桩基础传递给地基。垂直荷载一般由桩底土层抵抗力和桩侧与土产生的摩阻力来支撑。由于地基土的分层和其物理力学性质不同，桩的尺寸和设置在土中的方式，都会影响桩的受力状态。水平荷载一般由桩和桩侧土水平抗力来支撑，而桩承受水平荷载的能力与桩轴线方向及斜度有关，因此，根据桩土相互作用特点，桩基可分为摩擦桩与端承桩，如图 4-10 所示。

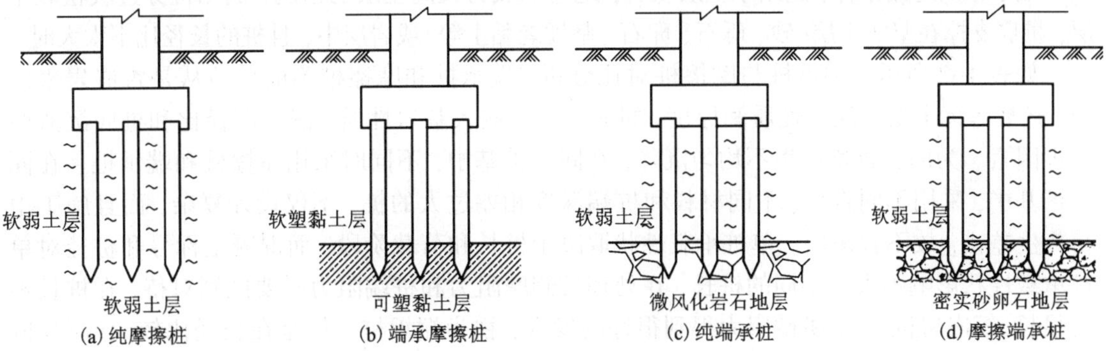

备注：图中波浪号表示软弱土层。(a)图表示桩身穿越软弱土层；(b)图表示桩身穿越软塑黏土层到达可塑性黏土层；(c)图表示桩身穿越软弱土层到达微风化岩石地层；(d)图表示桩身穿越软弱土层到达密实砂卵石地层。

图 4-10　摩擦桩与端承桩示意图

1. 摩擦桩与端承桩(竖向受荷桩)

1) 摩擦桩

摩擦桩定义：桩穿过并支撑在各种压缩性土层中，在竖向荷载作用下，桩顶荷载全部或者主要由桩侧摩阻力来承担的桩，称为摩擦桩。

摩擦桩的分类：可以分为纯摩擦桩和端承摩擦桩。

水提杯子摩阻力演示

纯摩擦桩是指在极限承载力状态下桩顶荷载由桩侧摩阻力承受的桩，外部荷载往往是通过土层与桩身侧面的摩阻力的作用，传递到周围土体上的。这种桩普遍应用于岩层很深的地基中。其具有较大的沉降和有较长的稳定时间，如图 4-10(a)所示。

端承摩擦桩是指在极限承载力状态下桩顶荷载大多由它们桩侧摩阻力承担的桩，即在外部荷载作用下，桩侧摩阻力和桩端阻力共同发挥作用，但是桩侧摩阻力一般会比桩端阻力大。它们从软弱地层穿过，然后嵌入可塑性黏土中，如图 4-10(b)所示。

比如，当桩的长径比很大时，即使有坚硬支撑，但由于桩身压缩量过大，传递到桩端的荷载较小，认为是摩擦桩；当预制桩在施工时由于桩的间距小，桩数多，下沉速度快，会产生挤土效应，而使预制桩上浮，桩端的阻力会明显降低，认为是摩擦桩。

摩擦桩的适用条件：适用于荷载不大的情况，当桩端没有好的持力层且不扩底时；当桩有好的持力层，但是埋入的深度很深，桩身不能发挥端承桩作用时。

2)端承桩

端承桩定义：在竖向极限荷载作用下，桩顶荷载全部或主要由桩端阻力承受，桩侧阻力相对于桩端阻力而言较小，或可忽略不计的桩。

端承桩的分类：可以分为纯端承桩和摩擦端承桩。

纯端承桩指在极限承载力状态下，桩顶荷载由桩端阻力承受的桩。例如，通过软弱土层，桩底嵌入基岩的桩，桩的承载力由桩的端部承受，桩侧摩阻力很小，可以忽略，如图 4-10(c)所示。

摩擦端承桩在极限承载力状态下，桩顶荷载主要由桩端阻力承受，桩侧摩阻力很小。例如，4-10(d)所示的预制桩，桩周土为流塑状态黏性土，桩端土为密实状态粗砂，桩端阻力发挥主要作用，桩侧摩阻力发挥次要作用。

端承桩的适用条件：适用于上层软弱，地巷承载力较高土层的情况，例如桩穿过较松软土层，桩底支撑在坚实土层(砂、砾石、卵石、坚硬老黏土等)或岩层中，且桩的长径比不太大时。

如表 4-2 所示为端承桩与摩擦桩对比分析，端承桩和摩擦桩不能单纯从是否嵌岩来区分，还要考虑上覆土层的性质和厚度、桩长径比、嵌入基岩性质、嵌岩深径比和桩底沉渣厚度等因素。为防止桩基产生不均匀沉降，在同一桩基中，不同时采用摩擦桩和端承桩。在同一桩基中，采用不同直径、不同材料和桩端深度相差过大的桩，不仅设计复杂，而且施工中易产生差错，故不宜采用。单桩承载性状取决于桩长和荷载阶段，而混凝土标号和桩径对单桩承载性状影响不大。不同的桩长，在处理桩侧摩阻力和桩端阻力时要区别对待，在桩长不是很长(短嵌岩桩)时，桩端阻力得到很好的发挥，视为端承桩。但是在长径比较大(超长嵌岩桩)时，桩端阻力发挥较小，桩侧摩阻力的发挥占主要地位，可视为摩擦桩。

表 4-2　端承桩与摩擦桩对比分析

类型	端承桩	摩擦桩
承载力	承载力较大	承载力相对较小
沉降量	基础沉降较小	其沉降一般大于端承桩的沉降
安全性	安全可靠	较安全可靠

续表4-2

类型	端承桩	摩擦桩
受力情况	主要或者全部由桩端阻力发挥作用	主要或者全部由桩侧摩阻力发挥作用
桩长径比	长径比(L/d)较小	长径比(L/d)较大
土层条件	指桩端进入承载力较高的土层，比如岩石、老黏土、砂、卵石、砾石等地层	指桩端没有进入承载力较高的土层，桩全部位于软土层中的情况

2. 竖直桩与斜桩(横向受荷桩)

桩基础按桩轴方向，可分为竖直桩、单向斜桩、多向斜桩等，如图 4-11 所示。在桩基础中是否需要设置斜桩、斜度为多大，应根据荷载的具体情况而定。一般结构物基础承受的水平力比承受的竖向力小得多，且现已广泛采用的大直径钻、挖孔灌注桩具有一定的抗剪强度，因此，桩基础常采用竖直桩。

斜桩群桩基础是跨海大桥、海上石油钻井平台、输电塔等大型结构常用的基础形式。这些结构往往会受到波浪力、波流力、风载等水平向荷载的作用，而这些荷载又会向下传递到基础上。

拱桥墩台等结构物桩基础往往需设斜桩以承受上部结构传来的较大水平推力，减小桩身弯矩、剪力和整个基础的侧向位移。斜桩的桩轴线与竖直线所成倾斜角的正切不宜小于 1/8，否则斜桩施工斜度误差将显著地影响桩的受力情况。目前，为了适应拱台推力，有些拱台基础已采用倾斜角大于 45°的斜桩。

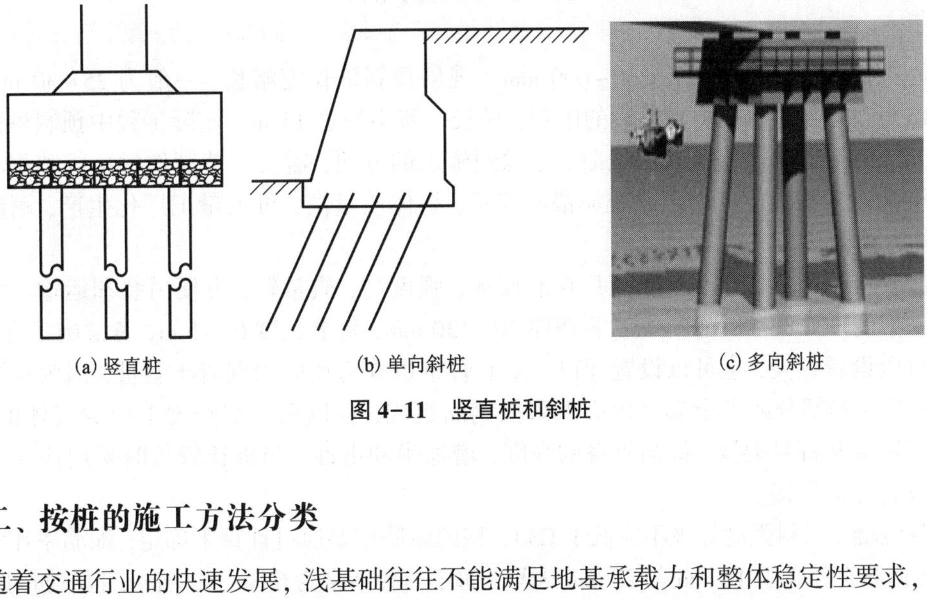

(a) 竖直桩　(b) 单向斜桩　(c) 多向斜桩

图 4-11　竖直桩和斜桩

二、按桩的施工方法分类

随着交通行业的快速发展，浅基础往往不能满足地基承载力和整体稳定性要求，桩基础是一种常见的深基础形式，根据桩基础施工方法和技术特点具体分为预制桩(沉桩)和灌注桩两种。预制桩是指在预制场或者工程施工现场加工制成的各种不同形式的桩，根据场地的不同工程地质条件，通过各种沉桩的施工方法下沉到设计标高；灌注桩指的是在施工现场首先使用各种机械或其他人工工具成孔，在孔内下放钢筋骨架，灌注混凝土，形成的桩。下面是关于预制桩(沉桩方法)以及典型的人工挖孔桩和钻孔灌注桩较为详细的施工技术应用。

由于我国地域广阔，地质条件复杂，各种施工方法都有其适用范围。在灌注桩施工中常用的施工方法有旋挖灌注桩法、长螺旋灌注桩法、旋转钻成孔灌注桩、冲击钻成孔灌注桩及全套管钻成孔等；在预制桩施工中常用的施工方法有静力压桩法、振动沉桩法、锤击沉桩法等。基桩的施工方法不同，不仅在于采用的机具设备和工艺过程的不同，而且将影响桩与桩周土接触边界处的状态，也影响桩土间的共同作用性能。

(一)预制桩(沉桩)

预制桩根据采用的材料不同，分为木桩、钢筋混凝土桩、钢桩与钢板桩、组合材料桩等。钢筋混凝土桩，一般是提前在预制场或施工现场预制好后，再通过机械吊装运输到施工地点，通过机械下沉到地基土中的桩。预制桩的截面形式有多种，包括实心圆桩、实心方桩、空心方桩、空心管桩、三角形桩等，如图 4-12 所示。

(a) 钢筋混凝土管桩

(b) 钢筋混凝土空心方桩

(c) 钢筋混凝土竹节桩

图 4-12　预制桩示意图

实心方桩截面尺寸一般为 200~600 mm。现场预制桩长度略长，一般为 25~30 m，工厂预制桩略短，需要考虑吊装和运输的限制，桩长一般不超过 15 m。实际工程中预制桩的长度通常从几米到几十米。当桩长较长时，考虑到施工的方便，需要分节制作拼接成整根桩。长桩可在桩端设置钢板或者用硫磺胶泥锚固连接，桩体质量高，可大量工厂化生产，耐腐蚀性好，制作方便简单。

空心管桩采用离心选装法在工厂预制而成，强度高，质量轻，方便吊装和运输。空心管桩直径一般为 300 mm 和 600 mm，管壁厚 70~130 mm，每节长度 6~15 m，考虑施工方便，最底节桩可以设置桩尖，也可以设置开口。空心管桩也称为预应力混凝土管桩，因为在预制过程中，桩的主筋部分或者全部由预应力张拉钢筋组成，可以在一定程度上减少桩体的重量，减少钢筋用量和桩身裂缝，提高桩身的强度，增加耐冲击性，当桩长较长时采用法兰盘和螺栓连接或者环形焊接。

桩身混凝土材料强度等级不应低于 C30。桩的纵筋需要通过计算来确定，配筋率比灌注桩高，纵向钢筋直径介于 12 mm 与 25 mm 之间。箍筋直径通常为 6 mm 或 8 mm，且箍筋间距不大于 200 mm，对桩上下两端箍筋进行加密，在桩顶部加设钢筋网片，以保证打击时桩顶部的强度，同时桩底部需要将所有的纵筋都焊接在一起，以利于破土。预制桩的施工较为方便，桩的质量好，但是该种桩的成本较高，且在施工时会产生较大的噪声，影响周围居民的正常生活。

预制桩根据下沉方式不同，主要可以分为锤击沉桩、振动下沉桩、静力压桩等，具体介绍如下。

1. 锤击沉桩(打入桩)

锤击沉桩是指通过桩锤锤击产生的瞬时冲击力来有效克服桩身和周围土的摩阻力，使预制桩沉入地基并达到桩身设计的深度，如图4-13所示，打桩时用到的桩锤有坠锤、液压锤、单双动汽锤、柴油机锤等，具体可以根据土质情况选用。在锤击过程中要特别注意对桩的灌入深度进行控制，注意锤击后的打桩深度，贯入土层的速率，打桩支撑架的垂直度，注意防止其移位和倾斜，仔细观察锤桩贯入回弹的情况及贯入深度的变化。

图4-13　锤击桩施工现场

该种方法虽然具有机械化水平程度高，施工速度快等优点，但是普遍存在着噪声污染、振动和挤土等缺点，因此不适用于城市市中心及夜间建筑物的施工，而且也不适用于在硬土和软土中施工。这种施工方法适用于桩径较小(一般直径在0.60 m以下)，地基土质为砂性土、塑性土、粉土、细砂以及松散的不含大卵石或漂石的碎卵石类土。

2. 振动下沉桩

振动下沉桩是将大功率的振动打桩机安装在桩顶(预制的钢筋混凝土桩或钢管桩)进行作业，利用振动力以减少土对桩的阻力，利用桩的自重和激振力把整个桩体沉入地基土中，如图4-14所示。桩锤按照振动频率一般划分为低频、中高频、超高频，在施工作业中要注意以最小的功率、最快的速度打桩，这样可以使振动对周围环境的影响减到最小。

该方法设备构造简单，重量轻体积小，消耗动力少，主要适用于松散砂土、粉质黏土、可塑状黏土，这种技术虽然有着良好的特性，但同样存在噪声污染，施工时会给周边居民的生活带来影响，应用于较大桩径，土地抗剪强度受震动时有较大降低的砂土等地基时效果更为明显。《公路桥涵地基与基础设计规范》(JTG 3363—2019)将锤击桩和振动下沉桩均称为沉桩。

3. 静力压桩

静力压桩是指用钢丝绳、滑轮、压梁，利用压桩架的自重以及配重，把桩基的重力转压到桩顶上克服桩体与土之间的摩阻力，从而逐节地将桩均匀地压进软土中，如图4-15所示。与其他沉桩方法相比，静力压桩避免了锤击的压力，桩的配筋和断面尺寸需满足承载力的要求和吊装弯矩。要求采用静力压桩法施工时，预制桩的最小配筋率不宜小于0.80%。

静力压桩施工方法避免了锤击振动影响，是在软土地区，特别是在不允许有强烈振动的条件下桩基础的一种有效施工方法。它对周围环境影响很小，压桩引起的挤土少，产生的噪声小，无任何振动，特别适合在一些城市中的软土地区进行施工，适用于建筑物密集地带的桩基础工程及一些精密厂房的改造工程。

静力压桩施工

图 4-14　振动下沉桩施工现场

图 4-15　静力压桩施工现场

施工过程中应该特别注意的一点：由于存在挤压土效应，静力压桩不适用于中密砂夹层超过 2 m 的情况。压桩时要尽量避免桩体的突然沉降或者倾斜和移位，当压桩的阻力发生变化或者桩顶混凝土损坏时，要暂缓作业，及时进行研究和处理，定时监视桩顶的水平偏位数量和上浮数，若偏差很大，要进行多次复压。在压桩时要尽量避免中途停止，持续作业保证工程质量。

4. 射水沉桩

射水沉桩的方法特别适用于碎石土和密实的砂土，射水法一般和锤击或振动法配合进行。根据现场不同的土质条件，在砂夹卵石层或者坚硬的土层中，一般以射水为主，以锤击或者振动为辅；反之，在黏土或亚黏土中，以控制水量和射水时间的射水为辅，以控制锤击和振动组合为主。为了防止输水管被拉断或者脱落，在射水过程中施工人员要及时引送输水管道，同时要特别注意控制好整个桩身，不能下降过快以免堵塞喷嘴，在沉桩最后阶段及时拔出射水管，进而配合锤击振动方法将桩下沉至设计标高。

5. 预制桩的特点

(1)不易穿透较厚的砂土等硬夹层(除非采用预钻孔、射水等辅助沉桩措施)，只能进入砂、砾、硬黏土，强风化岩层等持力层强度不大的土层。

(2)沉桩方法一般采用锤击，由此产生的振动、噪声污染必须加以考虑。

(3)沉桩过程中会产生挤土效应，特别是在饱和软黏土地区，沉桩可能导致周围建筑物、道路、管线等的损失。

(4)一般来说预制桩的施工质量较稳定。

(5)预制桩打入松散的粉土、砂砾层中，由于桩周和桩端土受到挤密，桩侧表面法向应力提高，桩侧摩阻力和桩端阻力也相应提高。

(6)由于桩的贯入能力受多种因素制约，因而常常导致因桩达不到设计标高而截桩，造成浪费。

(7)预制桩由于承受运输、起吊、打击应力，需要配置较多钢筋，混凝土标号也要相应提高，因此其造价往往高于灌注桩。

(二)灌注桩

钻孔灌注桩最早出现于19世纪末，由于工业化进程的加速以及人口的不断增加，高层建筑的建设量越来越大，但是不少城镇的地基条件都不好，无法承受由高层建筑上部结构传来的压力，地表以下存有厚度较大的软土层或中等强度的黏土层。在这样的情况下，工程师们采用人工挖孔，在孔中打入钢筋，浇筑混凝土成桩，以解决桩身沉降问题。灌注桩的常用直径为800 mm、1000 mm、1200 mm、1500 mm、1800 mm等，桩长最大深度可达120 m。

1. 钻孔灌注桩

钻孔灌注桩的基本原理。钻孔灌注桩系指用钻(旋转、施挖、冲、抓)孔机具在土中钻进，边破碎土体边出土渣而成孔，然后在孔内放入钢筋骨架，灌注混凝土而形成的桩。为了顺利成孔、成桩，施工中需制备有一定要求的泥浆护壁、大直径桩(1.5~3.5 m)一般采用钢套筒护壁，灌注水下混凝土等相应的施工工艺和方法，如图4-16所示。

钻孔灌注桩的特点。钻孔灌注桩具有直径大、承载力高、抗震性能好、施工设备简单、操作方便、便于施工等优势，在实际工程中应用广泛。

钻孔灌注桩的适用条件。其适用于各种砂性土、黏性土，也适用于碎、卵石类土层和岩层，但对淤泥及可能出现流砂或承压水的地基，施工较困难，施工前应做试桩以取得经验数据。现今，国内的钢筋混凝土钻孔灌注桩直径最大为3 m多。我国已施工的钻孔灌注桩的最大入土深度百余米。

(a) 旋转钻进成孔　　(b) 冲击钻进成孔

图4-16　钻孔灌注桩

2. 人工挖孔灌注桩

人工挖孔灌注桩的基本原理。依靠人工(用部分机械配合)在地基中挖出桩孔，吊放钢筋骨架后，灌注混凝土而成的桩称为人工挖孔灌注桩，如图4-17所示。人工挖孔桩工艺简单、适用范围广、不受地形限制、作业占地面积小、设备简单，可大面积展开，因此在土质情况较好的广大北方及西部地区广泛应用；同时由于其机动灵活性强，在偏远地区及场地受限的路基及桥墩的施工中也得到了普遍应用。但不可否认的是，人工挖孔灌注桩因其施工工艺落后，受地质条件限制，人工在恶劣的井下作业环境中，危险程度高，劳动强度大，易造成安全伤害，在某些地区或复杂地质情况下已列入禁止施工，人工挖孔桩施工存在的安全问题如表 4-3 所示。

(a) 施工现场

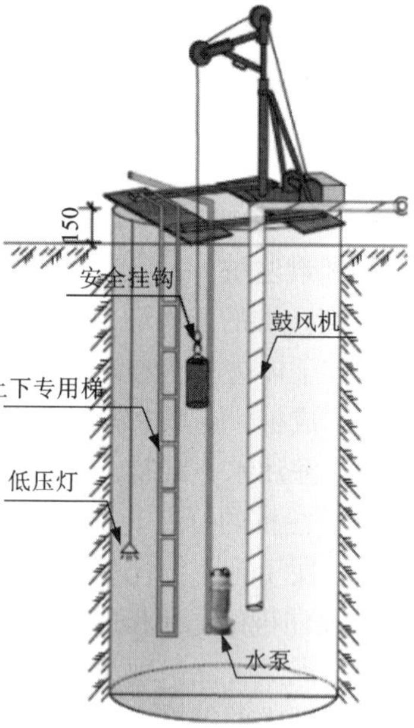

(b) 装备示意图

图 4-17　人工挖孔灌注桩

表 4-3　人工挖孔灌注桩施工存在的安全问题

序号	问题	具体内容
1	窒息中毒	桩孔内操作人员因桩底有害气体中毒
2	高处坠落	上下孔桩的作业人员因未采用软扶梯或其他安全措施而坠落
3	物体打击	孔口石块或杂物、提升物料溢出物、因绑扎不牢而滑脱的土石等掉入孔内
4	触电	孔内照明未使用安全电压，潜水泵未采用符合安全规定的漏电保护器
5	机械伤害	提升机构或电动绞架发生配重掉落、钢丝绳滑脱等
6	坍塌	深孔涌水、流砂淹没操作人员或未按设计要求做护壁

人工挖孔灌注桩的特点。①施工工艺和设备比较简单，只有护筒、套筒或简单模板，简单起吊设备如绞车，必要时设潜水泵等备用，自上而下，人工或机械开挖。②质量好，不卡钻，不断桩，不塌孔，绝大多数情况下无须浇筑水下混凝土，桩底无沉淀浮泥；能直接检验孔壁和孔底土质，能保证桩的质量；易扩大桩尖，提高桩的承载力。③速度快，由于护筒内挖土方量甚小，进尺比钻孔快，而且无须重大设备如钻机等，因此容易多孔平行施工，加快施工进度。④成本低，成本比钻孔桩可降低 30%~40%。

人工挖孔灌注桩的适用条件。挖孔灌注桩适用于无地下水或少地下水且较密实的土层或风化岩层中，或无法采用机械成孔或机械成孔非常困难且水文、地质条件允许的地区。桩的直径(或边长)不宜小于 1.2 m，孔深一般在 6~20 m。对于可能发生流砂或含较厚的软黏土层地基，施工较困难(需要加强孔壁支撑)；在地形狭窄、山坡陡峻处可以代替钻孔桩或较深的刚性扩大基础。

2018 年 5 月 17 日，《住房城乡建设部办公厅关于实施〈危险性较大的分部分项工程安全管理规定〉有关问题的通知》(建办质〔2018〕31 号)中明确规定人工挖孔灌柱桩施工属于危大工程范围，超过 16 m 的人工挖孔灌注桩必须经过专家论证才可实施。

3. 全套管灌注桩

全套管灌注桩的基本原理。利用套管钻机(全回转钻机或搓管机)的摇动对孔内套管施加扭矩，使钢套管与土层间的摩阻力大大减小，同时压入套管，使套管在地层中钻进，然后利用重锤式冲抓斗在钢套管中挖掘取土或砂石，直到钢套管下沉到桩端持力层，然后下放钢筋骨架，灌注混凝土，如图 4-18 所示。

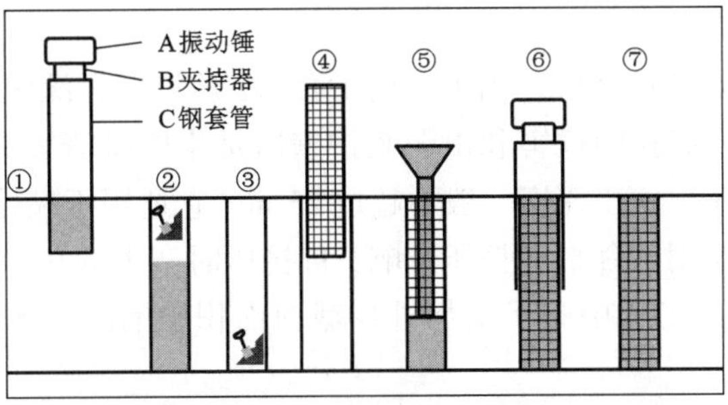

①高频振动沉入钢套管；②挖土作业；③挖土至设计标高；
④吊放钢筋骨架；⑤灌筑混凝土；⑥高频振动拔出钢套管；⑦基桩成型。

图 4-18　全套管灌注桩

全套管灌注桩的特点。全套管灌注桩(贝诺特桩)噪声低，振动小，对周边地基无扰动，不需要泥浆护壁，成孔效率高，可用于除岩石层外的任何地层等，因此目前已成为国际上最流行的钻孔灌注桩，也是目前世界上最为先进的钻孔灌注桩。实际应用证明，全套管工法的施工速度是同等条件下其他施工方法的 8~10 倍，成桩质量也远远高于现行施工验收规范标准。由于我国对施工质量和环保的要求越来越高，全套管钻进工艺在我国逐渐推广，且全套管钻进工艺的钻机和套管的理论研究也会越来越多，也是我国大直径钻孔桩施工技术的发展方向。

全套管灌注桩的适用条件。该方法适用的土层比较多，可以应用于除岩层之外的所有地层，尤其是用普通钻进方法较难钻进的黏土层、卵砾石层、含漂石的地层等。

4. 沉管灌注桩

沉管灌注桩的基本原理。沉管灌注桩是指采用锤击或振动的方法把带有钢筋混凝土桩尖或带有活瓣式桩尖(沉桩时桩尖闭合，拔管时活瓣张开)的钢套管沉入土层中成孔，然后在套管内放置钢筋笼，并边灌混凝土边拔套管而形成的灌注桩，它采用锤击、静压、振动、振动冲击或内夯成孔的方法，可将钢套管打入土中挤土成孔后向套管中灌注混凝土并拔出套管成桩，如图 4-19 所示。

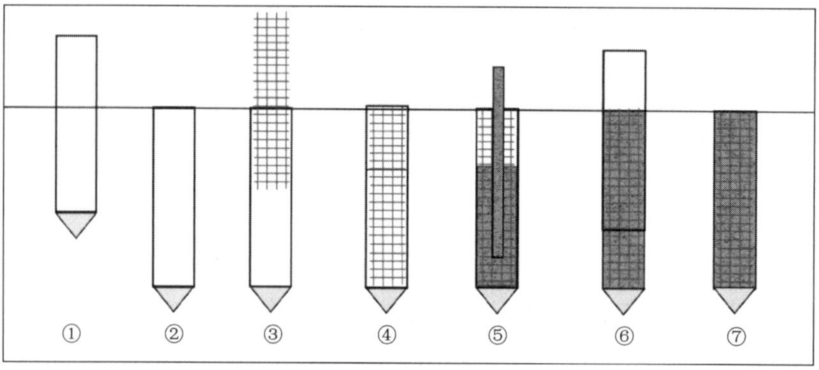

沉管灌注桩施工动画

①打入钢套管；②钢套管沉至设计标高；③吊装钢筋骨架；④钢筋骨架到位；⑤灌注混凝土；⑥拔出钢套管；⑦基桩成型。

图 4-19　沉管灌注桩

沉管灌注桩的特点及适用条件。因为采用了套管，所以沉管灌注桩可以避免钻孔灌注桩施工中可能产生的流砂、坍孔的危害和由泥浆护壁所带来的排渣等弊病。但桩的直径较小，常用的尺寸在 0.3~0.6 m，入土深度一般不超过 25 m。它适用于黏性土、砂土地基。在软黏土中，由于沉管的挤压作用对邻桩有挤压影响，且挤压时产生的孔隙水压力易使拔管时出现混凝土桩缩颈现象，因此工程中为了增加桩身截面面积和消除缩颈现象，可对沉管桩进行“复打”。

5. 扩底灌注桩

扩底灌注桩是用普通成孔机械成孔后，为了提高灌注桩的承载能力，再使用扩孔钻头在孔底部分进行扩孔，使孔底形成喇叭形状，增加桩底部的承载面积，如图 4-20 所示。扩底灌注桩包括机械扩底和炸药扩底，爆扩桩指就地成孔后，用炸药爆炸扩大孔底，然后灌注混凝土而成的桩，扩大了桩底的接触面积从而提高了桩的承载能力，适用于较浅持力层，桩身在黏土中成型、桩底支撑在坚硬密实土层上的情况。

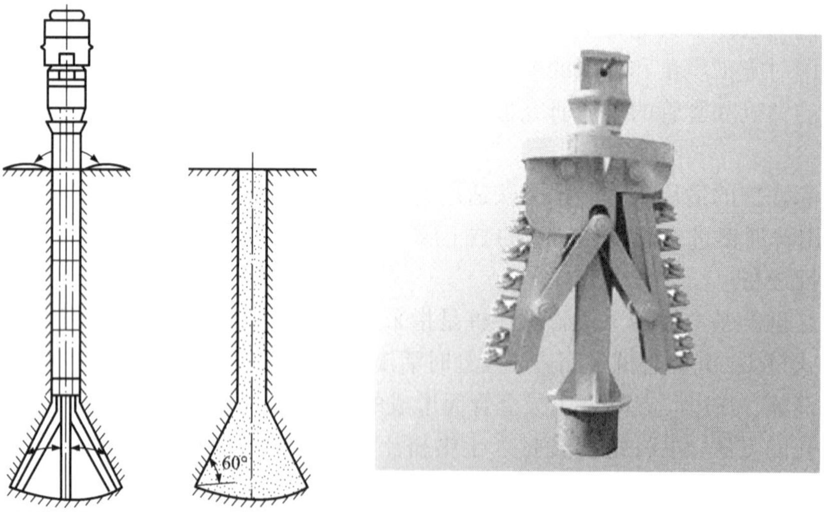

(a) 扩底施工　(b) 扩底桩剖面　(c) 扩底钻头

图 4-20　扩底灌注桩

(三)管柱基础

管柱基础的基本原理。管柱基础是将预制的大直径(1~5 m)钢筋混凝土或预应力钢筋混凝土或钢管柱(实质上是一种巨型的管桩，每节长度根据施工条件决定，一般采用4 m、8 m或10 m，接头用法兰盘和螺栓连接)，用大型的振动沉桩锤沿导向结构将其振动下沉到基岩(一般以高压射水和吸泥机配合帮助下沉)，然后在管柱内钻岩成孔，下放钢筋笼骨架，灌注混凝土，将管柱与岩盘牢固连接的一种大型基础，如图4-21所示。

管柱基础的特点及适用条件。管柱基础适用于深水及各种覆盖层条件，无水下作业和不受季节限制，一般在大跨径桥梁的深水基础中被采用，施工需要有振动沉桩锤、凿岩机、起重设备等大型机具。管柱柱底嵌岩，柱顶嵌入承台，以此减小柱的自由长度和提高基础刚度；通过嵌岩柱塞，扩大基岩受载范围，提高基岩承载力；基础所受的水平力及力矩主要由上下端嵌固力矩和岩石孔壁承受，而非由土抗力等来平衡。管柱基础与嵌岩钻孔桩的区别在于：管柱受力主要靠管壁，管柱受力不足时由管内填充物补足；钻孔桩主要靠桩身受力，施工方法不同。

图4-21　武汉长江大桥管柱基础

三、按承台位置分类

桩基础按承台位置可分为高桩承台基础和低桩承台基础(分别简称高桩承台、低桩承台)，如图4-22所示。

高桩承台的承台底面位于地面(或冲刷线)以上，低桩承台的承台底面位于地面(或冲刷线)以下。高桩承台的结构特点是基桩部分桩身沉入土中，部分桩身外露在地面以上(称为桩的自由长度)，而低桩承台则基桩全部沉入土中(桩的自由长度为零)。

高桩承台由于承台位置较高或设在施工水位线以上，可减少墩台的圬工数量，避免或减少水下作业，施工较为方便。然而，在水平力的作用下，由于承台及基桩露出地面的一段自由长度周围无土来共同承受水平外力，基桩的受力情况较为不利，桩身内力和位移都比同样水平外力作用下的低桩承台要大，其稳定性也比低桩承台差。低桩承台施工比高桩承台施工工艺复杂些，但是稳定性好。如表4-4所示，从承台位置、施工因素、受力分析、稳定性分析等几方面对高桩承台和低桩承台进行对比。

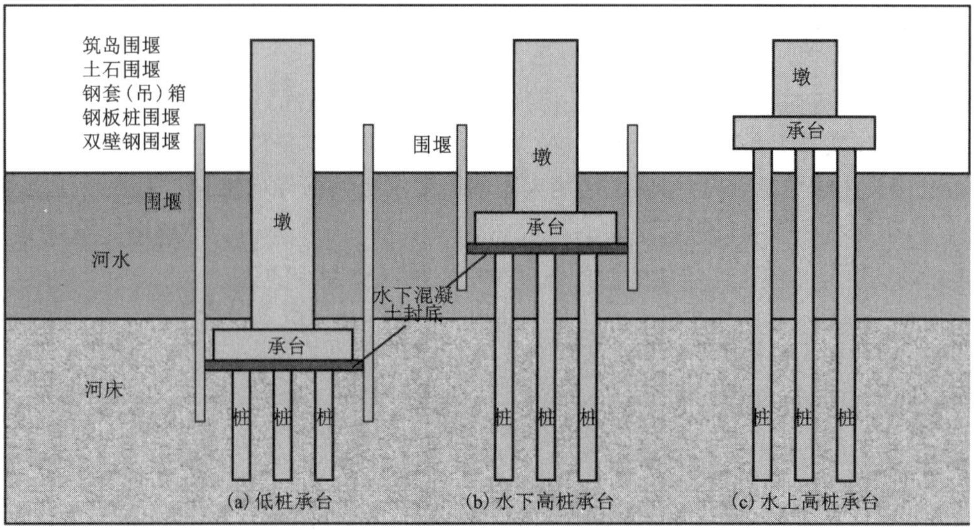

图 4-22　高桩承台基础和低桩承台基础

表 4-4　高桩承台和低桩承台对比

类型	承台位置	施工因素	受力分析	稳定性分析
高桩承台	承台位置较高，地面线以上，或在施工水位线以上	可减少墩台圬工数量，避免或减少水下作业	水平力的作用下，承台及基桩露出地面一段自由长度，周围无土来共同承受水平力，基桩的受力情况较为不利	桩身内力和位移大，稳定性差
低桩承台	承台位置较低，埋入土层中，或施工水位线以下	水下作业较多，施工较为复杂	水平力的作用下，承台及基桩共同承受水平外力作用，基桩的受力情况较好	桩身内力和位移小，稳定性好

无论哪种类型桩基础，在实际应用中均有一定的优缺点。至于具体如何选择，需要从工程性质、地质情况、使用要求、工期整体控制等各方面综合考虑是否采用桩基础，并对预制桩和灌注桩的使用进行经济、技术、造价和地质条件等多方面综合考虑。

四、按桩是否受到挤土效应分类

为了适应复杂地形及不同构筑物(建筑物)在各方面的要求，在桩的施工中，不同的施工方法和成桩工艺会对地基造成一定的影响，按照桩对地基土影响效应的不同，桩可分为挤土桩、部分挤土桩、非挤土桩三类。

(1)挤土桩：是指在成桩过程中，造成大量挤土，使桩周围土体受到严重扰动，土地工程性质有很大改变的桩。挤土过程引起的挤土效应主要是地面隆起和土体侧移，导致对周边环境影响较大。这类桩主要包括：沉桩(锤击、静压、振动下沉的预制桩)、闭口预应力混凝土管桩、闭口钢管桩等。

(2)部分挤土桩：在成桩过程中，只引起部分挤土效应，桩周围土体受到一定程度的扰动。这类桩主要包括：冲孔灌注桩、挤扩孔灌注桩、预钻孔沉桩、H 形钢桩、开口管桩、长螺旋钻孔桩。

(3)非挤土桩：在成桩过程中，桩周土体基本不受挤压，没有挤土效应。这类桩主要包括：干法作业的钻(挖)孔灌注桩、泥浆护壁法钻孔灌注桩、套管护壁法钻孔灌注桩。

学习任务2　识别桩和桩基础的构造

学习情境

桩基础在各行业应用广泛，不同类型、不同材料的桩基础具有不同的构造特点，为了保证桩的质量和桩基础正常工作能力，在设计桩基础时必须满足相应的构造要求。为了适应复杂地形及不同构筑物(建筑物)在各方面的要求，工程实践中，各种新的桩型、构造和施工工艺正在得到更加频繁的应用。在不同的领域和环境中，桩基础的类型不尽相同。如图4-23所示，分别是道路桥梁工程、高铁桥梁、城市轨道、港口航道领域下部结构情况，随着桩身材料多样化、施工器械多样化、成桩工艺多样化的发展，桩和桩基础的类型和构造将有更多的可能。

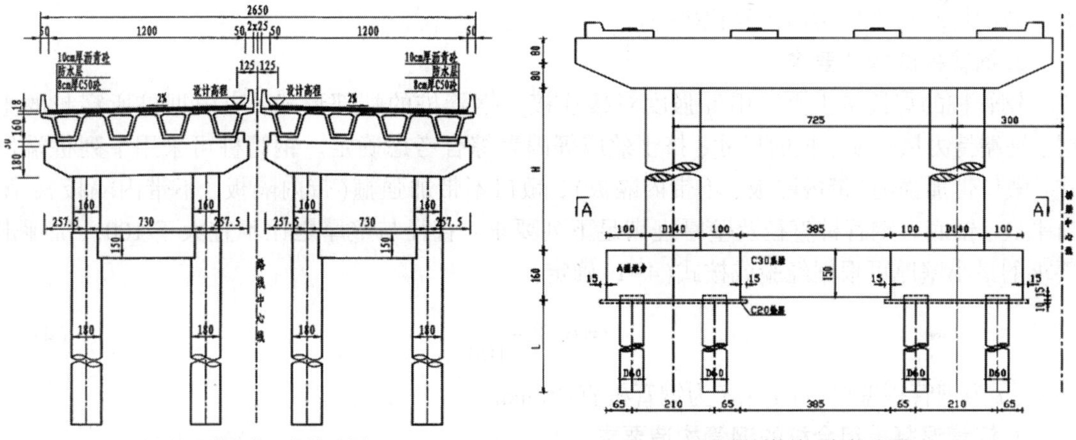

(a) 钻孔灌注桩一般构造图　　(b) 预制管桩一般构造图

图4-23　桩和桩基础的构造

知识导航

一、各种基桩的构造

1. 钢筋混凝土桩的构造要求

钢筋混凝土桩的尺寸宜满足下列构造要求：钻孔桩设计直径不宜小于0.8 m；挖孔桩直径或最小边宽度不宜小于1.2 m；钢筋混凝土管桩直径可采用0.3~1.4 m，管壁最小厚度不宜小于70 mm。(《先张法预应力混凝土管桩》GB/T 13476—2023)

岩山大桥设计资料介绍

钢筋混凝土桩应满足下列构造要求：桩身混凝土强度等级不应低于 C25，当采用强度标准值 400 MPa 及以上钢筋时不应低于 C30；管桩填芯混凝土强度等级不应低于 C20。钢筋混凝土沉桩的桩身配筋应按运输、沉入和使用各阶段内力要求通长配筋。桩的两端和接桩区箍筋或螺旋筋的间距应加密，其值可取 40~50 mm。钻（挖）孔桩可按桩身内力大小分段配筋。当内力计算表明不需配筋时，应在桩顶 3~5 m 内设构造钢筋。配筋应符合下列规定：①桩内主筋直径不应小于 16 mm，每桩的主筋数量不应少于 8 根，其净距不应小于 80 mm 且不应大于 350 mm。②配筋较多时，可采用束筋，束筋的单根钢筋直径不应大于 36 mm，束筋的单根钢筋根数，当其直径不大于 28 mm 时不应多于 3 根，当其直径大于 28 mm 时应为 2 根。③钢筋的保护层厚度应满足现行《公路钢筋混凝土及预应力混凝土桥涵设计规范》(JTG 3362—2018)的规定。④闭合式箍筋或螺旋筋直径不应小于主筋直径的 1/4，且不应小于 8 mm，其中距不应大于主筋直径的 15 倍，且不应大于 300 mm。⑤钢筋笼骨架上每隔 2~2.5 m 应设置直径 16~32 mm 的加劲箍一道。⑥钢筋笼四周应设置凸出的定位混凝土块或采取其他可行的定位措施。⑦钢筋笼底部的主筋宜稍向内弯曲。钢筋混凝土预制桩的分节长度应根据施工条件确定，并应尽量减少接头数量。接头强度不应低于桩身强度，接头法兰盘不应凸出于桩身之外，在沉桩时和使用过程中接头不应松动和开裂。桩端嵌入非饱和状态强风化岩的预应力混凝土敞口管桩，应采取有效的桩端持力层防渗水软化措施。

2. 钢管桩的构造要求

钢管桩的焊接接头应采用等强度对接连接。钢管桩的端部形式，应根据桩所穿越的土层、桩端持力层性质、桩的尺寸、挤土效应等因素综合考虑确定。钢管桩可采用下列桩端形式：敞口带加强箍（带内隔板、不带内隔板），敞口不带加强箍（带内隔板、不带内隔板）；闭口平底、锥底。钢管桩直径及壁厚宜满足下列要求：直径与壁厚之比不宜大于 100。抗锤击要求的最小壁厚可根据经验或按式(4-1)确定：

$$t=6.35+\frac{d}{100} \tag{4-1}$$

式中：t 为钢管桩壁厚(mm)；d 为钢管桩直径(mm)。

3. 钢管混凝土组合桩的钢管构造要求

钢管混凝土组合桩的钢管构造要求应符合上述钢管桩的规定，其直径 d 与壁厚 t 之比 d/t 可按式(4-2)计算：

$$\frac{d}{t}=(20\sim135)\frac{235}{f_{\mathrm{d}}} \tag{4-2}$$

式中：f_{d} 为钢材的强度设计值(MPa)。

4. 钢管桩或钢管混凝土组合桩防腐处理措施

防腐处理措施：外壁加覆防腐涂层或其他覆盖层。增加管壁预留腐蚀余量厚度。水下采取阴极保护。选用耐腐蚀钢种。当钢管内壁同外界隔绝时，可不考虑内壁防腐。常用的嵌固形式有直接嵌入和钢筋笼接长嵌入，如图 4-24 所示。一般直接嵌入多用于小直径的桩和预应力管桩，而钢筋笼接长嵌入多用于大直径的桩和钻孔灌注桩。

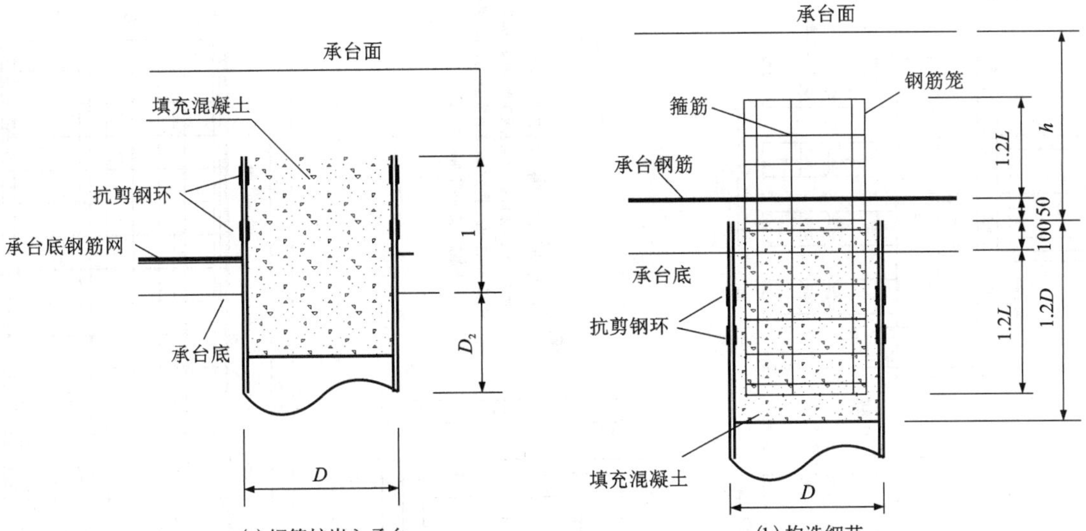

(a) 钢管桩嵌入承台　　(b) 构造细节

图 4-24　钢管桩嵌入承台方式及构造细节图

二、承台和横系梁构造

1. 承台和横系梁构造规定

承台是桩基础组成部分，对于多排桩基础而言，桩基础由承台和基桩群组成一个整体，协同受力。桩的尺寸需要考虑受力要求、地质条件等。承台的平面尺寸和外观形状需要考虑上部结构(墩、台身)底截面尺寸、轮廓形状、基桩的平面布置，常采用圆端形和矩形。

(1) 承台的厚度不宜小于桩直径的 1.5 倍，且不宜小于 1.5 m。混凝土强度等级不应低于 C25；当采用强度标准值为 400 MPa 及以上钢筋时，不应低于 C30。

(2) 当桩顶直接埋入承台连接时，应在每根桩的顶面铺设 1~2 层钢筋网。当桩顶主筋伸入承台时，承台底面内宜设一层钢筋网，底面内每一方向的钢筋用量宜为 1200~1500 mm^2/m，钢筋直径宜采用 12~16 mm。

(3) 当用横系梁加强桩之间的整体性时，横系梁的高度可取 0.8~1.0 倍的桩直径，宽度可取 0.6~1.0 倍的桩直径。混凝土的强度等级不应低于 C25；当采用强度标准值为 400 MPa 及以上钢筋时，不应低于 C30。纵向钢筋面积不应少于横系梁截面面积的 0.15%。箍筋直径不应小于 8 mm，且其间距不应大于 400 mm。

2. 承台和横系梁案例分析

如图 4-25 所示为主塔下承台桩基，塔座为 C55 混凝土，承台为 C35 混凝土，系梁为 C35 混凝土，桩基为 C30 混凝土。承台高度为 8 m，承台底部设置了 C20 混凝土垫层，承台顶面标高 27 m，承台截面尺寸为哑铃形，单个塔座下承台尺寸为 30 m×23.5 m，桩直径为 3 m，桩间距为 6 m，塔座下共有 44 根桩，每个主塔下 20 根桩，中间系梁下 4 根桩。桩基全部嵌入承台内。桩顶主筋伸入承台连接，承台在桩身混凝土顶端平面内需设钢筋网，此钢筋网需要

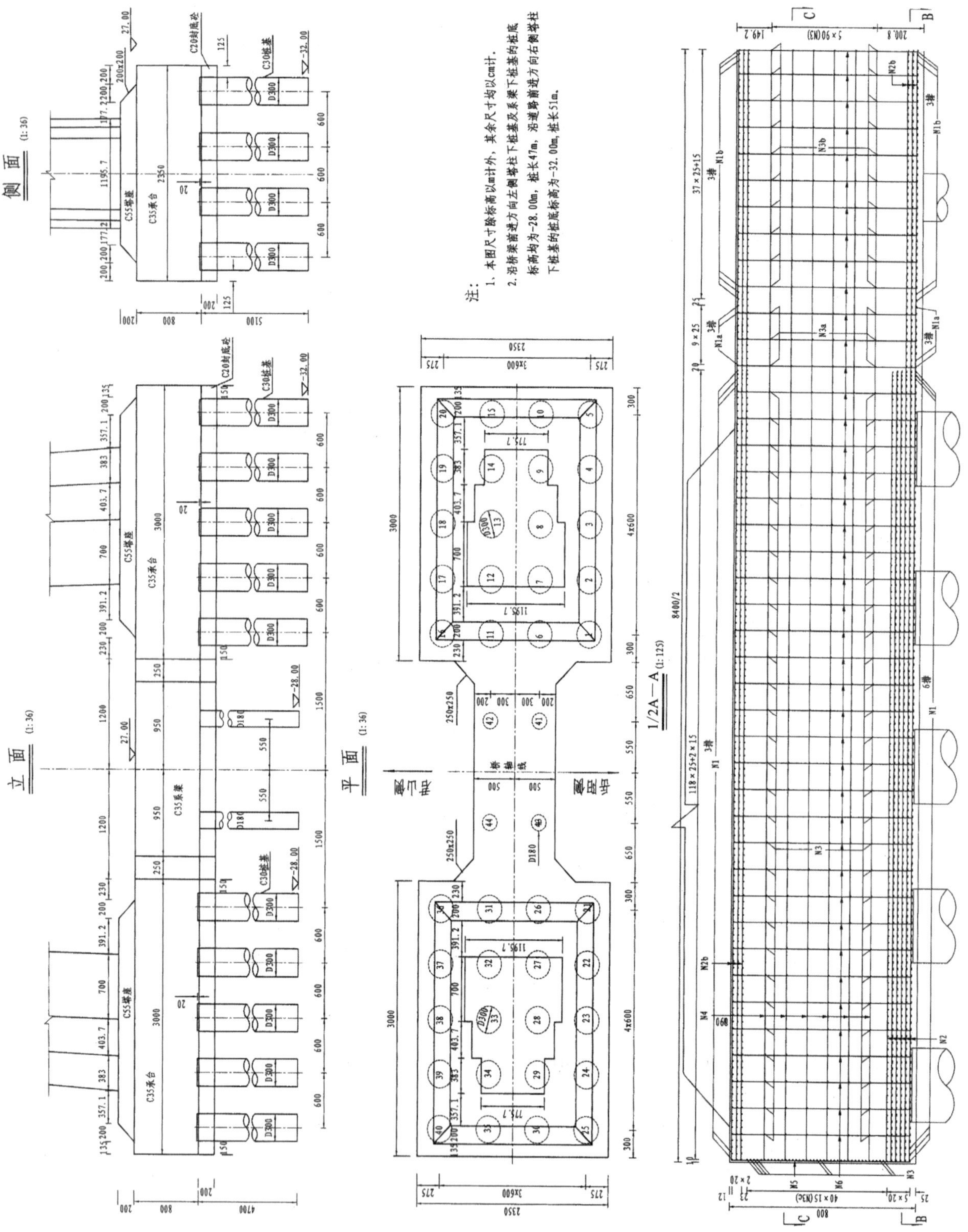

图 4-25 承台和系梁的连接(立面图、平面图、截面图)

全长通过桩顶，与桩的主筋一起绑扎，减少承台底部受拉区开裂。承台底部设置了 6 层钢筋网格，间距 20 cm，中间系梁设置了 3 层钢筋网格，间距 20 cm，承台顶端和系梁顶端设置了 3 层钢筋网格，间距 20 cm，承台和系梁中间设置了 6 层钢筋，间距 90 cm。钢筋的设置要求如下：在每米内设置钢筋网 1200~1500 mm^2，钢筋直径采用 12~16 mm。钢筋网在承台的顶面、底面和侧面均需设置，每个面在两个方向的截面积均不宜小于 400 mm^2/m，钢筋的间距不应大于 400 mm。

三、桩与承台、横系梁的连接

1. 桩与承台、横系梁的连接规定

为了更有效地使桩和承台形成整体，桩顶直接埋入承台中进行连接，埋入的长度和桩身直径有关。

(1) 对钢筋混凝土桩直接埋入承台的连接，当桩径(或边长)小于 0.6 m 时，埋入长度不应小于 2 倍桩径(或边长)；当桩径(或边长)为 0.6~1.2 m 时，埋入长度不应小于 1.2 m；当桩径(或边长)大于 1.2 m 时，埋入长度不应小于桩径(或边长)。

(2) 对钢筋混凝土桩主筋伸入承台的连接，桩身嵌入承台内的深度可采用 100 mm；伸入承台内的桩顶主筋可做成喇叭形(相对竖直线倾斜约 15°)；伸入承台内的主筋长度，HPB300 钢筋不应小于 40 倍钢筋直径(设弯钩)，带肋钢筋不应小于 35 倍钢筋直径(不设弯钩)。

(3) 对钢筋大直径灌注桩的一柱一桩连接，可设置横系梁或将桩与柱直接连接。

(4) 对混凝土管桩与承台的连接，伸入承台内的纵向钢筋如采用插筋，插筋数量不应少于 4 根，直径不应小于 16 mm，锚入承台长度不宜小于 35 倍钢筋直径，插入管桩顶的填芯混凝土长度不宜小于 1.0 m。

(5) 钢管桩与承台之间应采用固结连接，并应满足连接部受力需要。

(6) 横系梁的主钢筋应伸入桩内，其长度不应小于 35 倍主筋直径。

2. 桩与承台、横系梁的案例分析

如图 4-26 所示为某大桥主塔下承台与桩基础的连接情况，标高以 m 为单位，其余以 cm 为单位。承台采用 C35 混凝土，桩基采用 C30 混凝土，群桩基础全部采用钻孔灌注桩基础，按端承桩设计，承台内共有 28 根桩，每根桩直径 2.8 m，桩长为 43 m，主筋嵌入承台和封底混凝土的深度为 4.2 m(封底混凝土标号和封底厚度由施工单位根据专项施工方案确定)，承台尺寸为长 6.25 m、宽 2.26 m、高 7 m，呈哑铃形，另承台下封底混凝土厚 4 m，主筋上端横向设置了 7 根直径为 12 mm 的变截面箍筋。

承台顶面、侧面、底面均设置了防裂钢筋网，具体情况如图 4-26 所示。伸入承台内的桩顶主筋可做成喇叭形，承台顶面、四周侧面保护层内布设 10 cm×10 cm $\varphi8$ 冷轧带肋防裂钢筋网，带肋钢筋网的最小净保护层厚度为 2.5 cm；承台底面桩顶处应设一层 15 cm×15 cm $\varphi16$ 钢筋网，当桩基主筋伸入承台连接时，该钢筋不得截断。

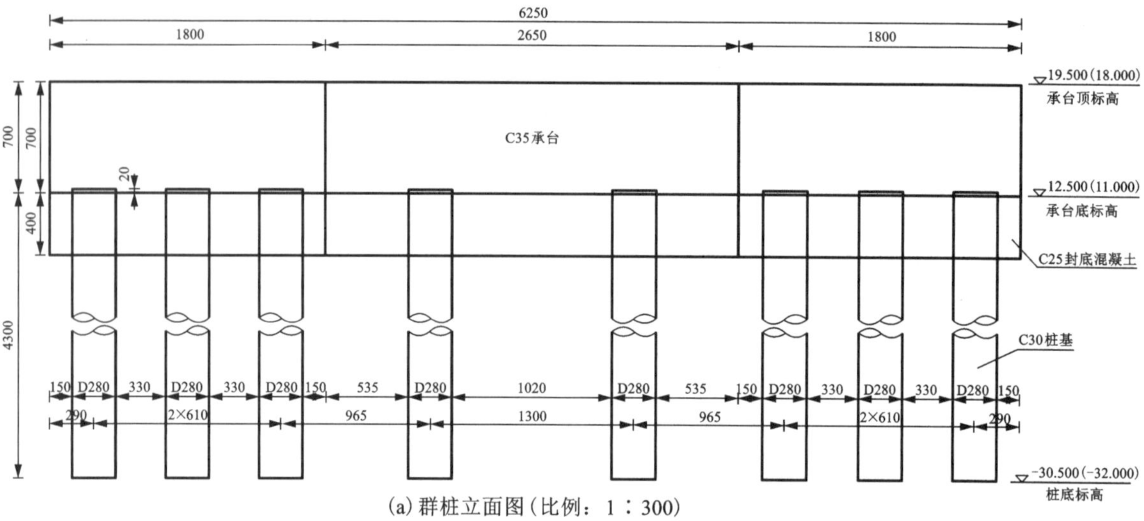

(a) 群桩立面图(比例：1∶300)

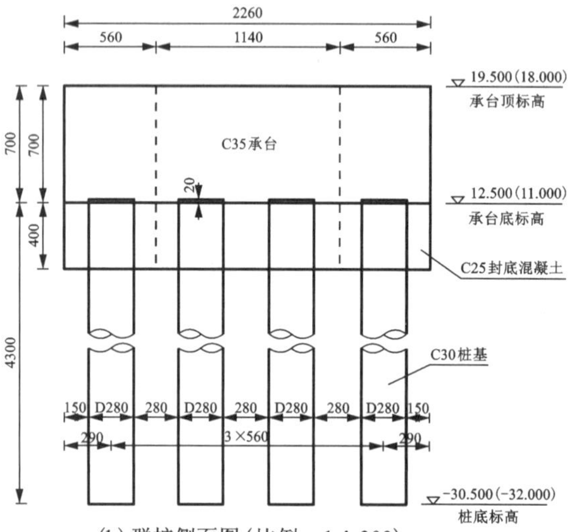

(b) 群桩侧面图(比例：1∶300)

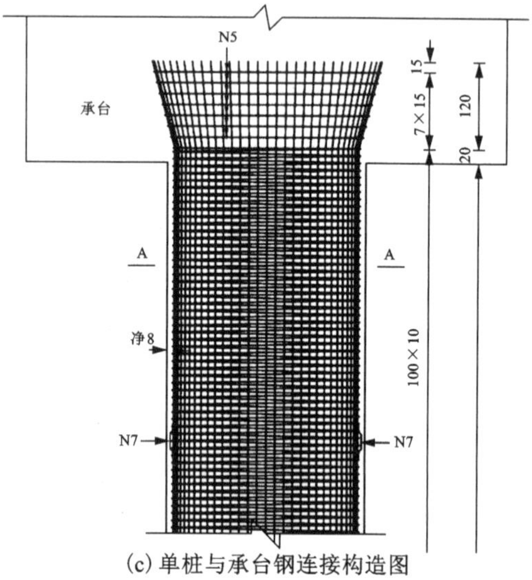

(c) 单桩与承台钢连接构造图

图 4-26　桩与承台案例分析

单元知识巩固和拓展

一、知识要点汇总

1. 桩基础是深基础的一种，其他深基础主要包括沉井基础、地下连续墙、大直径桩基础、桩箱基础等。

2. 桩按照受力条件不同分为：端承桩、摩擦桩、竖直桩、斜桩。

3. 桩按照施工方法不同分为：灌注桩、预制桩(沉桩)。

4. 桩按承台位置可分为高桩承台基础和低桩承台基础（简称高桩承台、低桩承台）。高桩承台基础：承台底面高于地面（或冲刷线），一般应用在桥梁、码头工程中。低桩承台基础，承台底面低于地面（或冲刷线），一般用于房屋建筑工程中。

5. 桩按是否受到挤土效应分为挤土桩、部分挤土桩、非挤土桩三类。

6. 钢筋混凝土桩、钢管桩、钢管混凝土组合桩等不同类型桩构造要求不一样。承台和横系梁构造规定，桩与承台、横系梁的连接各不相同。

二、习题练习

习题练习答案

（一）单选题

1.（　　）是指在极限承载力状态下，桩顶荷载全部或主要由桩侧摩阻力承受的桩，外部载荷往往是通过土层与桩身侧面的摩阻力的作用，将其传递到周围土体上的。

A. 摩擦桩　　B. 端承桩　　C. 预制桩　　D. 灌注桩

2.（　　）是指在竖向极限荷载作用下，桩顶荷载全部或主要由桩端阻力承受，桩侧阻力相对桩端阻力而言较小，或可忽略不计的桩。

A. 摩擦桩　　B. 端承桩　　C. 预制桩　　D. 灌注桩

3. 桩穿过较松软土层，桩底支撑在坚实土层（砂、砾石、卵石、坚硬老黏土等）或岩层中，且桩的长径比不太大时，适合设计成（　　）。

A. 摩擦桩　　B. 端承桩　　C. 预制桩　　D. 灌注桩

4. 当桩有好的持力层，但是埋入的深度很深，桩身不能发挥端承桩作用时，适合设计成（　　）。

A. 摩擦桩　　B. 端承桩　　C. 预制桩　　D. 灌注桩

5. 跨海大桥、海上石油钻井平台、输电塔等大型结构在使用过程中往往会受到波浪力、波流力、风载等，需设斜桩以承受上部结构传来的较大（　　），减小桩身弯矩、剪力和整个基础的侧向位移。

A. 水平推力　　B. 竖向力　　C. 剪力　　D. 摩擦力

6. 桩按施工方法和技术特点不同，具体分为（　　）两种。

A. 预制桩和灌注桩　　B. 沉桩和打入桩

C. 预制桩和钻孔灌注桩　　D. 沉桩和扩底桩

7.（　　）是指在预制场或者工程施工现场加工制成的各种不同形式的桩，根据场地不同工程地质条件，通过各种沉桩的施工方法将其下沉到设计标高的桩。

A. 预制桩　　B. 静力压桩　　C. 打入桩　　D. 振动下沉桩

8.（　　）是指通过锤击产生的冲击力来有效克服桩身和周围土的摩阻力，使用桩锤的预制桩沉入并达到桩身设计中的深度。

A. 锤击沉桩　　B. 静力压桩　　C. 振动下沉桩　　D. 射水沉桩

9.（　　）是指在施工现场首先使用各种机械或其他人工工具钻孔，在钻孔中下放钢筋骨架和灌注一定强度的混凝土形成的桩。

A. 预制桩　　B. 灌注桩　　C. 沉桩　　D. 静力压桩

10. 混凝土桩的尺寸宜满足下列构造要求：钻孔桩设计直径不宜小于（　　）。挖孔桩直径或最小边宽度不宜小于1.2 m。混凝土管桩直径可采用0.3~1.4 m，管壁最小厚度不宜小于70 mm。

A. 0.8 m　　B. 1.0 m　　C. 1.2 m　　D. 1.5 m

11. 对混凝土桩直接埋入承台的连接，当桩径(或边长)小于0.6 m时，埋入长度不应小于2倍桩径(或边长)；当桩径(或边长)为0.6~1.2 m时，埋入长度不应小于1.2 m；当桩径(或边长)大于(　　)时，埋入长度不应小于桩径(或边长)。

A. 0.8 m　　B. 1.0 m　　C. 1.2 m　　D. 1.5 m

12. 当桩径为1.8 m时，桩顶嵌入承台的连接要求满足下列哪个条件？(　　)

A. 0.6 m　　B. 1.2 m　　C. 1.5 m　　D. 不小于桩径

(二)多选题

1. 预制桩按施工方法不同可以分为以下类型？(　　)

A. 锤击沉桩　　B. 静力压桩　　C. 振动下沉桩　　D. 射水沉桩

2. 灌注桩按施工方法不同可以分为以下类型？(　　)

A. 钻孔灌注桩　　B. 旋挖灌注桩　　C. 人工挖孔灌注桩

D. 全套管灌注桩　　E. 沉管灌注桩　　F. 扩底灌注桩

3. 桩基础按承台位置可分为(　　)。

A. 高桩承台基础　　B. 低桩承台基础

C. 高基础　　D. 低基础

4. 按照桩对地基土影响效应的不同，桩可分为(　　)三类。

A. 挤土桩　　B. 部分挤土桩

C. 非挤土桩　　D. 全挤土桩

三、知识点拓展

1. 桩可以按照桩身材料分为：混凝土桩、钢筋混凝土桩、钢桩(钢板桩、型钢桩、钢管桩)、预应力混凝土桩、木桩、组合材料桩。桥梁工程中常采用钢筋混凝土桩和预应力混凝土桩。根据桩身或桩尖形状划分，钢筋混凝土桩主要有圆桩、方桩、三角形桩、空心方桩、管桩，预应力混凝土桩主要有尖底、平底，钢桩主要有钢管桩、H形钢管桩。

2. 桩可以按照其使用功能分为：竖向抗压桩(摩擦桩、端承桩)、竖向抗拔桩、水平受荷桩、复合受荷桩。

3. 桩按直径的不同可以分为：小直径桩($d \leqslant 250$ mm)、中等直径桩(250 mm $< d <$ 800 mm)、大直径桩($d \geqslant 800$ mm)。

4. 异形桩主要有两大类：一是通过改变桩身纵向截面形状而得到的变截面异形桩，改变截面形状来提高侧摩阻力和端阻力，如扩底桩、挤扩支盘桩等，如图4-27所示；二是通过改变桩截面几何形状而得到的异形截面桩，如方形桩、H形桩等。

图4-27　扩底钻头

5. 支盘桩是一种新型的桩，支盘桩与土体共同作用，形成良好的协同效应。支盘桩的原理类似于植物的根系，可牢牢地把地层“锁住”，该种桩的轴向力主要从较浅硬层获得支撑力。桩孔挤扩，孔内土被压硬挤密实，产生良好的压硬效应，如图 4-28 所示。扩挤支盘桩比普通直杆桩刚度提高 5~10 倍，比普通直杆桩承载力大幅提高 1~3 倍，节约钢筋、混凝土等原材料，缩短工期，减少工后沉降，节约工程成本，是一种可持续发展的绿色基础的施工技术，大幅提高桩的承载力，比传统的桩基技术有更高的性能，在公路桥梁、铁路轻轨、市政工程、交通枢纽、电厂等不同的工程领域都有应用。支盘桩承载力主要包括桩的侧摩阻力、支盘端阻力、桩端阻力三部分受力之和。

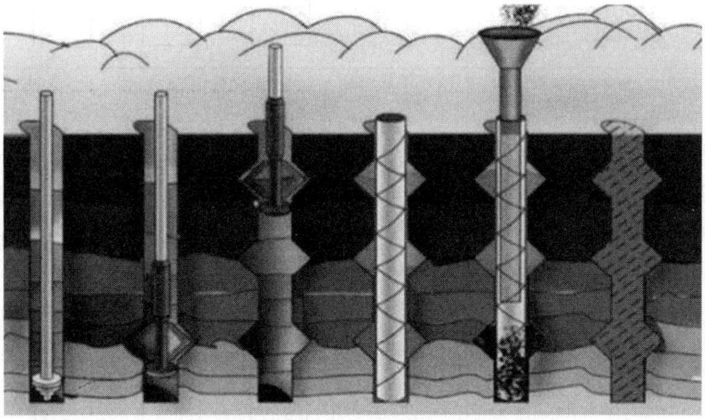

图 4-28　支盘桩施工工艺图

6. 湖南某高速，其索塔基础施工工艺主要包括临时设施施工、施工作业平台施工、桩基础施工、钢板桩围堰施工、内部支撑设施施工、抽水清理基底、封底混凝土施工、割除护筒、凿桩头、承台分区、分层施工、承台冷却控温等，如表 4-5 所示。

表 4-5　索塔基础施工工艺

工况	施工内容
工况 1 1. 插打钢护筒和临时钢管桩，安装施工作业平台。2. 安装吊机，钻孔、清孔、成孔检测、吊放钢筋笼、灌注桩身混凝土	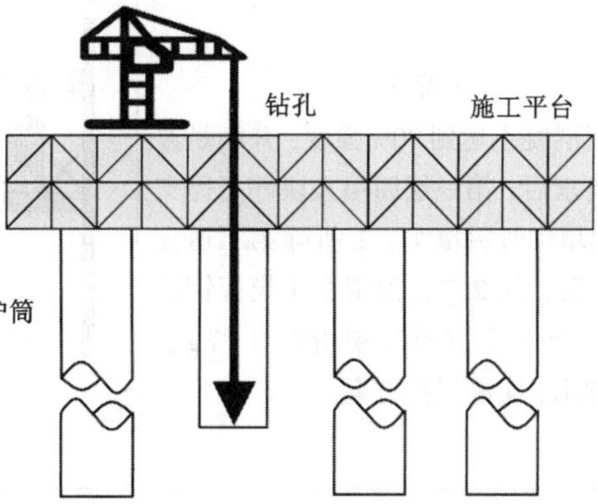

续表4-5

工况	施工内容
工况 2 1. 插打钢板桩，堵漏。2. 插打堰内降水管及支撑竖向承重钢管。3. 抽水，清除表面土层至第一层内置撑下 30 cm，安装底层内支撑系统	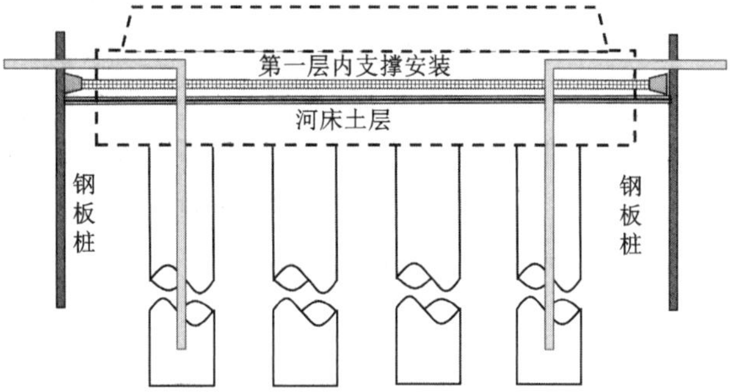
工况 3 1. 排水，清除堰内土层；安装第二层内支撑，安装剪力架。2. 坑内继续明挖至封底混凝土底标高面。3. 浇筑封底混凝土(连续、密实)，封底形成强度后，承台干环境形成。4. 监控水位，继续降排水	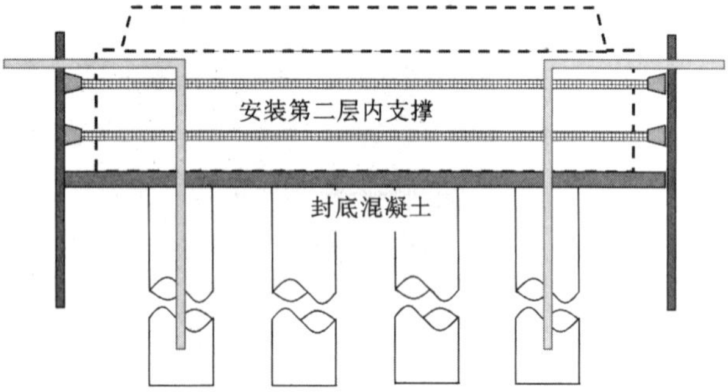
工况 4 1. 割除护筒、凿桩头，封底混凝土顶面铺设 PVC 薄膜。2. 完成第一层 2.7 m 厚承台钢筋、模板工作。3. 分区大体积混凝土控制完成第一层承台混凝土浇筑。4. 通冷却水，实施温控方案。5. 拆除降水管，回填微膨胀混凝土，密实	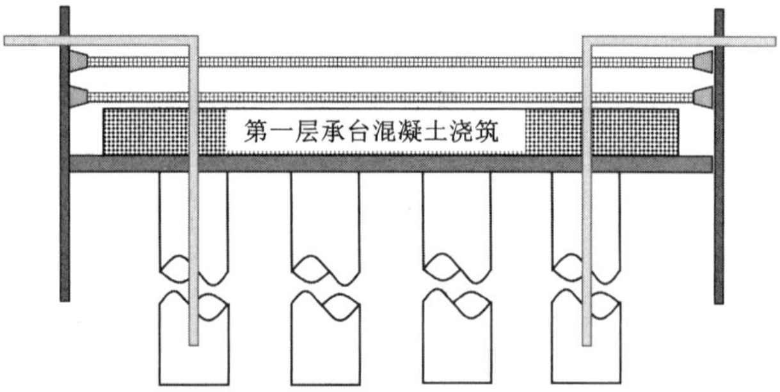
工况 5 1. 待首层混凝土达到 90%强度，并满足温控设计要求后，第一层回填大块碎石等支撑物，回填细骨料填实。2. 拆除第二道支撑，完成第二层 2.7 m 厚混凝土模板钢筋工程。3. 分区完成第二层混凝土浇筑。4. 通冷却水，实施温控方案	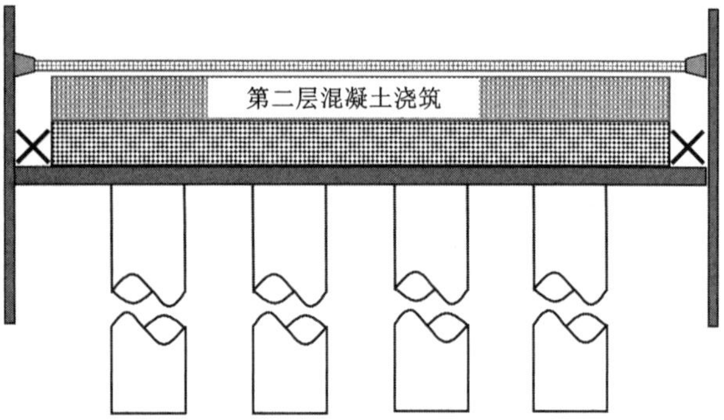

续表4-5

工况	施工内容
工况 6 1. 拆除顶层支撑，重复工况与步骤，完成顶层 2. 6 m 厚承台混凝土浇筑。2. 浇筑塔座	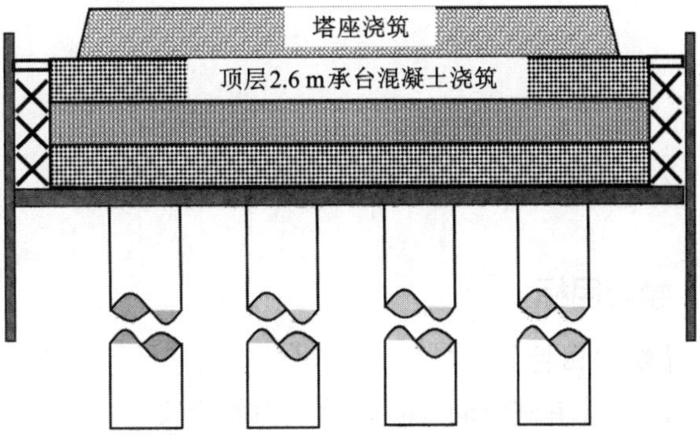

单元三　单桩的工作机理

学习目标

【知识目标】

1. 知道单桩竖向、横向承载力的定义。
2. 领会单桩竖向、横向荷载力的传递原理。
3. 理解桩的摩擦力和抗拔力的定义。
4. 知道单桩竖向、横向荷载下的破坏模式。

【能力目标】

1. 能辨别单桩竖向和横向作用下荷载传递的机理。
2. 能区分单桩竖向和横向作用下单桩的破坏模式。
3. 能解释正摩阻力、负摩阻力、中性点产生。
4. 能辨别抗拔桩的荷载传递机理、破坏模式。

【素质目标】

1. 培养甘于奉献、知行合一的职业素养。
2. 培养严谨求实、一丝不苟的职业素养、标准意识。
3. 培养刻苦钻研、团结协作的职业素养。

学习导图

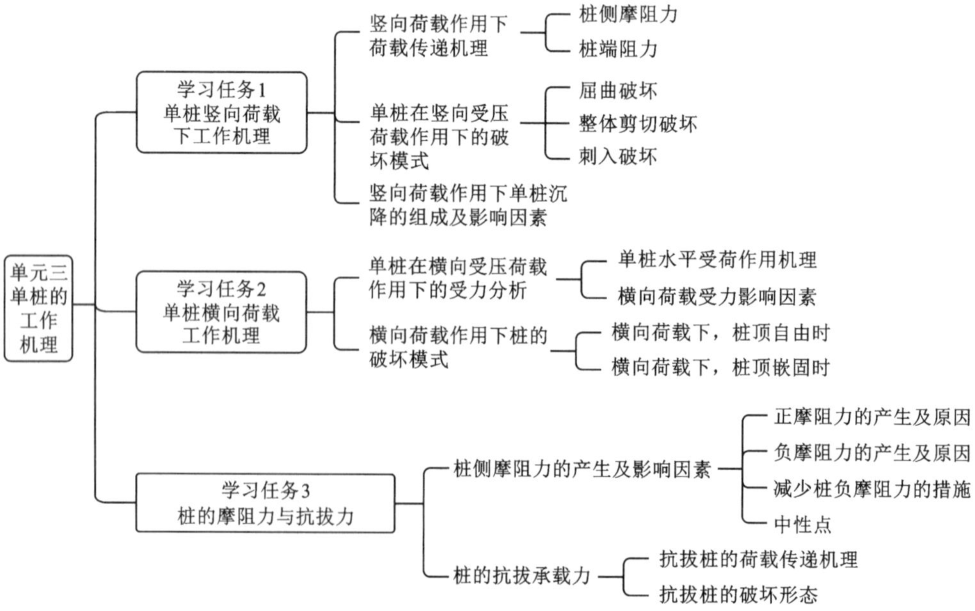

学习任务1　单桩竖向荷载下工作机理

学习情境

某项目桥梁工程因为沿线地质条件起伏较大，部分桩穿越亚黏土、黏土嵌入岩层中，部分穿越水层埋入软黏土中，如图4-29所示。不同的土层情况受力不同，受到竖向荷载作用后，内部受力情况怎样？基桩嵌入岩层中和埋入软黏土中受力情况有什么不同？当竖向荷载超出土体的承载力范围会有什么风险？

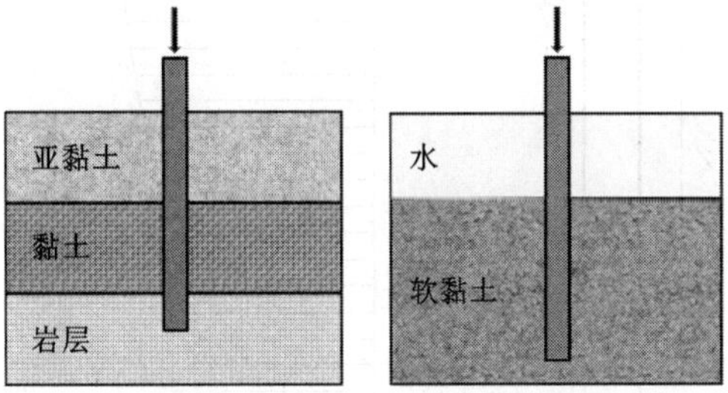

(a) 持力层为岩石　(b) 持力层为软黏土

图4-29　基桩埋入不同地层

知识导航

一般情况下，桩受到竖向力、横向力以及弯矩作用，在不同的作用下，产生的力学效果和破坏的形态也不一样，在实际应用中，需分别了解单桩竖向荷载作用下桩的受力特点和破坏模式，横向荷载作用下桩的受力特点和破坏模式。

在工程设计中，单桩竖向容许承载力，一般是指单桩在竖向荷载作用下，地基土和桩身材料的强度和稳定性均能得到保证，产生的竖向变形也在容许范围之内，仍能正常使用所容许承受的最大荷载。

一、竖向荷载作用下荷载传递机理

当竖向荷载逐步施加于单桩桩顶，桩身上部受到压缩而产生相对于土的向下位移时，桩侧表面就会受到土的向上摩阻力。桩顶荷载通过所发挥出来的桩侧摩阻力传递到桩周土层中，致使桩身轴力和桩身压缩变形随深度递减。在桩土相对位移等于零处，其摩阻力尚未开始发挥作用，摩阻力等于零。随着荷载增加，桩身压缩量和位移量增大，桩身下部的摩阻力随之逐步调动起来，桩底土层也因受到压缩而产生桩端阻力，如图4-30所示。桩端土层的压缩加大了桩土相对位移，从而使桩身摩阻力进一步发挥到极限值，而桩端极限阻力的发挥则需要比发挥桩侧极限摩阻力大得多的位移值，这时总是桩侧摩阻力先充分发挥出来。当桩身摩阻力全部发挥出来达到极限后，若继续增加荷载，其荷载增量将全部由桩端阻力承担。由于桩端持力层的大量压缩和塑性挤出，位移增长速度显著加大，直至桩端阻力达到极限，位移迅速增大而破坏。此时桩所受的荷载就是桩的极限承载力。

桩土间荷载的传递过程，可以通过摩阻力和端阻力的发挥过程来反映。桩顶受荷载作用时，桩土界面由于桩身压缩以及桩周土体的剪切变形而产生位移，此时土体便在桩身表面产生一个向上的摩阻力，桩顶荷载通过摩阻力反作用于桩周土体并向周围土体扩散。随着荷载的增加，桩身荷载逐渐向下部传递，桩土位移临界点也逐渐向下延伸，下部土层中桩土出现位移后开始发挥摩阻力作用。上部荷载达到一定值时，沿桩身方向，都分布有摩阻力，桩身荷载到达桩端，端阻力的出现，会引起桩身的位移加大，从而引起整个桩身的位移增大，桩侧摩阻力也得到了进一步的发挥。在一般情况下，侧阻力先于端阻力发挥作用，上部摩阻力先于下部摩阻力发挥作用。

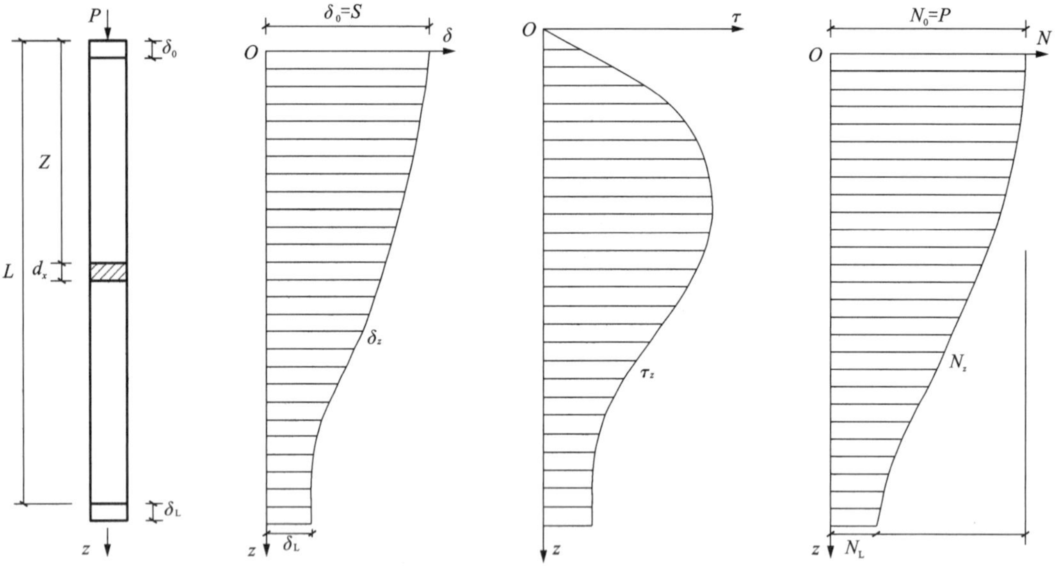

(a) 单桩竖向受压　(b) 截面位移曲线　(c) 摩阻力分布曲线　(d) 轴力分布曲线

图 4-30　单桩荷载传递

嵌岩桩荷载传递原理。嵌岩桩静载试验下承载机理为：在竖向荷载作用下，桩身发生竖向压缩的同时，"桩—土"界面逐步发生滑移位移，桩侧阻力同步发挥；随着"桩—土"滑移位移的增加，上覆土层侧阻力达到极限，荷载传递至嵌岩段侧壁，"桩—岩"界面开始出现滑移位移，嵌岩段侧阻力同步发挥；随着荷载的继续增加，"桩—岩"侧阻力逐渐达到极限，部分荷载逐渐传递至桩端，直至桩端基岩屈服。软岩嵌岩桩达到极限承载力后，一般是桩侧或桩端基岩先于桩身破坏；而硬岩嵌岩桩达到极限承载力后，一般是桩身先于桩侧或桩端基岩破坏。

二、单桩在竖向受压荷载作用下的破坏模式

竖向受压荷载作用下，单桩的破坏是由地基土强度破坏或桩身材料强度破坏引起的，且以地基土强度破坏居多。以下介绍工程实践中常见的几种典型破坏模式，如图 4-31 所示。

(1) 屈曲破坏。当桩底支撑在很坚硬的地层，桩侧土为软土层，其抗剪强度很低时，即桩身中上部的桩侧土层较为软弱时，桩侧土层对桩身的固定作用较弱，桩在竖向受压荷载作用下如同一受压杆件呈现纵向挠曲破坏，类似压杆的破坏，在荷载-沉降(P-S)曲线上呈现出明确的破坏荷载，曲线上会出现明显的破坏点，其破坏情况如图 4-31(a) 所示。桩承载力的大小由桩身的材料强度决定。

(2) 整体剪切破坏。当桩周土层的抗剪强度较低而桩底土层相对较高，且桩本身的强度较高时，桩在受竖向荷载时，由于桩周土层不能阻止滑动土楔的形成，桩底土层在承受桩底较大压力的情况下，会形成一个连通的剪切破坏面，从而出现整体的剪切破坏，在荷载-沉降

(P-S)曲线上也会出现一个很明显的破坏点。其破坏情况如图 4-31(b)所示。此种破坏模式下，桩的承载力主要由桩底土层的强度决定，侧摩阻力的影响较小。

(3)刺入破坏。当桩周土层的抗剪强度分布均匀，桩本身强度足够大且桩身较长时，桩在竖向荷载的作用下，桩身会刺入桩底土层中。此种情况下，桩的荷载-沉降曲线上通常无明显的破坏点，也无明显的转折点，这取决于荷载大小及土质情况，其破坏情形如图 4-31(c)所示。桩所受荷载由桩侧摩阻力和桩底反力共同承担，一般摩擦桩或纯摩擦桩多为此类破坏，且基桩承载力往往由桩顶所允许的沉降量控制，破坏的原因常是沉降超出容许值。

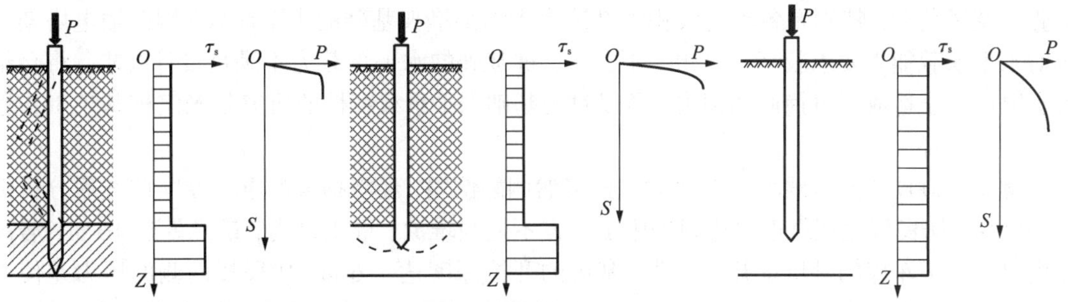

图 4-31　单桩在竖向受压荷载作用下的破坏模式

因此，桩在竖向荷载作用下的承载力主要由桩周土层的强度和桩基本身材料的强度决定。一般情况下，桩的竖向承载力都是由桩周土层的强度决定，对于端承桩和穿过土层的强度很低或土质较差的长摩擦桩，这两种因素均有可能是决定因素。

三、竖向荷载作用下单桩沉降的组成及影响因素

在竖向荷载作用下，单桩沉降的产生主要由以下几部分组成：桩身弹性压缩引起的桩顶沉降；桩侧荷载传递到桩端平面以下引起土体压缩桩端随土体压缩所产生的沉降；桩端荷载引起土体压缩所产生的桩端沉降。

单桩沉降的影响因素有很多，要计算单桩的沉降量，必须知道桩侧和桩端各自分担的荷载、桩身阻力沿桩身的分布图式，此外还要考虑荷载的持续时间，当荷载持续时间很长时，需要考虑由地基土的固结与次固结而导致的沉降时间效应。单桩沉降计算方法主要有荷载传递分析法、弹性理论法、剪切变形传递法、有限单元分析法、其他简化计算法。

当荷载水平较低时，桩端土未发生明显的塑性变形，桩侧土与桩身之间也未发生滑移，此时可以近似地运用弹性理论计算单桩的沉降 S。当荷载水平较高，桩端土发生明显的塑性变形时，单桩的沉降组成将发生明显的变化，此时需要进行塑性分析，计算单桩的沉降。桩身的压缩量按实际摩阻力分布计算。当缺乏相关材料时，按式(4-3)估算。

$$\text{桩身压缩量} \approx \frac{Pl}{2EA_{\mathrm{P}}} \tag{4-3}$$

式中：P 为桩顶荷载(kN)；l 为桩长(mm)；E 为桩身混凝土抗压弹性模量(kN/mm^2)；A_{P} 为桩身截面面积(mm^2)。

学习任务 2　单桩横向荷载工作机理

学习情境

在实际工程中，桩基不但承受较大的竖向荷载（如结构的自重），也会承受较大的水平荷载（如波浪荷载、风荷载、地震荷载等）。比如，沿海地区水中桥梁会受到水流的冲刷、较大的风力、地震荷载等水平荷载；高压电力输送塔架基础在实际工作中需要承受较大的电线水平张力及风荷载，特别是冬季电线积雪结冰大大增加塔架基础的水平荷载，因此输电塔架基础对水平承载能力要求较高。试想一下，一旦桩基础的水平承载力不满足设计要求，将会给人类财产安全造成不可挽回的损失，所以对桩基础水平承载特性的研究是确定桩基础工作性能的重要一环。

例如，2009 年某一线城市在建居民楼突然侧翻倒塌，经济损失严重。专家调查后分析倒塌原因为：居民楼北侧靠近河边现场施工土方不适当堆放，堆土过高，最高处达 10 m，居民楼南侧的地下车库的基坑正开挖作业，基坑的开挖深度达 4.6 m，居民楼两侧的压力差使土体产生 10 cm 左右水平位移，造成房屋建筑两侧的土压力严重不平衡，从而产生水平推力，过大的水平力对预应力高强混凝土桩（PHC 桩）产生很大的偏心弯矩（设计时没有考虑这种因素），最终桩基发生破坏，引起楼房整体倒覆。所以对于现实问题，研究桩基础水平承载性具有重要意义。

知识导航

桩的横向承载力通常是指桩在与桩轴线垂直方向受力时的承受荷载的能力。在工程设计中，单桩横向容许承载力，系指单桩在横向荷载作用下，地基土和桩身材料的强度和稳定性均能得到保证，产生的水平位移变形也在容许范围之内，仍能正常使用所容许承受的最大横向荷载。因为桩在横向力、弯矩作用下的受力情况比竖向受力时要复杂些，分桩顶自由和桩顶嵌固两种情况，所以应从保证桩身材料和地基强度与稳定性以及桩顶水平位移满足使用要求来分析，从而确定桩的横竖向容许承载力。

一、单桩在横向受压荷载作用下的受力分析

实践表明，单桩水平承载力远低于其竖向承载力，而单桩在水平荷载作用下的工作性状却比单桩在竖向荷载作用下的工作性状要复杂得多，因此在对单桩水平承载力进行分析时不但要考虑桩身属性，还需要从桩周土质强度、上部结构允许水平位移值等方面来确定单桩的水平承载力。

1. 单桩水平受荷作用机理

当单桩受到较小的水平荷载时，桩土之间主要处于理想的弹性变形阶段，即桩体及土体只产生轻微的弹性变形，其工作机理主要是在水平荷载作用下，桩身受弯首先出现挠曲变形，并向受力方向一侧挤压桩周土体，土体则对桩身产生相应的水平抵抗力，此时土的水平抵抗力主要由桩周的表层土提供。当单桩承受的水平荷载不断增大时，桩身的挠曲变形也继续增大，桩周土体由上至下逐渐发生屈服，水平荷载向更深层土体传递，当桩身的变形量超

出桩体所能容许的范围，或者桩周土体丧失稳定性时，就达到了桩的水平极限承载力。

2. 横向荷载受力影响因素

影响桩横向承载力的因素很多，主要包括地基土质条件、桩侧土质条件、桩的入土深度、桩的尺寸、桩顶嵌固程度、桩的截面刚度、桩身材料强度、桩顶约束条件、上部结构的水平位移允许值、建筑物的性质等因素。一般来说，土质愈好，桩入土愈深，土的抗力愈大，桩的水平承载力也就愈高。为保证建筑物能正常使用，按工程经验，应控制桩顶水平位移不超过 10 mm，而对水平位移敏感的建筑物，则不应超过 6 mm。

当工程中通过静载试验获得水平承载力的方法，因试验桩与工程桩边界条件的差别，结果很难完全反映工程桩实际情况，此时可通过静载试验测得桩周土的地基反力特性，即地基土水平抗力系数(它反映了桩在不同深度处桩侧土抗力和水平位移的关系，可视为土的固有特性)，为设计部门确定土抗力大小进而计算单桩水平承载力提供依据。

二、横向荷载作用下桩的破坏模式

桩在横向荷载作用下，桩身产生横向位移或挠曲，并与桩侧土协调变形。桩身对土产生侧向压应力，同时桩侧土反作用于桩，产生侧向土抗力。桩土共同作用，互相影响。横向荷载作用下桩的破坏模式通常有下列两种情况，如图 4-32 所示。

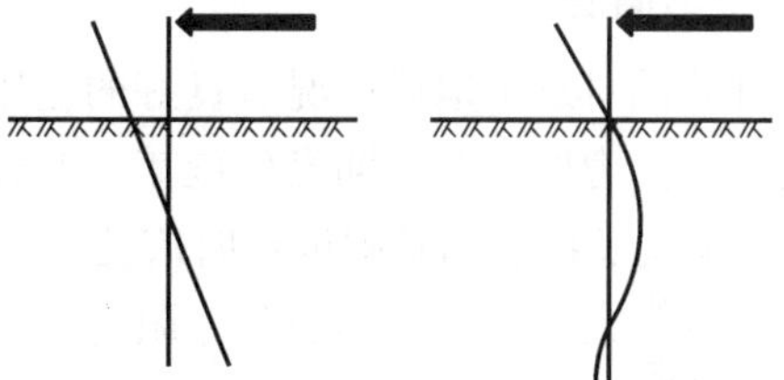

(a) 刚性桩　　(b) 弹性桩

α—变形系数；h—入土深度。

图 4-32　桩在横向荷载作用下变形示意图

1. 横向荷载下，桩顶自由时

当桩的宽度或桩径较大，而桩的长度较小、桩周围的土体强度较低时，即桩的刚度远大于周围土体的刚度时，在横向荷载作用后，桩身的挠曲变形较小或基本未变形，桩身受力挤压周围土体，就像刚体一样绕着桩身某一点进行转动，如图 4-32(a)所示，继续增大横向荷载，由于桩侧土体破坏或失稳而达到单桩水平极限承载力。因此，基桩的横向容许承载力可能由桩侧土的强度及稳定性决定，刚性桩 $\alpha h \leqslant 2.5$。

当桩的宽度或桩径较小，而桩的长度较大、桩周围土体强度较高时，即土体相对于桩体具有较高的刚度，由于桩侧土有足够大的抗力，桩身发生挠曲变形，其侧向位移随着入土深度增大而逐渐减小，以致达到一定深度后，几乎不受荷载影响。桩形成一端嵌固的地基梁，桩的变形呈如图 4-32(b)所示的波状曲线。如果不断增大横向荷载，桩身挠曲变形继续增大，当挠曲变形超出桩身结构的容许值后，桩身在较大弯矩处发生断裂，达到了单桩水平极限承载力，使桩发生过大的侧向位移，超过了桩或结构物的容许变形值。因此，基桩的横向容许承载力将由桩身材料的抗剪强度或侧向变形条件决定，弹性桩 $\alpha h > 2.5$。

2. 横向荷载下，桩顶嵌固时

横向荷载下，当桩顶嵌固于上部结构一定深度时，尽管桩周土体会发生塑性屈服而破坏，但桩身由于嵌固不会出现整体转动，能在一定程度上提高桩的水平承载力。因此单桩的水平承载力主要由桩身的抗弯强度、桩周土质强度、桩顶嵌固程度共同决定。也就是说，桩的内力和位移情况以及桩的横向承载力将由桩身材料的抗剪强度、桩周土质条件、桩顶嵌固情况综合决定，如表 4-6 所示。

表 4-6　水平受力桩的破坏形式

桩体情况	破坏形态	水平承载力控制
抗弯性能较差的桩体，如低配筋率的灌注桩	桩身首先出现裂缝，然后桩身断裂破坏，达到桩的水平极限承载力	桩身材料抗剪强度
抗弯性能较好的桩体，如钢筋混凝土桩、钢桩	由于桩周土体强度不够，土体明显开裂隆起，达到桩的水平极限承载力	承载力往往受周围土体的性质所控制

学习任务 3　桩的摩阻力与抗拔力

学习情境

桩基础对复杂地质情况有良好的适用性，但往往在设计中需要使桩端进入刚度较大的土体或岩石持力层。若后期发生施工、堆载、填土等工况，将产生土体较大沉降，进而引发桩身负摩阻力，在前期基础设计时应注意尽量削弱负摩阻力不良影响。若未能设计完善，将对安全产生巨大隐患。你知道负摩阻力的危害吗？在实际工程中，因负摩阻力引起的不均匀沉降，降低桩基承载力，造成建筑物开裂、倾斜或因沉降过大而影响正常使用。

案例一。在西部进行工程建设时，不可避免地要穿越湿陷性黄土区域，桩基础是铁路、公路桥梁中应用最广泛的基础形式。前面，我们学习了解了湿陷性黄土具有明显的湿陷性，必定会使桩基础下沉，受到向下的负摩阻力作用。考虑负摩阻力产生的向下荷载后，桩长将大大增长，施工难度和建设投资必定增加，影响工程建设的可行性。

案例二。在“一带一路”战略背景下，中西部黄土地区正在迎来工程建设高峰。黄土高原因为山多地少，土地资源紧缺，削山、填沟满足工程建设需求，于是不可避免的出现高填黄土区域。新回填黄土具有较为明显的蠕变性质，工后沉降尤为严峻。回填土长期沉降，必定影响着桩侧摩阻力及中性点位置，削弱桩基竖向承载力。《建筑桩基技术规范》(JGJ94-2008)中明确规定“桩穿越较厚松散填土、自重湿陷性黄土、欠固结土、液化土层进入相对较硬土层时”，应考虑负摩阻力。

案例三。在南方降水较多及滨海、滨湖等浅层地下水位地区，由于地下水位较高，地下结构物通常需要承受巨大的浮力。在这类大型地下结构施工中，地下结构的抗浮承载力不足导致地下结构的上浮破坏、地下结构底板开裂等情况屡屡出现，要降低或者减小浮力这就需要设计抗拔桩。

知识导航

一、桩侧摩阻力的产生及影响因素

地基土中打入桩基后，桩体与土体位移不同，桩土接触面产生相互作用，即摩阻力，会阻碍桩的移动趋势。桩土间相对位移不同时，摩阻力的方向也不相同。作用于桩侧表面的摩阻力的方向取决于桩与周围地基土之间的相对位移。

1. 正摩阻力的产生及原因

当在桩顶部施加竖向荷载时，在竖向荷载作用下，桩体将产生向下的位移，当地基土的下沉速率小于桩的下沉速率，桩周土体位移值小于桩身位移值时，桩相对于桩侧土体向下移动，桩周土体对桩体产生向上作用的摩阻力，此时称之为桩的正摩阻力。通常，我们所说的摩阻力是指的正摩阻力，它对桩起支撑作用。

桩侧摩阻力与桩土间的相对位移、土的性质、水的影响、桩的刚度、桩的数量和直径、桩型、时间因素、土中应力状态以及桩的施工方法等因素有关。

为简化起见，常近似假设打入桩侧摩阻力在地面处为零，桩侧摩阻力沿桩入土深度呈线性分布，而对钻孔灌注桩则近似假设桩侧摩阻力沿桩身均匀分布。

2. 负摩阻力的产生及原因

由于桩身周围土自重固结、自重湿陷、地面附加荷载等原因，桩周土体会发生沉降位移，桩基础也会因上部结构荷载等的影响而存在一定沉降位移值，在竖向荷载作用下，桩体将产生向下的位移，当地基土的下沉速率大于桩的下沉速率，桩周土体位移值大于桩身位移值时，桩周土体对桩体产生竖直向下的拉力，此时称之为桩的负摩阻力。负摩阻力可能出现在桩侧表面的全部或一部分面积上，如图 4-33 所示。

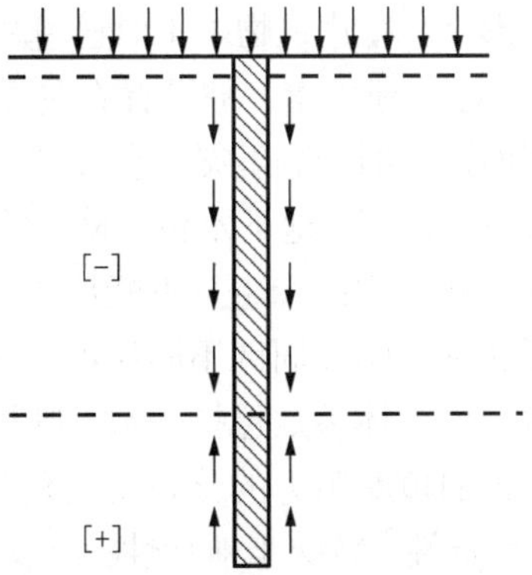

图 4-33　桩的正、负摩阻力

桩的摩阻力主要取决于桩与桩周土的相对位移。负摩阻力的产生将使桩侧土的部分重力传递给桩，因此，负摩阻力不但不能成为桩承载力的一部分，反而变成施加在桩上的外荷载。比如说，当桩的入土深度相同时，如果有负摩力产生，则桩承受的外荷载就会增大，这样一来，桩的承载力就会降低，而且桩基的沉降也会加大，所以在确定桩的承载力和桩基础设计中应注意桩的负摩阻力问题。表 4-7 为正、负摩阻力对比表。

表 4-7　正、负摩阻力对比表

类型	正摩阻力	负摩阻力
力的方向	土对桩产生向上作用	土对桩产生向下作用
荷载情况	支撑力，能分担荷载	向下拉力，不能分担荷载，反而施加荷载
下沉速率	土的下沉速率小于桩的下沉速率	土的下沉速率大于桩的下沉速率
相对位移	桩周土位移值小于桩身位移值	桩周土位移值大于桩身位移值
主要影响	有利于提高桩身承载力，不会增加沉降和影响安全	使基础整体沉降增加，桩身内部受力增大，桩体安全性降低，严重的话会造成桩体的强度破坏和不均匀沉降破坏

诱使桩的负摩阻力产生的原因如下。

(1) 人为因素：建筑物施工完成后，桩设置在自重作用下完全固结的软黏土地基中，出现大面积堆载、侧载、后期松散厚填土，导致桩周土体有效应力增加，沉降明显加剧，发生桩土体相对位移；桩基础施工中，因钻孔或锤击打桩对土体有较大的扰动，当桩数很多的密集群桩打桩时，会使桩周土中产生很大的超孔隙水压力，打桩停止后桩周土地在固结作用引起下沉；正常固结黏土或粉土地基中，当桩侧土层因抽水或其他原因大面积地下水位下降，上覆土自重增大及土中的有效应力增加以致大范围内出现地区性下沉时，土层产生自重固结下沉。在采用静压法施工的桩基中，由于桩身上段在压力解除后会产生向上的回弹，此回弹作用会使桩侧土产生负摩阻力。

（2）自然因素：桩周土体土质较差，存在沉降固结较大的土，如砂土、河口与河岸的新沉积土层、欠固结软黏土、湿陷性黄土、高寒地区易受季节影响的冻融土、高压缩性厚土等，土体自身在特定条件下因降水变化、淤泥回淤、河流水位变化、温度变化、固结等原因发生较大沉降，产生地面下沉。设在膨胀土地基中的桩，虽然膨胀土大部分是低压缩性土，固结压缩变形小，在建筑物竣工时已基本完成，但受周期性季节气候变化影响会膨胀变形。

（3）其他因素：桩设置在易受环境影响、动力振动或地震等容易沉陷或重新固结而大量下沉的地层时，地质灾害会导致砂土液化或能量释放，引起的土层沉降；地震液化导致地基土大量下沉时，地下水位下降也会引起区域性桩土沉降，改变桩-土间的相互作用，并将导致桩基负摩阻力的产生且不断增大，与土表存在大面积堆载时效果相同。其中，初始地下水位主要通过影响加固区不同深度处有效应力改变桩侧摩阻力极限值，若摩阻力呈线弹性分布，同时桩周土体参数保持一致，则桩-土间的相互作用基本不变。

桩的负摩阻力的分布及变化都是较为复杂的问题，桩基沉降及地面沉降的大小、沉降速度、稳定性、特殊土地特性，以及桩的数量、直径、类型与成桩工艺等都对桩负摩阻力大小有影响。当土层的抗剪强度越高时，负摩阻力极限值越大。土层越厚，负摩阻力越大。土层的压缩性越大，沉降速度越快，负摩阻力越大。

目前，国内外对此负摩阻力的计算方法的研究尚不够完善，计算方法较多且差异较大，而现场试验则投入大，周期长，多根据有关资料按经验公式进行估算，可以参考《公路桥涵地基与基础设计规范》（JTG 3363—2019）。在设计时，需要充分了解负摩阻力产生的各项影响因素，熟悉负摩阻力危害，确定桩身最易产生负摩阻力的位置。要确定桩身负摩阻力的大小，就要先确定土层产生负摩阻力的范围和负摩阻力的大小，尽可能地消除和避免负摩阻力，以免对工程产生危害，影响桩的承载力。

3. 减少桩负摩阻力的措施

负摩阻力的防治主要集中在施工阶段和工程使用阶段，施工阶段负摩阻力的防治特别关键，施工阶段的治理能有效地防止负摩阻力的产生，能最大限度地减少负摩阻力对基础的危害。在现场施工中，常采取以下措施避免和减少施工过程中可能出现的负摩阻力。

（1）若场地平整造成较厚的回填土，回填土的固结将对桩产生负摩阻力，应对回填土进行压实。

（2）桩基影响范围内存在欠固结的软弱压缩土层时，采用换土或打砂桩等方法进行地基处理，避免地面堆载引起压缩土层下沉量大于桩身的下沉量而产生负摩阻力。

（3）大面积地面堆载的场地，增设保护桩减少桩周土层自重固结产生的负摩阻力。

（4）对有大量地表水向下渗流和场地地下水大量抽降，且又采用桩基础的建筑物，其地面应设置良好的排水设施以及采取有效措施，处理抽水后形成的土层下沉问题。

（5）确定桩存在负摩阻力后，应通过计算取得负摩阻力值，利用正、负摩阻力的极限平衡条件，采取适当的措施，如加大桩尖进入持力层的深度，增大正摩阻力以抵消桩的负摩阻力。

(6)计算出桩的中性点，在中性点上端涂刷强而耐久的防护涂料，减少桩的负摩阻力。

(7)对特殊地基土，进行加固处理后再进行桩基础的施工，减少桩基负摩阻力产生。

4. 中性点

中性点是指桩体沉降与桩周土沉降相同截面点，此特殊位置称为中性点。确定中性点位置是展开桩基负摩阻力分布特性研究的关键一步，桩身产生负摩阻力的范围就是桩侧土层对桩产生相对下沉的范围。它与桩侧土层的压缩、桩身弹性压缩变形、桩底下沉相关。大量研究表明，负摩阻力在中性点以上随着深度增加呈现先增大后减小趋势，如图 4-34(b)所示。桩侧土层的压缩随深度而逐渐减小。而桩在荷载作用下，桩身压缩多处于弹性阶段，其压缩变形基本上随深度呈线性减小趋势，桩身变形曲线如图 4-34(c)所示。因此，桩侧土下沉量有可能在某一深度与桩身的位移量相等，此处桩侧摩阻力为零，而在此深度以上桩侧土下沉量大于桩的位移量，桩侧摩阻力为负；在此深度以下，桩的位移量大于桩侧土的下沉量，桩侧摩阻力为正。桩体上正、负摩阻力转换处的位置，称为中性点，如图 4-34 中 O_1 点。

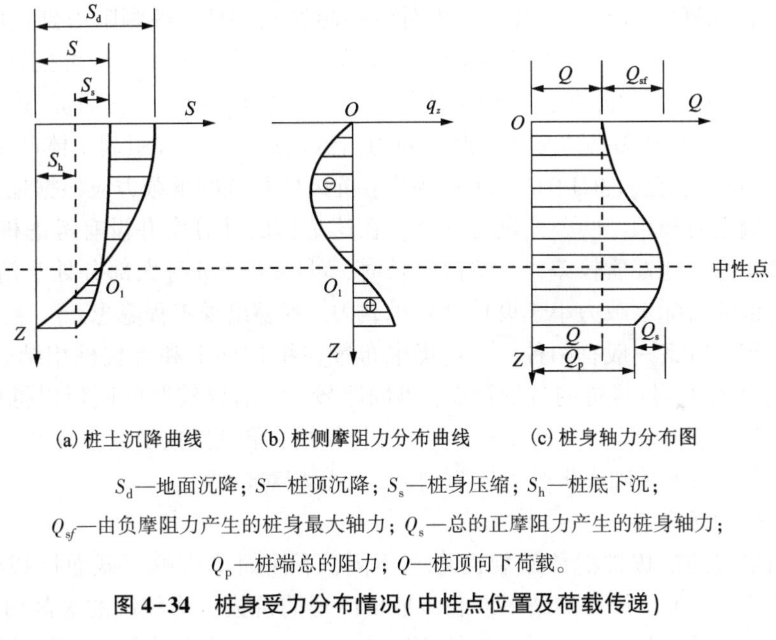

(a) 桩土沉降曲线　(b) 桩侧摩阻力分布曲线　(c) 桩身轴力分布图

S_d—地面沉降；S—桩顶沉降；S_s—桩身压缩；S_h—桩底下沉；

Q_{sf}—由负摩阻力产生的桩身最大轴力；Q_s—总的正摩阻力产生的桩身轴力；

Q_p—桩端总的阻力；Q—桩顶向下荷载。

图 4-34 桩身受力分布情况(中性点位置及荷载传递)

中性点是摩阻力变化、桩土相对位移变化、轴向压力沿桩身变化的特征点。中性点的位置比较特殊，具有代表桩体最大轴力点位置、桩-土体相对位移零点、侧摩阻力零值点三种物理含义。中性点以上的桩位移小于桩侧土的位移，轴向应力随深度递增；中性点以下桩的位移大于桩侧土的位移，中性点位置决定桩的最大荷载，是承受负摩阻力桩最基本的一个特性。

试验证明，当桩侧主要为固结的土层时，中性点与桩顶的距离相当于桩长的 70%～80%；当有地面堆载时，中性点位置取决于荷载的大小，荷载越大，中性点位置越下移。如果是支撑在很好的岩石地层上的桩，中性点位置往往靠近岩层的表面。

二、桩的抗拔承载力

在南方降水较多及滨海、滨湖等浅层地下水位地区，由于地下水位较高，地下结构物通常需要承受巨大的浮力。在某些特殊工况下，地基基础需要兼顾抗压和抗拔的要求。在此类大型地下结构施工中，地下结构的抗浮承载力不足导致的地下结构上浮破坏以及地下结构底板开裂等情况屡屡出现，所以进行桩基础抗拔承载力研究具有重要意义。

抗拔桩在以下几种结构中应用得比较广泛：国家电网采用的输电塔，海上石油钻井平台等较为高耸的塔式结构，大型或特大悬索式吊桥等拉锚式结构，在海边的港口码头叉桩式结构等。在工程实际中，根据桩体的成型模式不同，抗拔桩可以分为砌筑配筋抗拔桩、钻孔灌注抗拔桩、预制钢筋混凝土抗拔桩等几类；根据抗拔桩的截面形态不同，可以划分为等截面桩、螺纹桩或支盘桩、扩底桩、DX 桩、根植桩、竹节桩等。

1. 抗拔桩的荷载传递机理

抗拔桩在上拔荷载的作用下，由桩身的纵向伸长产生上拔位移，桩侧表面受到土的向下摩阻力，在较小的上拔荷载作用下，桩身上部桩侧阻力先发挥，随着荷载的增加，桩侧阻力逐渐增大并向桩深度方向发展，当桩土相对位移超过某限值，桩侧阻力到达峰值后不增反降，并随着桩土相对位移的逐渐增大而最终保持在一定值上，该现象为抗拔桩桩土滑移。实际工程中，桩体受荷载作用，桩土界面土体将形成一层“剪切带”，“剪切带”内土体与桩体产生相对滑移，并同时产生桩侧摩阻力，此摩阻力由近及远传递，并引起土体产生弹性变形。

《建筑桩基技术规范》(JGJ 94—2008)规定：抗拔桩基桩的承载力应根据地质报告提供的各层土地单位侧阻力利用经验公式进行计算。在这个值的计算中并没有考虑桩-土之间的相互作用和滑移。当土地性质较差，且桩长较长时，可能出现桩身大部分处于滑移段的情况，即滑移时的基桩的实际承载力小于设计计算承载力，容易出现工程隐患。

抗拔桩的布置方案一般有两种，一是集中布置在结构柱下和抗拔桩相结合，桩长较长，单桩抗拔承载力较高，抗拔桩的数量较少，桩间距较大，需要较厚的底板以抵抗浮力引起的弯矩和剪力，因此造价较高；二是分散布置，桩长较短，单桩抗拔承载力较低，抗拔桩的数量较多，但在浮力作用下基础底板受力较为均匀，底板相对较薄。

2. 抗拔桩的破坏形态

不同截面形式的抗拔桩滑移破裂面形态不同，下面简单讲解等截面抗拔桩、扩底抗拔桩、螺纹抗拔桩等几种抗拔桩的破坏形态。最早出现的抗拔桩为传统的等截面直桩，其他截面形态是陆续出现的。抗拔桩的承载性能不同于承压桩，其主要依赖于桩与桩侧土体之间的摩阻力来抵抗桩基的上拔。

(1)等截面抗拔桩滑移破裂面形态。通过对等截面直桩在承受上拔荷载作用下的桩土破坏形态进行研究，分析得出等截面直桩的桩周土体破坏面形态主要分为三种，即圆柱形剪切滑移破坏面、倒圆锥体状的剪切滑移破坏面、复合形剪切滑移破坏面，其破坏形态如下。①圆柱形剪切滑移破坏面：沿桩-土界面发生剪切滑移破坏，如图 4-35(a)所示，在实际工程中较为常见。②倒圆锥体状的剪切滑移破坏面：剪切破坏面为一个完整的倒圆锥，锥台高为桩的有效埋深，如图 4-35(b)所示，常发生在软岩粗短灌注桩中。③复合形剪切滑移破坏面：复合剪切破坏主要分为两种，一种是呈幂函数形式的曲面剪切破坏，如图 4-35(c)所示，其常发生在硬质黏土钻孔灌注桩中；当地基土的下卧层土层性质较差，而上部土层较好时，其剪切破坏面将呈现为上部的倒圆锥体破坏和桩身下部的圆柱形剪切破坏，如图 4-35(d)所示。

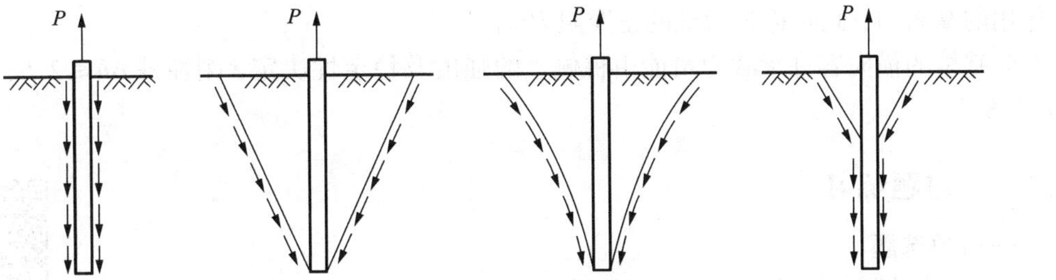

图 4-35　等截面抗拔桩剪切滑移破坏形态

(2) 螺纹抗拔桩滑移破裂面形态。螺纹桩基础因为桩身螺纹与桩周土体形成咬合作用，使得螺纹桩基础的单桩极限承载力高于传统的等截面直桩。因为有螺旋叶片的存在，会使桩周土体的破坏形态更加复杂，剪切滑移面受桩身螺旋叶片间距和叶片埋置深度的影响，桩身螺纹与桩周土体形成一种咬合作用，在螺纹桩上拔过程中螺牙顶端挤压桩周土体，土体竖向应力增强，在该区域形成压密区，随着上拔荷载的增加，桩身上拔位移逐渐增大，螺牙上部的桩周土体逐渐发生塑性变形，且逐渐沿着桩身螺旋形成贯通的破坏滑移面。当螺纹距径比较小时，螺牙顶端桩周土体形成的塑性区逐渐向外扩展，当达到桩身极限荷载时，相邻螺纹间的塑性区域逐渐贯通，从而在桩侧螺纹附近形成圆柱剪切破坏面。

(3) 扩底抗拔桩滑移破裂面形态。扩底抗拔桩相较于等截面直桩，由于桩端扩大头的存在，桩端扩大头与土体之间相互嵌合，在承受上拔荷载作用时，通过扩大头自身及其上拔过程中带动桩周土体一起抵抗上拔荷载的作用，桩端扩大头产生向上的位移时将会挤压扩大头变截面周围的土体，使得土体逐渐被压密，不但增大了土体的抗剪强度，也提升了桩的抗拔承载能力，也使其桩周土的破坏形态发生了改变。根据扩底抗拔桩在极限荷载下破坏面的位置不同，可以将扩底抗拔桩破坏模式分为以下三类：整体剪切破坏模式、局部剪切破坏模式、冲剪破坏模式。

单元知识巩固和拓展

一、知识要点汇总

1. 桩身传递竖向荷载作用下主要有桩侧摩阻力和桩端阻力分担，桩侧摩阻力先于桩端阻力发挥作用，上部摩阻力先于下部摩阻力发挥作用。

2. 竖向受压荷载作用下，单桩的破坏是由地基土强度破坏或桩身材料强度破坏引起的。单桩在竖向荷载作用下的破坏模式有三种：屈曲破坏、整体剪切破坏、刺入破坏。

3. 桩在竖向荷载作用下，桩体将产生向下的位移，当地基土的下沉速率大于桩的下沉速率，桩周土位移值大于桩身位移值时，桩周土体对桩体产生竖直向下的拉力，此时称之为桩的负摩阻力。

4. 桩在竖向荷载作用下，桩体将产生向下的位移，当地基土的下沉速率小于桩的下沉速率时，桩周土体位移值小于桩身位移，桩相对于桩侧土体向下移功，桩周土体对桩体产生向上作用的摩阻力，此时称之为桩的正摩阻力。

5. 基桩的横向容许承载力可能由桩侧土的强度及稳定性决定，刚性桩 $\alpha h\leqslant 2.5$，弹性桩 $\alpha h>2.5$。

二、习题练习

习题练习答案

(一) 单选题

1. 抗滑桩与高层建筑桩基相比，一般情况下，下列(   )表述是错误的。

A. 桩基以承受垂直荷载为主，抗滑桩以承受水平荷载为主

B. 桩基设计要计桩侧摩阻力，抗滑桩不计桩侧摩阻力

C. 两种桩对桩顶位移的要求基本一样

D. 桩基桩身主要按受压构件设计，抗滑桩桩身主要按受弯构件设计

2. (   )一般是指单桩在竖向荷载作用下，地基土和桩身材料的强度和稳定性均能得到保证，产生的竖向变形也在容许范围之内，仍能正常使用所容许承受的最大荷载。

A. 单桩竖向容许承载力　　B. 单桩承载力

C. 地基承载力　　D. 地基容许承载力

3. 基桩的横向容许承载力可能由桩侧土的强度及稳定性决定，刚性桩(   )。

A. $\alpha h\leqslant 2.5$　　B. $\alpha h>2.5$　　C. $\alpha h\leqslant 3.5$　　D. $\alpha h>3.5$

4. 基桩的横向容许承载力由桩身材料的抗剪强度或侧向变形条件决定，弹性桩(   )。

A. $\alpha h\leqslant 2.5$　　B. $\alpha h>2.5$　　C. $\alpha h\leqslant 3.5$　　D. $\alpha h>3.5$

5. (   )是指当桩的宽度或桩径较小，而桩的长度较大、桩周围土体强度较高时，桩身发生挠曲变形，其侧向位移随着入土深度增大而逐渐减小，以致达到一定深度后，几乎不受荷载影响，桩的变形呈波状曲线。

A. 刚性桩　　B. 弹性桩　　C. 柔性桩　　D. 半刚性桩

6. 桩在受竖向荷载作用下，桩体将产生向下的位移，当地基土的下沉速率小于桩的下沉速率，桩周土体位移小于桩身位移时，桩相对于桩侧土体作向下移动，桩周土体对桩体产生向上作用的摩阻力，此时称为(   )。

A. 桩的正摩阻力　　B. 桩的负摩阻力　　C. 桩的中心点　　D. 桩的阻力

7. 桩在受竖向荷载作用下，桩体将产生向下的位移，当地基土的下沉速率大于桩的下沉速率，桩周土位移值大于桩身位移时，桩周土体对桩体产生竖直向下的拉力，此时称之为(   )。

A. 桩的正摩阻力　　B. 桩的负摩阻力　　C. 桩的中心点　　D. 桩的阻力

8. 关于中性点描述错误的是(   )。

A. 中性点是摩阻力变化、桩土相对位移变化、轴向压力沿桩身变化的特征点

B. 中性点的位置比较特殊，具有代表桩体最小轴力点位置

C. 桩-土体相对位移零点

D. 桩侧摩阻力为零

9. 在某些特殊工况的大型地下结构施工中，因地下结构的抗浮承载力不足导致地下结构的上浮破坏以及地下结构底板开裂等情况屡屡出现，需要设置(　　)。

A. 抗拔桩　　B. 抗压桩　　C. 沉桩　　D. 灌注桩

(二) 多选题

1. 竖向受压荷载作用下，单桩的破坏是由(　　)引起。

A. 地基土强度破坏　　B. 桩身材料强度破坏

C. 地基容许承载力过大　　D. 桩身强度过高

2. 单桩在竖向受压荷载作用下的破坏模式包括哪些？(　　)

A. 屈曲破坏　　B. 整体剪切破坏　　C. 刺入破坏　　D. 剪切破坏

3. 在竖向荷载作用下，单桩沉降的产生主要由以下几部分组成？(　　)

A. 桩身弹性压缩引起的桩顶沉降

B. 桩侧荷载传递引起土体压缩桩端随土体压缩所产生的沉降

C. 桩端荷载引起土体压缩所产生的桩端沉降

D. 地基土沉降

4. (2008 年注册岩土工程师试题) 在极限承载力状态下，对下列各种桩型承受桩顶竖向荷载时的抗力的描述中，哪些选项是正确的？(　　)

A. 摩擦桩：桩侧阻力　　B. 端承摩擦桩：主要是桩端阻力

C. 端承桩：桩端阻力　　D. 摩擦端承桩：主要是桩侧阻力

三、知识点拓展

1. 工程中一般采用以下几种措施以减少可能产生的负摩擦力：承柱桩法、群桩法、涂层法、地基浸水法、分段施工法、软土地基处置、套管保护桩法。在工程实践中，往往根据桩的种类和施工工艺的不同采取不同的措施，更能有效地减少桩基础的负摩擦力。

2. 我国现场原位测试及技术急需加强。由于桩-土相互作用的复杂性、试验费用昂贵等，研究不多。设计单位设计过于保守，浪费了金钱，没有解决负摩阻力可能造成的隐患。通过简化的理论公式或者实测数据不多的经验公式无法解决根本问题。随着城市经济建设的发展，出现了越来越多的负摩阻力问题，如城市中的岩土工程、沿海沿江超高填土码头、围海造陆工程等都不可避免地遇到负摩阻力问题。另外，在有负摩阻力的桩基中，桩基的静载试验如何反映负摩阻力的存在及大小一直是一个难点。

3. 国内学者提出在海洋工程中应用楔形单桩基础技术。楔形单桩基础是上端为一定高度的楔形桩与下端是等截面单桩的组合型单桩基础。通过对桩侧摩阻力、土体位移、桩侧法应力、杆件尺寸多项指标进行试验分析，试验证明等截面单桩基础竖向承载力远小于楔形单桩基础，且桩的竖向承载力随着楔角、楔高的增大而增大，提高率最大约 25%。倾斜侧壁与传统竖向传递不同，桩侧摩阻力的传递规律发生了改变，主要是沿着倾斜侧壁挤密桩周土体，随着嵌入深度的增大，桩侧摩阻力与法向应力逐渐增大。因为楔形单桩摩阻力大于等截面单桩楔形摩阻力，因此单桩基础的竖向承载力有效提高。

单元四　群桩基础的工作机理

学习目标

【知识目标】

1. 知道端承桩群桩、摩擦桩群桩的定义。
2. 理解端承桩群桩、摩擦桩群桩的工作机理。
3. 知道群桩效应的定义及影响因素。
4. 理解群桩基础的破坏模式和承载力、沉降的验算。

【能力目标】

1. 能区分端承桩群桩、摩擦桩群桩的异同。
2. 能描述群桩基础破坏模式的特点。
3. 会辨别群桩基础持力层承载力验算和下卧层验算的不同。
4. 能描述群桩基础沉降的组成、验算的要求、计算方法。

【素质目标】

1. 培养质量意识、安全意识、信息素养。
2. 培养严谨求实、一丝不苟的职业素养。
3. 培养刻苦钻研、团结协作的职业素养。

学习导图

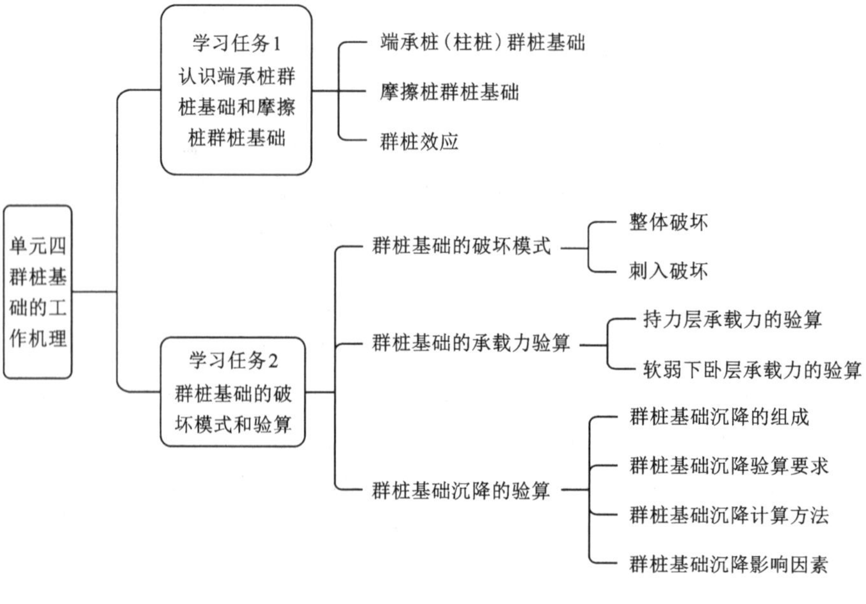

学习任务1　认识端承桩群桩基础和摩擦桩群桩基础

学习情境

社会发展日新月异，为了满足人民的生产生活需要，国内建筑行业接连不断取得重大突破，中央电视台总部大楼、港珠澳大桥等大体量建筑群层出不穷，高难度桥梁等高、新、重型建筑屡见报道。建筑物的荷载要传递给地基，需要基础作为中介，在两者之间传递荷载。因此，为了保证建筑的安全稳定，基础的稳定性必须放在首要地位予以考虑。当建筑下部土层承载力不能满足要求，或者建筑沉降较大，抑或对下部软弱地基处理成本较高时，就需要考虑新的基础形式，群桩基础大量地出现在工程的应用之中。

同学们，单桩的受力和群桩受力会有明显的不同，请思考群桩基础在竖向力、水平力、弯矩等各种作用下，它的荷载传递趋势是怎样的？单桩按受力条件不同可以分为摩擦桩和端承桩，群桩基础的类型如何划分呢？不同类型群桩基础的群桩的承载特性的变化规律是否一样？

知识导航

由承台和基桩群共同组成的桩基础称为群桩基础。群桩基础在荷载作用下，由于基桩间的相互影响及承台的共同作用，工作状态和单桩明显不一样。群桩基础受竖向荷载后，承台、桩、土三者之间的相互作用使其桩侧阻力、桩端阻力、沉降等性状发生变化而与单桩区别明显，承载力往往不等于单桩承载力之和。从群桩效应的角度可将群桩基础划分为摩擦型群桩基础和端承型群桩基础，如图4-36所示。摩擦型群桩基础相较于端承型群桩基础发挥了更大占比的桩侧阻力，端承型群桩基础相较于摩擦型群桩基础则发挥了更大占比的桩端阻力。

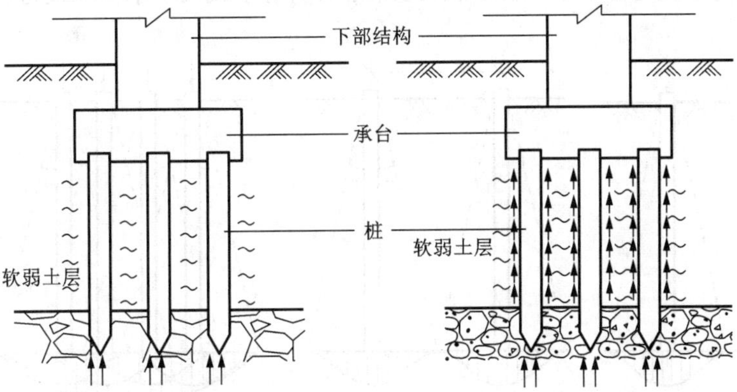

(a) 微风化岩石地层（端承桩）　(b) 密实砂卵石地层（摩擦端承桩）

图4-36　端承桩桩底的应力分布

一、端承桩（柱桩）群桩基础

由于桩端土层条件较好，产生的压缩性较小，端承桩承受竖向荷载时，桩身相对于土体的位移有限，侧阻力所占的比例很小，大部分直接传递到桩端底部，相邻桩之间桩侧和桩端应力相互影响小。由于桩端变形量小，桩顶下沉也比较小，承台对其底部土体的影响可以忽略。所以，对于端承桩，其每根桩的工作机理和单桩相似，类似于单桩工作性状的叠加。桩与桩之间、承台与土之间的相互影响，都可以忽略不计。端承桩的承载力可以近似地认为与同等数量的单桩的承载力相等，单桩承载力与群桩承载力成倍数关系。

柱桩群桩基础通过承台分配到各基桩桩顶的荷载，绝大部分或全部由桩身直接传递到桩底，由桩底岩层(或坚硬土层)支撑。由于桩底持力层刚硬，桩的贯入变形小，低桩承台的承台底面地基反力与桩侧摩阻力和桩底反力相比所占比例小，可忽略。承台分担荷载的作用和桩侧摩阻力的扩散作用一般均不予考虑。端承桩群桩基础的承载力等于各个单桩承载力之和，沉降量等于单桩沉降量，除进行单桩承载力验算外，不需进行群桩竖向承载力的验算。

二、摩擦桩群桩基础

摩擦型群桩在实际工程中应用得比较多。摩擦型群桩比端承型群桩受力状态要复杂许多。尽管群桩也是由多根单桩组成的，但是由于桩—土—承台这三者形成了一个整体，该整体共同工作，相互影响。桩身特征、土体的性质、承台的刚度都会影响其分担荷载的比例，所以说，摩擦型群桩是由桩—土—承台共同构成的一个复杂体系。群桩中的每根桩与单桩的工作状态都不一样。在相同荷载作用下，群桩中可能出现部分桩的承载力大于单桩，也可能出现部分桩的承载力小于单桩，或者出现相等情况；群桩沉降也与单桩沉降不同，一般来说，群桩沉降大于单桩沉降。

如图 4-37 所示，由于桩侧摩阻力的扩散作用，桩底处的压力分布范围远大于桩身。当桩之间的中心距比较远时[图 4-37(a)]，桩底产生的影响范围相互远离；当桩的中心距适宜时[图 4-37(b)]，桩的影响范围刚好相邻；当桩之间中心距较小时[图 4-37(c)]，桩底处应力叠加，群桩下地基土受到的压力比单桩大，桩底土产生的压缩变形和群桩基础的沉降都比单桩大。所以，群桩基础的承载力常小于单桩承载力之和，有时等于或大于单桩承载力之和。

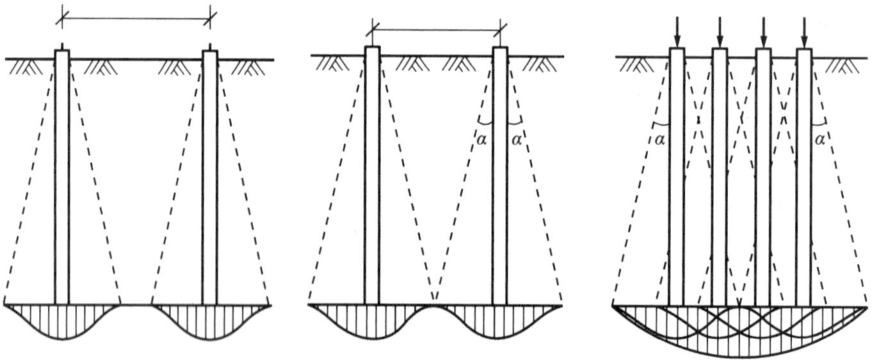

(a) 桩中心距较大时　(b) 桩中心距适宜时　(c) 桩中心距较小时

s_a为桩之间的中心距；α为应力扩散角。

图 4-37　摩擦桩桩底的平面压力分布

摩擦桩群桩基础受力分析动画

如图 4-38 所示为群桩基础下桩土之间作用机理。在高承台条件下，竖向荷载作用下的群桩中各桩顶荷载通过侧摩阻力与端部阻力传递给地基土和邻近桩，由此产生了应力重叠且改变了土和桩的应力状态，这种状态反过来影响群桩侧摩阻力和端部阻力的大小和发展过程，使之与单桩的情况不同。然而高承台群桩侧摩阻力的荷载传递过程仍与单桩相近，即遵循随着荷载增大侧摩阻力从桩顶开始向下发挥的规律。

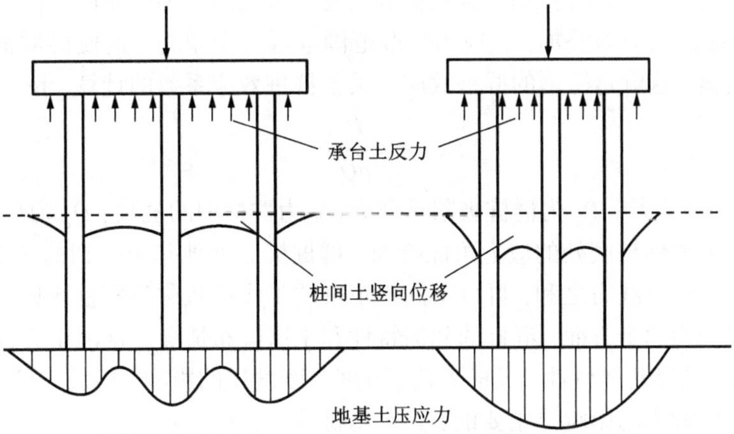

(a) 桩中心距较大时　　(b) 桩中心距较小时

图 4-38　摩擦桩群桩基础下桩土之间作用机理

在低承台条件下，由摩擦桩组成的群桩在竖向荷载作用下，其桩顶荷载的大部分通过桩侧摩阻力传递到桩侧和桩端土层中，其余部分由桩端承受。由于桩端的贯入变形和桩身的弹性压缩，承台底土也分担一部分荷载并传递到一定深度范围内，导致桩侧摩阻力和桩端阻力受到干扰，因而形成承台、桩、土相互影响共同作用。除了群桩产生的应力重叠会影响侧摩阻力和端部阻力外，由于承台与其下地基土的接触应力的存在，桩、承台、地基土之间相互作用趋于复杂，承台不仅限制了桩上部的桩土相对位移，从而使桩上部的侧摩阻力减小，而且改变了荷载传递的过程，即随着外荷载的增大，侧摩阻力从桩底、下部开始逐步自下向上发挥。因此低承台群桩改变了单桩侧摩阻力从桩上部逐步向下发挥的荷载传递过程，也改变了侧摩阻力和端部阻力的大小、分布和发展过程，如图 4-39 所示。

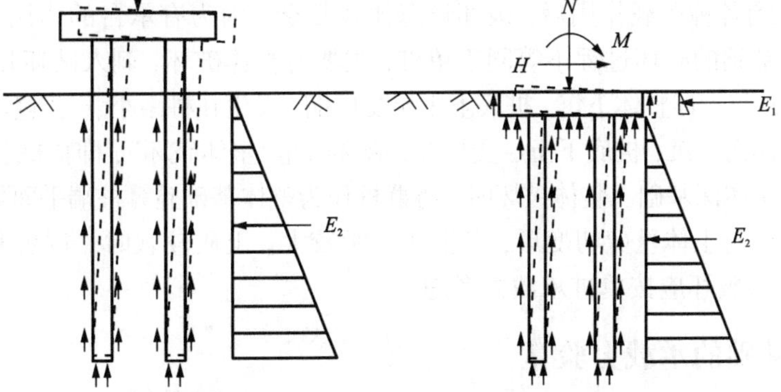

(a) 高承台群桩基础　　(b) 低承台群桩基础

E_1为低桩承台所受土压力；E_2为桩身所受土压力

图 4-39　群桩基础受力图

三、群桩效应

群桩基础在受到外荷载作用时，桩顶荷载会通过桩侧阻力和桩端阻力的形式传递到土体中，最终会在桩端形成应力叠加，其应力扩散范围远远大于单桩，这使得群桩基础的承载特性与单桩差异明显，这就是所谓的群桩效应。关于群桩效应系数的计算，按式(4-4)确定。

$$\eta=\frac{P_{\mathrm{u}}}{nQ_{\mathrm{u}}} \tag{4-4}$$

式中：η 为群桩效应系数；P_{u} 为群桩极限承载力；n 为群桩中的桩数；Q_{u} 为单桩极限承载力。

群桩中各桩传递到桩底处的应力可能叠加，群桩桩底处地基土受到的压力比单桩大，承载力往往不等于单桩承载力之和，群桩不同于单桩的工作性状称为群桩效应。群桩效应的影响因素主要可以分为两个方面：群桩的几何特性和土层分布情况。这两个方面主要包括土地性质、土层分布、桩身几何特性、成桩工艺、刚度与刚度比的影响、桩长与桩径比、时间效应这几个因素。桩距大小的影响是主要的，其次是桩数。

学习任务 2　群桩基础的破坏模式和验算

学习情境

群桩基础都位于地下，属于隐蔽工程，受到外力作用下，会产生不同程度的变化，因此对地基与基础"深度研究"，加大"思辨与分析"，深知"量变引起质变"的重要性。重视对群桩基础的受力的分析，重视对群桩基础的破坏模式的分析，重视类似工程经验的总结，重视对以往成功与教训的思辨，才有助于对不同类型群桩基础的整体性进行验算，保证地基与基础的稳定，避免出现破坏。

知识导航

一、群桩基础的破坏模式

群桩基础受到各种荷载作用后，破坏形态比较复杂，因为有承台的作用，以及承台下土体的作用，群桩基础的破坏过程不等同于单桩，主要有整体破坏、刺入破坏几种破坏模式。

整体破坏：桩与土体整体下沉，桩底下土层受压缩，发生在桩距小、土质坚硬时。桩间土与桩群作为一个整体而下沉，桩底下土层受压缩，破坏时呈"整体破坏"，即指桩、土形成整体，破坏形态类似一个实体深基础。整体破坏时，将群桩作为整体基础验算桩端平面处土的承载力。

刺入破坏：桩与土体呈剪切变形，发生在桩距较大、土质较软时。群桩基础兼有两种破坏模式。单桩刺入破坏应按单桩承载力考虑。

二、群桩基础的承载力验算

1. 持力层承载力的验算

《公路桥涵地基与基础设计规范》(JTG 3363—2019)规定，对 9 根桩及以上的多排摩擦型桩群桩，桩端平面内桩距小于 6 倍桩径时，群桩可作为整体基础验算桩端平面处土的承载力。

当桩距较大，单桩荷载传到桩底处的压力叠加影响较小时，可不考虑群桩效应。《公路桥涵地基与基础设计规范》(JTG 3363—2019)规定：桥梁工程规定对9根桩及以上的多排摩擦型桩群桩，桩端平面内桩距大于6倍桩径(边长)时，建筑工程规定对桩的根数少于3根的群桩基础，无须验算群桩基础承载力，只要验算单桩容许承载力即可。

当桩距小于6倍桩径(边长)时，需验算桩底持力层土的容许承载力，如果持力层下有软弱土层，还应验算软弱下卧层的承载力。摩擦桩群桩基础，当桩间中心距小于6倍桩径时，将桩基础视为相当于 *acde* 范围内的实体基础，如图4-40所示，桩侧外力为以 $\overline{\varphi}/4$ 角向下扩散，按扩大的面积验算桩底平面处土层的承载力。

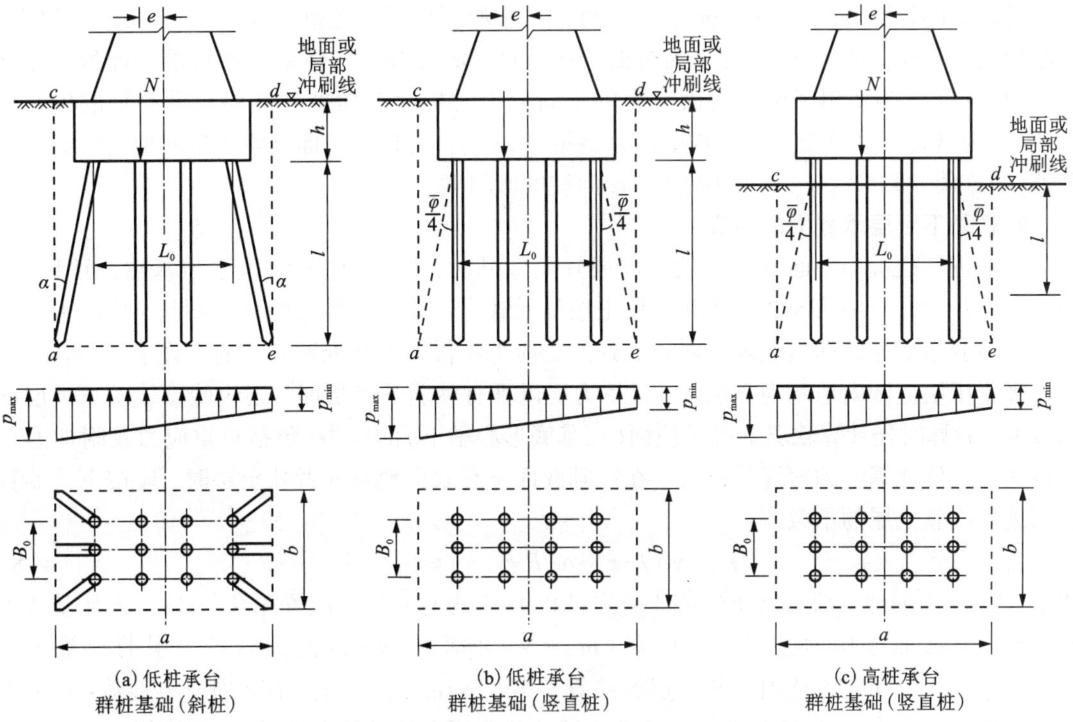

图4-40　群桩基础作为整体基础计算示意图

整体基础计算时应符合下列规定：

(1)当轴心受压时：

$$P=\overline{\gamma}l+\gamma h-\frac{BL\gamma h}{A}+\frac{N}{A}\leqslant[f_a] \tag{4-5}$$

(2)当偏心受压时，除满足式(4-5)外，尚应满足下列条件：

$$P_{\max}=\overline{\gamma}l+\gamma h-\frac{BL\gamma h}{A}+\frac{N}{A}\left(1+\frac{eA}{W}\right)\leqslant\gamma_R[f_a]\ (A=a\times b) \tag{4-6}$$

当桩的倾斜度 $\alpha\leqslant\frac{\overline{\varphi}}{4}$ 时：

$$a=L_0+d+2l\tan\frac{\overline{\varphi}}{4},\ b=B_0+d+2l\tan\frac{\overline{\varphi}}{4} \tag{4-7}$$

当桩的倾斜度 $\alpha \geqslant \frac{\bar{\varphi}}{4}$ 时：

$$a=L_0+d+2l\tan\alpha \qquad b=B_0+d+2l\tan\alpha$$

$$\bar{\varphi}=\frac{\varphi_1 l_1+\varphi_2 l_2+\cdots+\varphi_n l_n}{l}$$

式中：P 为桩端平面处的平均压应力（kPa）；P_{max} 为桩端平面处的最大压应力（kPa）；$\bar{\gamma}$ 为承台底面至桩端平面包括桩的重力在内的平均重度（kN/m^3）；l 为桩的深度（m）；γ 为承台底面以上土的重度（kN/m^3）；B、L 为承台的长度、宽度（m）；N 为作用于承台底面合力的竖向分力（kN）；A 为假定的实体基础在桩端平面处的计算面积，$A=a\times b$；a、b 为假定的实体基础在桩端平面处的计算宽度、长度（m）；L_0 为外围桩中心围成矩形轮廓的长度（m）；B_0 为外围桩中心围成矩形轮廓的宽度（m）；d 为桩的直径（m）；W 为假定实体基础在桩端平面处的截面抵抗矩（m^3）；e 为作用于承台底面合力的竖向分力对桩端平面处计算面积重心轴的偏心矩（m）；$\bar{\varphi}$ 为基桩所穿过土层的平均土内摩擦角（°）；$[f_a]$ 为桩端平面处修正后的地基承载力特征值（容许值）（kPa）；γ_R 为抗力系数；α 为桩的倾斜度。

2. 软弱下卧层承载力的验算

当群桩基础桩端平面以下有软土层或软弱地基时，按《公路桥涵地基与基础设计规范》（JTG 3363—2019）中第 5.2.6 条验算该土层的承载力。软弱下卧层验算原则是，按土力学中土内应力分布规律计算出软弱土层顶面处的总应力不得大于此处地基土的容许承载力。

当受压层范围内地基为多层土，且持力层以下有软弱下卧层时，还应验算软弱下卧层的承载力，验算时先计算软弱下卧层顶面（在基底形心轴下）的应力（包括自重应力及附加力），不得大于该处地基土的容许承载力。在基础底面下有软弱地基或者软土层时，应按下式验算软弱地基或软土层的承载力：

$$P_Z=\gamma_1(h+z)+\alpha(P-\gamma_2 h)\leqslant\gamma_R[f_a] \tag{4-8}$$

式中：P_Z 为软弱地基或者软土层的压应力（kPa）；h 为基底处的埋置深度（m）；z 为从基底处到软弱地基或软土层地基顶面的距离（m）；γ_1 为深度（$h+z$）范围内各土层的换算重度（kN/m^3）；γ_2 为深度 h 范围内各土层的换算重度（kN/m^3）；α 为途中附加应力系数；P 为基底压应力（kPa）；$[f_a]$ 为软弱地基或者软土层地基顶面上的承载力特征值（容许值）。

三、群桩基础沉降的验算

1. 群桩基础沉降的组成

群桩的沉降可以分为以下几个部分：①桩身压缩变形引起的桩顶沉降。荷载作用在桩顶，桩身会产生压缩，这个压缩量和桩身的刚度有关。②桩端应力引起的桩端沉降。荷载传递到桩端，由于应力叠加效应，桩端的应力一般比单桩桩端要大，桩端土层的压缩也大于单桩桩端沉降，同时，桩端应力的增加会导致桩端压缩层深度增加，群桩沉降达到稳定所需要的时间也会延长。③群桩效应引起的附加沉降。桩间距较小时，桩间土受到相邻桩基的共同作用会产生附加沉降。总的来说，群桩的沉降主要是由桩的沉降、桩间土产生的沉降组成。虽然关于群桩沉降和承载力，在理论、试验、数值分析方面专家学者们都做了很多研究，在一定程度上揭示了群桩沉降和承载力的规律，得到了一些群桩的计算方法，但是对群桩的认识还有待进一步加强。

2. 群桩基础沉降验算要求

桩基为端承桩或桩端平面内的中距大于 6 倍桩径(或边长)时，桩基总的沉降量可取单桩的沉降量，其他情况下，应按《公路桥涵地基与基础设计规范》(JTG 3363—2019)中第 5. 3. 4 条的规定计算墩台基础群桩的沉降量，并应计入桩身压缩量，按分层总和法计算墩台基础的最终沉降量。墩台基础的沉降应满足下列要求：总沉降量 $S \leqslant 2.0\sqrt{L}$，总沉降差 $\Delta S \leqslant 1.0\sqrt{L}$，其中 $L \geqslant 25$ m。

群桩沉降性状也是一个非常复杂的问题，桩、土、承台三者之间的相互作用造成群桩效应，致使群桩与单桩的沉降性状有较大不同。摩擦型单桩的沉降主要受桩侧摩阻力影响，而群桩的沉降在很大程度上与桩端以下土层的压缩性有关；单桩的沉降与承载力性状都受桩的形状(如锥形桩、柱形桩)影响，而群桩的沉降与承载力性状则与桩的形状无关。一般情况下，群桩比单桩沉降大得多；群桩中各桩荷载相同时，群桩沉降随桩数的增加而增加；桩间距愈大，群桩沉降愈小。

3. 群桩基础沉降计算方法

群桩基础的沉降计算分两种情况，第一种是不计桩间土荷载分担群桩沉降计算方法，第二种是计桩间土荷载分担。不计桩间土荷载分担群桩沉降计算方法有弹性理论法、等代墩基法、等效作用分层总和法。在工程计算中，群桩沉降常用的方法有等代墩基法(实体深基础法)、弹性理论法、等效作用分层总和法、规范法等。

等代墩基法又称实体深基础法，是桩基础沉降计算的一种简化方法，在工程实践中被广泛应用。但其经验性较强，使用上具有参数难选取的问题。Polous 和 Davis 首次系统地提出根据 Mindlin 位移解计算均质弹性半空间体的桩基沉降的弹性理论法。但纯粹的弹性理论法计算结果与实测值相差较大。这种方法是将桩基础和桩间土假想成一个整体，等效替代为一个实体深基础，再按照浅基础的沉降计算方法对实体深基础进行沉降估算，并且计算过程中由桩间土压缩变形对桩基础沉降造成的影响不作考虑。实际工程中需要考虑桩基础外侧土体因剪应力对群桩沉降造成的影响时，我国一般采用将桩基外侧桩顶部以 $\bar{\varphi}/4$ 的角度向下延伸直至与桩端所在平面相交所围成的范围作为底面积。

4. 群桩基础沉降影响因素

群桩基础的沉降涉及众多因素。一般来说，包括群桩几何尺寸(桩间距、桩长、桩数、桩基础宽度与桩长的比值等)、成桩工艺、桩基施工与流程、土地类别与性质、土层剖面的变化、荷载的大小、荷载的持续时间以及承台设置方式，如表 4-8 所示，为群桩基础验算汇总分析。

表 4-8　群桩基础验算汇总分析

指标	摩擦桩群桩基础		端承桩群桩基础
	桩间距小于 6 倍桩径	桩间距大于等于 6 倍桩径	
破坏分析	群桩破坏模式	单桩破坏模式	单桩破坏模式
承载力验算	按群桩基础承载力验算考虑	按单桩承载力验算考虑	按单桩承载力验算考虑
沉降验算	看作实体基础考虑，按群桩基础沉降验算考虑，并考虑桩身的压缩变形	按单桩沉降验算考虑，并考虑桩身的压缩变形	按单桩沉降验算考虑

单元知识巩固和拓展

一、知识要点汇总

1. 公路桥梁群桩基础受到的竖向力 N 通常包括群桩基础上部结构的荷载或者车辆荷载等，水平力 H 则通常包括风力、波浪力、地震力、船撞力等，弯矩 M 则通常可由水平力、竖向偏心力等引起。

2. 对于高承台群桩基础，通常通过桩侧阻力、桩端阻力和桩侧土抗力来承担外荷载的作用；对于低承台群桩基础，则通常通过桩侧阻力、桩侧土抗力、桩端阻力、承台侧阻力、承台侧向土抗力和承台土反力来承担外荷载的作用。

3. 群桩的沉降主要包括下面几个部分：桩身压缩变形引起的桩顶沉降、桩端应力引起的桩端沉降、群桩效应引起的附加沉降。

4. 群桩基础承载力的验算需要验算持力层承载力，当下面有软弱土层时还需要验算软弱下卧层承载力。

二、习题练习

习题练习答案

单选题

1. 关于群桩基础描述错误的是(　　)。

A. 由承台和基桩群共同组成的桩基础称为群桩基础

B. 群桩基础在荷载作用下，工作状态和单桩明显不一样

C. 群桩基础划分为摩擦型群桩基础和端承型群桩基础

D. 群桩基础的承载能力比基桩承载能力之和大

2. 关于端承桩群桩基础描述错误的是(　　)。

A. 端承桩群桩基础的承载力等于各个单桩承载力之和

B. 端承桩群桩基础沉降量大于单桩沉降量

C. 端承桩群桩基础的每根桩的工作机理和单桩相似，类似于单桩工作性状的叠加

D. 端承桩群桩基础桩底有很好的支撑，变形沉降量小

3. 关于摩擦桩群桩基础描述错误的是(　　)。

A. 群桩中的每根桩与单桩的工作状态都不一样

B. 在相同荷载作用下，摩擦桩群桩中可能出现部分桩的承载力大于单桩，也可能出现部分桩的承载力小于单桩，还有可能出现相等情况

C. 摩擦桩群桩沉降也与单桩沉降不同，一般群桩沉降大于单桩沉降

D. 摩擦桩群桩基础桩底有很好的支撑，变形沉降量小

4. 群桩基础在受到外荷载作用时，桩顶荷载会通过桩侧阻力和桩端阻力的形式传递到土体中，最终会在桩端形成应力叠加，其应力扩散范围远远大于单桩，这使得群桩基础的承载特性与单桩差异明显，这就是所谓的(　　)。

A. 群桩效应　　　　B. 组合效应

C. 蝴蝶效应　　　　D. 叠加效应

5. 关于群桩基础承载力验算沉降验算描述错误的是(　　　)。

A. 需要进行持力层承载力的验算

B. 可能需要进行软弱下卧层承载力

C. 群桩的沉降主要是由桩的沉降、桩间土产生的沉降组成

D. 墩台基础计算群桩的沉降量，不应计入桩身压缩量，按分层总和法计算墩台基础的最终沉降量

6. (　　　)是指桩与土体整体下沉桩底下土层受压缩，发生在桩距小、土质坚硬时。桩间土与桩群作为一个整体而下沉，桩底下土层受压缩，破坏时桩、土形成整体，破坏形态类似一个实体深基础。

A. 整体破坏　　B. 刺入破坏　　C. 剪切破坏　　D. 屈曲破坏

7. (　　　)桩与土体呈剪切变形，发生在桩距较大、土质较软时。群桩基础兼有两种破坏模式。单桩刺入破坏应按单桩承载力考虑。

A. 整体破坏　　B. 刺入破坏　　C. 剪切破坏　　D. 屈曲破坏

三、知识点拓展

1. PHC 管桩于 1970 年在日本首先研制成功并投入使用，因其承载能力强、制作施工周期短以及能够标准化生产等诸多优点得到迅猛发展。1987 年，中国引进了第一条 PHC 管桩生产线，开始了自行研制生产的道路。经过了 30 多年的发展，我国的 PHC 管桩生产技术日趋成熟、种类规格齐全、相关的应用技术更加完善，推广使用的地区也开始从珠三角、长三角等沿海发达地区向内陆地区发展。沿海发达地区使用 PHC 管桩较早，相关理论研究较为丰富，对管桩在工程中的应用有很好的指导意义。

2. 管桩群桩受力分析。沿海地区多为覆盖有深厚软土的地区，相关地质条件具有很大差异，因此，不同地区使用 PHC 管桩基础时也需“因地制宜”。工程中的桩基础多以群桩形式存在，各桩之间距离较近，对单桩相关特征的发挥有着较大的影响。不同的地质条件对 PHC 管桩承载变形能力的发挥有着较大的影响，例如软土地区具有含水量大、渗透性小等特点，土体在打桩施工时会产生较大的超孔隙水压力，易形成“桩塞”现象。而湿陷性黄土场地中，桩侧常会出现负摩阻力，影响 PHC 管桩承载力的发挥。

3. 上海软土地基上建造了 632 m 的上海中心大厦。这么重要的建筑物，如何控制建筑物的最终沉降变形？初步方案是考虑桩基入土深度 110 m，经过设计专家的优化后，设计方案采用了入土深度 88 m 的桩基，有效桩长只有 50 多米，却撑起了 600 多米高的建筑。其中采用的一个很重要的措施就是桩端后注浆，大大提高了桩基的承载能力，减少了沉降，将主楼的最终沉降量控制在预测范围内。设计方案的优化很大程度上节约了造价。

单元五　单桩承载力的确定

学习目标

【知识目标】

1. 知道单桩竖向容许承载力的定义。
2. 理解经验公式法确定单桩竖向容许承载力。
3. 了解桩身材料强度法确定单桩竖向容许承载力。
4. 理解垂直静载试验法确定单桩竖向容许承载力。

【能力目标】

1. 能利用经验公式进行单桩竖向容许承载力计算。
2. 能判断单桩承载力是否满足承载力要求。
3. 能描述堆载法、锚桩法的试验原理。
4. 能选择合适的方法确定单桩竖向容许承载力。

【素质目标】

1. 培养质量意识、安全意识、信息素养。
2. 培养严谨求实、一丝不苟的职业素养。
3. 培养刻苦钻研、团结协作的职业素养。

学习导图

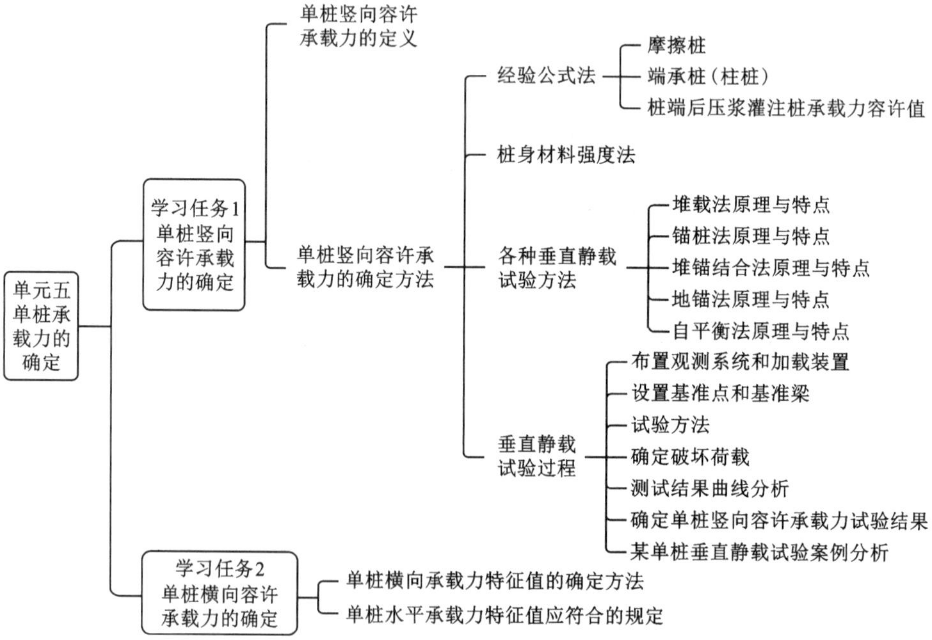

学习任务1　单桩竖向容许承载力的确定

学习情境

通常，桩可能会受到竖向力、横向力以及弯矩的作用，在不同的作用下，产生的力学效果和位移也不一样，在实际应用中，须分别计算和研究来确定单桩的竖向承载力、横向承载力。

近些年，随着交通建设的飞速发展，超高层建筑日益增多，超大型桥梁逐渐增多，对地基基础的承载能力要求也越来越高，基础工程不断向超深、超大方向发展。复杂地质条件下，超大吨位桩基承载能力的确定十分重要。选择合适的方法对其进行分析，以期获得更精准的试验数据，准确判定运营期间的桩基承载力，才能有效保障工程的质量。

桩属于隐蔽工程，施工方面的一些问题会导致桩身承载力严重下降，比如下面的案例中，因为桩端有严重的混凝土离析，桩端的承载力严重丧失；沉降量过大。某项目单桩承载力检测，选择了2根结构完整桩和1根桩端有严重混凝土离析缺陷的桩做了单桩静载试验，结果详见表4-9。

表4-9　单桩静载试验结果

试桩编号	最大加荷值破坏荷载/kN	最终沉降/mm	单桩竖向极限承载力标准值/kN
1#	630	65.37	525
2#	1260	7.55	1260
3#	1260	6.98	1260

知识导航

单桩竖向容许承载力的确定方法较多，主要分为两大类，一类是以桩身的强度为依据来确定承载力，另一类是以地基对桩的支撑力为准来确定承载力。当桩体强度较高时，桩与土的相互作用决定了单桩的竖向抗压承载能力；当桩体强度较低时，采用桩体强度来计算单桩的竖向抗压承载能力。单桩容许承载力的确定方法主要有静载试验法、经验公式法、桩身材料强度法。静载试验法通常被认为是确定桩基承载力最可靠、最常用、最接近于桩基实际工作条件的桩基承载力检测方法，根据加载反力作用不同，试验可分为常用的有堆载法、锚桩法、堆锚结合法、自平衡试验等方法，下面分别具体介绍。

一、单桩竖向容许承载力的定义

在工程设计中，单桩竖向容许承载力(竖向承载力的特征值)，系指单桩在竖向荷载作用下，地基土和桩本身的强度和稳定性均能得到保证，变形也在容许范围之内，能正常使用状态下桩体所容许承担的最大荷载值。考虑到地基土具有多变性、复杂性和地域性等特点，往往需选用几种方法综合考虑和分析，最终合理确定单桩竖向容许承载力。

二、单桩竖向容许承载力的确定方法

(一)经验公式法

现行的各种设计规范都规定了以经验公式计算单桩竖向承载力的方法，以经验公式计算单桩竖向容许承载力的方法是一种简化计算方法。规范根据全国各地大量的静载试验资料，经过理论分析和统计整理，给出不同类型的桩，按土的类别、密实度、稠度、埋置深度等条件结合桩侧摩阻力及桩底阻力的经验系数、数据及相应公式，计算容许承载力的方法称为经验公式法。

1. 摩擦桩

单桩竖向容许承载力 $[P]$ = [桩侧极限摩阻力(P_{su})+桩底极限阻力(P_{pu})]/安全系数 K。

沉入桩与钻孔灌注桩，由于施工方法不同，两种桩根据试验资料所得桩侧摩阻力和桩底阻力数据，所给出的计算数据也会不同。

(1)沉入桩容许承载力按下式计算：

$$[R_a] = \frac{1}{2}\left(u\sum_{i=1}^{n} a_i l_i q_{ik} + a_r A_P q_{rk}\right) \tag{4-9}$$

式中：$[R_a]$ 为单桩竖向受压承载力容许值(kN)，桩身自重与置换土重(当自重计入浮力时，置换土重也计入浮力)的差值作为荷载考虑；u 为桩身的周长(m)；n 为土地层数；l_i 为承台底面或局部冲刷线以下各土层的厚度(m)；q_{ik} 为与 l_i 对应的各土层与桩侧的摩阻力标准值(kPa)，宜采用单桩摩阻力试验确定或通过静力触探试验测定，当无试验条件时按表 4-10 选用；q_{rk} 为桩端处土地承载力标准值(kPa)，宜采用单桩试验确定或通过静力触探试验测定，当无试验条件时按表 4-11 选用；a_i、a_r 分别为振动沉桩对各土层侧摩阻力、桩端承载力的影响系数，按表 4-12 采用，对于锤击、静压沉桩，其值均取为 1.0；A_P 为桩端截面面积(m^2)，对于扩底桩，取扩底截面面积。

表 4-10 沉桩侧土地摩阻力标准值 q_{ik}

土类	状态	摩阻力标准值 q_{ik}/kPa
黏性土	$1.5 \geq I_L \geq 1$	15~30
	$1 > I_L \geq 0.75$	30~45
	$0.75 > I_L \geq 0.5$	45~60
	$0.5 > I_L \geq 0.25$	60~75
	$0.25 > I_L \geq 0$	75~85
	$0 > I_L$	85~95
粉土	稍密	20~35
	中密	35~65
	密实	65~80
粉、细砂	稍密	20~35
	中密	35~65
	密实	65~80

续表4-10

土类	状态	摩阻力标准值 q_{ik}/kPa
中砂	中密	55~75
	密实	75~90
粗砂	中密	70~90
	密实	90~105

注：表中的液限指数 I_L，是按 76 g 平衡锥测定的数值。

表 4-11　沉桩端土地承载力标准值 q_{rk}

土类	状态	桩端承载力标准值 q_{rk}/kPa		
黏性土	$I_L \geqslant 1$	1000		
	$1>I_L \geqslant 0.65$	1600		
	$0.65>I_L \geqslant 0.35$	2200		
	$0.35>I_L$	3000		
		$1>\frac{h_c}{d}$	$4>\frac{h_c}{d} \geqslant 1$	$\frac{h_c}{d} \geqslant 4$
粉土	中密	1700	2000	2300
	密实	2500	3000	3500
粉砂	中密	2500	3000	3500
	密实	5000	6000	7000
细砂	中密	3000	3500	4000
	密实	5500	6500	7500
中、粗砂	中密	3500	4000	4500
	密实	6000	7000	8000
圆砾石	中密	4000	4500	5000
	密实	7000	8000	9000

注：表中 h_c 为桩端进入持力层的深度(不包括桩靴)；d 为桩的直径或边长。

表 4-12　系数 a_i、a_r 值

桩径或者边长 d/m	黏土	粉质黏土	粉土	砂土
$0.8 \geqslant d$	0.6	0.7	0.9	1.1
$2.0 \geqslant d>0.8$	0.6	0.7	0.9	1.0
$d>2.0$	0.5	0.6	0.7	0.9

(2)钻(挖)孔灌注桩容许承载力按式(4-10)、式(4-11)计算：

$$[R_a] = \frac{1}{2}u\sum_{i=1}^{n} q_{ik}l_i + A_p m_0 \lambda [[f_{a0}] + k_2 r_2(h-3)] \tag{4-10}$$

$$q_r = m_0 \lambda [[f_{a0}] + k_2 \gamma_2 (h-3)] \tag{4-11}$$

式中：$[R_a]$为单桩竖向受压承载力容许值(kN)，桩身自重与置换土重(当自重计入浮力时，置换土重也计入浮力)的差值作为荷载考虑；u 为桩身的周长(m)；n 为土地层数；A_P 为桩端截面面积(m^2)，对于扩底桩，取扩底截面面积；l_i 为承台底面或局部冲刷线以下各土层的厚度(m)，扩孔部分不计；q_{ik}为与 l_i 对应的各土层与桩侧的摩阻力标准值(kPa)，宜采用单桩摩阻力试验确定，当无试验条件时按表 4-13 选用；q_r 为桩端处土的承载力容许值(kPa)，当持力层为砂土、碎石土时，若计算值超过下列值，宜按下列值采用，粉砂 1000 kPa、细砂 1150 kPa，中、粗砂、砂砾 1450 kPa，碎石土 2750 kPa；$[f_{a0}]$为桩端处土地承载力基本容许值(kPa)；h 为基础底面的埋置深度(m)，受水流冲刷的基础由一般冲刷线算起，不受水流冲刷的基础由天然地面算起，h 的计算值不大于 40 m，当大于 40 m 时按 40 m 算；k_2 为容许承载力随深度的修正系数；γ_2 为桩端以上各土层的加权平均重度(kN/m^3)，如持力层在水位以下且为不透水性土时，不论桩端以上土的透水性质如何，应一律采用饱和重度，如持力层为透水性土时，水中部分土层则应取浮重度；λ 为修正系数，按表 4-14 选用；m_0 为清底系数，按表 4-15 选用。

表 4-13　钻孔桩侧土地摩阻力标准值 q_{ik}

土类		q_{ik}/kPa	土类		q_{ik}/kPa
中密炉渣、粉煤灰		40~60	中砂	中密	45~60
黏性土	流塑 $I_L \geq 1$	20~30		密实	60~80
	软塑 $0.75<I_L \leq 1$	30~50	粗砂、砂砾	中密	60~90
	可塑、硬塑 $0<I_L \leq 0.75$	50~80		密实	90~140
	坚硬 $I_L \leq 0$	80~120	圆砾、角砾	中密	120~150
粉土	中密	30~55		密实	150~180
	密实	55~80	碎石、卵石	中密	160~220
粉砂、细砂	中密	35~55		密实	220~400
	密实	55~70	漂石、块石		400~600

注：挖孔桩的摩阻力标准值可参照本表采用。

表 4-14　λ 值

桩端土的情况	l/d		
	4~20	20~25	>25
透水性土	0.7	0.7~0.85	0.85
不透水性土	0.65	0.65~0.72	0.72

表 4-15　清底系数 m_0 值

t/d	0.3~0.1	m_0	0.7~1.0

注：1. t、d 为桩端沉渣厚度、桩的直径。

2. $d \leq 1.5$ m 时，$t \leq 300$ mm；$d>1.50$ m 时，$t \leq 500$ mm，且 $0.1<l/d<0.3$。

2. 端承桩(柱桩)

支撑在基岩上或嵌入岩层中的单桩，其竖向受压容许承载力，取决于桩底处岩石的强度和嵌入岩层的深度，可按式(4-12)计算。

$$[R_a]=c_1A_Pf_{rk}+u\sum_{i=1}^{m}c_{2i}h_if_{rki}+\frac{1}{2}\zeta_su\sum_{i=1}^{n}l_iq_{ik} \tag{4-12}$$

式中：$[R_a]$为单桩竖向受压承载力容许值(kN)，桩身自重与置换土重(当自重计入浮力时，置换土重也计入浮力)的差值作为荷载考虑；c_1 为根据清孔情况、岩石破碎程度等因素而定的端阻发挥系数，按表4-16采用；A_P 为桩端截面面积(m^2)，对于扩底桩，取扩底截面面积；f_{rk} 为桩端岩石饱和单轴抗压强度标准值(kPa)，黏土质岩取天然湿度单轴抗压强度标准值，当f_{rk} 小于 2 MPa 时，按摩擦桩计算；f_{rki} 为第 i 层的f_{rk}；c_{2i} 为根据清孔情况、岩石破碎程度等因素而定的第 i 层岩层的侧阻发挥系数，按表 4-16 采用；u 为各土层或各岩层部分的桩身周长(m)；h_i 为桩嵌入各岩层部分的厚度(m)，不包括强风化层和全风化层；m 为岩层的层数，不包括强风化层和全风化层；ζ_s 为覆盖层土地侧阻力发挥系数，根据f_{rk} 确定，当 2 MPa$\leq f_{rk}<$15 MPa 时，ζ_s=0.8，当 15 MPa$\leq f_{rk}<$30 MPa 时，ζ_s=0.5，当$f_{rk}>$30 MPa 时，ζ_s=0.2；l_i 为各土层的厚度(m)；q_{ik} 为桩侧第 i 层土的侧阻力标准值(kPa)，宜采用单桩摩阻力试验值，当无试验条件时，对于钻挖孔桩按本规范表 4-13 选用，对于沉桩按表 4-11 选用；n 为土层地层数，强风化和全风化岩层按土层考虑。

表 4-16　系数 c_1、c_{2i} 值

岩层情况	c_1	c_{2i}
完整、较完整	0.6	0.05
较破碎	0.5	0.04
破碎、极破碎	0.4	0.03

按式(4-9)(4-10)(4-12)计算的单桩竖向承载力容许值$[R_a]$，应根据桩的受荷阶段及受荷情况乘以表 4-17 规定的抗力系数。

表 4-17　单桩竖向承载力的抗力系数

受荷阶段	作用效应组合		抗力系数
使用阶段	短期作用效应组合	永久作用与可变作用组合	1.25
		结构自重、预加力、土重、土侧压力和汽车、人群荷载组合	1.00
	作用效应偶然组合(不含地震作用)		1.25
施工阶段	施工荷载效应组合		1.25

3. 桩端后压浆灌注桩承载力容许值

桩端后压浆灌注桩单桩轴向受压承载力容许值应通过静载试验确定。在符合《公路桥涵地基与基础设计规范》JTG 3363—2019 附录后压浆技术规定的条件下，后压浆单桩轴向受压承载力容许值可按式(4-13)计算，参数取值查表 4-18。

$$[R_a]=\frac{1}{2}u\sum_{i=1}^{n}\beta_{si}q_{ik}l_i+\beta_p A_P q_r \tag{4-13}$$

式中：$[R_a]$为桩端后压浆灌注桩的单桩轴向受压承载力容许值，桩身自重与置换土重当自重计入浮力时，置换土重也计入浮力的差值作为荷载考虑；β_{si} 为第 i 层土地侧阻力增强系数，可按表 4-18 取值，当在饱和土层中压浆时，仅对桩端以上范围的桩侧阻力进行增强修正，当在非饱和土层中压浆时，仅对桩端以上的桩侧阻力进行增强修正对于非增强影响范围；β_p 为端阻力增强系数，可按表 4-18 取值，其他符号同前。

表 4-18　桩端后压降侧阻力增强系数 β_{si}、端阻力增强系数 β_p

土层名称	黏性土、粉土	粉砂	细砂	中砂	粗砂	砾砂	碎石土
β_{si}	1. 3~1. 4	1. 5~1. 6	1. 5~1. 7	1. 6~1. 8	1. 5~1. 8	1. 6~2. 0	1. 5~1. 6
β_p	1. 5~1. 8	1. 8~2. 0	1. 8~2. 1	2. 0~2. 3	2. 2~2. 4	2. 2~2. 4	2. 2~2. 5

(二)桩身材料强度法

通常，桩的竖向承载力往往由土对桩的支撑能力控制。但当桩穿过极软弱土层，支撑(或嵌固)于岩层或坚硬的土层上时，单桩竖向承载力往往由桩身材料强度控制。此时，基桩将像一根全部或者部分埋入土中的竖向受压杆件。如果桩身上受到水平力或弯矩等作用就类似于偏心受压杆件。在竖向荷载作用下，将发生纵向挠曲破坏而丧失稳定性，而且这种破坏往往发生于截面承压强度破坏以前，因此验算时尚需考虑纵向挠曲影响。对于钢筋混凝土桩，基桩的竖向承载力可归结为桩身竖向强度验算。

公路桥梁桩基础配筋计算部分是以交通运输部标准《公路钢筋混凝土及预应力混凝土桥涵设计规范》(JTG 3362—2018)为理论依据设计的，本单元主要考虑桩基础的受压和受弯作用，只针对规范中的受弯构件和受压构件进行强度计算设计，如表 4-19 所示，为轴向受压下桩顶受力(仅竖向力)计算表，表 4-20 为轴向受压下桩顶受力(受到竖向力、水平力或弯矩作用)计算表。

表 4-19　轴向受压下桩顶受力(仅竖向力)计算表

类别	桩顶受力情况	桩的类别	钢筋类型	计算要求
轴向受压情况	受竖向力作用	钢筋混凝土桩	普通箍筋	$\gamma_0 N_d\leqslant 0.9\varphi(f_{cd}A+f'_{sd}A'_S)$
			螺旋式焊接环式间接钢筋	$\gamma_0 N_d\leqslant 0.9(f_{cd}A_{cor}+f'_{sd}A'_S+kf_{sd}A_{so})$

注：N_d—计算的竖向承载力；φ—纵向挠曲系数；f_{cd}—混凝土抗压设计强度设计值；A—构件的毛截面面积；f'_{sd}—纵向钢筋抗拉强度设计值；A'_s—纵向钢筋截面面积；γ_0—桥梁结构的重要性系数；f_{sd}—普通钢筋抗拉强度设计值；A_{cor}—构件核心截面面积；A_{so}—螺旋式或焊接环式间接钢筋的换算截面面积；d_{cor}—构件截面的核心直径；K—间接钢筋影响系数；A_{sol}—单根间接钢筋的截面面积；f_{sd}—普通钢筋抗拉强度设计值。

表 4-20　轴向受压下桩顶受力(受竖向力、水平力或弯矩作用)计算表

类别	桩顶受力情况	计算要求
偏心受压情况	同时受到竖向力、水平力或弯矩作用	既要按照上面轴心受压情况计算、验算水平力及弯矩作用内桩的抗压强度；还要验算水平力及弯矩作用平面内的桩身抗弯拉强度，计算公式略

类别	桩顶受力情况	桩的影响	长细比	截面类型	计算要求
偏心受压情况	同时受到水平力、弯矩作用	桩身轴向偏移	$l_p/i>17.5$	矩形截面 $l_p/h>5$	1. 考虑桩在水平力、弯矩作用平面内的挠度对纵向力偏心矩的影响 2. 偏心距须乘以增大系数
		桩身轴向偏移		圆形截面 $l_p/2r>4.4$	1. 使纵向力对截面重心轴偏心距增大 2. 考虑纵向力对截面产生附加弯矩 3. 考虑桩在水平力，弯矩作用平面内的挠度对纵向力偏心距影响

注：l_p—构件的计算长度；i—截面的回转半径；h—截面的高度；r—圆形截面半径。

(三)各种垂直静载试验方法

1. 堆载法原理与特点

堆载法(压重平台反力装置)是指在荷载平台上堆放重物，常用堆载重物为预制的混凝土块体、钢锭、沙包，也有在荷载平台上置放水箱，向水箱中充水作为荷载。堆载法试验装置主要由重物(配重块)、主梁、千斤顶、次梁(工字钢)等组成，如图 4-41 所示。压重不得少于预估最大试验荷载的 1.2 倍，且压重要在试验之前一次加上，均匀分布在平台上。规范要求压重施加于地基土的压应力不能大于地基土承载力特征值的 1.5 倍。

试验装置：主要有加载系统和观测系统两部分。加载系统主要是反力装置，观测系统主要有桩顶位移观测设备和加载数值的观测设备等。

堆载法的适用条件：应用得较为广泛，试验的承重平台搭建过程简单，适合不配筋或少配筋的桩，可对工程桩进行随机抽检，堆载法适用于极限承载力较小的桩。

堆载法的优点：是最直接、最简单的静载荷试验方法，应用得比较广泛，试验的承载平台搭建过程简单，可以用于不同的载荷量试验，可对工程桩进行随机抽检。

堆载法的缺点：采用该方法试桩施工较麻烦，在软土地基上进行大堆载将引起地面的大量沉降；堆载法的反力往往由沙袋、混凝土构件等重物提供，当设计加载值过大时，堆重物施加于地基的力可能会大于地基的承载力，造成地基土的破坏塌陷；同时堆重物重心较高也存在安全隐患；施工中需要大型设备对重物(配重块)进行吊装和运输，施工安全比较难控制，施工成本较高；压重平台反力装置工程量相对较大，消耗的人力物力较多。

2. 锚桩法原理与特点

锚桩法(锚桩横梁反力装置)是指在试桩周围常利用工程桩群布置 4~8 根锚桩，具体锚桩数量要根据锚桩的抗拔力计算确定。锚桩深度不宜小于试桩深度，且与试桩有一定距离，一般应大于 3d 且不小于 1.5 m(d 为试桩直径或边长)，以减少锚桩对试桩承载力的影响。锚桩法试验装置主要由主梁、次梁、拉杆、千斤顶、试桩、基准架、锚笼(或挂板)、锚桩、百分

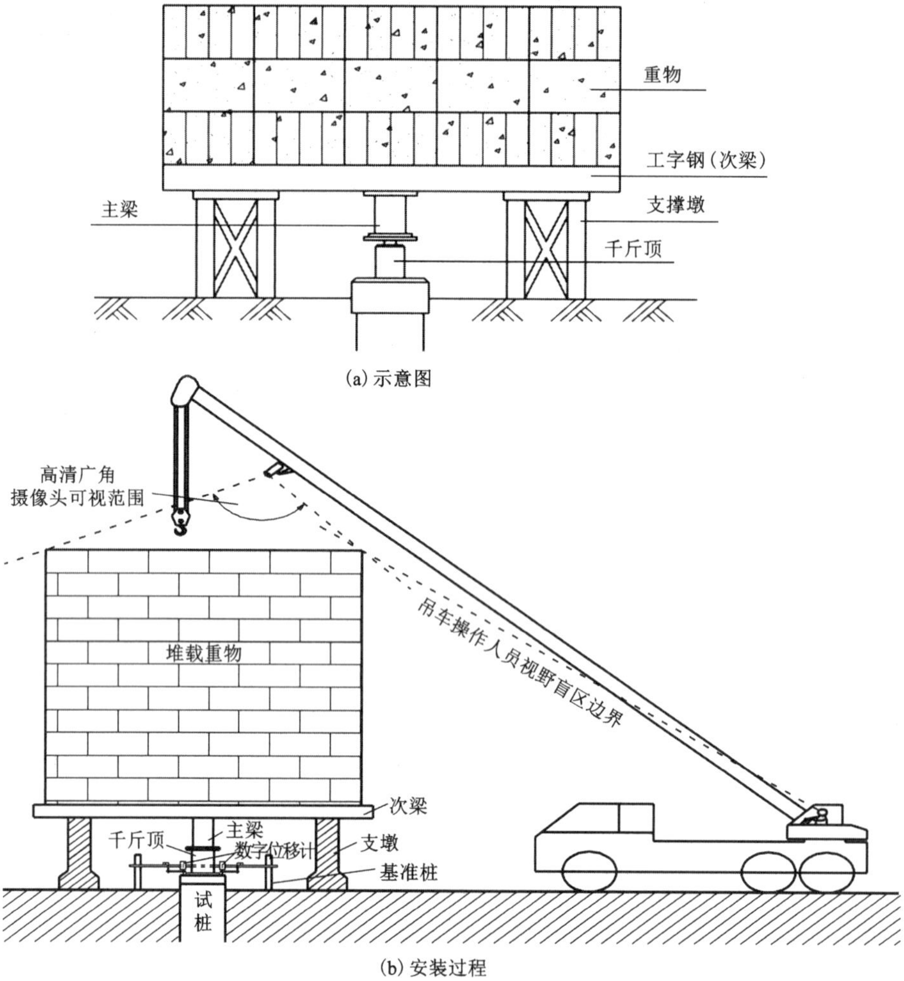

图 4-41　静载试验-堆载法

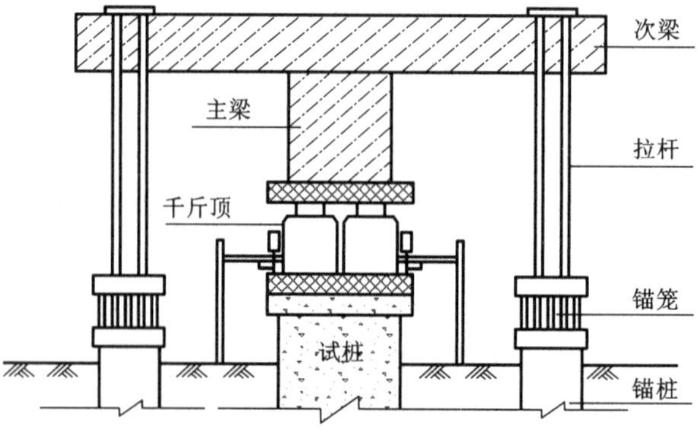

图 4-42　静载试验-锚桩法

表(位移计)等组成，如图 4-42 所示。次梁既可以放在主梁的上面，也可以放在主梁的下面。锚桩反力装置提供的反力大于等于预估最大试验荷载的 1.2~1.5 倍。

锚桩法的适用条件：常用于大直径灌注桩静载试验，大吨位的桩的静载试验。

锚桩法的优点：锚桩法静载试验因安全、经济、高效及加载吨位不受限制被广泛应用于复杂地质条件下桩基承载力的确定。锚桩法静载试验快速、便捷、周期短，对大吨位静载试验有较明显的优势，目前对锚桩法的研究主要是在大吨位、超长桩、反力横梁装置、锚桩对试验桩的影响等方面。

锚桩法的缺点：工程桩做的锚桩，会影响工程桩的承载力，施工的成本会增加，需要单独设置专门的锚桩，有一定局限性；桩间的土地扰动对试桩也有影响；安装时荷载对中不容易控制；对桩身承载力较大的钻孔灌注桩，锚桩反力装置无法随机抽检，覆盖面有限；过大的反力对锚桩的抗拔承载力提出了更高的要求，需要通过加长锚桩长度等其他辅助手段来提供反力、不仅费力且经济成本较高。

试桩可在已打好的工程桩中选定，也可专门设置与工程桩相同的试验桩。考虑到试验场地的差异及试验的离散性，试桩数目应不小于基桩总数的2%，且不应少于2根；试桩的施工方法以及试桩的材料和尺寸、入土深度均应与设计桩相同。

3. 堆锚结合法原理与特点

堆锚结合法(锚桩压重联合反力装置)主要由锚桩、堆载平台、千斤顶、拉杆、试桩、重物、锚具、支撑装置等组成，堆锚结合法是指在锚桩法(锚桩反力装置)的基础上配合堆载法(压重平台反力装置)完成基桩承载力检测，当试桩的最大加载量大于锚桩的抗拔能力时，可在主梁、次梁上堆载或悬挂一定的重物进行试验，由锚桩和重物一起承担千斤顶的加载反力。堆锚结合法装置如图 4-43 所示。

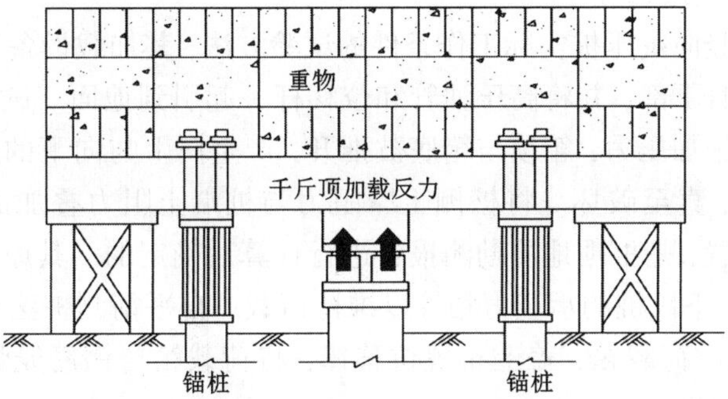

图 4-43　静载试验-堆锚结合法

堆锚结合法的适用条件：其核心就是锚桩反力装置，堆锚结合法(锚桩压重联合反力装置)适合用于锚桩横梁反力装置和压重平台反力装置都难以实现的大吨位试桩。试桩最大加载量大于锚桩的抗拔能力。这种试验方法继承了堆载法(压重平台反力装置)和锚桩法(锚桩反力装置)的优点和缺点，适用于各种混凝土灌注桩的基桩承载力检测。

4. 地锚法原理与特点

地锚法试验装置主要由锚桩、主梁、次梁、拉杆、锚笼(或挂板)、千斤顶等组成，如图 4-44 所示。

地锚根据螺旋钻受力方向的不同，可以分为斜拉式(伞式)和竖直式。斜拉式的螺旋钻受土的竖向阻力和水平阻力，竖直式的螺旋钻只受土的阻力。地锚提供的反力的大小与螺旋状叶片大小和地层土质有关。

地锚法的适用条件：对于小吨位(1000 kN 以内)试验和复合地基锚桩反力装置比较适用。

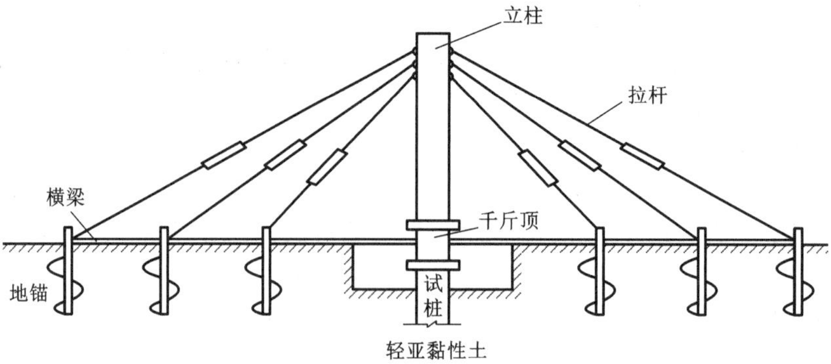

图 4-44 静载试验-地锚法

地锚法的优点：装置小巧轻便，安装简单，成本较低。

地锚法的缺点：适用范围小，试验承载力小。

5. 自平衡法原理与特点

Osterberg 试桩法在我国也被称为“自平衡法”。Osterberg 试桩法主要是在桩被打入或沉入设置时，先在桩的底部或桩身中部预埋一个特制的“荷载箱”，然后通过荷载箱对桩进行分级加压而取得向上和向下两条荷载-位移曲线。自平衡法是利用自身桩身提供反力进而完成平衡加载的方法。

(1)其原理设备介绍如下

自平衡法是接近竖向抗压桩实际工作条件的试验方法，其加载设备采用荷载箱。它与钢筋笼连接后安装在桩身下部，并将高压油管和位移杆一起引到地面。试验时，从桩顶通过高压油管对荷载箱内腔施加压力，箱顶与箱底被推开，产生向上与向下的推力，从而调动桩周土的侧阻力与端阻力，直至破坏。将桩侧土摩阻力与桩端土阻力叠加而得到单桩极限承载力。荷载箱的埋设位置，是根据地质勘测报告进行计算后确定的。其原则是：将荷载箱放在桩身平衡点处，使上、下段桩的承载力相等以维持荷载。自平衡测桩法的主要装置是一种经特别设计可用于加载的荷载箱，盖上布置位移棒，将荷载箱与钢筋笼焊接成一体放入桩体后，即可浇捣混凝土成桩。

荷载箱是本测试法的关键设备，测试前埋入桩的位置应根据设计图和专门的规范要求经计算确定。如图 4-45 所示，试验时，在地面上通过油泵加压，随着压力增加，荷载箱将同时向上、向下发生变位，促使桩侧阻力及桩端阻力的发挥。由于加载装置简单，多根桩可同时进行测试，荷载箱中的压力可用压力表测得，荷载箱的向上、向下位移可用位移传感器测得。因此，可根据读数绘出相应的“向上的力与位移图”及“向下的力与位移图”，根据向上向下的 $Q-s$ 曲线及相应的 $s-\lg t$、$s-\lg Q$ 曲线，可分别求得荷载箱上段桩及下段桩的极限承载力。将上段桩极限承载力经一定处理后与下段桩极限承载力相加即为桩极限承载力。

例如，在苏通大桥建设过程中，在现场进行了试桩，采用了锚桩法、自平衡法，试桩工作为苏通大桥的主桥和引桥的基础部分工程桩的顺利建设提供了设计依据，并为今后类似工程的建设提供了宝贵的可供参考的试验数据和经验积累。苏通大桥基础因基岩埋藏深，无法直接作为主塔基础的持力层，基础底面不能支撑在强度大、变形小的岩石上，故将超大型桥梁基础置于第四系土层中。由于桥梁规模大，加上基础承受荷载大、地质条件差、局部冲刷深，主桥基础是超大规模的深水基础，同时施工受潮汐影响，且在如此深厚的覆盖土层上修建如此重大的斜拉桥，国内外尚无先例，技术难度很大，设计经验也非常缺乏。因此需要更多的试验来验证设计的合理性和安全性。

(2) 自平衡法与常规方法的对比

大多数的试验结果表明，采用自平衡法测试技术不仅可在短时间内测出桩身的桩基侧阻力，而且此装置较简单，不占用场地，可多根同时检测，试桩准备工作省时、省力、安全，节约试验费用，特别是在狭窄场地试桩、基坑底试桩等方面优势突出，是传统试桩法难以实现的。

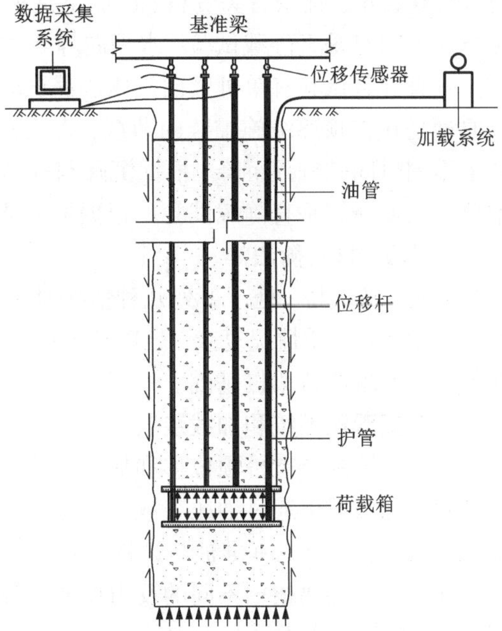

图 4-45　自平衡法示意图

①工程成本方面。桩基承载力检测的主要成本构成主要包括：设备仪器的运输成本、设备吊装成本、人工成本、锚桩制作成本等。堆载法进行承载力检测通常需有大吨位配重块运输，大吨位吊车需要配合安装，还需要大量工人现场配合吊车安装配重块；当采用锚桩法时通常需要增加施工 4 根锚桩，成本较高。以 1000 t 承载力为例，自平衡法检测成本是堆载法检测成本的约 25%，随着运输距离增加差距还会相应加大；自平衡法检测成本不是锚桩法检测成本的 20%，在成本上自平衡测桩法的优势比较明显。

②安全性能方面。采用堆载法检测时，现场混凝土配重块的运输和吊装存在巨大的安全隐患，并且安装好后堆载高度为几米到十几米不等，高空作业、吊装大吨位堆重旁的读数等都具有很大的不安全性。当采用锚桩法时，除了吊装风险外，由焊接质量不好造成的不安全事故也有发生。因此自平衡法安全性显然优于其他。

③便捷性能方面。自平衡法前期预埋后检测工作进行时现场设备极少，操作简便，便于安全文明施工。自平衡法测桩受场地局限性较小，自平衡法依然能正常施工，通常跨桥，深基坑等特殊检测环境中应用优势明显。

自平衡法测桩的劣势。存在一定千斤顶失效风险。由于混凝土浇灌、地下复杂且不可见的各种因素及安装的不规范，存在极低比例的无法正常试验的概率，并且通常这种情况不能修复。

由于自平衡法检测采用的环形加载箱试验结束后千斤顶部位需要二次注浆。自平衡法检测更适合试验阶段。当采用自平衡法进行工程桩检测时，由于设备需要预埋，随机抽检的代表性不足。施工单位容易针对性地加强施工质量。由于桩基地质条件的多元性复杂性，在试桩之前要把“荷载箱”埋设在桩身中某一所谓的“平衡点”是有困难的。

(四)垂直静载试验过程

静载试验得到的单桩承载力可为设计提供合理的理论依据，为桩基发展提出的新方法、新工艺、新桩型的使用提供有效的依据。静载试验法配合其他测试设备，能较直接了解桩的荷载传递特征，提供有关资料，因此也是桩基础研究分析常用的试验方法。静载试验根据加载方式不同有垂直静载试验、水平向静载试验。

垂直静载试验有单桩竖向抗压静载试验和单桩竖向抗拔静载试验。垂直静载试验法的基本原理是在桩顶逐级施加竖向荷载，直至桩达到破坏状态为止，并在试验过程中测量每级荷载下不同时间的桩顶沉降，根据沉降与荷载及时间的关系，分析确定单桩竖向容许承载力。本单元主要介绍垂直静载试验。根据加载装置反力设备的不同有堆载法、锚桩法、堆锚结合法、地锚法、自平衡法等。

大桥、特大桥，处于下列几种情况时应通过静载试验确定单桩承载力：桩的入土深度远超过常用桩；地质情况复杂，难以确定桩的承载力；新型桩基础或采用新工艺施工的桩基础；其他特殊要求的桥梁桩基础。

1. 布置观测系统和加载装置

观测系统主要有桩顶位移和加载数值的观测。位移通过安装在基准梁上的位移计或百分表量测。加载数值通过油压表或压力传感器观测。每根基准梁固定在两个无位移影响的支点或基准点上，支点或基准桩与试桩中心距应大于 $4d$ 且不小于 2 m(d 为试桩直径或边长)。

加载装置主要根据不同的反力设备来确定和选择，反力装置是试验加载设备中主要组成部分，堆载法有压重平台反力装置，锚桩法有锚桩横梁反力装置，堆锚结合法有锚桩压重联合反力装置，地锚法有“锚笼”，自平衡法有“荷载箱”等，每种方法都有一定的适应性，后面会详细介绍。目前，常用的液压千斤顶、锚桩、横梁等设备加载，加载量值根据《公路桥涵地基与基础设计规范》(JTG 3363—2019)推荐的地基土强度数据或者参考类似的试桩经验并按照坚定性或者破坏性试验的不同要求，确定试桩的破坏荷载或者最大试验荷载。

2. 设置基准点和基准梁

基准点设置要求。基准点的设置应满足下列条件：基准点本身不变动；没有被接触或遭破损的危险；附近没有震源；不受直射阳光与风雨等干扰；不受试装下沉的影响。

基准梁的设置。基准梁一般采用型钢，因为型钢的刚度大，方便加工，形状比较规则，但是钢材容易受温度影响变形。在受温度影响大的情况下进行长期荷载试验，并且当桩本身的下沉又不大时，测试精度明显受到影响。因此，当量测桩位移用的基准梁采用钢梁时，为防止阳光影响，保证测试精度，需采取下述措施：基准梁的一端固定，另一端必须自由支撑。直接照射基准梁附近不设照明及取暖，必要时基准可用聚苯乙烯等隔热材料包裹起来，消除温度影响。如表 4-21 所示、试桩、锚桩(压重平台支墩边)和基准桩之间的中心距离应符合表中规定。

表 4-21　试桩、锚桩(压重平台支墩边)和基准桩之间的中心距离

反力装置 距离	试桩中心与锚桩中心 (或压重平台支墩边)	试桩中心与基准桩中心	基准桩中心与锚桩中心 (或压重平台支墩边)
锚桩横梁	≥4(3)D 且>2.0 m	≥4(3)D 且>2.0 m	≥4(3)D 且>2.0 m
压重平台	≥4D 且>2.0 m	≥4(3)D 且>2.0 m	≥4D 且>2.0 m
地锚装置	≥4D 且>2.0 m	≥4(3)D 且>2.0 m	≥4D 且>2.0 m

注：1. D 为试桩、锚桩或地锚的设计直径或边宽，取其较大者。2. 如试桩或锚桩为扩底桩，试桩与锚桩的中心距不应小于两倍的扩大直径。3. 括号内数值可用于工程桩验收检测时多排桩设计桩中心距离不小于 4D 的情况。4. 软土场地堆载重量加大时，宜增加支墩边与基准桩中心和试桩中心之间的距离，并在试验过程中测量基准桩的竖向位移。

3. 试验方法

分级加载：试桩加载应分级或者递变进行，每级荷载为预估破坏荷载的1/10~1/15；有时也采用递变加载方式，开始阶段每级荷载取预估破坏荷载的1/2.5~1/5，终了阶段取预估破坏荷载的1/10~1/15。

测读沉降时间：(1)每级荷载施加后维持1 h，按第5 min、15 min、30 min测读桩顶沉降量，以后每隔15 min测读一次。(2)测读时间为1 h，若最后15 min时间间隔的桩顶沉降量与相邻15 min时间间隔的桩顶沉降量相比未明显收敛，应延长维持荷载时间，直至最后15 min的沉降增量小于相邻15 min的沉降增量为止。(3) 卸载时，每级荷载维持15 min，按第5 min、15 min测读桩顶沉降量，卸下一级荷载。卸载至零后，应测读桩顶残余沉降量，维持时间为2 h，测读时间为第5 min、15 min、30 min，以后每隔30 min测读一次。

沉降休止标准：通常规定为对砂性土为30 min内不超过0.1 mm；对黏性土为1 h内不超过0.1 mm。待沉降稳定后，方可施加下一级荷载。循此加载观测，直到桩达到破坏状态，终止试验。

4. 确定破坏荷载

当出现下列情况之一时，一般认为桩已达破坏状态，相应施加的荷载即为破坏荷载：

(1)某级荷载作用下，桩顶沉降量大于前一级荷载作用下沉降量的5倍，且桩顶总沉降量超过40 mm。

(2)某级荷载作用下，桩顶沉降量大于前一级荷载作用下沉降量的2倍，且经24 h未达到稳定标准。

(3)达到设计要求的最大加载量且桩顶沉降达到相对稳定标准。

(4)工程桩做锚桩时，锚桩上拔量已达到允许值。

(5)当荷载-沉降曲线呈缓变形趋势时，可加载至桩顶总沉降量60~80 mm；当桩端阻力尚未充分发挥时，可加载至桩顶累计沉降量超过80 mm。

5. 分析测试结果曲线

单桩竖向抗压极限荷载应按下列方法综合分析确定：应绘制竖向荷载-沉降(Q-s)、沉降-时间对数(s-lg$t$)曲线，也可绘制其他辅助分析曲线。

(1)根据沉降承荷载变化的特征确定：对于陡降型Q-s曲线，取其发生明显陡降的起始点对应的荷载值。

(2)根据沉降随时间变化的特征确定：取s-lgt曲线尾部出现明显向下弯曲的前一级荷载值。

(3)某级荷载作用下，桩顶沉降量大于前一级荷载作用下沉降量的2倍且经24 h尚未达到相对稳定标准，取前一级荷载值。

(4)对于缓变型Q-s曲线，可根据沉降量确定，宜取s=40 mm对应的荷载值；对桩端直径大于等于800 mm的桩，可取s=0.05D(D为直径)对应的荷载值；当桩长大于40 m时，宜考虑桩身弹性压缩。

6. 确定单桩竖向容许承载力试验结果

当达到破坏时，试验相应施加的荷载为破坏荷载，可将破坏荷载的前一级荷载作为极限荷载，利用极限荷载除以一定的安全系数，从而确定单桩竖向容许承载力，如图4-46所示，计算按式(4-14)计算：

$$[P]=\frac{P_j}{K} \tag{4-14}$$

式中：$[P]$ 为单桩竖向受压容许承载力(kN)；P_j 为试桩的极限荷载(kN)；K 为安全系数，一般为 2。

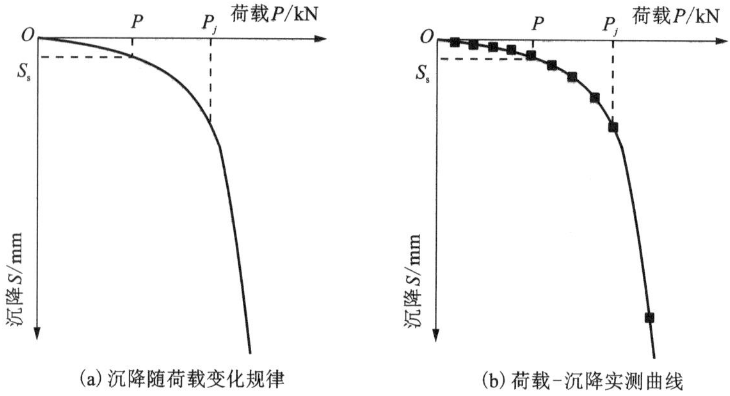

图 4-46　静载试验荷载-沉降曲线

根据试验测得的数据可以绘制桩的荷载沉降关系曲线和各级荷载沉降随时间的变化曲线，实际上，在破坏荷载下，处于不同土层中的桩，其沉降量及沉降速率是不同的，人为地统一规定某一沉降值或沉降速率作为破坏标准，难以正确评价基桩的极限承载力，因此，宜根据试验曲线采用多种方法分析，以综合评定基桩的极限承载力，比较常见的有 P-s 曲线明显转折点法、s-lg$t$ 法(沉降速率法)。

参与统计的试桩，若各桩极限承载力的极差与其平均值偏差值没有超过 30%，这时可将其平均值作为单桩竖向极限承载力值，若各桩的极差在平均值的 30%以上，需要对试桩的数量进行增加，保证数据的可靠性，还需分析产生偏差的原因。当柱下桩台对应的桩数不大于 3 根时，取最小值。由试验得到的单桩极限承载力值，为了保证有一定的安全度，需要将其除以安全系数得到竖向单桩极限承载力特征值。

7. 某单桩垂直静载试验案例分析

项目概况：某桥长 1207.5 m，桥面宽度为 27 m，双向 4 车道，公路等级为一级公路；设计行车速度为 80 km/h。根据现场场地的可操作性，结合岩土工程勘察报告，静载荷试验桩位及抽检数量由设计与委托单位确定，共检测 2 根桩，单桩承载力极限值由设计单位提供，具体数据如下：设计桩径为 1.6 m，检测墩号为 2#，设计桩长为 58.6 m，设计承载力为 5650 kN，极限承载力为 11300 kN，检测结果如表 4-22 所示。

表 4-22　单桩竖向抗压静载试验数据汇总表

工程名称：某一级公路改建工程				试桩编号：2-1#	
桩径：1600 mm		桩长：58.6 m		检测日期：2019-8	
级数	荷载/kN	本级位移/mm	累计位移/mm	本级历时/min	累计历时/min
1	2260	2.80	2.80	60	60
2	3390	1.70	4.50	75	135
3	4520	3.71	8.21	75	210
4	5650	4.63	12.84	60	270

续表4-22

5	6780	4.20	17.04	60	330
6	7910	4.12	21.16	60	390
7	9040	3.89	25.05	60	450
8	10170	3.73	28.78	60	510
9	11300	3.81	32.59	60	570
10	9040	−0.35	32.24	15	585
11	6780	−1.70	30.54	15	600
12	4520	−3.37	27.17	15	615
13	2260	−5.32	21.85	15	630
14	0	−6.34	15.51	60	690

如图 4-47 所示，该桥基桩在荷载施加至 11300 kN 时，2-1#桩本级沉降量为 3.81 mm，累计沉降量 32.59 mm，最大回弹量 17.08 mm，$Q-s$ 曲线呈缓变趋势；2-3#桩（检测数据略，大体和 2-1#相近）本级沉降量为 0.33 mm，累计沉降量 6.65 mm，最大回弹量 3.26 mm，$Q-s$ 曲线呈缓变趋势。2-1#、2-3#基桩竖向抗压承载力特征值均不小于 5650 kN，满足设计要求。

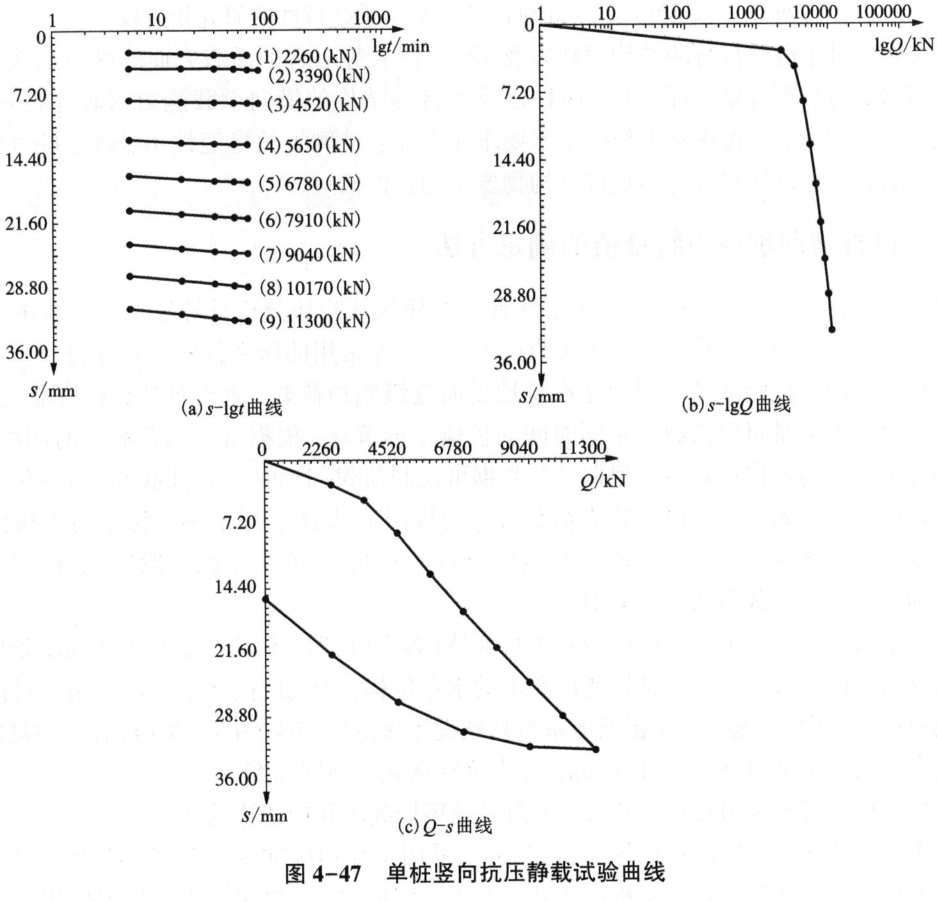

图 4-47　单桩竖向抗压静载试验曲线

学习任务 2　单桩横向容许承载力的确定

学习情境

桩的横向受荷承载力是衡量桩基在水平荷载作用下承载能力和变形能力的重要指标，对桩基的正常使用起到至关重要的作用。若能精确掌握桩的横向受荷承载力相关数据，不仅可以为桩基工程的设计、施工等方面提供价值参考，还可为相关技术标准的修订提供依据，为桩基础的安全应用提供预防及保障。桩的横向受荷承载力在人为和天然条件下受到多种因素的影响，各种因素交叉作用、相互影响，很难精准获得承载力，很多学者关注到该问题的复杂性，开展了一系列的研究。

知识导航

桩基础作为深基础的一种，是建筑结构中重要的组成部分，在实际工程中，桩基础不但承受较大的竖向荷载，也承受较大的水平荷载。长久以来，人们一直把桩基础当作单一的受压构件用来承受上部建筑传递下来的竖向荷载而忽视了桩基础在水平荷载作用下的承载性能，且桩基础的水平承载特性比其竖向承载特性复杂得多，因此学者们对桩基础竖向承载力展开了大量的研究并取得一系列丰硕的研究成果，而对桩基础水平承载特性的研究相对较少。

实际中，对于桥梁自身的结构恒载以及车辆、行人等引起的活载方面的纵向承载能力分析研究较多，而对于桥梁下部桩基、墩柱以及承台等结构的横向承载能力的研究相对较少。在横轴向力作用下，基桩正常工作的基本要求主要是：桩侧土的稳定性不破坏，桩身材料不断裂，桩顶的水平位移和转角不超过结构物要求的容许值。

一、单桩横向承载力特征值的确定方法

确定单桩横向承载力特征值(容许值)有水平静载试验和分析计算法两种。桩的水平静载试验是确定桩的横向承载力的较为可靠的方法，也是常用的研究分析试验方法。

桩横轴向静载试验的基本原理是在桩轴横向逐级施加荷载，直至桩达到破坏状态为止，并在试验过程中测量每级荷载下不同时间的桩侧变形沉降，根据沉降与荷载及时间的关系，分析确定单桩横向容许承载力。根据试验数据可绘制荷载-时间-位移曲线和荷载-位移梯度曲线。据此可综合确定单桩横向临界荷载 H_{CR} 与极限荷载 H_U，用上述方法求得的极限荷载除以安全系数，即得到了桩的横向承载力特征值(容许值)，安全系数一般取 2，横向承载力的计算和竖向容许承载力的计算类似。

用水平静载试验确定单桩横向承载力特征值(容许值)时，还应注意按上述强度条件确定的极限荷载时的位移是否超过结构使用要求的水平位移，否则应按变形条件控制。目前在水平静载荷载试验中，根据《公路桥涵地基与基础设计规范》(JTG 3363—2019)有关的规定，可取试桩在地面处水平位移不超过 6 mm，定为单桩承载力判别标准。

单桩的横轴线承载力加载方法有：单向多循环加载法和慢速连续法。

桩水平静载试验装置示意如图 4-48 所示，采用千斤顶施加水平荷载，施力点位置宜在实际受力点位置。在千斤顶与试桩接触处宜安置一球形角座，以保证千斤顶的作用力能水平

通过桩身轴线。桩身水平位移已采用大量程百分表测量。固定百分表的机桩已打设在试桩侧面靠位移的反方向，与试桩的净距不小于 1 倍试桩直径。

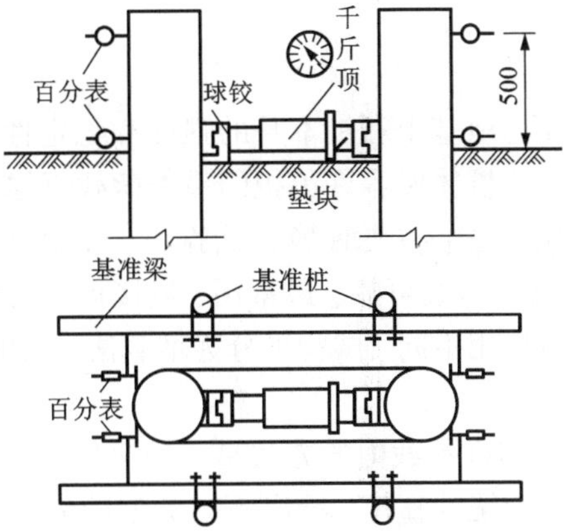

图 4-48 桩水平静载试验装置示意

(1)取单向多循环加载法时的 $H-t-Y_0$ 曲线产生明显陡降的前一级，或慢速维持荷载法时 $H-Y_0$ 的曲线发生明显陡降的起始点对应的水平荷载值。

(2)取慢速维持荷载法时的 Y_0-lg 曲线尾部出现明显弯曲的前一级水平荷载值。

(3)取 $H-\Delta Y_0/\Delta H$ 曲线或 $\lg H-\lg Y_0$ 曲线上第二拐点对应的水平荷载值。

(4)取桩身折断或受拉钢筋屈服时的前一级水平荷载值。

二、单桩水平承载力特征值应符合的规定

(1)当桩身不允许开裂或灌注桩的桩身配筋率小于 0.65%时，可取水平临界荷载的 0.75 倍作为单桩水平承载力特征值。

(2)对钢筋混凝土预制桩、钢桩和桩身配筋率不小于 0.65%的灌注桩，可取设计桩顶标高处水平位移所对应荷载的 0.75 倍作为单桩水平承载力特征值，水平位移可按下列规定取值：

对水平位移敏感的建筑物取 6 mm；对水平位移不敏感的建筑物取 10 mm。

(3)取设计要求的水平允许位移对应的荷载作为单桩水平承载力特征值，且应满足桩身抗裂要求。

①按桩顶位移限值确定。以 m 法在给定的桩顶位移下计算出桩的水平力，单桩水平承载力特征值 *RHa* 即为此水平力，地基土水平抗力系数的比例系数 m 根据规范或岩土工程勘察报告选取。

②按桩身强度、抗裂确定。按桩身配筋反算出承载力弯矩设计值 M，将 M 除以 1.4 得出弯矩标准值 *Mk*，以 m 法迭代出对应于 *Mk* 的水平力，此水平力即为按桩身强度控制的单桩水平承载力特征值。按受弯构件裂缝宽度 0.2 mm，反算出弯矩值，再以此弯矩值迭代出相应的水平力，此水平力即为按抗裂控制的单桩水平承载力特征值。若不允许桩身开裂，将抗裂弯矩乘以 0.8，再迭代出对应于此弯矩的水平力，此时该水平力作为桩身抗裂控制的单桩水平承载力特征值。

单元知识巩固和拓展

一、知识要点汇总

1. 单桩在竖向荷载作用下，地基土和桩本身的强度和稳定性均能得到保证，变形也在容许范围之内，能正常使用状态下桩体所容许承担的最大荷载值称为单桩容许承载力。

2. 单桩容许承载力的确定方法：主要有静载试验法、经验公式法、材料强度法。静载试验法通常被认为是确定桩基承载力最可靠、最常用、最接近于桩基实际工作条件的桩基承载力检测方法，其根据加载反力作用不同，试验可分为堆载法、锚桩法、堆锚结合法、自平衡试验等方法。

3. 经验公式计算单桩竖向容许承载力的方法是一种简化方法。规范根据全国各地大量的静载试验资料，经过理论分析和统计整理，给出不同类型的桩，按土的类别、密实度、稠度、埋置深度等条件结合桩侧摩阻力及桩底阻力的经验系数、数据及相应公式，计算容许承载力的方法称为经验公式法。

4. 在横轴向力作用下，基桩正常工作的基本要求主要是：桩侧土的稳定性不破坏，桩身材料不断裂，桩顶的水平位移和转角不超过结构物要求的容许值。

5. 单桩横向承载力特征值（容许值）有水平静载试验和分析计算法两种。其基本原理是在桩轴横向逐级施加荷载，直至桩达到破坏状态为止，并在试验过程中测量每级荷载下不同时间的桩侧变形沉降，根据沉降与荷载及时间的关系，分析确定单桩横向容许承载力。

二、习题练习

习题练习答案

（一）单选题

1.（　　）可根据全国各地大量的静载试验资料，经过理论分析和统计整理，给出不同类型的桩，按埋置深度、土的类别、密实度、稠度等条件下有关桩侧摩阻力及桩底阻力的经验系数、数据及相应公式。

A. 静载试验法　　B. 经验公式法

C. 材料强度法　　D. 抽样检测法

2.（　　）的基本原理是在桩顶逐级施加竖向荷载，直至桩达到破坏状态，并在试验过程中测量每级荷载下不同时间的桩顶沉降，根据沉降与荷载及时间的关系，分析确定单桩竖向容许承载力。

A. 垂直静载试验法　　B. 横向静载试验法

C. 竖向抗拔静载试验　　D. 堆载法

3. 关于锚桩法描述，以下错误的是（　　）。

A. 在试桩周围常利用工程桩群布置 4~8 根锚桩

B. 锚桩深度宜小于试桩深度，且与试桩有一定距离，一般应大于 $3d$ 且不小于 1.5 m

C. 主要由主梁、次梁、拉杆、千斤顶、试桩、基准架、锚笼、锚桩、百分表等组成

D. 锚桩反力装置提供的反力大于等于预估最大试验荷载的 1.2~1.5 倍

4. 自平衡法是利用自身桩身提供反力进而完成平衡加载的方法。自平衡测桩法是接近于竖向抗压桩实际工作条件的试验方法，其加载设备采用(　　)。

A. 荷载箱　　B. 反力装置

C. 堆载平台　　D. 地锚

5. 下列方法可用于对单桩竖向承载力进行判定的是(　　)。

A. 静载试验法　　B. 低应变法

C. 高应变法　　D. 经验公式法

6. 单桩静载试验检验时间以下哪个比较合适？(　　)

A. 15 d　　B. 20 d　　C. 25 d　　D. 30 d

7. 单桩垂直静载试验求得破坏荷载以后，将其前一级荷载作为(　　)，从而确定单桩竖向容许承载力，等于极限荷载除以(　　)。

A. 极限荷载　比例系数　　B. 极限荷载　安全系数

C. 破坏荷载　比例系数　　D. 破坏荷载　安全系数

8. 某试桩做单桩轴向静载试验，破坏荷载为 3000 kN，极限荷载为 2800 kN，请问容许承载力是多少？(假设安全系数取 2)(　　)

A. 1500 kN　　B. 1400 kN

C. 1450 kN　　D. 1300 kN

9. (2019 年注册岩土工程师试题)某工程采用钻孔灌注桩，桩身混凝土强度等级为 C30，在验算柱的正截面受压承载力时，f_c 应选用下列哪个强度值？(　　)

A. 30 MPa　　B. 20.1 MPa

C. 14.3 MPa　　D. 1.43 MPa

(二)多选题

1. 单桩容许承载力的确定方法主要有(　　)几种。

A. 静载试验法　　B. 经验公式法

C. 材料强度法　　D. 抽样检测法

2. 静载试验常被认为是确定桩基承载力最可靠、最常用、最接近于桩基实际工作条件的桩基承载力检测方法，根据反力作用方向试验可分为(　　)。

A. 堆载法　　B. 锚桩法

C. 堆锚结合法　　D. 自平衡试验

3. 确定单桩横向承载力特征值(容许值)有(　　)两种。它是确定桩的横向承载力的较为可靠的方法，也是常用的研究分析试验方法。

A. 水平静载试验　　B. 分析计算法

C. 经验公式法　　D. 材料强度法

(三)计算题

1. 某桥梁工程采用钻孔灌注桩基础，如图 4-49 所示，桩身直径 1 m，桩长 20 m，承台高度 2.5 m，有冲刷，天然地面标高为 360 m，一般冲刷线为 359 m，局部冲刷线为 353 m，承台底面标高为 358 m，桩底标高 338 m。桩身穿越两层土，工程地质情况如下：①轻亚黏土，层厚 12 m，重度为 20 kN/m³；②黏性土，层厚 27 m，重度为 21 kN/m³；桩端沉渣厚度 0.2 m，试计算单桩容许承载力是多少？

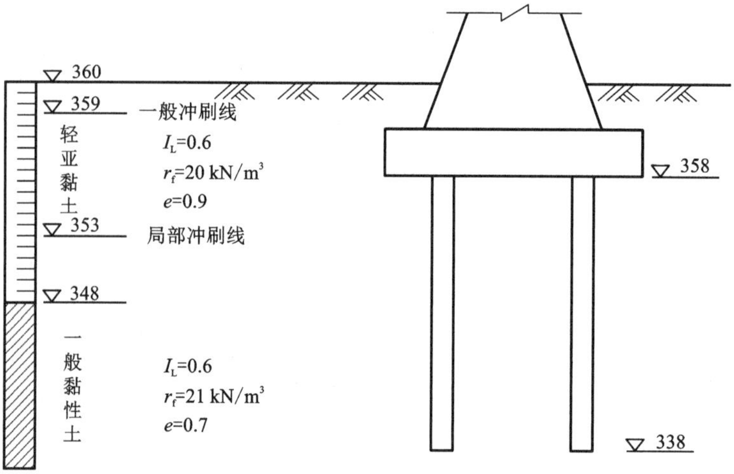

图 4-49　某桥梁工程钻孔灌注桩基础

2. 某公路桥梁基础采用摩擦钻孔灌注桩，设计桩径为 1.5 m，勘察报告揭露的地层条件，岩土参数和基桩的入土情况如图 4-50 所示。根据《公路桥涵地基与基础设计规范》(JTG 3363—2019)，在施工阶段时的单桩轴向受压承载力容许值为多少？(不考虑冲刷影响：清底系数 m_0 = 1.0，修正系数取 0.85，深度修正系数 k_1 为 4.0，k_2 为 6.0，水的重度取 10 kN/m^3)

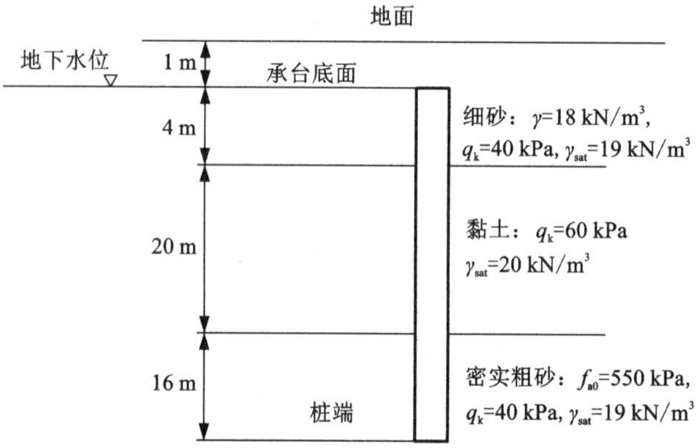

图 4-50　某公路桥梁基础摩擦钻孔灌注桩

3. (2018 年注册岩土工程师试题) 某公路桥拟采用钻孔灌注桩基础，桩径 1.0 m，桩长 26 m，桩顶以下的地层情况如图 4-51 所示，施工控制桩端沉渣厚度不超过 45 mm，按照《公路桥涵地基与基础设计规范》(JTG 3363—2019)，估算单桩轴向受压承载力容许值为多少？

4. (2018 年注册岩土工程师试题) 某建筑场地地层条件为：地表以下 10 m 内为黏性土，10 m 以下为深厚均质砂层。场地内进行了三组相同施工工艺试桩，试桩结果见表 4-23。根据试桩结果估算，在其他条件均相同时，直径 800 mm、长度 16 m 桩的单桩竖向承载力特征值为多少？(假定同一土层内，极限侧阻力标准值及端阻力标准值不变)

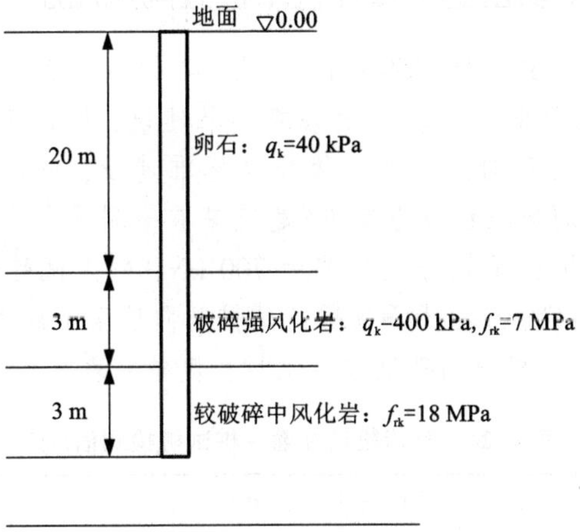

图 4-51　某公路桥钻孔灌注桩基础

表 4-23　试桩结果

组别	桩径/mm	桩长/m	桩顶埋深/m	试桩数量/根	单桩极限承载力标准值/kN
第一组	600	15	5	5	2402
第二组	600	20	5	5	3156
第三组	800	20	5	5	4396

三、知识点拓展

名人天地

2019 年工程院院士：张喜刚，男，中共党员，1962 年出生，河南省周口市人，桥梁工程专家，苏通大桥总设计师，教授级高工，中国交通建设股份有限公司总工程师和技术中心主任，中交公路长大桥建设国家工程研究中心主任和首席专家，中国公路学会副理事长及桥梁和结构工程分会理事长，茅以升科技教育基金会副主任及桥梁委员会主任。

科技部原部长徐冠华院士赞誉以苏通大桥为代表的中国桥梁建设是我国自主创新的一面旗帜。作为总设计师，张喜刚成功设计建成了世界第一大跨径大桥——苏通大桥，创造了 1088 m 的最大跨径、300.4 m 的最高桥塔、131 根直径 2.8 m 的 120 m 深的最大群桩基础、长达 577 米的最长拉索等四项世界纪录，在世界上率先实现了斜拉桥跨径的千米跨越。国内外著名权威桥梁专家一致认为苏通大桥提升了中国桥梁技术在世界工程领域的地位，代表了当时中国桥梁建设的最高水平，引领了世界桥梁建设技术的跨越，是世界桥梁建设的里程碑工程。中国工程科技工作者具有非常独特的人格魅力，这是一种浓郁的时代精神，是一种深厚的文化底蕴，是一种厚重的道德修养。这种强烈的科学精神、创新精神、团队精神、创业精神和艰苦奋斗的精神，值得我们年青学子们学习。

案例拓展：某项目钻孔灌注桩单桩竖向抗压承载力案例分析

某项目某标段主线里程全长 10.759 km。工程所在地位于南方某城市，为规划三角快线的连接线。本标段主线按双向四车道一级公路标准建设，设计速度为 80 km/h，路基宽度 37 m；三角快线连接线段按双向六车道一级公路标准建设，设计速度 80 km/h，路基宽度 33 m。钻孔灌注桩单桩竖向抗压承载力参照《建筑基桩检测技术规范》(JGJ 106—2014)的要求执行。本项目单桩竖向抗压承载力设计值为 700 kN，最大试验荷载取设计值的 2 倍，即 1400 kN。采用静载荷检测仪、液压千斤顶进行单桩竖向抗压承载力检测，全线选取 7#、33#、50#等 3 个测点进行试验。某标段钻孔灌注桩试桩检测信息表如表 4-24 所示。

表 4-24　某标段钻孔灌注桩试桩检测信息表

序号	所属路段	桩号	桩径/mm	设计桩长/m	设计承载力特征值/kN	检测项目	检测日期
1	K8+264~K8+269	7#	500	43.89	700	单桩竖向抗压静载(慢速维持法)	略
2	K8+250~K8+264	33#	500	43.84	700	单桩竖向抗压静载(慢速维持法)	略
3	K8+234~K8+250	50#	500	43.73	700	单桩竖向抗压静载(慢速维持法)	略

试验前平整检测场地，以钻孔灌注桩为中心，清理出 8 m×8 m 的平整场地，开挖 2 m×2 m 的试坑，受检桩桩顶部宜高出试坑底面，整平桩头，对影响试验结果的桩头进行加固处理，压重平台支墩基础做预处理，确保场地具有一定的稳固性。在承压板底面铺 10~20 mm 厚的中粗砂垫层。承压板中心与所检钻孔灌注桩的形心保持一致，并与荷载作用点相重合，承压板直径 50 cm，如图 4-52 所示。

(a) 试验现场　　(b) 堆载

图 4-52　钻孔灌注桩单桩竖向静载试验

试验加载采用 320T 油压千斤顶，且千斤顶的合力中心、承压板中心在同一铅垂线上。加载反力为压重平台反力装置，加载反力装置提供的反力不得小于最大加载量的 1.2 倍；加载反力装置主要受力构件具有足够的强度和刚度；压重在试验前一次加足，并均匀稳固地放置于平台上；压重平台支墩施加于地基的压应力不大于地基承载力特征值的 1.5 倍。承压板为圆形钢板且具有足够刚度。荷重测量采用放置在千斤顶上的经过标定的压力表。沉降测量采用 50 mm 量程的百分表，在圆形承压板相互垂直的两个方向上对称安置 2 个，各百分表与承压板边缘的距离为 25~50 mm。基准梁具有一定的刚度，基准梁及加荷平台支点设在试坑以外，且与承压板边的净距不应小于 2 m。采用慢速维持法加载与卸载，7#钻孔灌注桩试验检测数据如图 4-53 所示。该灌注桩最大沉降为 11.74 mm，最大回弹为 4.67 mm，回弹率为 43.74%。

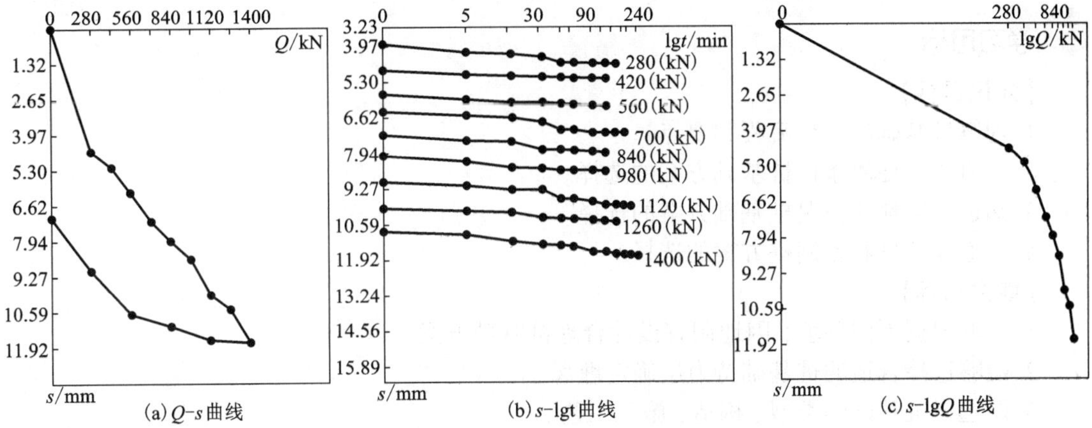

图 4-53　K8+264~K8+269 段 7#钻孔灌注桩单桩竖向承载力分析曲线

该项目标段钻孔灌注桩的单桩竖向抗压承载力特征值符合设计要求，评定结果为合格，具体见表 4-25。

表 4-25　试桩承载力检测结果评定表

序号	所属路段	桩号	检测指标	设计值/kN	特征值/kN	评定结果
1	K8+264~K8+2697	7#	单桩竖向抗压承载力	700	700	合格
2	K8+250~K8+264	33#	单桩竖向抗压承载力	700	700	合格
3	K8+234~K8+250	50#	单桩竖向抗压承载力	700	700	合格

单元六　桩基础设计流程分析

学习目标

【知识目标】

1. 理解桩基础的设计流程和要点。
2. 知道软基地质条件桩基础方案的选择。
3. 知道岩溶地质情况桩基础方案的选择。
4. 知道灌注桩和预制桩方案的选择。

【能力目标】

1. 能够根据不同环境，因地制宜设计合理桩基础方案。
2. 能够选择合适的桩基础持力层确定埋深。
3. 能选择桩基础的类型、构造、施工工艺。
4. 能进行桩基内力的计算、承载力的验算。

【素质目标】

1. 培养发现问题、解决问题的能力。
2. 培养实事求是、一丝不苟、团结协作的职业素养。
3. 培养逻辑思维、创新思维和创新创造能力。

学习导图

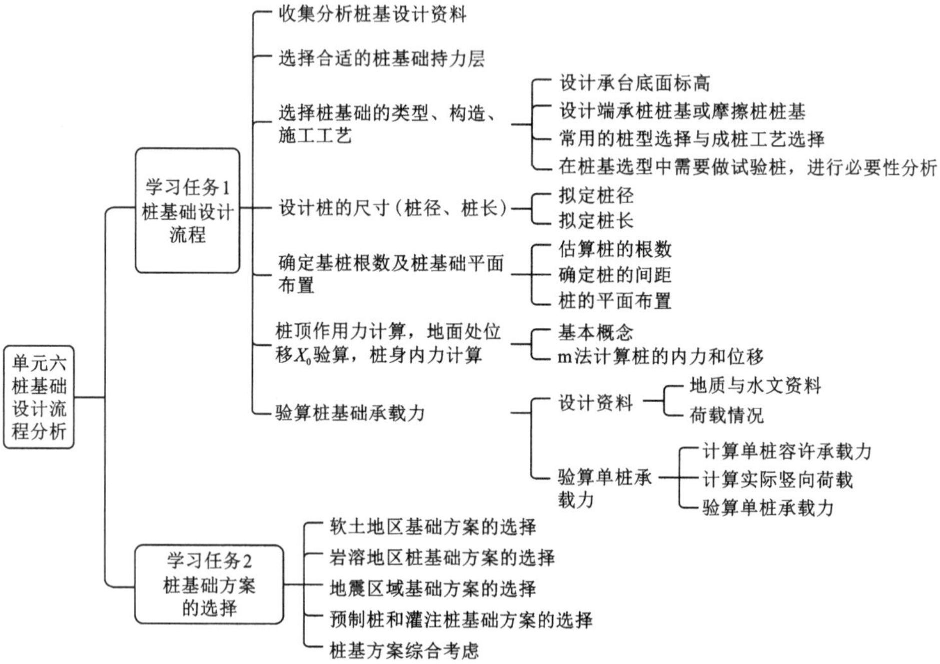

桩基础的设计是一个综合性的工程项目，既包括桩基础方案的设计，也包含施工图的设计，设计单位经常会设计几种可行方案，从技术、经济性、当地情况等多方面进行比较，综合选出最优设计方案，这有力保障了施工图设计的质量。桩基础的设计是否合理，直接影响后续的工作流程。下面简要介绍桩基础的主要框架流程，对每个不同设计步骤分别用数字编号。

如图 4-54 所示，桩基础的设计与计算主要包括以下内容：①收集和设计相关的所有资料，进行相关综合分析；②初步确定桩基础持力层的几种方案；③确定基桩类型的几种方案和桩的尺寸、构造及施工工艺可行性方案；④确定单桩的承载力容许值；⑤确定桩基础形式及承台尺寸、高程和计算承台底面作用力；⑥确定基桩根数、平面布置计算和确定参数（指参与计算的各参数及单排桩、多排桩计算需用的各种参数）；⑦进行桩顶作用力的计算，地面处位移 X_0（指地面或最大冲刷线深度处桩的横向位移）的验算，桩身内力的计算，如果验算不通过，则重新调整⑥；⑧验算单桩承载力，如果验算不通过，则重新调整⑥；⑨验算群桩基础承载力和必要时验算群桩基础的沉降，如果验算不通过，则重新调整⑥；⑩桩的根数设计没问题，内力承载力也没问题后，进行桩身强度设计，主要是配筋设计；⑪验算桩身强度、稳定性、裂缝宽度及桩顶或墩台顶水平位移，如果验算不通过，则重新调整⑩；⑫验算承台强度，如果验算不通过，则重新调整⑤；⑬最后综合几种方案进行技术、安全性、经济上的全面比较，选出最优方案，如果不完善，则重新调整①；⑭根据实际情况可以适当优化，就可以绘制桩基施工图，指导施工。

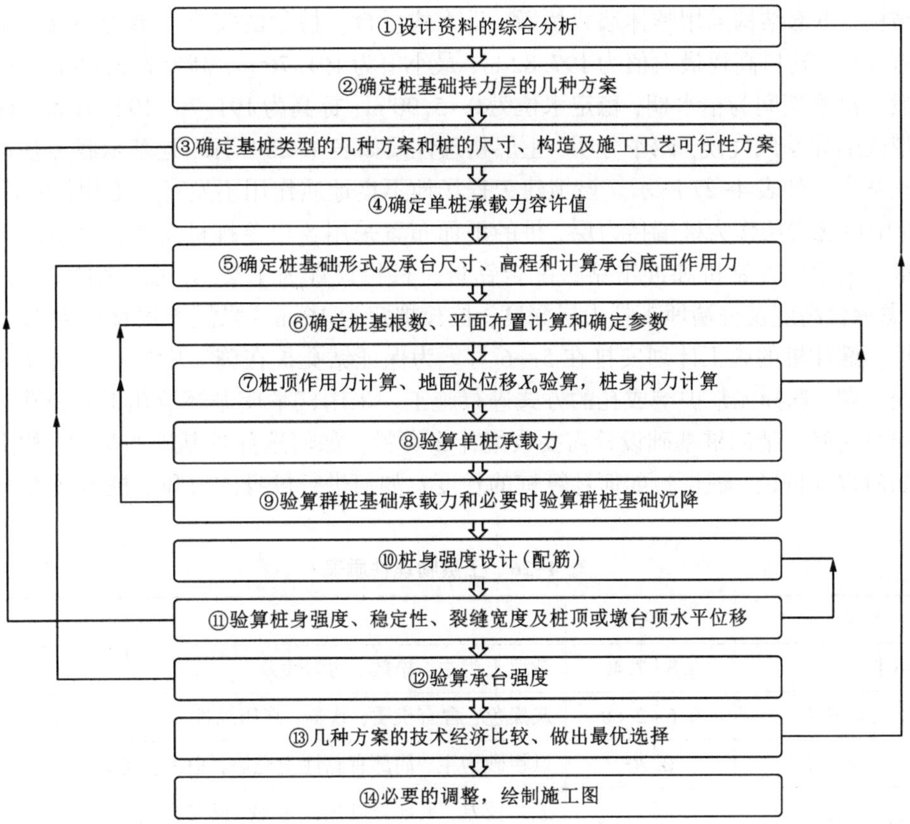

图 4-54　桩基础设计流程

学习任务1　桩基础设计流程分析

学习情境

在各种桩基施工中，常常发现桩基设计不是计算参数选用有误，便是与客观实践相悖。这不仅给桩基础施工带来诸多困难，还严重贻误工程施工进度。如不及时修正桩基础设计中的过失，还会使建筑物、结构物产生难以想象的后果。为使桩基础设计经济合理，需尊重客观规律，结合施工经验，熟悉各种资料，尽可能规避桩基础设计中的常见弊端。桩基础设计，在计算单桩承载力时，常常将不同类型的桩基础混淆，这也是桩基础设计中常见的过失。

凡事预则立，不预则废。桩基础设计如缺乏周密思考和科学态度，同样会产生这样那样的问题。因而，在桩基础施工中，切不可简单地“按设计施工”了事。桩基础工程面临很多的复杂环境问题和地质条件，更多的超深基础设计和施工难题等着我们去探索。我们国家和世界先进国家在设计理论、设计水平上还有一定的差距，需要认清差距和不足，把握机遇与挑战，走重视内涵、质量和创新之路。相信我国在不久的将来，将实现几代人为之奋斗的成为岩土工程强国的追求和梦想，下面具体了解下。

案例一：某大桥工程，规划道路等级为城市次干路，设计桥宽 31 m，桥梁分左右两幅布置，桥墩采用 C40 混凝土，承台、桩基采用 C30 混凝土。上部结构为钢梁-钢筋混凝土板组合简支结构，下部结构采用整体墙式桥墩，重力式桥台。桥梁的安全等级为一级，地势有一定的高差起伏，孔口高程最大值为 197.82 m，最小值为 191.76 m，高差为 6.06 m。该拟建区水量一般。勘察期间为枯水期，稳定水位为 0~5.90 m，标高为 191.76~192.01 m。该区气候属于温带大陆性季风气候，四季分明，土层物理性质如表 4-26 所示，地基承载力基本容许值及相关桩基参数如表 4-27 所示。该拟建工程场地不良地质作用不发育。采用钻孔灌注桩施工，选择中风化岩层作为桩端持力层，桩的平面布置采用 5 根单排桩布置，桥梁设计选择钻孔灌注桩，利用旋挖钻机和冲击钻机配合钻进。桩径设计为 1.2 m，承台的埋置深度为 1.5 m，考虑承台高度及桩端埋入持力层深度，桩长拟定为 16 m。采用 5 根直径为 1.2 m 的钻孔灌注桩。灌注桩的施工计划安排在 5—6 月。为保证钻孔桩在施工中的安全与质量，不塌孔不延误工期，选择泥浆护壁成孔的方式进行施工。采用气举反循环清孔工艺清孔迅速，清孔质量相对更好。请问桩基础设计需要收集什么资料？如何选择桩基础的类型、构造、施工工艺？如何设计桩径、桩长？如何计算桩的长度？如何进行桩身内力和单桩承载力的验算？

表 4-26　土层物理性质表

土层	层厚/m	描述
1. 人工填土	0.3~7.40	杂填土为主，松散，均匀性差
2. 有机质粉质黏土	0.6~2.60	灰黑色，含有机质，软塑，高压缩性
3. 粗砂	0.70	以粗砂为主，局部有黏性土充填，中密，饱和
4. 全风化粉砂质泥岩	2.00~3.80	成岩较差，大部分风化成可塑~硬塑黏土状，浸水易崩解，具有软化性

续表4-26

土层	层厚/m	描述
5. 强风化泥质粉砂岩	5.10~7.50	成岩一般，岩芯多呈碎块状，浸水易崩解，具有软化性，
6. 中等风化泥质粉砂岩	28.50	成岩一般，岩芯呈柱状且较为完整，浸水易崩解，具有软化性

表 4-27　地基承载力基本容许值及相关桩基参数表

土层名称	承载力基本容许值f_{a0}/kPa		钻孔桩侧土的标准值q_{ik}/kPa
	标贯值	建议值	
有机质粉质黏土		80	25
粗砂	230	230	70
全风化粉砂质泥岩	270		110
强风化泥质粉砂岩	420		135
中风化泥质粉砂岩	520		155

知识导航

桩基础设计是一门涉及水文地质、工程地质、钻探机械、建筑结构、建筑施工等多学科的边缘科学。要求某一专业人员牢固掌握上述专业并不相近的多学科知识，是一件难以做到的事。要设计出最佳桩基设计方案，需要认真收集和加工处理各方面资料。比如，从技术和经济角度来说，地质资料越可靠，就越可能获得更好的地基、基础设计方案，避免发生工程事故。因而建筑结构、地基勘察、桩基施工技术人员多方面共同研讨，方能取得良好设计效果。作为当代学生，大家应该熟悉和掌握它的基本流程，在后续实践中再深化了解，下面具体介绍。

一、收集分析桩基设计资料

桩基础设计之前需要充分掌握和收集与设计相关的所有资料，进行相关综合分析，需要收集的资料主要有：工程地质勘察资料、水文资料、地形资料、荷载资料、建筑材料来源和施工调查资料、上部结构形式与使用要求、现场各种调查资料，并尽量了解当地使用桩基的经验，为后续的设计提供帮助。比如，收集地质资料，分析桥位平面图、桥位工程地质勘测报告、工程地质纵断面图，可以确定桥梁位置、下部结构位置、施工现场布置、地基的持力层位置等。比如，收集河流水文资料，分析流速、流量、水位、冲刷等，可以确定满足冲刷要求的基础的埋置深度，计算桥墩水平力，确定具体的施工季节和施工方案，分析上部结构的特点和荷载特点，为后续准确设计提供依据。比如，收集建筑材料和施工调查资料，方便确定下部结构材料的采购，材料供应计划的安排，施工方法和施工方案的编制。比如，收集上部结构形式与使用要求，分析上部结构形式特点和使用要求，满足受力要求，选择合适的基础形式。

二、选择合适的桩基础持力层

桩基持力层的选择十分重要，直接决定了上部结构的稳定与安全，同时影响着桩基工程的造价，所以在桩基设计中要充分衡量各项因素后确定。持力层选择首先要考虑上部荷载以及沉降变形是否满足要求，再考虑合理性、施工可行性、经济性的要求。通常，持力层应选择在坚硬的土层上，有效地减少桩基的沉降量，保证桩基能有较大的承载力，如不存在坚硬土层，尽量选择强度高、压缩性的土层，尽可能减少桩基的沉降，国内超长大直径钻孔灌注桩应用情况如表 4-28 所示。

表 4-28　国内超长大直径钻孔灌注桩应用情况

名称	建成时间	桩径/m	桩长/m	桩端持力层	长度/km	桥梁地质情况
杭州湾大桥（宁波—嘉兴）	2008 年	灌注桩 2.8	125	粉砂	35.7	主塔基础采用 38 根直径 2.8 m 钻孔灌注桩，桩长 125 m，桩基设计为摩擦桩，进行了桩底后压浆。在中引桥北段，粉砂层的上覆地层工程性质较好，且有一定的厚度，该区段选用粉砂层做桩端持力层
		钢管桩 1.6	89	无		
苏通大桥（南通—苏州）	2008 年	2.5~2.8	117	粉砂	32.4	主塔墩位处基岩埋深在第四纪沉积地层，土层厚，沉积时间短，工程地质性质较差
东海大桥（上海—舟山）	2005 年	2.5	110	粉细砂	32.5	主通航跨桥址位置处上部黏土层，土质较软，呈饱和流塑状态，下层砂层坚硬密实厚度大，标贯击数较大

在桩基设计中，初步确定桩基础持力层的几种方案，然后进行方案比选。一般来说，桩端持力层要有一定的强度和深度，能使上部结构的荷载通过桩传递到硬持力层上并使地层变形量较小。上部结构的荷载是持力层选择中的重要考虑因素，假如荷载较小，持力层选择在中部或浅部的地层上即可满足荷载需求；假如上部荷载较大，持力层要选择在地层剖面中下部的较硬地层，甚至需要选在深部的坚硬地层上，才能满足变形的要求。我们可以根据下列原则来选择持力层。

（1）选择桩端持力层时必须考虑上部荷载要求和沉降变形要求，一般来说，针对不同荷载需求和变形要求，应选择不同的持力层。根据岩土工程师的工程实践，桩端持力层的选择多为砂层、卵石层、强风化层、中风化层、承载力，变形要求不高时，可以选择强度较高的黏性土层。

（2）同一建筑物、结构物的基础应尽量选择在同一持力层上，受力均匀些。

（3）如果地层下有软弱土层，一般情况下桩端应穿过软弱土层到达下部较坚硬的土层作为持力层。

（4）对于有软土层、液化土层、黄土湿陷性土层的地基，桩端一般情况下应穿过这些土层，选择中低压缩性的地层作为桩端持力层。在膨胀土或者季节性冻土发育的地区，桩端应进入膨胀土一定安全深度。

（5）选择桩端持力层应考虑桩基工程的施工可行性、合理性、方便快捷性。

（6）选择桩端持力层应考虑打桩对持力层的扰动，必要时可对持力层采取注浆加固处理。

（7）选择桩端持力层应考虑打桩对周边环境、建筑物、结构物、人民生产生活的影响。

三、选择桩基础的类型、构造、施工工艺

桩基础类型方案选择原则。桥梁基础方案的确定取决于地基土层的工程性质与水文地质条件、荷载特性、结构物的结构形式及使用要求以及材料的供应和施工技术等因素，力争做到使用上安全可靠，施工技术上简便可行，经济上合理高效。必要时应进行不同方案的选优，通过比较选择适宜与合理的设计方案与施工方案。根据以上原则，只有掌握了各类基础的特点，才能根据地形、桥型对症下药，选择适宜的桥梁基础，保障公路桥梁建设的安全、适用。

设计桩基础时，首先应该搜集必要的资料，包括上部结构型式与使用要求，荷载的性质与大小，地质和水文资料，以及材料供应和施工条件等，据此拟定出设计方案(包括选择桩基类型、桩长、桩径、桩数、桩地布置、承台位置与尺寸等)，然后进行基桩和承台以及桩基础整体的强度、稳定、变形检验，经过计算、比较、修改，保证承台、基桩和地基在强度、变形及稳定性方面满足安全和使用上的要求，并同时考虑技术和经济上的可能性与合理性，最后确定较理想的设计方案。

选择桩基础类型时，应根据设计要求、现场条件、施工条件等，并考虑各种类型桩基础的不同特点，综合分析选择。在设计中桩型的选择非常重要，桩型的多样性决定桩基础方案的多样性，桩型的优化处理能更大限度地发挥桩的承载能力，确保工程质量安全，降低工程造价。

比如，某省高速公路大桥桥梁基础形式及持力层的选择如图4-55所示，桥址区基岩面埋藏深度较大，建议桥墩、台采用摩擦桩基础，以碎块状强风化岩及其以下地层为桩端持力层，桩长经计算确定，基础应埋置于冲刷线以下，部分桥址区分布液化砂土层，且厚度较大，桩基设计时还需考虑砂土液化效应及软土负摩阻力效应，对基础承载力特征值进行相应折减。

例如，根据杭州湾跨海大桥工程位于强潮流区的特点，大桥水中低墩区基础应选择水平及垂直承载力大的桩型，而且选择的桩型应能满足施工期单桩稳定和使用期承载力要求。由于工程建设工期比较紧张，所以要求选择的桩型具备经济合理、施工迅速、高效的特点。可供本工程选择的桩型主要有钻孔灌注桩、预应力混凝土管桩、钢管桩等。通过对这3种类型桩基的结构合理性、施工可操作性、结构可靠性、耐久性、经济性等方面进行综合比较，认为预应力混凝土管桩受自身性能限制(稳定性，防腐)，不适合作为本工程的基础结构；而钻孔灌注桩基础的经济性较差，施工困难，施工进度慢，难以满足施工进度要求；钢管桩基础受力合理，具有自重轻、抗弯能力强、施工速度快等优点，可根据需要布置成斜桩以提高桥墩基础的水平承载力，并且防腐技术成熟，因此水中区非通航孔桥优先采用钢管桩基础。考虑到施工限制原因，杭州湾跨海大桥南北航道桥桩长超过了钢管桩极限，只能采用ϕ2.5 m钻孔灌注桩。

众所周知，设计方案不可能是唯一的，不管应用何种设计方法进行设计，总会有许多的方案供选择。因为在任何情况下，只要有若干种可用方案(包括改进的方案)，人们必然要求使用最满意的那一个方案。这就要求设计方案的最优化。

1. 设计承台底面标高

承台底面的标高应根据桩的受力情况、桩的刚度和地形、地质、水流、施工等条件确定。低承台稳定性较好，但在水中施工难度较大，因此可用于季节性河流、冲刷小的河流或旱地

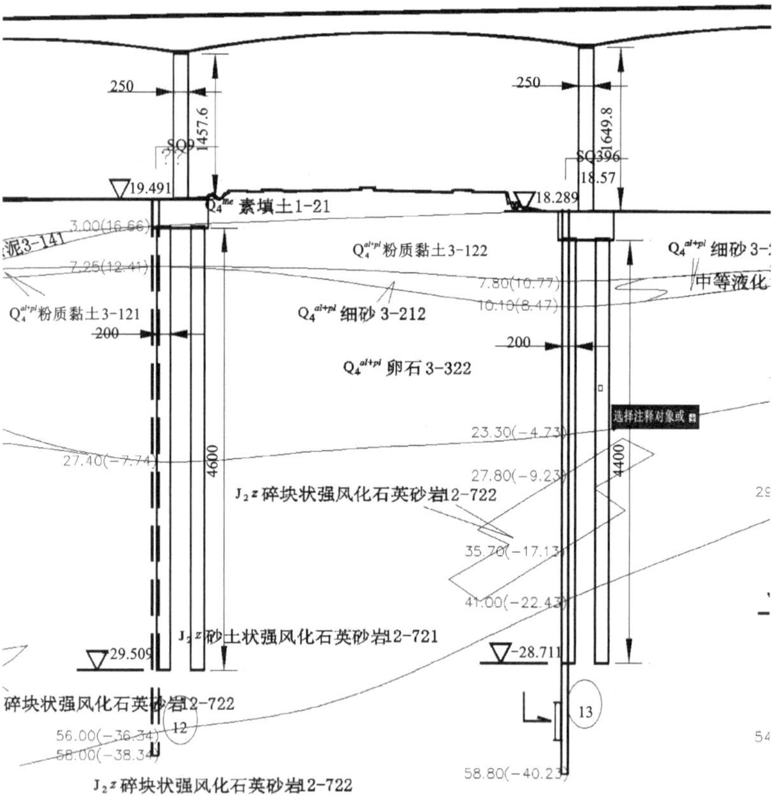

图 4-55　桥梁设计图

上其他结构物的基础。当承台埋设于冻胀土层中时，为了避免土的冻胀引起桩基础损坏，承台底面应位于冻结线以下不少于 0.25 m，对于常年有流水、冲刷较深，或水位较高，施工排水困难的情况，在受力条件允许时，应尽可能采用高桩承台。承台如在水中或有流冰的河道，承台底面也应适当放低，以保证基桩不会直接受到撞击，否则应设置防撞装置。当作用在桩基础上的水平力和弯矩较大，或桩侧土质较差时，为减少桩身所受的内力，可适当降低承台底面标高。有时为节省墩台身圬工数量，可适当提高承台底面标高。

2. 设计端承桩桩基或摩擦桩桩基

端承桩和摩擦桩的选择主要根据地质和受力情况确定。端承桩桩基础承载力大，沉降量小，较为安全可靠，因此当基岩埋深较浅时，应考虑采用端承桩桩基。若岩层埋置较深或受施工条件的限制不宜采用端承桩，则可采用摩擦桩，但在同一桩基础中不宜同时采用端承桩和摩擦桩，也不宜采用不同材料、不同直径和长度相差过大的桩，以避免桩基产生不均匀沉降或丧失稳定性。

当采用端承桩时，除桩底支承在基岩上(即端承桩)外，如覆盖层较薄，或水平荷载较大，还需将桩底端嵌入基岩中一定深度成为嵌岩桩，以增强桩基的稳定性和承载能力。为保证嵌岩桩在横向荷载作用下的稳定性，需嵌入基岩的深度与桩嵌固处的内力及桩周岩石强度有关，应分别考虑弯矩和轴力要求。

3. 常用的桩型选择与成桩工艺选择

桩型的选择应遵循以下原则：①在计算单桩承载力时，考虑上部结构所传递的荷载。

②按照工期的要求选择适应的桩型，如工期紧，可采用人工挖桩或预制桩，加快施工的进程。③在选择桩型施工时，要考虑施工所造成的振动和噪声，以及施工所产生的污染对周边环境的影响。④要根据施工现场的土质情况、地下水位的高低以及持力层的深浅来选择桩型，并且要考虑桩的承载力与经济因素。⑤根据工程预算采用经济合理的桩型。⑥选择桩型时，应考虑施工场地所各种桩施工的机械设备；如果不具备这些设备，则要考虑从其他地区引进所需的经济成本。总之，桩基础虽然应用比较广泛，但是每一种桩型都有其最佳应用范围与环境。桩型与工艺选择应根据结构类型、荷载性质、桩的使用功能、穿越土层、桩端持力层土类、地下水位、施工设备、施工环境、施工经验、桩的材料供应条件等，综合考虑后选择经济、合理、安全适用的桩型和成桩工艺。

目前桩的材料主要是混凝土和钢筋，《公路桥涵施工技术规范》规定，预制桩的混凝土强度等级不低于C30，灌注桩不应低于C25，水下混凝土桩不低于C30，预应力桩不低于C40。

成桩工艺适用性设计时，可参考不同行业规范。比如，淤泥和淤泥质土层不宜采用螺旋钻孔灌注桩、扩底桩、人工挖孔桩；桩端进入软质岩石和风化岩石持力层不宜采用内夯沉管灌注桩、静压桩。比如，一般黏性土及其填土层，大部分桩型都比较适合；对环境噪声、振动有严格要求的，不宜采用冲击成孔灌注桩、打入桩、沉管灌注桩、钢管桩；对排浆有严格要求的，不宜采用泥浆护壁法施工的桩以及冲击成孔灌注桩。各种施工桩都有合适的最大施工长度，当设计桩长较长时，应根据最合适原则，采用钻孔灌注桩、旋挖成孔灌注桩、部分钢管桩。又比如基础施工在地下水位以下时，不宜采用干法作业的灌注桩。

4. 在桩基选型中需要做试验桩，进行必要性分析

试桩的目的是选择合理的工程桩型，确定成桩工艺的可行性及适用性。第一是做成桩工艺试验，检验施工设备以及施工工艺的适用性；第二是试桩现场地质勘察，采用超前钻，查明地质岩溶发育情况、土层分布情况以及每个土层的受力性能，为桩基持力层的选择和桩基选型提供依据；通过试验桩施工，对地质资料进行复核，确定不同区域桩基类型的可行性，为后续大面积施工工程桩提供有力保障；第三是对桩身进行质量检测，检测桩身的完整性，检测桩身的混凝土强度，为优化施工各技术指标和混凝土配合比提供依据；第四进行单桩承载力检测，通过单桩承载力试验，校验桩侧摩阻力、桩端阻力，了解桩的承载性能，为合理选择桩身持力层提供依据；第五是进行成本测算，统计、测算各类桩型的造价，为工程桩的选型、报价提供依据。

四、设计桩的尺寸(桩径、桩长)

桩径与桩长的设计，应综合考虑荷载的大小、土层性质与桩周土阻力状况、桩基类型与结构特点、桩的长径比以及施工设备与技术条件等因素，力争做到既满足使用要求，又造价经济，最有效地利用和发挥地基土和桩身材料的承载性能。设计时，首先拟定尺寸，然后通过基桩计算和验算，视所拟定的尺寸是否经济合理，再最后确定。

1. 拟定桩径

从实际情况出发，结合施工条件及工程地质条件综合考虑。在一定的地质条件下，当桩的类型选定后，桩的横截面(桩径)可根据各类桩的特点与常用尺寸选择确定。比如灌注桩的直径较大，灌注桩的常用直径为0.8 m、1.2 m、1.5 m、1.8、2 m、2.5 m，灌注桩个别直径甚至可超过2.8 m。预制桩方桩的直径较小，一般为0.3 m、0.4 m、0.5 m、0.6 m的直径或边长。预制桩个别直径或边长可以达到0.8 m。

2. 拟定桩长

桩长指的是整根桩的长度，即承台底面以下的桩长。对高承台桩基来说，桩长是指承台底面以下桩的自由长度与入土长度之和，对低承台桩基来说，则为桩的入土长度。一般先根据持力层初步确定桩长，在后续确定了桩的平面布置、承台尺寸和桩数后，根据确定的数据参数进行计算得出单桩桩顶的最不利荷载值，然后再按单桩轴向受压容许承载力经验公式反算桩长。

桩长的拟定和下列各种因素相关：施加于桩的荷载特性大小、作用方向、地下水的特性、地质条件、地基土的特性、桩土作用、深度效应、有无不利的地质特征（如洞穴）、成桩方法、桩的类型、桩的材料等，因此在工程实践中选用桩长不能墨守成规，而要在充分掌握具体资料的基础上结合设计人员的工程经验经过分析比较来择用最优的桩长。

（1）荷载大小。荷载的大小是决定桩长的主要因素，当确定了桩型和桩径后，基本就初步确定了桩长，因为荷载比较大时，需要嵌入较深且较好的土层中，以满足承载力的要求。

（2）地质条件。良好持力层的埋置深度和场地的地层分布情况都是决定桩长的重要因素。如果有坚实土层和岩石地层，优先考虑作为桩端持力层；在施工条件允许的范围内，如果没有坚实土层或岩石地层，可以采用中等强度的土层作为持力层。

桩端持力层的选择决定了桩长，因为桩端持力层对桩的承载力和沉降有着重要影响。设计时，可先根据地质条件选择适宜的桩端持力层初步确定桩长，并应考虑施工的可行性（如钻孔灌注桩钻机钻进的最大深度等）。比如杭州湾跨海大桥，第四世纪地层超过150 m，上覆软土层40~60 m，桩尖持力层位于60 m以下，桩基采用摩擦桩，桩长大于80 m，南北航道桥桩长110~120 m。

（3）地基土特性。地基土的特性会影响桩的长度，比如遇到液化砂层，在打桩处理时桩就应该穿过可液化的砂土层，有足够的长度深入下部稳定土层。再比如遇到湿陷性黄土时，桩就应穿过湿陷性土层并进入非湿陷性的土层中。

（4）桩土作用。考虑桩土的相互作用，为使桩发挥最佳的承载性能，在满足设计要求的条件下采用较长的桩、较大的单桩设计荷载、较少的桩数量、较大的桩距是比较经济合理的。

（5）深度效应。端承桩桩端进入持力层的深度不应小于端阻临界深度，摩擦桩的入土最小深度不应小于侧阻临界深度，桩端距离软弱下卧层的深度不应小于临界厚度。

对于端承桩而言，比较理想的是把桩底置于岩层或坚硬的土层上，以得到较大的承载力和较小的沉降量。如在施工条件允许的深度内没有坚硬的好土层存在，则应尽可能选择压缩性较弱、强度较高的土层作为持力层，要避免使桩底位于软土层上或与软弱下卧层的距离太近，以免桩基础发生过大的沉降。

对于摩擦桩而言，有时桩底持力层可能会有多种选择，但需要兼顾桩长和桩数，此时，可通过试算来比较，选择较合理的桩长。摩擦桩的桩长不应拟定太短，一般不应小于4 m。因为桩长过短的话，不利于桩基把荷载传递到深层或减小基础下沉量，且必然增加桩数，扩大承台尺寸，也影响施工的进度。此外，为保证发挥摩擦桩桩底土层支承力，桩底端部应尽可能达到该土层的桩端阻力的临界深度。不同深度的桩变形与反力如图4-56所示。

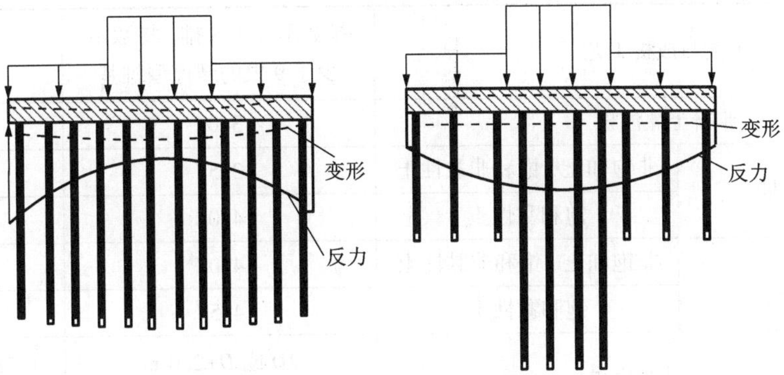

(a) 桩长、桩径均相等　(b) 桩长、桩径均不等

图 4-56　均匀布桩与变刚度布桩的变形与反力分布

五、确定基桩根数及桩基础平面布置

1. 估算桩的根数

基础所需桩的根数可根据承台底面上的竖向荷载和单桩容许承载力按式(4-15)估算：

$$n=\mu \frac{N}{[P]} \tag{4-15}$$

式中：n 为桩的根数；N 为作用在承台底面上的竖向荷载(kN)；$[P]$ 为单桩容许承载力或单桩承载力设计值(kN)；μ 为考虑偏心荷载时各桩受力不均而适当增加桩数的经验系数，可取 $\mu=1.1\sim1.2$。

估算的桩数是否合适，在验算各桩的受力状况后即可确定。桩数的确定还需考虑满足桩基础水平承载力要求的问题。若有水平静载试验资料，可用各单桩水平承载力之和作为桩基础的水平承载力(为偏安全考虑)。一般情况下，桩基水平承载力由基桩的材料强度控制，可通过对基桩的结构强度设计(如钢筋混凝土桩的配筋设计与截面强度验算)来满足，所以桩数仍按式(4-15)来估算。桩数的确定与桩基础水平承载力、承台尺寸、桩长及桩的间距的确定相关联，确定时应综合考虑。

2. 确定桩的间距

为了避免桩基础施工可能引起土的松弛效应和挤土效应对相邻基桩的不利影响，以及桩群效应对基桩承载力的不利影响，布设桩时，应该根据土类成桩工艺以及排列确定桩的最小中心距。一般情况下，穿越饱和软土的挤土桩，要求桩中心距最大，部分挤土桩或穿越非饱和土的挤土桩次之，非挤土桩最小；对于大面积的桩群，桩的最小中心距宜适当加大。对于桩的排数为 1~2 排、桩数小于 9 根的其他情况摩擦型桩基，桩的最小中心距可适当减小。《建筑桩基技术规范》规定桩的最小中心距应符合表 4-29 的要求，当在施工中采用了减小挤土效应的措施时，可根据当地经验适当减小桩间距。

表 4-29　桩的最小中心距

土类与成桩工艺		排数不少于 3 排、桩数不少于 9 根的摩擦型桩基	其他情况
非挤土灌注桩		3.0d	3.0d
部分挤土桩	非饱和土、饱和非黏性土	3.5d	3.0d
	饱和黏性土	4.0d	3.5d
挤土桩	非饱和土、饱和非黏性土	4.0d	3.5d
	饱和黏性土	4.5d	4.0d
钻、挖孔扩底桩		2D 或 D+2.0 m（当 D>2 m）	1.5D 或 D+1.5 m（当 D>2 m）
沉管夯扩、钻孔挤扩桩	非饱和土、饱和非黏性土	2.2D 且不小于 4.0d	2.0D 且 3.5d
	饱和黏性土	2.5D 且 4.5d	2.2D 且 4.0d

注：d 为圆桩直径（方桩边长）；D 为扩大端直径。

摩擦桩群桩基础的中心距，从受力角度来说，最好是使各桩端平面处压力分布范围不重叠，才能充分发挥其承载能力。经试验测定，满足此要求的中心距定为 6d。但现实情况是，桩距如采用 6d，承台的占地面积很大，因此常采用小于 6d 的群桩中心距。根据经验规定打入桩的桩端平面处的中心距不小于 3d，目的是减少桩端平面处相邻桩作用于土的压应力重叠作用，不致因土体挤密而使桩挤不下去。振动下沉桩规定在桩端平面处不小于 4d（d 为桩的直径或边长），因振动下沉桩施工时土的挤压更为明显。

摩擦型桩的中距应符合下列规定：锤击、静压沉桩，在桩端处的中距不应小于桩径（或边长）的 3 倍，对软土地基宜适当增大；振动沉入砂土内的桩，在桩端处的中距不应小于桩径（或边长）的 4 倍。桩在承台底面处的中距不应小于桩径（或边长）的 1.5 倍。钻孔桩中距不应小于桩径的 2.5 倍。挖孔桩中距可按钻孔桩采用。支承或嵌固在基岩中的端承型钻（挖）孔桩的中距不宜小于桩径的 2 倍。钻（挖）孔扩底灌注桩的中距不应小于 1.5 倍扩底直径和扩底直径加 1 m 的较大者。对边桩（或角桩）外侧与承台边缘的距离，桩直径（或边长）小于或等于 1 m 时，不应小于 0.5 倍桩径（或边长）且不应小于 0.25 m；桩直径大于 1 m 时，不应小于 0.3 倍桩径（或边长）且不应小于 0.5 m。

3. 桩的平面布置

桩基础的平面布置应尽可能满足以下要求：牢固、美观、间隔合理、分配均匀等。桩的平面布置要能够使上部的荷载通过桩顺利传递给地基，嵌入承台或系梁衔接牢固、稳定，桩的布局视觉效果协调，布局美观合理，桩的间距满足施工的要求，桩端平面处压力分布范围合理，受力均衡。桩的平面布置要综合考虑荷载条件、选用桩型、地质条件、几何条件等因素。

群桩的布置可根据基础平面形状采用正方形、长方形、等边三角形和等腰三角形，如图 4-57 所示。桩数确定后，可根据桩基受力情况选用单排桩或多排桩桩基。多排桩的排列形式常采用图 4-57 中的行列式和梅花式，在相同的承台底面积下，后者可排列较多的基桩，而前者有利于施工。

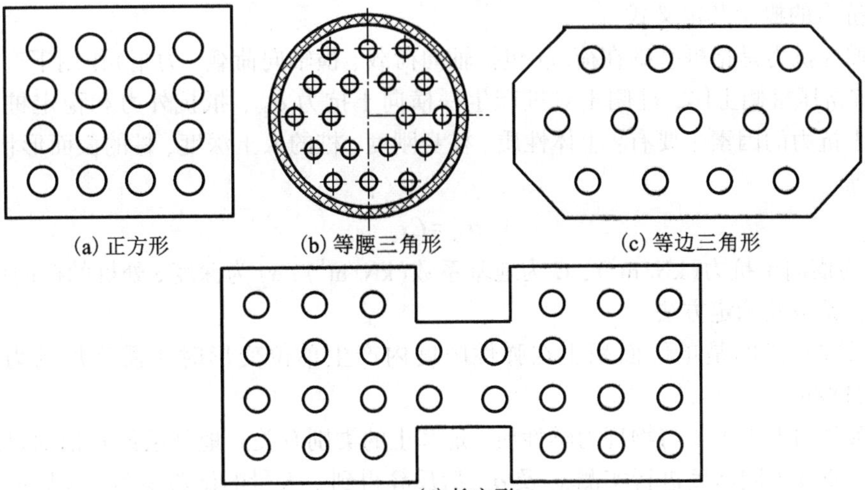

图 4-57　桩的平面布置

桩基础中桩的平面布置，既要考虑最小桩距的构造要求，还要考虑基桩布置对桩基受力有利，尽可能使各桩受力均匀，充分发挥每根桩的承载能力，因此设计布置时，应尽可能使桩群横截面的重心与荷载合力作用点重合或接近，通常桥墩桩基础中的基桩采取对称布置，而桥台多排桩基础视受力情况在纵桥向采用非对称布置。当作用于桩基的弯矩较大时，宜尽量将桩布置在离承台形心较远处，采用外密内疏的布置方式，以增大基桩对承台形心或合力作用点的惯性矩，提高桩基的抗弯能力。

例如，中马友谊大桥的主墩设置于深海区，最大水深约 47 m，海水流速达到 3.9 m/s。桩基础类型采用高承台群桩基础。部分主墩采用多根直径 2.8-3.2-3.6 m 的变截面钻孔灌注桩，基础平面布置呈梅花形，各墩均设置六边形承台，桩长设计长度分别为 88 m、106 m、110 m。

六、桩顶作用力计算，地面处位移 X_0 验算，桩身内力计算

桩基础设计的基本要求是桩基础应能满足上部结构在承载力方面的要求，即有足够的承载能力，桩基础的变形量应能满足上部结构对沉降、位移与转角方面的要求，桩基础应能满足总体稳定性的要求。

确定桩的计算宽度、计算桩体变形系数值、计算地面处桩截面的作用，并验算桩在地面或最大冲刷线处的横向位移。然后求算桩身各截面的内力进行桩身配筋及桩身截面强度和稳定性验算，计算桩顶位移和墩台顶位移并进行验算。

对于桩在横向荷载作用下桩身的内力和位移计算，目前普遍采用的是桩侧土文克尔假定，先列挠曲微分方程，通过求解挠曲微分方程，再根据力的平衡条件，求解桩的内力和位移，这种方法也称为弹性地基梁法。国内外普遍采用以文克尔假定为基础的弹性地基梁法，该方法原理简单，概念简单明了，计算的结果比较安全，因此，我国铁路和公路在桩基础的设计中常采用弹性地基梁法(m 法)。

1. 基本概念

1）土抗力的概念及定义式

土的弹性抗力是指桩基础在荷载（包括轴向荷载、横轴向荷载、力矩）作用下产生位移及转角，使桩挤压桩侧土体，桩侧土对桩产生一横向土抗力 σ_{zx}，抵抗外力和稳定桩基础的作用。影响土抗力的因素主要有：土体性质、桩身刚度、桩的入土深度、桩的截面形状、桩的间距及荷载等。

$$\sigma_{zx}=Cx_z \tag{4-16}$$

式中：σ_{zx} 为横向土抗力（kN/m^2）；C 为地基系数（kN/m^3）；x_z 为深度 z 处桩的横向位移（m）。

2）地基系数及确定方法

地基系数 C 指的是单位面积土在弹性限度内产生单位变形时所需施加的力，单位为 kN/m^3 或 MN/m^3。

地基系数的大小主要与物理力学性质、地基土的类别有关。地基系数 C 值通过对试桩在不同类别土质及不同深度进行实测 x_z 及 σ_{zx} 后反算得到。大量的试验表明，地基系数 C 值不仅与土地类别及其性质有关，而且也随着深度而变化。由于实测的客观条件和分析方法不尽相同，所采用的 C 值随深度的分布规律也各有不同，桩常采用的弹性地基梁 m 法是指地基系数 C 随着深度线性变化，与深度成正比。

3）单桩、单排桩概念与力的分配

单桩、单排桩是指与水平外力 H 作用面相垂直的平面上，仅有一根或一排桩的桩基础。对于单排桩力的分配，如图 4-58 所示。对桥墩作纵向验算时，假设作用于承台底面中心的荷载为 N、H、M_y，作用在每根桩上的荷载为 P_i、Q_i、M_i 值，当 N 在单排桩方向无偏心时，竖向验算时，可以假定它是平均分布在各桩上的，即

$$P_i=\frac{N}{n};\quad Q_i=\frac{H}{n};\quad M_i=\frac{M_y}{n} \tag{4-17}$$

式中：n 为桩的根数。

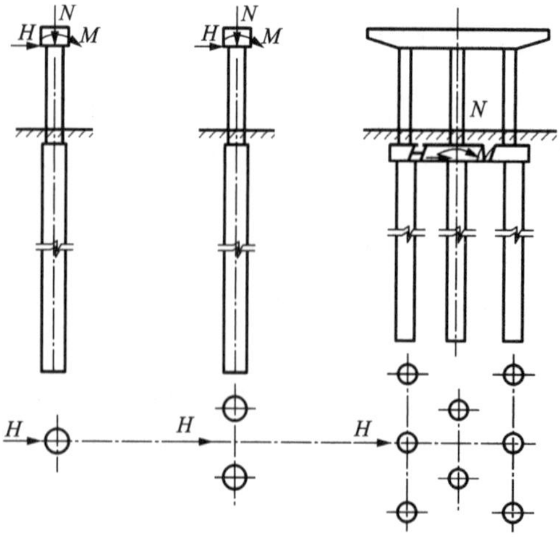

(a) 单桩　(b) 单排桩　(c) 多排桩

图 4-58　单桩、单排桩、多排桩

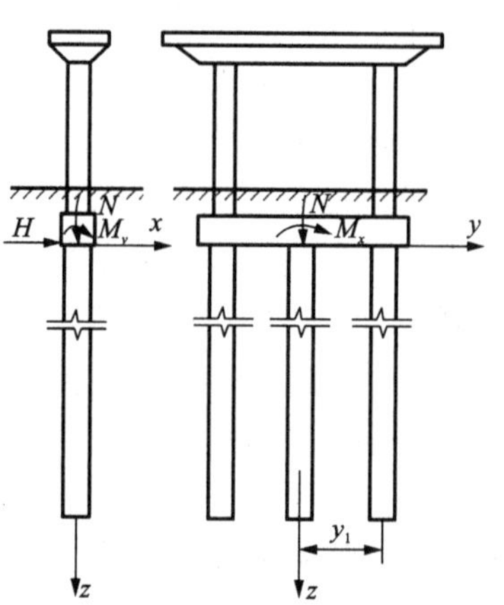

(a) 顺桥向　(b) 横桥向

图 4-59　单排桩的计算

当竖向力 N 在单排桩方向有偏心距 e 时，如图 4-59(b)所示，即 $M_x = Ne$，因此每根桩上的竖向作用力可按偏心受压计算，即

$$P_i = \frac{N}{n} \pm \frac{M_x y_i}{\sum y_i^2} \tag{4-18}$$

由于单桩及单排桩中每根桩桩顶作用力可按上述简单公式计算，所以归成一类。

4)多排桩概念与力的分配

多排桩是指在水平外力作用平面内有一根以上桩的桩基础(对单排桩作横桥向验算时也属此情况)。

多排桩力的分配不能直接应用上述公式计算各桩顶上的作用力，其受力比较复杂，需要考虑到桩与土之间的相互作用，利用结构力学方法进行计算。

5)桩的计算宽度

桩的计算宽度是指根据公式换算成实际工作条件下相当于矩形截面桩的宽度，不直接采用桩的设计宽度(直径)，桩的计算宽度表示为 b_1，目的是简化受力，考虑到桩受力后的桩身宽度以及土体的影响，将空间受力问题简化为平面受力问题，并综合考虑桩的截面形状以及多排桩之间的相互重叠的作用。根据已有的试验资料分析，现行规范认为计算宽度的换算可用下式表示：

$$d \geqslant 1.0\ m,\ b_1 = kk_f(d+1) \tag{4-19}$$

$$d < 1.0\ m,\ b_1 = kk_f(1.5d+0.5) \tag{4-20}$$

对单排桩或 $L_1 \geqslant 0.6h_1$ 的多排桩，$k=1.0$；$L_1 < 0.6h_1$ 的多排桩，$k = b_2 + \frac{1-b_2}{0.6} \cdot \frac{L_1}{h_1}$。

式中：b_1 为桩的计算宽度(m)，$b_1 \leqslant 2d$；d 为桩径或垂直于水平外力作用方向桩的宽度(m)；k 为平行于水平力作用方向的桩间相互影响系数；k_f 为桩型换算系数(矩形 $k_f=1.0$，圆形或圆端形截面 $k_f=0.9$，圆端形与矩形组合截面 $k_f=1-0.1a/d$)；L_1 为平行于水平外力作用方向的桩间净距；h_1 为地面或局部冲刷线以下桩的计算埋入深度；b_2 为平行于水平力作用方向的一排桩的桩数 n 有关系数，当 $n=1$ 时，$b_2=1.0$，当 $n=2$ 时，$b_2=0.6$，当 $n=3$ 时，$b_2=0.5$，$n \geqslant 4$ 时，$b_2=0.45$。

6)刚性桩与弹性桩

根据桩和土的相对刚度不同，可以将桩分为刚性桩和弹性桩。

弹性桩是指桩的入土深度 $h > \frac{2.5}{\alpha}$，桩的相对刚度小，必须考虑桩的实际刚度，按弹性桩来计算。其中，α 称为桩的变形系数，h 为桩的入土深度。

刚性桩是指桩的入土深度 $h \leqslant \frac{2.5}{a}$，桩的相对刚度较大，抵抗变形能力较强，计算时按刚性桩考虑。

2. m 法计算桩的内力和位移

1)计算参数

$$\alpha = \sqrt[5]{\frac{mb_1}{EI}} \tag{4-21}$$

$$EI = 0.8E_cI \tag{4-22}$$

式中：α 为桩的变形系数；m 为非岩石地基抗力系数的比例系数；b_1 为桩的计算宽度；EI 为桩的抗弯刚度，对以受弯为主的钢筋混凝土桩，根据《公路钢筋混凝土及预应力混凝土桥涵设计规范》(JTG 3362—2018)规定采用；E_c 为桩的混凝土抗压弹性模量；I 为桩的毛面积惯性矩。

地基土水平抗力系数的比例系数 m 值，宜通过桩的水平静载试验确定。但当试验费用、时间等原因资料不足时，可采用规范提供的经验值，如表 4-30 所示。

表 4-30　非岩石类土地比例系数 m 值

序号	土地分类	$m/(\mathrm{MN\cdot m^{-4}})$
1	流塑黏性土 $I_L>1$，淤泥	3~5
2	软塑黏性土 $1>I_L\geq0.5$，粉砂	5~10
3	硬塑黏性土 $0.25\geq I_L\geq0$，细砂、中砂、中密粉土	10~20
4	坚硬、半坚硬黏性土 $I_L<0$，粗砂	20~30
5	砾砂、角砾、圆砾、碎石、卵石	30~80
6	密实粗砂夹卵石，密实漂卵石	80~120

注：1. 本表用于基础在地面处位移最大值不应超过 6 mm 的情况，当位移较大时，应适当降低。

2. 当基础侧面设有斜坡或台阶，且其坡度(横：竖)或台阶总宽与深度之比大于 1：20 时，表中的 m 值应减小 50% 取用。

2)假定条件及符号规定

假定条件。考虑到桩与土共同承受外荷载的作用，为便于和简化计算，在基本理论中作如下的假定：将土视为弹性变形介质，具有随深度成比例增长的地基系数(即 $C=mz$)。土地应力应变关系符合文克尔假定(即 $\sigma_{zx}=CX$)。不考虑桩与土之间的摩擦力和黏结力。桩与桩侧土在受力前后始终密贴，将桩看作一弹性构件(即 $ah>2.5$)。x_z、φ_z、M_z、Q_z 的符号规定如图 4-60 所示。

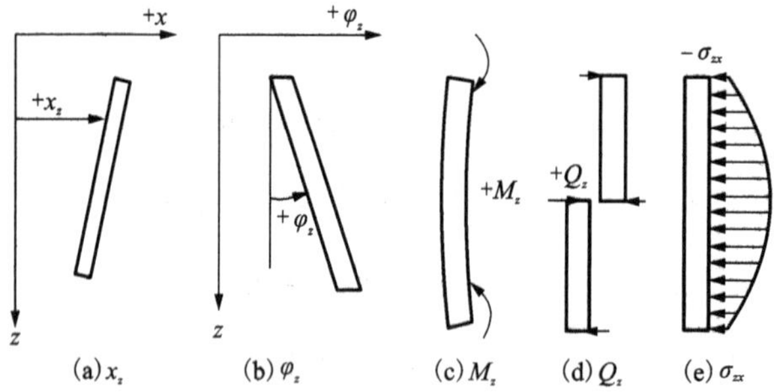

图 4-60　x_z、φ_z、M_z、Q_z、σ_{zx} 的符号规定

符号规定。在公式推导和计算中，对力和变位的符号作如下规定：

①水平位移：顺 X 轴正方向为正值。

②转角：逆时针方向转动为正值。

③弯矩：当左侧纤维受拉时为正值。

④水向力：顺 X 轴正方向为正值。

3）无量纲法

桩身在地面以下任一深度处的内力和位移的简捷计算方法，如表 4-31、4-32 所示。

表 4-31　$ah>2.5$ 单排桩柱式桥墩承受桩柱顶荷载的作用效应及位移计算用表

<table>
<tr><td colspan="3" rowspan="2">计算图示</td><td>（1）柱顶自由，桩底支承在非岩石类土或基岩面上的单排桩式桥墩</td><td>（2）柱顶自由，桩底嵌固在基岩中的单排桩式桥墩</td></tr>
<tr><td>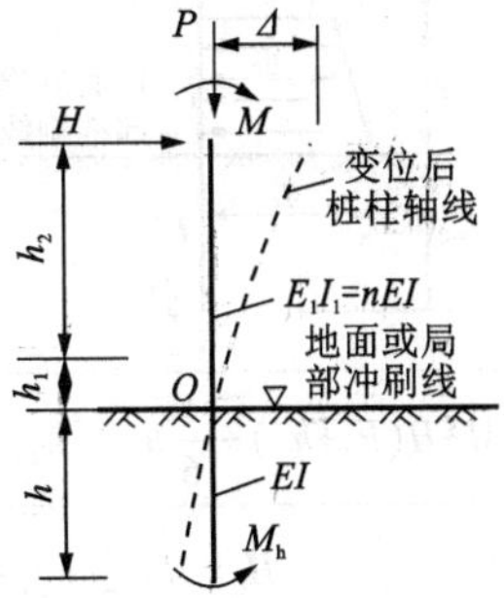
</td><td>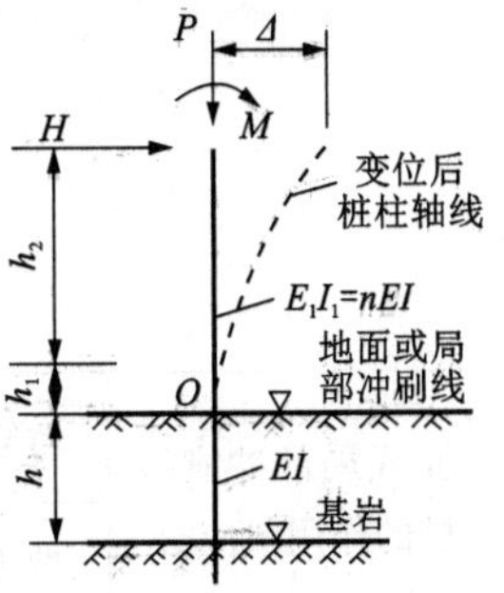
</td></tr>
<tr><td colspan="2" rowspan="2">地面或局部冲刷线处桩的作用效应</td><td>弯矩</td><td colspan="2">$M_0=M+H(h_2+h_1)$</td></tr>
<tr><td>剪力</td><td colspan="2">$H_0=H$</td></tr>
<tr><td rowspan="4">地面或局部冲刷线处作用单位“力”时，该截面产生的变位</td><td rowspan="2">$H_0=1$ 作用时</td><td>水平位移</td><td>$\delta_{HH}^{(0)}=\frac{1}{\alpha^3 EI}\times\frac{(B_3D_4-B_4D_3)+k_h(B_2D_4-B_4D_2)}{(A_3B_4-A_4B_3)+k_h(A_2B_4-A_4B_2)}$</td><td>$\delta_{HH}^{(0)}=\frac{1}{\alpha^3 EI}\times\frac{(B_2D_1-B_1D_2)}{(A_2B_1-A_1B_2)}$</td></tr>
<tr><td>转角/rad</td><td>$\delta_{MH}^{(0)}=\frac{1}{\alpha^2 EI}\times\frac{(A_3D_4-A_4D_3)+k_h(A_2D_4-A_4D_2)}{(A_3B_4-A_4B_3)+k_h(A_2B_4-A_4B_2)}$</td><td>$\delta_{MH}^{(0)}=\frac{1}{\alpha^2 EI}\times\frac{(A_2D_1-A_1D_2)}{(A_2B_1-A_1B_2)}$</td></tr>
<tr><td rowspan="2">$M_0=1$ 作用时</td><td>水平位移</td><td>$\delta_{HM}^{(0)}=\delta_{MH}^{(0)}=\frac{1}{\alpha^2 EI}\times\frac{(B_3C_4-B_4C_3)+k_h(B_2C_4-B_4C_2)}{(A_3B_4-A_4B_3)+k_h(A_2B_4-A_4B_2)}$</td><td>$\delta_{HM}^{(0)}=\frac{1}{\alpha^2 EI}\times\frac{(B_2C_1-B_1C_2)}{(A_2B_1-A_1B_2)}$</td></tr>
<tr><td>转角/rad</td><td>$\delta_{MM}^{(0)}=\frac{1}{\alpha EI}\times\frac{(A_3C_4-A_4C_3)+k_h(A_2C_4-A_4C_2)}{(A_3B_4-A_4B_3)+k_h(A_2B_4-A_4B_2)}$</td><td>$\delta_{MM}^{(0)}=\frac{1}{\alpha EI}\times\frac{(A_2C_1-A_1C_2)}{(A_2B_1-A_1B_2)}$</td></tr>
<tr><td rowspan="2">地面或局部冲刷线处桩的变位</td><td colspan="2">水平位移</td><td colspan="2">$x_0=H_0\delta_{HH}^{(0)}+M_0\delta_{HM}^{(0)}$</td></tr>
<tr><td colspan="2">转角/rad</td><td colspan="2">$\varphi_0=-(H_0\delta_{MH}^{(0)}+M_0\delta_{MM}^{(0)})$</td></tr>
<tr><td rowspan="2">地面或局部冲刷线以下深度 Z 处桩各截面内力</td><td colspan="2">弯矩</td><td colspan="2">$M_Z=\alpha^2 EI\left(x_0A_3+\frac{\varphi_0}{\alpha}B_3+\frac{M_0}{\alpha^2 EI}C_3+\frac{H_0}{\alpha^3 EI}D_3\right)$</td></tr>
<tr><td colspan="2">剪力</td><td colspan="2">$Q_Z=\alpha^3 EI\left(x_0A_4+\frac{\varphi_0}{\alpha}B_4+\frac{M_0}{\alpha^2 EI}C_4+\frac{H_0}{\alpha^3 EI}D_4\right)$</td></tr>
<tr><td colspan="3">桩柱顶水平位移</td><td colspan="2">$\Delta=X_0-\varphi_0(h_2+h_1)+\Delta_0$
式中：$\Delta_0=\frac{H}{E_1I_1}\left[\frac{1}{3}(nh_1^3+h_2^3)+nh_1h_2(h_1+h_2)\right]+\frac{M}{2E_1I_1}[h_2^2+nh_1(2h_2+h_1)]$</td></tr>
</table>

表 4-32　$ah>2.5$ 单排桩柱式桥台承受桩柱顶荷载的作用效应及位移计算用表

<table>
<tr>
<td colspan="3">计算图示</td>
<td>(1)桩柱身受梯形荷载，桩柱顶为自由，桩底支承在非岩石类土或基岩面上的单排桩式桥台
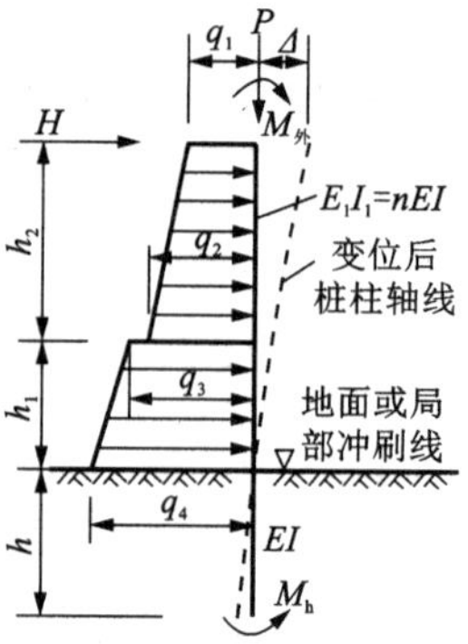
</td>
<td>(2)桩柱身受梯形荷载，桩柱顶自由，桩底嵌固在基岩中的单排桩式桥台
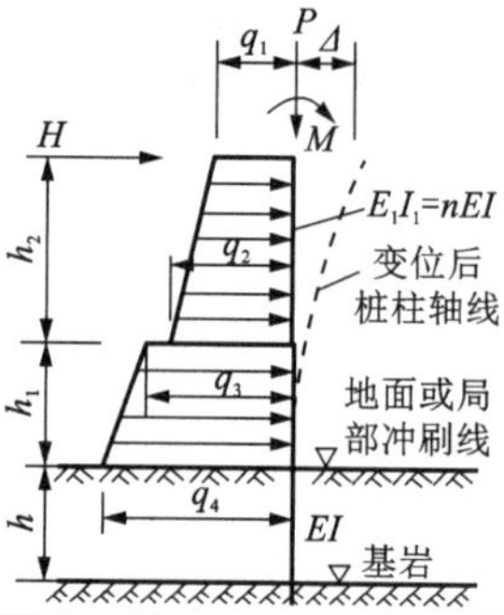
</td>
</tr>
<tr>
<td colspan="2" rowspan="2">地面或局部冲刷线处桩的作用效应</td>
<td>弯矩</td>
<td colspan="2">$M_0=M+H(h_2+h_1)+\frac{1}{6}h_2[(2q_1+q_2)h_2+3(q_1+q_2)h_1]+\frac{1}{6}(2q_3+q_4)h_1^2$</td>
</tr>
<tr>
<td>剪力</td>
<td colspan="2">$H_0=H+\frac{1}{2}(q_1+q_2)h_2+\frac{1}{2}(q_3+q_4)h_1$</td>
</tr>
<tr>
<td rowspan="4">地面或局部冲刷线处作用单位“力”时，该截面产生的变位</td>
<td rowspan="3">$H_0=1$ 作用时</td>
<td>水平位移</td>
<td>$\delta_{HH}^{(0)}=\frac{1}{\alpha^3EI}\times\frac{(B_3D_4-B_4D_3)+k_h(B_2D_4-B_4D_2)}{(A_3B_4-A_4B_3)+k_h(A_2B_4-A_4B_2)}$</td>
<td>$\delta_{HH}^{(0)}=\frac{1}{\alpha^3EI}\times\frac{(B_2D_1-B_1D_2)}{(A_2B_1-A_1B_2)}$</td>
</tr>
<tr>
<td>转角/rad</td>
<td>$\delta_{MH}^{(0)}=\frac{1}{\alpha^2EI}\times\frac{(A_3D_4-A_4D_3)+k_h(A_2D_4-A_4D_2)}{(A_3B_4-A_4B_3)+k_h(A_2B_4-A_4B_2)}$</td>
<td>$\delta_{MH}^{(0)}=\frac{1}{\alpha^2EI}\times\frac{(A_2D_1-A_1D_2)}{(A_2B_1-A_1B_2)}$</td>
</tr>
<tr>
<td>水平位移</td>
<td>$\delta_{HM}^{(0)}=\delta_{MH}^{(0)}=\frac{1}{\alpha^2EI}\times\frac{(B_3C_4-B_4C_3)+k_h(B_2C_4-B_4C_2)}{(A_3B_4-A_4B_3)+k_h(A_2B_4-A_4B_2)}$</td>
<td>$\delta_{HM}^{(0)}=\frac{1}{\alpha^2EI}\times\frac{(B_2C_1-B_1C_2)}{(A_2B_1-A_1B_2)}$</td>
</tr>
<tr>
<td>$M_0=1$ 作用时</td>
<td>转角/rad</td>
<td>$\delta_{MM}^{(0)}=\frac{1}{\alpha EI}\times\frac{(A_3C_4-A_4C_3)+k_h(A_2C_4-A_4C_2)}{(A_3B_4-A_4B_3)+k_h(A_2B_4-A_4B_2)}$</td>
<td>$\delta_{MM}^{(0)}=\frac{1}{\alpha EI}\times\frac{(A_2C_1-A_1C_2)}{(A_2B_1-A_1B_2)}$</td>
</tr>
<tr>
<td rowspan="2">地面或局部冲刷线处桩的变位</td>
<td colspan="2">水平位移</td>
<td colspan="2">$x_0=H_0\delta_{HH}^{(0)}+M_0\delta_{HM}^{(0)}$</td>
</tr>
<tr>
<td colspan="2">转角/rad</td>
<td colspan="2">$\varphi_0=-(H_0\delta_{MH}^{(0)}+M_0\delta_{MM}^{(0)})$</td>
</tr>
<tr>
<td rowspan="2">地面或局部冲刷线以下深度 Z 处桩各截面内力</td>
<td colspan="2">弯矩</td>
<td colspan="2">$M_Z=\alpha^2EI\left(x_0A_3+\frac{\varphi_0}{\alpha}B_3+\frac{M_0}{\alpha^2EI}C_3+\frac{H_0}{\alpha^3EI}D_3\right)$</td>
</tr>
<tr>
<td colspan="2">剪力</td>
<td colspan="2">$Q_Z=\alpha^3EI\left(x_0A_4+\frac{\varphi_0}{\alpha}B_4+\frac{M_0}{\alpha^2EI}C_4+\frac{H_0}{\alpha^3EI}D_4\right)$</td>
</tr>
<tr>
<td colspan="3">桩柱顶水平位移</td>
<td colspan="2">$\Delta=X_0-\varphi_0(h_2+h_1)+\Delta_0$
式中：$\Delta_0=\frac{M}{2E_1I_1}(nh_1^2+2nh_1h_2+h_2^2)+\frac{H}{3E_1I_1}(nh_1^3+3nh_1^2h_2+3nh_1h_2^2+h_2^3)+$
$\frac{1}{120E_1I_1}[(11h_2^4+40nh_2^3h_1+20nh_2h_1^3+50nh_2^2h_1^2)q_1+4(h_2^4+10nh_2^2h_1^2+$
$5nh_2^3h_1+5nh_2h_1^3)q_2+(11nh_1^4+15nh_2h_1^3+5nh_2^3h_1)q_3+(4nh_1^4+5nh_2h_1^3)q_4]$</td>
</tr>
</table>

注：1. 本表适用于 $ah>2.5$ 桩的计算。

2. 系数 A_i、B_i、C_i、D_i（$i=1, 2, 3, 4$）值，在计算 $\delta_{HH}^{(0)}$、$\delta_{HM}^{(0)}$、$\delta_{MH}^{(0)}$、$\delta_{MM}^{(0)}$ 时，根据 $\bar{h}=\alpha h$ 计算结果查《公路桥涵地基与基础设计规范》无量纲系数用表确定。

在计算 M_Z、Q_Z 时，根据 $\bar{h}=\alpha z$ 查桩身作用效应无量纲系数表，当 $\bar{h}>4$ 时，按 $\bar{h}=4$ 计算。

3. $k_h=\frac{C_0}{\alpha E}\times\frac{I_0}{I}$因为桩端转动，桩端底面土体产生的抗力对 $\delta_{HH}^{(0)}$、$\delta_{HM}^{(0)}$、$\delta_{MH}^{(0)}$、$\delta_{MM}^{(0)}$ 的影响系数。当桩底置于非岩石类土且 $\alpha h\geqslant 2.5$ 时，或置于基岩上且 $\alpha h\geqslant 3.5$ 时，$k_h=0$。

4. I_0、I 分别为地面或局部冲刷线以下桩截面和桩端面积的惯性矩。

(1) 当单排桩柱式桥墩承受桩柱顶荷载的作用效应及位移 $ah>2.5$，地面或局部冲刷线处桩的作用效应为：

$$M_0=M+H(h_1+h_2) \tag{4-23}$$

$$H_0=H \tag{4-24}$$

式中：M_0 为地面或局部冲刷线处桩的弯矩；M 为桩顶的弯矩；H_0 为地面或局部冲刷线处桩的剪力；H 为水平力；h_1 为地面或局部冲刷线到上端桩身变截面之间的距离；h_2 为墩顶至下端桩身变截面之间的距离。

(2) 当单排桩柱式桥墩承受桩柱顶荷载的作用效应及位移 $ah>2.5$，计算地面或局部冲刷线处桩变位。x_0 为桩在地面或局部冲刷线外桩的水平位移。ϕ_0 为桩在地面或局部冲刷线外桩的转角。

(3) 桩身最大弯矩位置 $Z_{M\max}$ 和最大弯矩 $M_{\max}$ 的确定。

桩身任意截面处的弯矩 M_z 的计算目的主要是检验桩的截面强度和配筋计算。一般将各深度 z 处的 M_z 值求出后，绘制 Z-M_z 图形，从 Z-M_z 图中分析找到弯矩最大的截面所在的位置 $Z_{M\max}$，以及相应的最大弯矩 $M_{\max}$，进行截面强度和配筋检验，从设计的角度消除安全隐患，避免后期截面出现问题。

(4) 桩顶位移的计算。

如表 4-31 所示置于非岩石地基中的桩，已知露出地面长 $l_0=h_1+h_2$，当桩顶为自由端，其上作用有水平力(H)及力矩(M)时，在外力作用下，顶端产生的位移会叠加计算。

假设桩顶的水平位移为 Δ，它主要由以下几部分组成：桩在地面处的水平位移 χ_0、地面处转角 φ_0 所引起的桩顶的水平位移 $\varphi_0 l_0$、桩露出地面段作为悬臂梁桩顶在水平力 H 作用下产生的水平位移以及在 M 作用下产生的水平位移 Δ_0(φ_0 分别由 H、M 引起)，如图 4-61 所示，即

$$\Delta=\chi_0-\varphi_0(h_1+h_2)+\Delta_0 \tag{4-25}$$

$$\Delta_0(\text{桥墩})=\frac{H}{E_1I_1}\left[\frac{1}{3}(nh_1^{\,3}+h_2^{\,3})+nh_1h_2(h_1+h_2)\right]+\frac{M}{2E_1I_1}[h_2^{\,2}+nh_1(2h_2+h_1)]$$

式中：$n=E_1I_1/EI$，E_1I_1 为桩式桥墩上抗弯刚度，EI 为下端抗弯刚度，$E_1I_1=0.8E_cI_1$，$EI=0.8E_cI$；E_c 为桩身混凝土抗压弹性模量；I_1 为桩上段毛截面惯性矩；I 为桩下段毛截面惯性矩。h_1 为地面或局部冲刷线到上端桩身变截面之间的距离；h_2 为墩顶至下端桩身变截面之间的距离。

七、验算桩基础承载力

在熟悉桩基础设计流程、设计内容之后，考虑到整个设计的流程比较庞大，选择其中一小部分进行训练。我们以双排桩为研究对象，要求验算单桩轴向承载力，会正确地计算单桩的承载力，验算单桩承载力是否满足要求。当选择了特定的桩型后，单桩的容许承载力可根

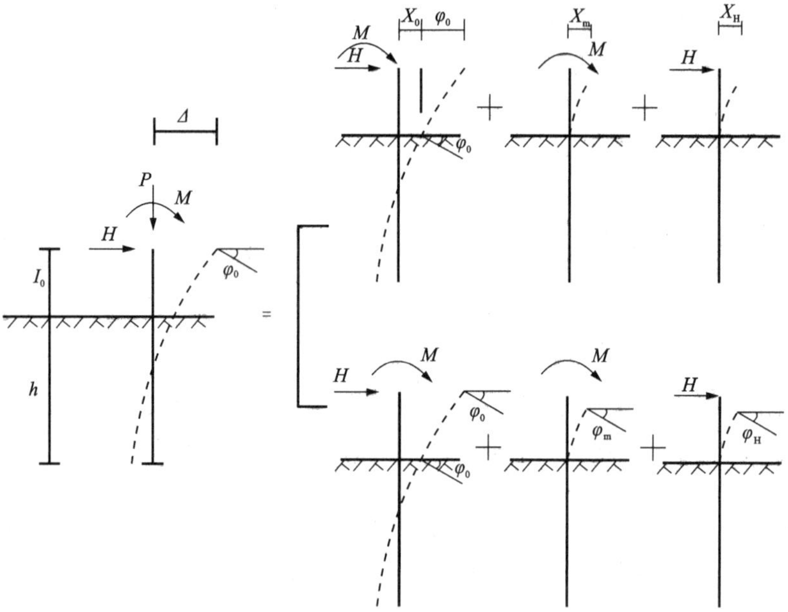

图 4-61　桩顶位移及转角

据实际工程条件、地质情况、水文资料等选用规范中的特定单桩承载力计算公式，通过经验公式计算容许承载力。在本书的计算中，钻孔灌注桩选用了《公路桥涵地基与基础设计规范》（JTG 3363—2019）第 32 页中的计算公式；如果是钢管桩，则可以选用《建筑桩基技术规范》（JGJ 94—2008）中有关钢管桩的计算公式。关于计算单桩承载力、群桩基础承载力，已经在前面介绍过，现根据具体案例情况进行分析，看单桩承载力或群桩承载力是否符合要求。

（一）设计资料

1. 地质与水文资料（图 4-62）

墩帽顶高程：30. 500 m。

墩柱顶高程：29. 000 m。

地面线深度：23. 000 m。

常水位深度：20. 000 m。

一般冲刷线深度：19. 000 m。

最大冲刷线深度：18. 000 m。

墩柱直径：1. 4 m。

桩直径：1. 5 m。

桩身穿越黏性土和中密中砂两层土：

第一层土为黏性土，$\gamma=22\ \mathrm{kN/m^3}$，$I_L=0.6$，$e=0.5$，$q_{1k}=55$ kPa。

第二层土为中密粗砂，$\gamma'=13\ \mathrm{kN/m^3}$，$C=0$，$q_{2k}=60$ kPa。

地基容许承载力查表 1-27 $[f_{a0}]=370$ kPa。

桩身混凝土强度等级：C30。其受压弹性模量 $E_c=2.8\times10^4$ MPa。

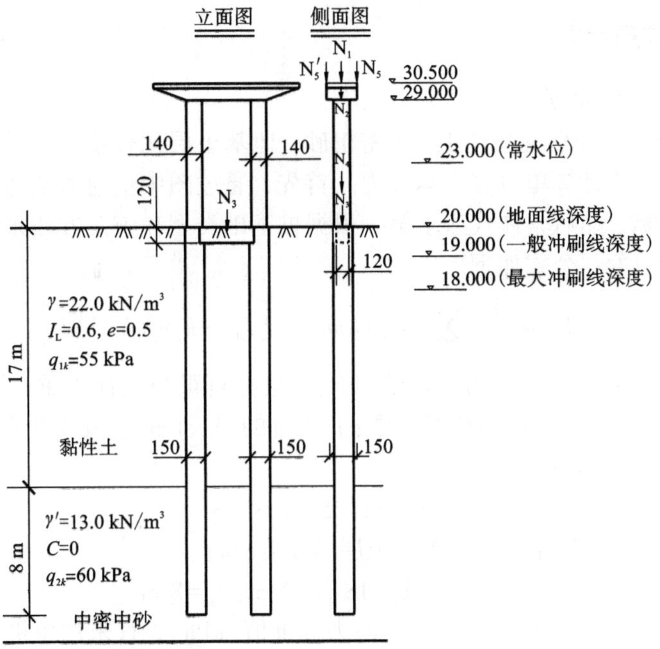

图 4-62　地质与水文资料(尺寸单位：cm)

2. 荷载情况

桥墩为单排双柱式桥墩，桥面尺寸：宽净 9 m + 2×1.5 m + 2×0.25 m。汽车和人群荷载为：公路—Ⅱ级，人群荷载 3 kN/m²。上部为 30 m 预应力钢筋混凝土梁，每一根桩承受荷载如下。①两跨恒载反力：$N_1 = 1540$ kN。②盖梁自重反力：$N_2 = 360$ kN。③系梁自重反力：$N_3 = 122$ kN。④一根墩柱(直径 1.4 m)自重反力：$N_4 = 346$ kN。

在水中扣除浮力后，桩(直径 1.5 m)每延米重：

$$q_1 = \frac{\pi \times 1.5^2}{4} \times (25-10) = 26.5 \text{ kN}$$

在第一层黏性土中扣除浮力后，每延米桩(直径 1.5 m)重与置换土重的差值(扣除浮力)：

$$q_2 = \frac{\pi \times 1.5^2}{4} \times [(25-10)-(22-10)] = 5.3 \text{ kN}$$

在第二层中密中砂土中扣除浮力后，每延米桩(直径 1.5 m)重与置换土重的差值(扣除浮力)：

$$q_3 = \frac{\pi \times 1.5^2}{4} \times [(25-10)-13] = 3.5 \text{ kN}$$

两跨活载反力(考虑汽车荷载冲击力)：$N_5 = 836$ kN

一跨活载反力(车辆荷载反力已按偏心受压原理考虑横向偏心的分配)：$N_6 = 558$ kN

在顺桥向引起的弯矩：$M = 176$ kN · m。

制动力：$H = 45$ kN。

根据地质条件，因为基岩较深，桩基础考虑采用摩擦桩，桩基础施工方法采用旋转钻孔灌注桩。

(二)验算单桩承载力

1. 计算单桩容许承载力

因为地基有两层土分别是黏性土、中密粗砂，地基土层比较简单，根据提供的地质和水文资料，利用经验公式计算单桩容许承载力。首先，通过图中信息查表查规范，依次确定经验公式中的每个参数，然后整体代入求解。根据桩基础类型和施工方法采用钻孔灌注桩摩擦桩的经验公式进行计算，公式如下。

$$[R_a]=\frac{1}{2}u\sum_{i=1}^{n}l_iq_{ik}+\lambda m_0A_P\{[f_{a0}]+k_2\gamma_2(h-3)\}$$

式中：$[R_a]$为单桩竖向受压承载力容许值(kN)，桩身自重与置换土重(当自重计入浮力时，置换土重也计入浮力)的差值作为荷载考虑；u 为桩的周长(m)，按成孔直径计算，采用旋转钻孔；钻头直径增大 50 mm。

$$u=\pi\times1.55=4.87\ \text{m}$$

l_i 为承台底面或局部冲刷线以下各土层的厚度(m)。

$$l_1=17-(20-18)=15\ \text{m},\ l_2=8\ \text{m}$$

q_{ik} 为与 l_i 对应的各土层与桩侧的摩阻力标准值(kPa)，宜采用单桩摩阻力试验确定或通过静力触探试验测定，当无试验条件时查表 4-13 选用。

$$q_{1k}=55\ \text{kPa},\ q_{2k}=60\ \text{kPa}$$

λ 为考虑桩入土深度影响的修正系数，$l/d=(15+8)/1.5=15.3$，查表 4-14 取 $\lambda=0.7$；m_0 为考虑孔底沉渣厚度的影响的清空系数，$t/d=0.3/1.5=0.2$，查表 4-15 取 $m_0=0.85$；A_P 为桩端截面面积(m^2)，对于扩底桩，取扩底截面面积。

$$A_P=3.14\times1.5^2/4=1.767\ \text{m}^2$$

$[f_{a0}]$为桩端处土地承载力基本容许值(kPa)，桩端为中密中砂查表 1-25 为 370 kPa。

$$[f_{a0}]=370\ \text{kPa}$$

K_2 为持力层土地基承载力深度方向的修正系数，根据基底持力层土的类别，查表 1-27 为 $K_2=4.0$；γ_2 为桩端以上各土层的加权平均重度(kN/m^3)。

$$\gamma_2=\frac{(22-10)\times15+13\times8}{15+8}=12.35\ \text{kN/m}^3$$

h 为一般冲刷线以下的深度。

$$(17+8)-(20-19)=24\ \text{m}$$

$$[R_a]=0.5\times[4.87\times(15\times55+8\times60)]+0.7\times0.85\times1.767\times[370+4.0\times12.35\times(24-3)]$$

$$[R_a]=3177.68+1479.69=4657.37(\text{kN})$$

2. 计算实际竖向荷载

R_a—— 一根桩地面所受到的全部荷载(kN)；承载力验算按两跨荷载活载反力考虑

$R_a=N_1+N_2+N_3+N_4+N_5+(20-18)\times q_1+(17-2)\times q_2+8\times q_3$

$R_a=1540+360+122+346+836.6+(20-18)\times26.5+(17-2)\times5.3+8\times3.5$

$R_a=3365.1(\text{kN})$

3. 验算单桩承载力

通过计算，长度为 23 m，直径为 1.5 m 的桩，穿越黏性土和中密中砂地基土，单桩竖向

荷载 $R_a = 3365.1$ kN，容许承载力为 $[R_a] = 4657.37$ kN，$R_a < [R_a]$，可知桩的竖向承载力满足要求。

学习任务 2　桩基础方案的选择

学习情境

习近平总书记指出，以学增智，就是要从党的科学理论中悟规律、明方向、学方法、增智慧，把看家本领、兴党本领、强国本领学到手。以学增智很重要的一点就是要提升思维能力，把科学思想方法，作为研究问题、解决问题的“总钥匙”，切实提高战略思维、辩证思维、系统思维、创新思维、历史思维、法治思维、底线思维能力，做到善于把握事物本质、把握发展规律、把握工作关键、把握政策尺度，增强工作科学性、预见性、主动性、创造性。中国地大物博，不同区域的地质条件不一样，采用桩基础的方案也需要因地制宜，灵活掌握各种设计理念和原理，把握好设计这把“万能钥匙”，具体问题具体分析，量体裁衣，如图 4-63 所示，我们要用发展的眼光看问题，遵循事物发展规律，用科学的思维方法研究解决桩基础工程设计应用问题。

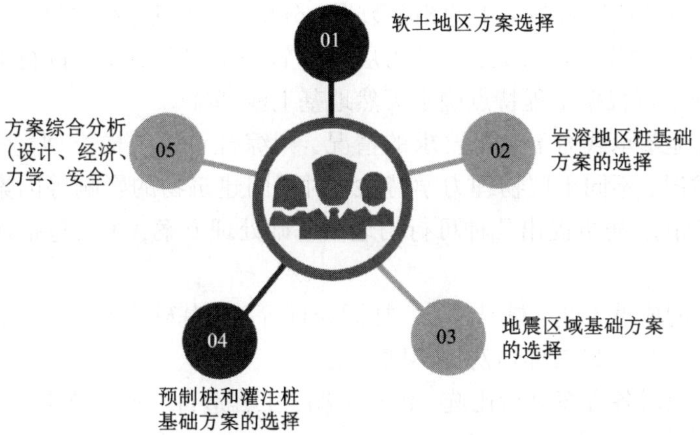

图 4-63　桩基础方案选择图

知识导航

随着近年来我国综合国力的提升以及市场经济的蓬勃发展，我国的工程建筑行业稳定快速进步。工程建设和城市发展得越来越快，桥梁建设蓬勃发展，高楼大厦拔地而起，极大地提升了人们的物质文化水平和对生活品质的追求。公路桥梁、房屋建筑快速涌现，使得结构的自重和使用荷载显著增大，而地基是结构物稳定的根基所在，这就使得地基基础方案的设计和技术选择需要更加严格和更加创新。桩基础作为一种深基础类型，应用最为广泛，下面具体介绍。

中国是目前世界上用桩量最多的国家，近些年桩基础领域新的施工方法、新的设备、新技术、新工艺、新的设计方法也得到了前所未有的发展。在桩基础施工中，地质条件复杂，没有“全能”钻机，也没有“万能”桩型。中国幅员辽阔，建筑业发展迅速，各种桩型在我国都有合适的地层土质、环境与需求，也有发展、完善和创新的条件，技术创新是中国桩基发展的唯一出路。

一、软土地区基础方案的选择

由于较厚淤泥质粉质黏土层给工程建设基础选型带来了很大的困难，天然地基承载力和变形不满足设计要求，因此软土地基一般均采用复合地基或桩基础。

复合地基施工周期长，且软土层较厚，单桩承载力低，总体施工成本较高，而桩基础的应用范围比较广，适用领域多，因为它具有较大的承载力、承担复杂荷载特性、稳定性好、沉降量小而均匀，在深基础中具有耗用材料少、施工简便的特点。软土地基上基础的选择既要考虑承载力的要求，也要考虑沉降的要求。当桩基础方案和复合地基方案的承载力和沉降均满足要求时，需要进行技术性分析、经济性分析、安全性分析、施工工期分析，根据工程实际情况进行综合对比，得到最优方案。

综合来说，软弱土地基条件下，进行基础类型的选型的主要过程如下：

(1) 首先是查阅工程岩土资料，分析软弱地基下各土层的分布情况、不同土层的物理力学特性以及对建筑物的不利影响。

(2) 其次是结合地质勘查报告中的相关数据，分析天然地基持力层是否满足承载力要求，优先考虑软弱地基上的浅基础方案，若持力层下有软弱土层，则还需进行下卧层验算，若承载力验算满足要求，可根据工程特点确定天然地基上浅基础。

(3) 对于天然地基承载力不满足要求的情况，则综合考虑结构类型、荷载大小、使用要求、软弱层分布情况、不同土层物理力学特性、对周围建筑物的影响等因素，同时考虑不同基础方案的适用范围，初步提出几种可行的地基基础处理方案，主要包括地基处理和深基础两大类。

(4) 根据不同的成桩工艺、桩身尺寸、加固原理等，将基础方案进行细化，并对各方案进行初步的设计，便于更准确具体地对比不同方案。

(5) 从多个方面对各方案进行比选，包括工期、工程造价、施工技术、建筑安全等，进而分析各方案的优缺点，得到最优方案。

实际工程中，考虑到复合地基施工工期长、单桩承载力不高、施工总的成本较高等不利因素，一般采用桩基础穿越淤泥质黏土、粉质黏土层较多。确定桩基础类型后，然后根据上部荷载的性质与大小、上部结构的形式与使用要求、地质和水文情况及施工的安全性等情况，综合桩基的强度、变形、可行性的要求，软土地基上采用的桩基础常用的两种桩型主要有：泥浆护壁钻孔灌注桩、预应力管桩。

例如，上海中心大厦建立在饱和黏性土、粉性土和砂土等地基上。该项目如选用类同于金茂大厦和环球金融中心的钢管桩基础，其施工噪声和土体挤压效应将会给周边环境带来严重影响。所以首选对周边环境影响小、造价低、施工周期短的后注浆钻孔灌注桩。但是在中国建筑史上，在软土地区结构高 600 m 以上的超高层建筑采用超大直径、超长钻孔灌注桩还是首次，其承载力和变形能否满足设计要求还需要结合现场足尺试验和承载特性测试分析论证。

二、岩溶地区桩基础方案的选择

我国岩溶地区分布广泛，有的地方岩溶构造十分复杂，基础形式的选择不但要考虑上部结构的特点，还要综合考虑周围环境、经济条件和施工技术等方面的因素。在岩溶地区针对不同类别的岩溶地基，在确保安全、节约造价的前提下，选择适宜的桥梁基础形式，并针对溶洞的不良地质危害，采取相应的处置措施，解决桥梁底部局部存在溶洞的问题。

桩基础和扩大基础是岩溶地区桥梁结构中常用的两种基础形式。当溶洞尺寸较小，或者溶洞埋藏较深时，地基承载力满足设计要求，或者通过换填能够满足承载能力要求的，可以采用扩大基础。地基承载力无法满足设计要求时采用桩基础。

桥梁工程建设中有可能会遇到岩溶地区，溶洞大小不一，纵横交错，没有规律且相互贯通，半充填或无充填。由于岩溶不确定因素较多，给基础选择带来较大难度。桩基础往往采用桩端支承于覆盖层上的灌注桩(短桩方案)，以及采用桩端支承于灰岩的嵌岩灌注桩（长桩方案)。

采用短桩方案，需要考虑群桩桩端的压力有效覆盖范围内是否有坚硬的下卧层，是否能避开复杂变化的基岩表面对桩基造成的危害或潜伏的危害。

采用长桩方案，需要搞清岩溶形态的规模、密度及其空间分布规律，分析评价岩溶地基稳定性以及采用什么样的岩溶处理方案。

岩溶地区桩基础方案的设计需要在对岩溶的规模、特性进行深入了解后，考虑采取何种桩基施工方法，从技术经济、施工难度、工期、安全性等方面进行比选。

三、地震区域基础方案的选择

(1)地基在地震作用下的稳定性对基础和上部结构内力分布的影响十分明显，因此确保地震时，地基基础不发生过大变形和不均匀沉降。地基基础的抗震设计应通过选择合理的基础体系和抗震验算来保证其抗震能力。对地基基础抗震设计有以下基本要求：

①同一结构单元不宜设置在性质截然不同的地基土层上，尤其不要设置在半挖半填的地基上。

②同一结构单元不宜部分采用天然地基而另外部分采用桩基。

③地基有软弱黏性土、液化土、新近填土或严重不均匀土时，应估计地震时地基的不均匀沉降或其他不利影响，并采取相应措施。

(2)一般在进行地基基础的抗震设计时，应根据具体情况选择对抗震有利的基础类型，并在抗震验算时尽量考虑结构、基础和地基的相互作用，使它能反映地基基础在不同阶段的工作状态。在决定基础的类型和埋深时，还应考虑以下工程经验：

①同一结构单元的基础不宜采用不同的基础埋深。

②深基础通常比浅基础有利，因其可减少来自基底的振动能量输入。土中水平地震加速度一般在地表下 5 m 以内减小很多，四周土对基础振动能起阻抗作用，有利于将更多的振动能量在周围土层中耗散。

③纵横内墙较密的地下室、箱形基础和筏板基础的抗震性能较好。对软弱地基，宜优先考虑设置全地下室，采用箱形基础或筏板基础。

④当地基较好、建筑层数不多时，可采用单独基础，但最好用地基梁连成整体，或采用

交叉条形基础。

⑤实践证明，桩基础和沉井基础的抗震性能较好，并可穿透液化土层或软弱土层，将建筑物荷载直接传到下部稳定土层中，这是防止因地基液化或严重震陷而造成震害的有效方法。但要求桩尖和沉井底面埋入稳定土层不应小于 1 m，并进行必要的抗震验算。

⑥桩基应采用低承台，可发挥承台周围土的阻抗作用。在桥梁墩台基础中普遍采用低承台桩基和沉井基础。

四、预制桩和灌注桩基础方案的选择

在桩基础施工方案中，主要有灌注桩和预制桩两类。预制桩和灌注桩是桩基项目中最常见的类型，能否合理地选择和使用，也直接决定了整个项目的建设能否顺利。

灌注桩和预制桩每类特点不一样，拟订方案时需要综合各方面问题来确定具体采用何种工艺施工。与灌注桩相比，包含预制桩的材料、施工等的综合费用一般情况下较低，由于工厂预先制作且桩身的强度已达设计值，在场地条件和工程量相同的情况下，预制桩的施工工期要短得多。在地质条件不是很好、场地条件限制的区域，预制桩将需要采用引孔措施，会增加工程投资，造价相对较高。预制桩和灌注桩，主要根据施工场地和地质层的状况并结合桩各自的特点选用，由于预制桩自身的承载力和施工特点，选用时对工程师的经验和施工质量要求较高，若在地层状况复杂，场地易存在安全隐患，所以在综合工程经济成本和质量安全的因素下，对预制桩的选用和施工要更加注意。灌注桩与预制桩的对比分析如表 4-33 所示。

表 4-33　灌注桩与预制桩对比

指标特性	灌注桩	预制桩
施工原理	在施工现场，在设计要求的桩位上，利用机械或者人工直接进行钻孔、清孔、成孔检查、安装钢筋骨架、浇筑混凝土而成的桩 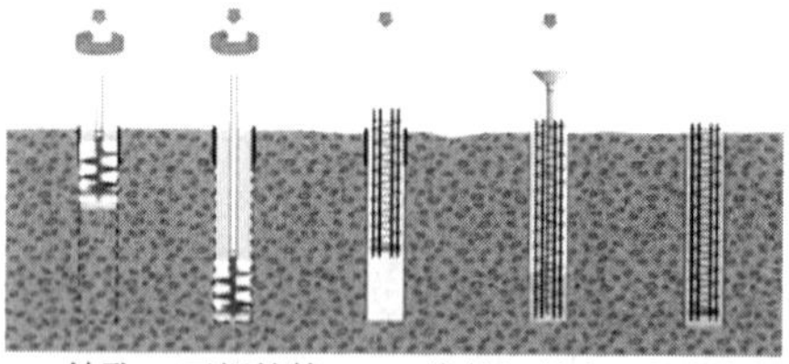 	预制场或施工现场统一制作，当预制桩的强度满足要求后，吊装、运输到施工现场，通过锤击、静压、振动等机械设备作用下沉到预定标高的桩 
经济性	工艺复杂，但承载力和稳定性好	生产成本较高，但遇到特殊地层施工困难时，成本大幅增加
安全性能	质量安全隐患多，已有多起工程事故	工程安全事故较少
施工工期	施工环境较为复杂，工艺复杂，工期相对长	施工简单，技术难度相对低，工期短，工程能连续施工
适应性	适应大多数地层，不需要接桩和截桩，桩身整体浇铸成型	适合用于松散土和非饱和土，对土质和场地有限制，大粒径的砂卵石和岩石不适用

续表4-33

指标特性	灌注桩	预制桩
承载能力	桩的几何尺寸和单桩的承载力可调空间大	单桩桩端承力小，承受荷载小
沉降量	用于各行业领域，各种楼层高度和抗震烈度设防，沉降量小	用于普通工程，小型工程，沉降量大
尺寸大小	直径较大，通常为0.8~2.8 m	尺寸较小，通常为0.3~0.6 m
截面形状	圆形和方形均有	实心方桩、空心管桩
环保性	钻孔过程中，需要处理泥浆污染问题，对环境有影响	预制桩统一预制场制作，无须挖土成孔，没有泥浆污染问题，预制桩比现场灌注桩更为节能环保

五、桩基方案综合考虑

公路桥梁是一项重要的基础设施，在国民综合运输体系中发挥着举足轻重的作用。同时，随着交通流量的日益增大，公路桥梁的设计要求也越来越高，桥梁的基础方案设计更是重中之重。

桥梁地基基础方案会影响整个项目的经济效益、社会效益，对周边的环境也会有较大影响，设计比选出能同时满足安全、可靠、经济、环保等方面要求的较佳基础方案，对降低项目成本，促进地基基础改革，具有重大的意义。

(1)需要满足设计方面的要求。桩基础的埋置深度较大，可穿过表面较差土质直至土壤深处以深处较好土质来作为地基，保证地基承载能力。桩基础适用于大型建筑、高层建筑、超高层建筑，以及地质条件差的情况，安全性较高，设计原理也趋于成熟。但是由于施工条件等方面的复杂性，桥梁桩基础设计工作显得比较困难。桩基础工程的参数比较多，很难建立起简单方便的数学模型来求解，因此，设计人员常会根据类似工程经验来确定桩基础，选择合理的桩型、合理的桩端持力层、最佳的桩规格和桩布置形式、合理的施工方式，有效安全地发挥桩的承载能力。设计中要按准确的上部结构荷载计算结果确定桩的受力特性、桩身混凝土强度等级、配筋率。无论是群桩承台整体设计还是单桩设计，都要既满足承载力要求，又满足群桩承台抗压、抗冲切、抗剪等构造性能，不浪费材料。经济合理的桩基础方案不仅需要参照类似的工程，也需要设计人员有丰富的实践经验及足够的判断能力，能在满足设计要求的情况下设计新的设计方案，在多种桩基础方案中通过比选优化来确定最佳设计方案。

(2)需要满足经济上的要求。在桥梁的桩基础方案设计中，通过方案比选可有效地选出较适宜的方案，可以大幅度地降低工程造价，缩短施工工期。实践证明，设计阶段对一个项目的经济性影响起到主导作用，而施工阶段的影响较小，桩基设计方案合理、经济性好，会一定程度降低工程造价，甚至有些可降低10%~20%，充分发挥桩土体力学性能，做到所设计桩型既经济合理又施工方便快速、环保。比如，常用的桩基础形式有很多，人工挖孔桩、钻孔灌注桩、预制桩等。不同的成桩工艺对应的工程造价差异较大，需要结合工程实际情况，通过试验桩施工和成本测算，选择合理的工程桩桩型及施工方法；确定适用于场地条件的施工的机械、人员配置、施工组织及管理体系；检验成桩工艺在施工场地的可行性与适用性，为工程桩的施工提供技术依据。在方案设计时不盲目地选择，而是通过经济技术分析来选取最佳的设计方案，可缩短植桩工程的施工期，为国家和社会节省大量的人力和财力资源。

(3)需要满足力学性能、安全性的要求。桩基础的力学性能要求主要是指桩的承载力、变形、稳定性等几方面。桩基础能承受上部的结构荷载，必须具有足够的承载力，满足结构承载力的要求；桩基础的沉降也要控制在合理的范围内，不产生过量和不均匀的变形，满足结构变形需求；桩身混凝土的材料强度稳定，满足稳定性要求，桩基础与土体之间是稳定的。很重要一点，桩基础必须有一定的安全储备，以满足耐久性要求和各种附加荷载或地震作用等不可预见荷载的要求，从而保证建筑物或结构物的长久安全。

综上，桥梁桩基础方案的设计应满足安全性、可行性、经济性等方面的要求，进行力学性能、施工技术、造价、工期等因素的对比分析，结合桥梁的具体条件综合确定最佳的桩基础设计方案。桩基的设计是一个复杂的系统性工程，桩基础工程涉及很多单位，出现问题时不好划分责任；桩基础埋入地下，地基土、地下工程变化多样，工程性质差异大且影响因素比较多，对基础的受力、沉降均有影响，而且桩的施工工艺多，不断有新工艺、新材料、新方法涌现，它需要融合土力学基础理论知识、力学的理论知识、岩土性质的理论知识、地质演变的科学规律、地下水的渗流知识、各种施工工艺的特点、各种结构体系的特点、桩土与结构的共同作用、当地的经验、经济因素等，综合应用到桩基方案的确定中，利用理论知识进行桩的设计和布置，确定设计桩基础关键控制点，利用理论知识解决工程中的一些疑难问题，对计算结果进行分析，进一步优化基础方案。

单元知识巩固和拓展

一、知识要点汇总

1. 在本单元理论知识中，只讲了桩基础的常规设计流程和原理，但在桩基设计中，还需要持续研究探索根据建筑物(结构物)结构与地基基础共同作用的关系，桩基础适用的不同部门不同专业(如建筑、铁路、公路、桥梁、港口、城市 轨道交通等)，适用的不同地质条件(如软土、膨胀土、湿陷性黄土、红黏土、季节性冻土、岩溶地区等)，在设计时因地制宜、因工制宜，不断学习了解桩基础新的设计方法。

2. 桩基础设计的主要内容包括：收集桩基设计资料进行综合分析，选择合适的桩基础持力层，确定基桩的类型、构造、施工工艺，拟定桩的尺寸，确定单桩竖向和水平向(主要指以承受水平力为主的桩)承载力，确定桩基础的形式，拟定承台尺寸和底面标高，确定桩的数量、桩的间距、布置方式，计算桩身的内力，验算单桩的承载力与沉降，验算群桩基础承载力，必要时验算群桩沉降，进行桩身强度的设计，验算桩身强度稳定性，桩顶水平位移，验算承台强度的设计等，综合对比分析确定最优方案，绘制桩基的施工图。

3. 中国地大物博，不同区域的地质条件不一样，采用桩基础的方案也需要因地制宜，灵活掌握各种设计理念和原理，把握好设计这把“万能钥匙”，具体问题具体分析，量体裁衣，针对软土地区、岩溶地区、地震区域设计不同桩基础方案，从技术可行、经济合理、力学性能满足要求方面出发，确定最合适的方案。

二、习题练习

习题练习答案

(一)单选题

1. 关于桩基础设计描述不正确的是(　　)。

A. 桩基础设计是综合性的工程，包括桩基础方案的设计和施工图的设计

B. 设计方案应从技术、经济性、当地情况等多方面进行比较，选出最优设计方案

C. 基础设计如缺乏周密思考和科学态度，同样会产生这样那样的问题。因而，在桩基础施工中，切不可简单地“按设计施工”了事

D. 作为当代学生，大家不需要熟悉和掌握它的基本流程，因为实践应用得少

2. 我国铁路和公路在桩基础的设计中常采用(　　)。

A. 弹性地基梁法(m 法)　　B. K 法

C. C 法　　D. G 法

3. 请问桩基础在有冲刷的河流中，什么部位受到的内力最大？(　　)

A. 桩顶　　B. 桩中间

C. 桩的最大冲刷线处附近　　D. 桩底

4. 请问桩基础在有冲刷的河流中，什么部位受到的水平位移最大？(　　)

A. 桩顶　　B. 桩中间

C. 桩的最大冲刷线处附近　　D. 桩底

5. 桩的内力和位移计算中符号作如下规定：横向位移顺 x 轴正方向为(　　)(正或负)；转角顺时针方向为(　　)(正或负)。

A. 正，负　　B. 正，正　　C. 负，正　　D. 负，负

6. (2019 年注册岩土工程师试题)下列哪种桩型的挤土效应最小？(　　)

A. 实心预制方桩　　B. 敞口预制管桩

C. 闭口钢管桩　　D. 沉管灌注桩

(二)多选题

1. 选择合适的桩基础持力层需要考虑下列哪些？(　　)

A. 持力层直接决定了上部结构的稳定与安全，同时影响着桩基工程的造价，所以在桩基设计中要充分衡量各项因素后确定

B. 桩端持力层一般要有一定的强度和深度，能使上部结构的荷载通过桩传递到硬持力层上并满足地层变形量较小的要求

C. 根据岩土工程师们的工程实践，桩端实力层的选择多为砂层、卵石层、强风化层，中风化层、承载力和变形要求不高时，可以选择强度较高的黏性土层

D. 持力层应选择在坚硬的土层上，减少桩基的沉降量，保证桩基能有较大的承载力，如不存在坚硬土层，尽量选择强度高、压缩性低的土层

2. 选择桩基础类型时，应根据(　　)考虑，综合分析选择。

A. 设计要求　　B. 现场条件　　C. 施工条件　　D. 各类桩基础的特点

3. 关于桩型和成桩工艺描述正确的是(　　)。

A. 在桩基选型中需要做试验桩，进行必要性分析

B. 桩基础虽然应用比较广泛，但是每一种桩型都有其最佳应用范围与环境

C. 预制桩的混凝土强度等级不低于 C30，灌注桩不应低于 C25，水下混凝土桩不低于 C30，预应力桩不低于 C40

D. 当设计桩长较长时，应根据最合适原则采用，采用钻孔灌注桩、旋挖成孔灌注桩、部分钢管桩

4. 关于基桩根数及其桩基础平面布置描述正确的是(　　)。

A. 基础所需桩的根数可根据承台底面上的竖向荷载和单桩容许承载力计算

B. 桩的平面布置形式有圆桩和方桩，可以布置成矩形、方形、菱形、哑铃形

C. 桩基础的平面布置得尽可能实现以下要求：牢固、美观、间隔合理、分配均匀等

D. 为了避免桩基础施工可能引起土的松弛效应和挤土效应对相邻基桩的影响，布设桩时，应该根据土类成桩工艺以及排列确定桩的最小中心距

5. 桩身任意截面处的弯矩 M_z 计算目的主要是(　　)。

A. 检验桩的截面强度　　B. 配筋计算

C. 检验桩的刚度　　D. 受力计算

6. 桩顶的水平位移主要由以下几部分组成(　　)。

A. 桩在地面处的水平位移

B. 地面处转角 φ_0 所引起的桩顶的水平位移

C. 桩顶在水平力 H 作用下产生的水平位移

D. 桩顶在 M 作用下产生的水平位移

三、知识点拓展

1. 长短桩组合桩基础，如图 4-64 所示，充分利用和发挥长桩控制沉降的能力和地基土浅层磁力层的承载能力。与常规设计方法相比，长短桩、组合桩基础减少了长桩数量，节省了工程造价。长短桩组合而成的桩基础是一种新的基础形式，提出了一系列新问题，包括在不同持力层、土层条件下，长短桩能否协调发挥作用。某大型项目在实际设计勘察中进行了多个地质钻孔，但地层起伏变化大，桥梁跨度大，每个墩下基础可能不唯一，有可能几根桩长短都不一样，相差十几米的情况都有，也可能存在没有达到设计长度的情况。在实际施工中，如果实际施工长度小于设计长度，但是满足设计承载力要求，是否可以终孔直接施工？如果涉及工程质量问题，必须进行专业人员鉴定，但是终孔要报设计单位、施工单位提出设计变更，由设计单位更改桩长，验算是否满足要求，然后再报监理单位、质检等部门，最后五方(地勘单位、设计单位、施工单位、监理单位、建设单位)签字认可。

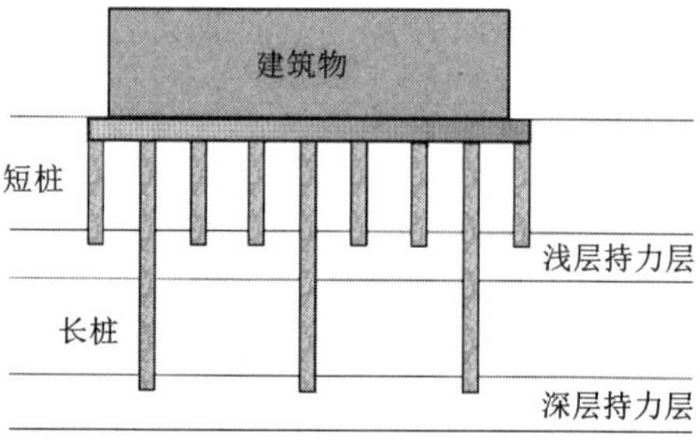

图 4-64　长短组合桩示意图

2. 雅万高铁(图 4-65)案例分析。中国古代有丝绸之路，现在倡导“一带一路”。印尼是

千岛之国，属于热带雨林气候，是东南亚最大经济体，是中国实施 21 世纪海上丝绸之路的重要合作伙伴。雅万高铁连接印尼首都雅加达和万隆，线路总长约 150 km，全部采用中国技术、中国标准、中国装备，设计时速为 250~300 km。雅万高速铁路对发挥铁路在推进“一带一路”倡议中的服务保障作用具有重要意义。雅万高速铁路项目采用中国与印尼企业合资建设和管理的合作模式，是中国高速铁路从技术标准、勘察设计、工程施工、装备制造，到物资供应、运营管理和人才培训等全方位整体“走出去”的第一单项目。工程约一半路段都是山地，需要建设高架或隧道通过，经历了疫情的特殊时期，而且印尼气象环境复杂，气候条件独特，降雨量相当大，黏土层的黏度和含水量都很高，强度低，容易变形，中国工程队仔细勘察和设计，制定了独特的施工计划，一一攻破了这些难题，建成了雅万高铁，开启了中国在中南亚国家建设高铁的新画卷。

图 4-65　雅万高铁建成通车

单元七　桩基础施工

学习目标

【知识目标】

1. 知道钻孔灌注桩和预制桩的定义。
2. 知道钻孔灌注桩常见的施工工艺、参数指标。
3. 知道预制桩施工工艺参数指标。
4. 领会水中桩基础施工的工艺流程。

【能力目标】

1. 能够根据不同环境，选择合适的施工方法进行钻孔灌注桩的施工。
2. 能够根据不同环境，选择合适的施工方法进行预制桩的施工。
3. 能辨别水中桩基础和旱地桩基础施工的异同。
4. 能识读桩基础的设计图和领悟施工要点。

【素质目标】

1. 培养自主学习、施工逻辑分析能力。
2. 培养严谨求实、坚持原则的职业素养。
3. 培养刻苦钻研、团结协作的职业素养。

学习导图

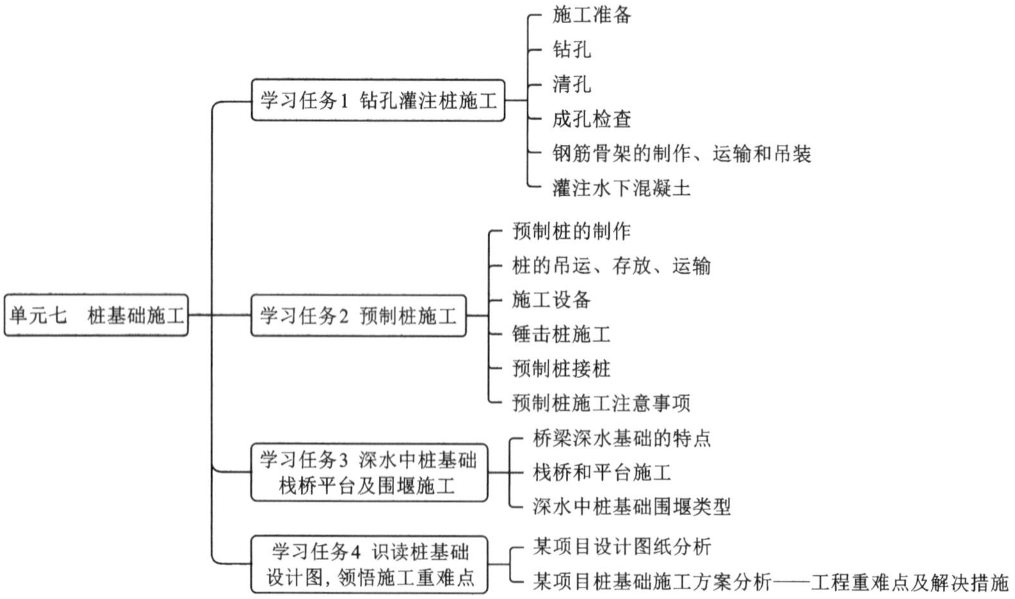

学习任务 1　钻孔灌注桩施工

学习情境

某高速公路项目，路线全长为 10.46 km，设计桥梁 20 座，其中主线桥梁 10 座、互通式立交桥 4 座、分离立交桥 2 座、天桥 4 座。总计桩基 668 根，桩长 11242 m，桩径有 1.2 m、1.5 m、1.6 m、1.8 m、2.0 m 五种，设计为嵌岩桩和摩擦桩两种类型。该项目工程施工组织难度大、桩径类型多样、分布范围广、资源配置要求高。项目附近几百米有自然保护区和机场，桩基施工环水保要求高。项目桩基施工范围内水系较发育，河网分布，溪沟较多，地下水位高，预计施工时孔内涌水量较大。桥梁平面图如图 4-66 所示。

某特大桥桥址区地层主要为第四系的冲洪积(粉质)黏土(厚度分布在 1~3 m)、中砂(厚度分布在 4~15 m)、残积粉质黏土(厚度分布在 15~25 m)、砂砾岩风化层(厚度分布在 25~50 m)，最大桩长为 35 m，桩长 25 m 以下的居多，结合项目特点、地质条件、桩长、周围环境、环水保要求、施工优缺点、经济性及多方面分析比选，桥位处主要设计为嵌岩桩和摩擦桩。通过背景分析你建议分别采用什么基础施工方法最合适？具体工艺流程是什么？

图 4-66　桥梁平面图

知识导航

灌注桩在工程领域应用广泛，其中最为典型的是钻孔灌注桩。钻孔灌注桩施工技术是一种应用广泛的桥梁基础的施工方法，在各种地质条件下能够提供可靠基础支撑，灵活调节施工参数，能适应不同的环境，目前深度最大的能达百米，其施工工艺流程主要包括施工准备(场地准备、测量准备、技术准备、人员物资机械准备、护筒准备、泥浆准备)，钻孔(旋转钻进成孔、冲击钻进成孔、冲抓钻进成孔、旋挖钻进成孔)，清孔(抽浆清孔、掏渣清孔、换浆清孔)，成孔检查(“3 孔、2 度、1 指标”)，钢筋骨架(钢筋笼)的制作、运输和吊装，灌注水下混凝土，如图 4-67 所示。下面详细介绍。

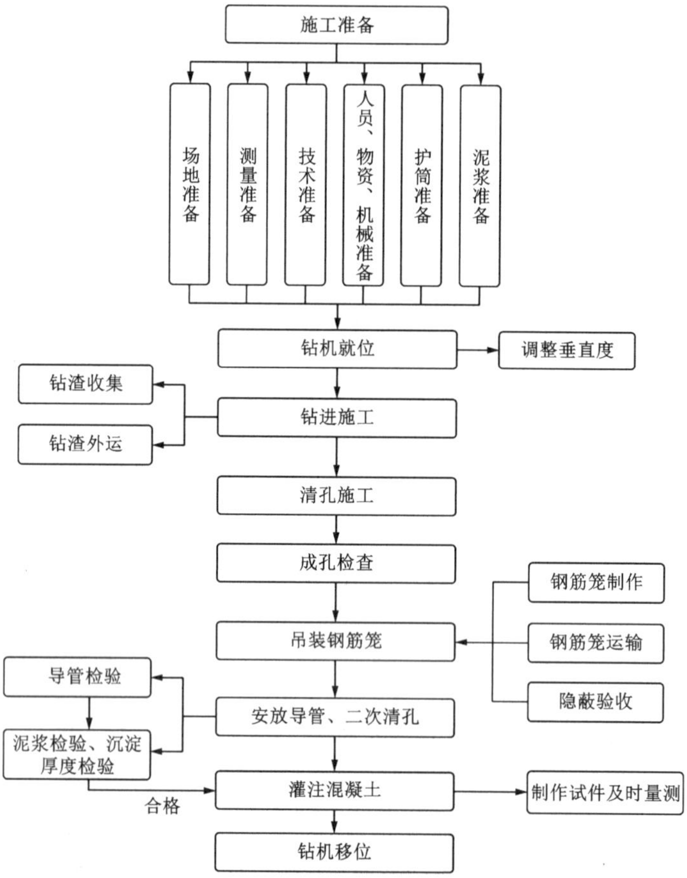

图 4-67 灌注桩施工工艺流程

一、施工准备(场地准备、测量准备、技术准备、人员物资机械准备、护筒准备、泥浆准备)

钻孔灌注桩的施工准备环节很多，主要有场地准备，测量准备，技术准备，人员、物资、机械准备，护筒准备，泥浆准备等，下面详细介绍。

(一)场地准备(有水、无水场地)

施工之前平整场地、清除杂物，开挖临时排水沟，合理规划布局施工场地，确定施工现场施工便道、运输通道、钻机摆放、材料存放区等，使布置井然有序。配置齐全施工中所需要的安全防护用品，包括桩基施工标识牌、警示牌、操作规程、桩基孔口安全设施。对于有水环境和无水环境，场地准备略有不同，下面具体介绍。

当墩台位于无水岸滩时的场地准备。施工前，平整、夯实施工现场场地，进行水通、电通、道路通和场地平整(三通一平)，安装钻架进行钻孔，钻架位置处应清除杂物，整平夯实。施工用电由当地电网接入，准备施工用水，绘制施工总体平面布置图，如图 4-68 所示。

当墩台位于有水岸滩时的场地准备。当在有浅水的场地上进行桩基础施工时，宜采用黏土或草袋围堰筑岛。当在有深水或陡坡的场地上进行桩基础施工时，可用木桩或钢筋混凝土桩安装支架，安装施工平台支撑钻机(架)。当在水流较平稳时的深水河流中进行施工作业

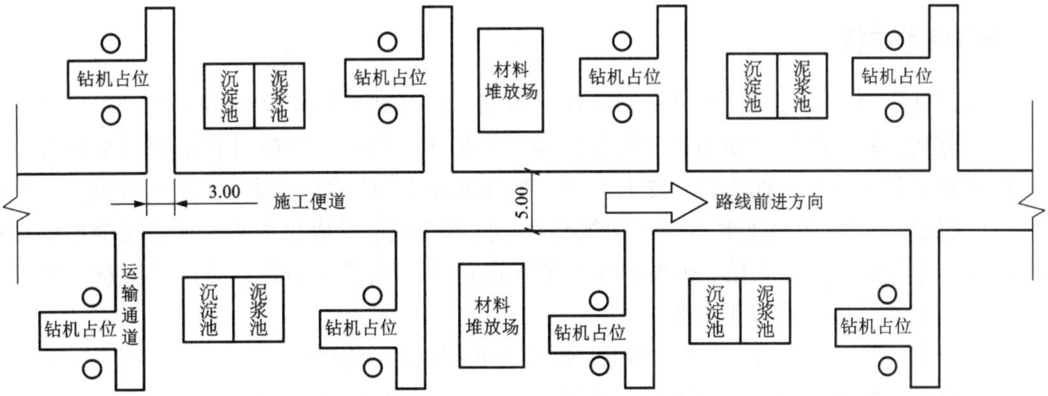

图 4-68 灌注桩施工现场平面布置图

时，可以在大型的浮船上架设施工平台，浮船就位锚固稳定后在水上施工作业。通常，水中施工作业需要在桩施工前开通水上便道，首先要修建好便道，然后进行栈桥施工，再进行水上作业平台的搭设，多点衔接顺利保障有序施工。水中作业平台设计及施工需要编制《某某项目的水上平台及栈桥专项施工方案》；施工现场需要按照方便施工、合理布局，规划不同机械和不同工艺所需作业区域，主要包括路线区域(施工便道、运输通道)、材料堆放区域(钢筋笼加工场地、导管的临时堆放场地)、泥浆区域(泥浆制备池、三级沉淀池)、钻孔灌注桩施作区域。

(二)测量准备

测量准备工作主要是测量放样，包含三部分：复测设计资料、施工场地桩基放样、最后位置校核。项目部测量组的测量工程师负责施工现场的测量放样。测量工程师组织测量员开展作业，根据设计文件提供的导线和水准点，完成导线复测、水准网的加密工作，使其满足测量放样基本条件。为确保测量精度，满足测量放样要求，还常常对控制点加密，形成新的导线点，测量组按施工技术规范的要求和规定布设全桥的施工测量控制网，绘制控制网中基点桩位的布置和桩位编号图。

图 4-69 桩位放样图

测量员根据设计图纸中桩基各个参数指标，使用软件或仪器，计算每个桩位坐标放样数据，复核无误后，按施工的工作顺序测量放样桩位，确定各个桩位中心位置，如图 4-69 所示，然后引出四个方向的护桩，测量放线结束，立即上报监理工程师实地复核，待监理工程师检验合格后，进行下道工序作业。值得注意的是，施工过程中要定期进行测量复核。

测量组实行专职专责，按区域按人落实专人专区负责制，安排专职测量员负责所有桩基放样及复测工作，提升复测效率及桩基放样准确率。

(三)技术准备

根据设计资料，结合项目水文资料和地质资料，编制相关技术文件或方案，主要包括桩基础施工方案、施工作业指导书以及应急预案。根据施工图纸，由项目总工程师编制技术交底文件并对工程部部长、副部长、技术主管、现场施工员、质检员、施工队进行交底，层层落实“三级交底”。交底内容主要有施工图纸交底、技术交底、半成品加工交底、安全措施交底等。此外，还需要对施工人员、机械操作人员等进行上岗前安全培训，提升安全意识和安全责任。技术准备具体包含以下工作。

(1)认真审阅、研究、核对设计图纸，技术交底和现场交桩时邀请设计单位参与，让施工单位人员充分了解领会设计意图和设计要求，及时和设计单位沟通交流。

(2)收集和研究施工资料。结合项目的技术特点和设计要求，收集整理好工程涵盖的各种规范、规程、标准、技术资料、工具书、标准图集等。提前组织全体技术人员学习合同条款及上述资料，深入了解现场主要工作内容和相关要求、项目的地质条件、水文条件、施工环境。

(3)项目部召开施工方案、技术方案讨论会交流意见，确保方案能够适应现场实际情况并在后续施工中切实落实到位。

(4)组织技术员编制桩基专项施工方案，完成技术交底工作，报监理审批，在开工前组织技术员学习桩基施工方案。

(5)制定技术岗位责任制和技术、质量、安全管理网络；制定施工规范化管理制度(质量、安全、技术、试验)，明确各岗位的责任范围、具体做法、保证措施，做到“人人心中有数，沟通渠道顺畅”。

(6)结合施工项目现场特点，对技术员和施工队进行技术培训及技术交底工作，安全交底以避免盲目施工。

(四)人员、物资、机械准备

结合设计工程量及施工进度，确保人员到位，准备好施工机械设备、施工物资，并根据工程进度要求合理安排进场。

人员准备：配置安全生产管理、技术人员，以及主要劳动力资源(现场管理人员、混凝土工、钢筋工、电工、电焊工、钻孔机械操作手、平板车司机、吊车司机、罐车司机、挖机操作手、自卸车司机)，大家分工合作完成钻孔灌注桩的施工和管理。

物资准备：原材料供应商已提供相应原材料样品，项目试验室委托第三方对材料进行检测，检测符合国家规范要求，部分原材料(钢筋、水泥、粗集料等)进场，项目部对同批次原材料进行抽检，抽检合格后方可投入工程中使用。

机械准备：根据灌注桩钻孔施工经验、钻孔灌注桩施工流程，结合施工环境合理安排机械设备进场。例如，某项目 15 种机械设备具体参数和进场时间，如表 4-34 所示，主要包括旋挖钻、履带吊车、平板车、罐车、自卸车、挖掘机、钢导管、电焊机、滚焊机、泥浆泵、发电机组、泥浆分离机、混凝土超灌仪等。

建立专项制度和报检制度。项目部建立桩基施工所需钢筋、声测管专项制度，明确原材料质量管理流程和管理责任人。建立混凝土、钢筋材料进场质量报检制度。分别堆放检验合格材料、未检验材料，严禁不合格材料入库。检验机械设备的质量、数量是否符合施工进度要求。为确保桩基施工按时完成，拌和站根据桩基设计资料，考虑施工运输因素(运输损耗、突发因素)、工艺因素(扩孔系数、多灌 0.5~1 m)，确定桩基混凝土用量和拌和效率。

表 4-34　桩基施工主要机械、机具设备配置表

序号	机械设备	数量	型号	用途	进场时间
1	旋挖钻	4 台	XP420	钻孔施工	
2	履带吊车	2 台	25 T	现场吊装	
3	平板车	2 台	12 m	钢筋笼运输	
4	罐车	10 台	12 m^3	混凝土运输	
5	自卸车	4 台	20 m^3	运渣	
6	挖掘机	4 台	220	场地平整	
7	钢导管	6 套	φ300 mm×10 mm	灌注水下混凝土	
8	电焊机	5 台	NB-500	钢筋笼焊接	
9	滚焊机	1 台	玖耐	钢筋笼加工	
10	泥浆泵	6 台	BW 7.5-kW	孔内清孔	
11	发电机组	2 台	250KVA	备用	
12	泥浆分离机	1 台		泥浆处理	
13	混凝土超灌仪	1 台		混凝土灌注	
14	小料斗	2 个	1 m^3、2 m^3	罐车卸料	
15	大料斗	2 个	5 m^3	桩基首封	

(五) 护筒准备

埋设护筒的要求。埋置的护筒要求准确、坚固、稳定、耐用、不漏水、不易变形、施工方便、重复利用，常采用木材、薄钢板、钢筋混凝土制作。考虑施工因素，护筒内径应比钻头直径稍大，护筒直径比桩径一般大 0.2~0.4 m，不同钻孔机械护筒增大的尺寸不一样，比如冲击或冲抓钻增大 0.2~0.3 m，旋转钻须增大 0.1~0.2 m，护筒顶面至少高出原地面 0.3 m，护筒顶端设置有溢浆孔，以便泥浆顺利排出。护筒制作要求材料合格，尺寸准确、内径准确。

埋设护筒的作用。埋设护筒的目的主要是固定好桩孔位置，引导钻孔钻进方向，不但可以维护孔口稳定，防止孔口土层坍塌，还可以隔离桩孔内和桩孔外表层水，以稳固孔壁。

旱地钢护筒埋设。首先利用全站仪放样桩位，在桩位四周布置好护桩，如图 4-70(a)所示，以方便经常检验钻孔偏位情况，钻孔时可适当调整钻锤及钢丝绳位置，确保钻孔质量。为固定桩位，引导锤头方向，孔内水位保持合理高度，防止孔壁坍塌。比如，某工程项目钢护筒由厚度为 20 mm 的钢板卷制而成，长 4 m，埋设深度 3.7 m，露出地面 0.3 m。

水中钢护筒埋设。测量放样钢护筒位置，安装水上施工平台，进行水上施工平台钢护筒安装。图 4-70(b)为水上施工平台施工预留桩基孔，测量队在钢护筒插打前进行放样，比如，插打采用 150 t 履带吊配合 400 kW 四夹振动锤进行插打，保证钢护筒的入土深度满足设计要求，插打过程中严格控制钢护筒中心偏位及竖直度。水中桩基护桩采用 4 根钢筋头直接

(a) 旱地护筒　　(b) 水中护筒

图 4-70　护筒布设

焊接在护筒外壁。测量队放出桩基圆心后拉十字线标记护桩位置，然后焊接护桩，在施工过程中加强对护桩钢筋头的保护，避免破坏。埋设钢护筒时，满足施工规范要求，护筒中心应与桩位中心重合，平面允许误差≤50 mm，竖直倾斜度≤1%，并保证护筒顶端位于最高水位上 2 m，护筒埋设后，标识护筒顶标高、设计桩底标高、孔深在钻孔标识牌上，方便钻进施工。

(六)泥浆准备

水中桩基施工多采用清水钻施工，旱地桩基施工常常需要制备泥浆。在泥浆池中用搅浆机(搅拌桶中)将泥浆搅拌好后，由泥浆泵入桩孔内，不同地质条件下的泥浆质量指标如表 4-35 所示。

泥浆的制作。泥浆是由水、膨润土或高压缩性黏土、羧甲基纤维素(化学浆糊)、纯碱、铁铬木质素磺酸钙(简称 FCL)等材料按比例混合制成的悬浮浆液。比如，泥浆配置比例为水：膨润土：纤维素：纯碱=1000：(60~80)：(1~1.5)：(2~2.5)，泥浆性能指标如表 4-35 所示。

表 4-35　泥浆性能指标

钻孔方法	地层情况	泥浆性能指标							
		相对密度	黏度 /(Pa·s^{-1})	含砂率 /%	胶体率 /%	失水率 /(mL·30 min^{-1})	泥皮厚 /(mm·30 min^{-1})	静切力 /Pa	酸碱度 pH
正循环	一般地层	1.05~1.20	16~22	9~4	≥96	≤25	≤2	1.0~2.5	8~10
	易坍地层	1.20~1.45	19~28	9~4	≥96	≤15	≤2	3.0~5.0	8~10
反循环	一般地层	1.02~1.06	16~20	≤4	≥95	≤20	≤3	1.0~2.5	8~10
	易坍地层	1.06~1.10	18~28	≤4	≥95	≤20	≤3	1.0~2.5	8~10
	卵石土	1.10~1.15	20~35	≤4	≥95	≤20	≤3	1.0~2.5	8~10
旋挖	一般地层	1.02~1.10	18~22	≤4	≥95	≤20	≤3	1.0~2.5	8~11
冲击	易坍地层	1.20~1.40	22~30	≤4	≥95	≤20	≤3	3.0~5.0	8~11

注：1. 地下水位高或其流速大时，指标取高限，反之取低限。
2. 地质状态较好，孔径或孔深较小的取低限，反之取高限。

泥浆的用途。泥浆具有护壁作用，保持孔内水位稳定状态；泥浆在孔内提供较大的静水压力，防止桩孔坍塌；泥浆的比重较大，在泥浆循环作用下，可以起到挟带钻渣的目的；除此之外，还可以起到切土润滑、冷却机具的作用。

为了满足项目钻孔时泥浆制备与后期水下混凝土浇筑存储需要，在项目桥墩附近砌筑一定尺寸的沉淀池和泥浆池，一般泥浆池的设计平面尺寸为 15 m×5 m，深度 2 m，如图 4-71 所示，为施工场地泥浆布置图。相邻的墩台共用一个沉淀池和泥浆池，用铁丝网封闭泥浆池四周同时悬挂醒目夜光安全警示牌及标语，并配置足够的照明设施。泥浆池容量需要符合钻孔桩同时作业时的泥浆循环需要。施工人员在施工过程中，要保证泥浆浓度合格，实时关注泥浆比重，结合不同的土层完成泥浆比重调整。泥浆循环路径是：新制泥浆→泥浆池→桩孔→泥浆槽→沉淀池→泥浆池→桩孔。为保护环境和文明施工，利用自动泥浆分离机分离废渣，钻孔弃渣（废泥浆）放置到指定地方。

图 4-71　施工场地泥浆池布置

二、钻孔（旋转钻进成孔、冲击钻进成孔、冲抓钻进成孔、旋挖钻进成孔）

钻孔施工中，钻渣处理是按不同地层分别取样放置。在钻进中，密切关注地层变化，时刻捞取钻渣保存，及时核对地质情况，填写钻孔施工记录，正常情况下每 2 m 取一次，地层变化时加取一次，当地层与地质条件不符合时每 0.3~0.5 m 取一次，进入岩层后每 0.5 m 取一次，集中存放于样渣盒内，按取样桩号、时间、深度进行分类存放。根据钻孔机械和钻孔原理不一样，钻孔分为旋转钻进成孔、冲击钻进成孔、冲抓钻进成孔和旋挖钻进成孔如图 4-72 所示。

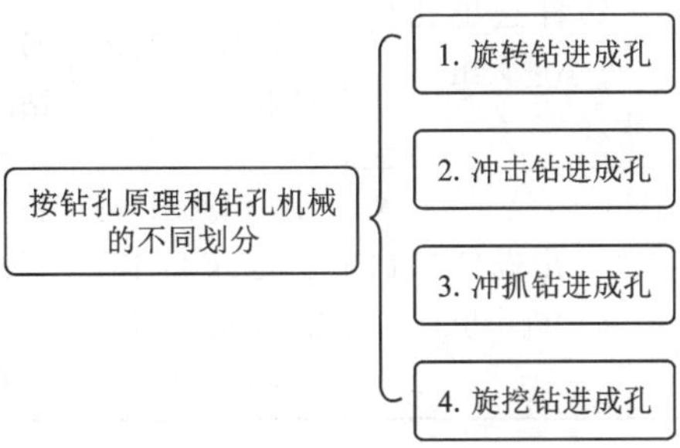

图 4-72　灌注桩不同钻孔方法

（一）旋转钻进成孔

旋转钻进成孔是在钻进的过程中，使用旋转钻机快速向下切削土体，泥浆悬浮钻渣，利用泥浆携带钻渣的一种成孔方法。现用旋转钻机按泥浆循环的程序不同分正循环和反循环两种，如图 4-73 所示，泥浆正循环、反循环钻孔对比分析如表 4-36 所示。

泥浆正循环主要是指在钻进的同时，从泥浆泵抽吸泥浆—进泥浆笼头—泥浆管路传输浆液—泥浆沿钻杆中心下落—钻头喷出泥浆—钻孔内泥浆挟渣沿钻孔上升—护筒上部泥浆口排浆—沉淀池沉淀泥浆—上层浆液循环使用—钻渣沉淀池沉淀，这样一个循环成孔过程。正循环旋转钻进是最有效、应用最广泛的常规钻孔方法。

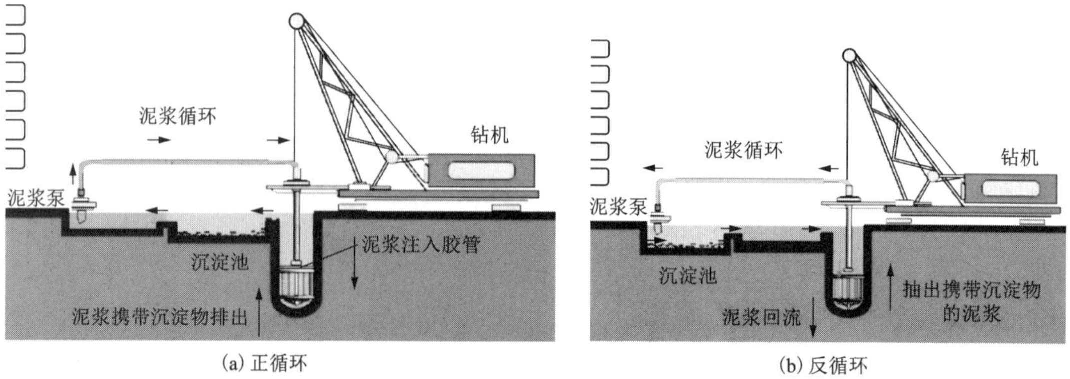

图 4-73　正循环与反循环钻进成孔

泥浆反循环主要是指泥浆自泥浆池流出由护筒上部—泥浆口流入钻孔内—泥浆沿着钻杆与孔壁间隙下落到钻孔底部—钻头钻进削土—泥浆携带钻渣从钻头的钻杆下口由砂石泵吸进—钻杆中心泥浆管路传输泥浆—沉淀池沉淀泥浆—上层浆液循环使用—钻渣沉淀池沉淀。

表 4-36　泥浆正循环、反循环钻孔对比分析

种类	原理	优点	缺点	适用条件
正循环	钻杆进桩孔出(小进大出)	设备简单，施工方便，工艺成熟	上返速度慢，排渣能力弱，靠高密度泥浆悬浮钻渣，清孔难彻底	直径≤0.8 m，钻孔深度<40 m；填土、黏土、粉土、淤泥、砂土、基岩及卵石(含量小于 15%、粒径小于 10 mm)地层
反循环	桩孔进钻杆出(大进小出)	功率消耗最小，上返速度快，排渣能力强，成桩质量好	装卸钻杆麻烦，易堵管；含水层和钻头附近有抽吸作用，易塌孔，须及时补给浆液	一般大于 Φ 600 mm 钻孔灌注桩，黏性土、砂性土、砂卵石和风化岩层，但卵石粒径不得超过钻杆内径的 2/3，且含量不大于 20%

(二)冲击钻进成孔

施工原理。冲击钻进成孔的原理是通过钻架将一定质量的钻锥，提升一定的高度，然后不断地提锥、落锥反复冲击桩孔底部的土层，在巨大的冲击作用下，把桩孔土层中的土质(黏土、沙土或石块)挤向桩孔四周或破碎成小颗粒渣，钻渣悬浮于桩孔制造的泥浆中，利用掏渣设备(掏渣筒)取出或泥浆循环排渣的方式，不断循环上述过程，这种方法称为冲击钻进成孔，如图 4-74 所示。

冲击钻进成孔施工

冲击钻进成孔。为保证成孔的垂直度，在冲击钻孔前，用水平尺检测机座的平整度，用垂球或全站仪检测冲锤轴线的垂直度以及冲锤是否对准桩位。初始钻进，采用小冲程钻进，使成孔竖直、圆顺，防止孔位偏心、孔口坍塌；进入黏土层后，采用大冲程钻进。对于嵌岩桩，当临近岩层顶标高时，采用小冲程钻进。冲击钻进成孔采用的机具主要有

(a) 钻进现场　　(b) 冲击钻头

图 4-74　冲击钻进成孔

定型的冲击式钻机、冲击钻头、转向装置、掏渣筒等，也可用卷扬机配合钢、木钻架及动力组成简易冲击机。

适用条件。冲击钻进成孔适用于黄土黏性土或粉质土和人工杂填土层，特别适合用于在有孤石的砂砾石层、漂石层、硬土层、岩层。成孔深度一般不超过 50 m。

例如，拱北湾大桥滨海复杂地层大直径超深桩基础穿越沉积的淤泥、淤泥质粉质黏土、砂层、孤石区等特殊地层。在淤泥、淤泥质粉质黏土地区采用旋转钻进成孔，在砂层地区采用冲击钻进成孔，在孤石区采用冲击法和爆破法相结合的钻进方式钻进成孔。

(三)冲抓钻进成孔

施工原理。通过钻架，由带离合器的卷扬机操纵抓土锥，在冲锥自重(10~20 kN)冲击下打开土瓣锥尖切入土层中，然后收拢锥头，提升卷扬机，利用抓土瓣抓出取出，然后弃土，不断循环操作冲击—抓土—取土—弃土过程，这种钻进成孔方式称为冲抓钻进成孔。

冲抓锥由外套筒、内套筒、锥瓣、连杆、闭斗滑轮组及自动挂钩装置等部件组成。冲抓锥的锥瓣有两瓣、三瓣、四瓣、六瓣等类型，常用两瓣和四瓣，构造如图 4-75 所示。

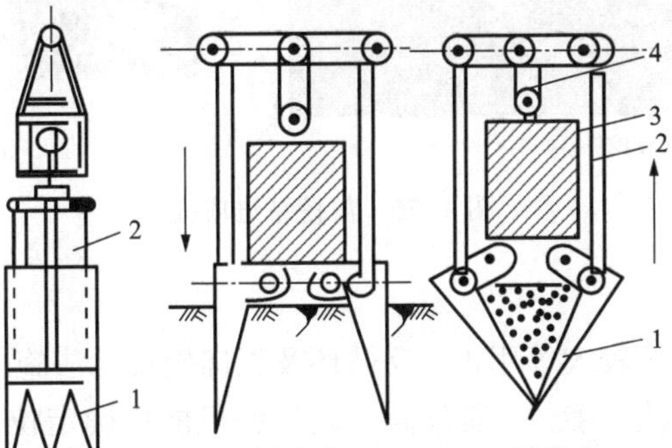

(a) 示意图　　(b) 抓土　　(c) 提土

1—抓片；2—拉杆；3—压重；4—滑轮。

图 4-75　冲抓钻进成孔

适用条件。冲抓钻进成孔适用于黏性土、砂性土、黄土、较松散的砂砾、卵石及夹有碎卵石的砂砾土层。冲抓钻进成孔深度一般为 20 m，冲抓成孔的施工孔径一般为 700～1200 mm，成孔深度宜小于 40 m。

(四)旋挖钻进成孔

1. 旋挖灌注桩

旋挖灌注桩的基本原理。其采用旋挖钻机施工，施工人员少，可节省大量人工费用。旋挖钻孔施工是利用钻杆和钻斗的旋转，以钻斗自重并加液压作为钻进压力，使土屑装满钻斗后提升钻斗出土，如图 4-76 所示。通过钻斗的旋转、挖土、提升、卸土和泥浆置换护壁，反复循环而成孔，其吊放钢筋笼、灌注混凝土、后压浆等施工工艺与其他水下钻孔灌注桩相同。此方法自动化程度和钻进效率高，钻头可快速穿过各种复杂地层，在桩基施工特别是城市桩基施工中具有非常广阔的应用前景。目前，国产最大旋挖钻机可钻孔直径 4 m，深度 130 m。如遇到中风化、微风化岩层，旋挖钻采用牙轮或截齿筒钻取芯钻进成孔，比如主墩桩径为 2.5 m，需采取分级扩孔，扩孔级数为 2 级，按准 1 m、准 2 m 和准 2.5 m 分级成孔。钻进过程中需保持钻杆垂直，严格控制钻头在孔内的升降速度，避免塌孔。

(a) 旋挖钻头

(b) 旋挖现场

图 4-76　旋挖钻进成孔

旋挖灌注桩的特点。

①可在水位较高、卵石较大等用正、反循环及长螺旋钻无法施工的地层中施工。

②自动化程度高、成孔速度快、质量高。旋挖钻机能精确定位钻孔、自动校正钻孔垂直度和自动测量钻孔深度，最大限度地保证钻孔质量，使工程的质量和进度得到充分的保障。

③施工过程对环境影响较小，施工现场干净。旋挖钻机通过钻头旋挖取土，再通过伸缩钻杆将钻头提出孔内后再卸土。旋挖钻机使用泥浆仅仅用来护壁，而不用于排渣，成孔所用泥浆量基本上等于孔的体积，且泥浆经过沉淀和除砂还可以多次反复使用。目前很多城市在施工中的排污费用明显提高，使用旋挖钻机可以有效降低排污费用，并提高文明施工水平。

旋挖灌注桩的适用条件。旋挖灌注桩适合用于软土、黏性土、卵石砾石层和岩层等，目前在大型建筑的桩基础施工中的应用也越来越多。不同工艺的钻孔施工方案对比如表 4-37 所示。

表 4-37 钻孔方案比选表

序号	比选内容	施工工艺				
		人工挖孔	冲击钻进成孔	旋转钻进成孔	冲抓钻进成孔	旋挖钻进成孔
1	适用范围	适用于地势陡峭、设备无法到达的作业环境，不适用于富水、厚大粒径回填地层及禁止爆破地区施工	适用于各种地质情况，不适用于与铁路距离较近作业环境	适用于各种砂性土、黏性土，也适应于碎、卵石类土层和岩层	适用于黏性土、砂性土、黄土、较松散的砂砾、卵石及夹有碎卵石的砂砾土层。不适用于土质条件坚硬的情况和岩石地层	适用于各种地质情况，易塌、易涌砂土层应注意护筒尺寸
2	环境保护要求	无泥浆污染、孔内出渣集中收集较容易	存在泥浆污染，易对周围水土环境造成污染，环保施工成本较大	干孔施工与人工挖孔桩出渣相似，湿孔施工可采用泥浆箱收集泥浆，污染少	干孔施工无泥浆污染	可干孔、湿孔作业，也可泥浆护壁施工
3	施工优势	设备、人力资源充足，工艺简单，质量有保障	成孔安全性高，工艺成熟	效率高、机动性强、自动化程度高、成孔速度快、质量高、功能多	成孔速度一般，工艺简单	成孔速度快、质量高、环境污染小、操作灵活方便、安全性能高、适用性强
4	施工不足	孔内爆破、出渣施工安全风险较高，施工速度较慢	相邻两桩不能同时开钻，不利于计划安排，场地施工平台及施工便道要求较高，施工速度慢	岩层掘进性价比较低，易发生缩颈和斜孔，对作业场地要求较高	施工深度有限，抓瓣易损坏	软土中钻进容易产生负压、孔壁护壁差（钻进速度快）
5	经济性	每立方米单价较低	每立方米单价略高	每立方米单价最高	每立方米单价略高	每立方米单价较低

例如湖南某项目，根据地层情况不同，采用旋挖钻钻进不同的岩石地层。钻机底盘为伸缩式自动整平装置，操作室仪表显示电子读数，钻机就位准确后开始钻进。旋挖钻采用牙轮或截齿筒钻取芯钻进成孔，如图 4-77 所示。项目主墩桩径为 3.0 m，需采取分级扩孔，扩孔级数为 2 级，按准 1.8 m、准 2.5 m 和准 3.0 m 分级成孔。钻进过程中需保持钻杆垂直，严格控制钻头在孔内的升降速度，避免塌孔。施工初期阶段要放慢旋挖速度，放斗要稳，提斗要慢，通过控制盘来监控垂直度。及时进行偏差纠正，而且必须保证每挖一斗的同时及时向孔

内注水，使孔内水头保持一定高度，以增加压力，保证护壁的质量。根据现场实际情况进行分级取芯钻进，以提高施工效率。

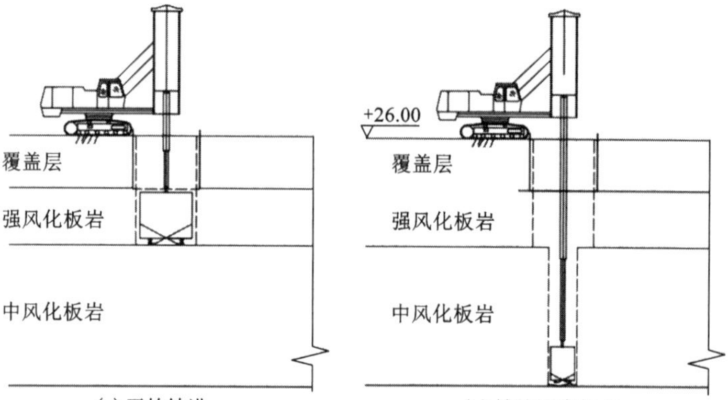

(a) 开始钻进　　(b) 钻孔深度加大

图 4-77　旋挖钻进成孔(分级扩孔)

三、清孔(抽浆清孔、掏渣清孔、换浆清孔)

清孔目的。清孔的目的主要是清除桩孔内沉淀在底部的钻渣和泥浆，以保证灌注桩的桩身混凝土质量，确保桩的承载力满足要求。其分为干桩清孔和湿桩清孔。若桩基为干孔，清孔采用专用清孔钻头直接清孔。清孔过程一般分两次进行，严禁用加深孔深来代替清孔。

第一次清孔。当钻孔达到设计文件规定钻孔深度时，孔深经过施工单位自检合格，满足设计文件的要求，施工员报监理工程师复检，批准同意后即可进行清孔，这是第一次清孔。清孔方法根据地质条件、钻孔方法采用，清孔后的沉渣厚度、泥浆含砂率、黏度等均须满足规范要求。

第二次清孔。二次清孔时间在钢筋笼下放完成后，灌注混凝土前，因为工艺等待时间长，施工过程中可能发生触碰等，为彻底清除孔底沉渣并确保水下混凝土浇筑质量，可以插入泥浆置换管至导管底部然后结合泥浆净化机开始清孔(换浆法)，再次确保灌注前孔内各项指标满足要求。二次清孔时注意控制泥浆水头，及时补给优质泥浆预防孔壁坍塌。清孔结束后，待现场技术人员检查验收合格，报监理工程师现场检验合格，然后立即灌注水下混凝土，清孔时间和灌注时间间隔越短越好。

清孔的分类。根据清孔的方法和原理不同，清孔可以分为抽浆清孔、掏渣清孔、换浆清孔等，如图 4-78 所示。

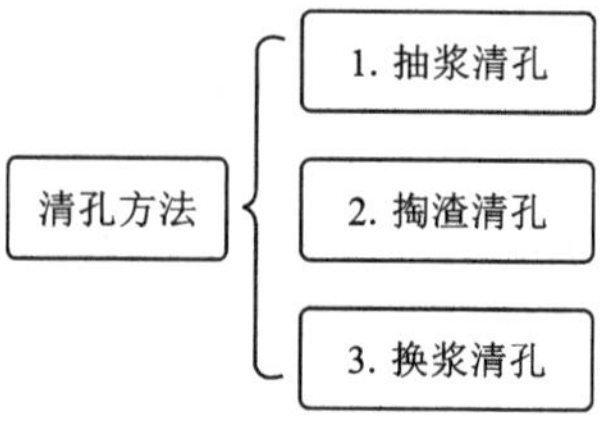

图 4-78　清孔方法

抽浆清孔。抽浆清孔适用于孔壁不容易坍塌，略微稳定的地层，以及各种钻孔施工方法的摩擦桩和端承桩。其主要是利用空气吸泥机的抽吸作用吸出孔内和孔底含钻渣的泥浆，而实现清孔的目的。

掏渣清孔。掏渣清孔适用于冲击钻进成孔、冲抓钻进成孔的摩擦桩。其主要是用掏渣筒掏出孔内在冲击钻进成孔、冲抓钻进成孔、旋挖钻进成孔作用下所形成的孔内大颗粒的钻渣，实现清孔的目的。

换浆清孔。其适用于大部分土层的摩擦桩。可在钻孔施工结束后，正、反循环旋转钻机保持旋转，但是不继续进尺，继续循环利用泥浆置换残渣，直至泥浆各项指标符合施工规范中的清孔要求。

比如，旋挖钻进成孔后常采用反循环清孔，如图 4-79 所示。其主要原理是利用空压机压缩空气，并在护筒内压力作用下，使导管内的混合气液以较高的速度向上流动，从而将孔底残渣或岩屑连续不断地排出护筒外。清孔过程中应不断向护筒内加水，保持水压平衡，反复循环操作直至孔底沉渣厚度达到施工规范的要求。

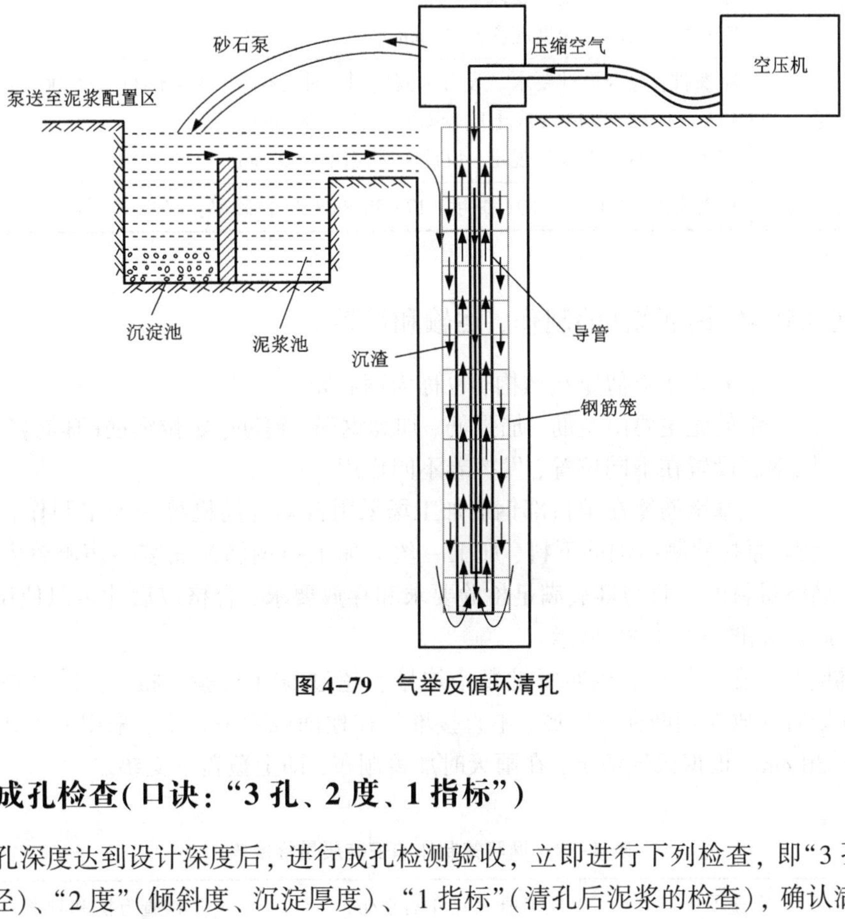

图 4-79　气举反循环清孔

四、成孔检查(口诀："3 孔、2 度、1 指标")

当钻孔深度达到设计深度后，进行成孔检测验收，立即进行下列检查，即"3 孔"(孔位、孔深、孔径)、"2 度"(倾斜度、沉淀厚度)、"1 指标"(清孔后泥浆的检查)，确认满足相关要求后，报监理工程师检查认可。

成孔质量采用超声波成孔检测仪进行检测，成孔检测项目一般包括孔位、孔深、孔径、垂直度、沉渣厚度、泥浆指标等。孔位采用全站仪或经纬仪每桩检查。孔深采用测绳法、超声波成孔检测仪检测。孔径采用探孔器、超声波侧壁检测仪检测。垂直度采用钻杆垂线法、超声波成孔检测仪检测。沉淀厚度采用测锤法、沉淀测定仪检测。泥浆指标主要包括泥浆比重、泥浆黏度、泥浆含砂率、泥浆胶体率、泥浆失水率、泥浆酸碱度等。泥浆比重采用相对密度计检测或直接用称重法检测。泥浆黏度采用标准漏斗黏度计检测。泥浆含砂率采用含砂率计检测。泥浆胶体率是将 100 mL 泥浆倒入 100 mL 的量杯中，用玻璃片盖上，静置 24 h 后，用 100 减掉清水体积所得的数值即为泥浆胶体率。泥浆失水率采用滤纸法检测。泥浆酸碱度采用 PH 酸碱计或比色法检测。钻(挖)孔成孔各指标检测方法如表 4-38 所示。

表 4-38　钻(挖)孔成孔质量标准

项目	允许偏差
孔的中心位置	群桩：100 mm。单排桩：50 mm
孔径	不小于设计桩径
倾斜度	钻孔：<1%。挖孔：<0.5%且≤500 mm
孔深	摩擦桩：不小于设计要求 支承桩：比设计深度超深≤50 mm
沉淀厚度	摩擦桩：符合设计要求。设计未规定时，对直径≤1.5 m 的桩，≤200 mm；对桩径>1.5 m 或桩长>40 m 或土质较差的桩，≤300 mm 支承桩：不大于设计规定；设计未规定时≤50 mm
清孔后泥浆指标	相对密度：1.03~1.10。黏度：17~20 Pa·s。含砂率：<2%。胶体率：>98%

五、钢筋骨架(钢筋笼)的制作、运输和吊装

钢筋笼三维视图

钢筋骨架类似笼状结构，也称为钢筋笼。

钢筋笼主要由主筋、加强筋、加劲钢筋、箍筋、定位钢筋(耳筋)等组成，不同钢筋设置在不同位置，发挥着不同作用。

桩基钢筋笼在项目部钢筋加工场采用自动绕筋机统一加工制作。其作业流程：原材检测→钢筋下料、加工→丝头加工→钢筋笼安装→声测管安装→钢筋笼吊装。钢筋原材料的验收与堆放满足检验要求和存放要求，合格以后才可以使用，钢筋笼制作和安装质量标准如表 4-39 所示。

原材料检验。在进场后，按照每批每个炉号不超过 60 t 检验一批，检验合格后方可使用。材料进场后存放在钢筋存放区域，不直接堆放在地面或者平台上，采用方木或其他枕梁垫起不低于 30 cm。根据天气情况，在雨天时加盖棚布，即上覆盖下支垫。

表 4-39　钢筋笼制作和安装质量标准表

项次	检查项目	规定值或允许偏差/mm	检查方法和频率
1	主筋间距	±10	尺量：每段测 2 个断面
2	箍筋或螺旋筋间距	±20	尺量：每段测 10 个间距
3	钢筋骨架外径或厚、宽	±10	尺量：每段测 2 个断面
4	钢筋骨架长度	±100	尺量：每个骨架测 2 处
5	钢筋骨架底端高程	±50	水准仪：测顶端高程，用骨架长度计算
6	保护层厚度	+20，-10	尺量，测每段钢筋骨架外侧定位块处

钢筋笼制作。钢筋笼在钢筋棚内分段制作绑扎成型。钢筋笼制作和安装质量标准如表4-39所示。钢筋下料、加工钢筋笼按设计要求加工制作，采用匹配法分节制作，分段标准长度为12 m，根据实际长度L调整最下面一节钢筋笼长度L'，分节原则为n(节数)$\times 12+L'=L$。在钢筋笼上每2 m一圈，一圈4个，均匀设置混凝土保护层垫块。钢筋下料时设计好下料尺寸，确保在钢筋笼制作过程中接头错开，从而保证在同一断面上钢筋焊接面积小于等于整个断面钢筋总面积的50%，保证整个钢筋笼长度。

钢筋笼吊装。钢筋笼要用扁担从钢筋加工厂起吊，防止钢筋笼起吊变形，在钢筋内侧的加强筋上焊接三角内支撑；吊入平板车后要在平板车上安装三角支撑架绑扎牢靠，防止运输过程中晃动导致变形。

钢筋笼存放及运输。钢筋笼存放在钢筋场成品区，保证钢筋笼离地面30 cm以上，每组钢筋笼按墩桩号、节段号排序，挂牌标志(标明具体项目的墩位的桩基号、节段、长度、时间、是否检验过等)，便于使用时按顺序装车运出。

制作成型后用汽车运至施工现场，再用汽车吊吊入孔内，分段连接，连接时要用专用扳钳扭紧；同时连接好声测管，做好防漏，防止泥浆进入管内，完成后必须经监理工程师检验合格后才能下放下一节。钢筋笼吊放时要轻，居中垂直下放，以免碰坏孔壁，如图4-80所示。钢筋笼按设计图纸制作完成后，由于桩孔直径不同，为了检测钻孔桩质量，需在钢筋笼的内侧均匀布置几根声测管，声测管按设计要求埋设到桩孔的底部。钢筋笼的接头同样检测，检测指标如二维码所示。

钢筋机械连接拉伸试验

(a) 钢筋笼入孔　　(b) 钢筋笼固定

图4-80　钢筋笼入孔及固定

六、灌注水下混凝土

(一)导管准备

根据桩孔长度合理配置导管节段，一般来说底节略长，其余各节合理配置。一般采用直径300 mm的钢导管，导管首次使用前，应逐根进行检查，量测其长度并进行编号标注。

导管接头用丝扣并在导管接头处设有橡胶密封圈。导管在使用前须在现场组装试吊，并进行水密性试验和接头抗拉试验，合格后才能使用，如图4-81所示。导管水密性试验方法：

把拼装好的导管先灌入70%的水，两端封闭，一端焊接出水管接头，另一端焊接进水管接头，并与压水泵的出水管相接，启动压水泵给导管注入压力水，水密性试验水压不应小于孔内水深1.3倍压力，也不应小于导管壁和焊缝可能承受的灌注混凝土时最大内压力 p 的1.3倍。稳压10 min后接头及接缝处不渗漏即为合格。

(a) 灌水　(b) 试压　(c) 连接

图 4-81　导管检查与下放

导管下放前逐根检查导管是否干净、畅通，有无小孔眼以及密封圈的完好性。导管接长时通过两根工字钢加工而成的活动卡固定，导管接长时要检查密封圈的完好性和涂抹黄油，保证导管密封性和拆除方便，如图4-82所示。最下节导管下口为断口，以免提升导管时勾挂钢筋笼。导管吊放时，应使位置居孔中、轴线顺直，稳步沉放，防止卡住钢筋骨架和碰撞孔壁。

(a) 水下灌注　(b) 导管拆除

图 4-82　混凝土灌注及导管拆除

(二)直升导管法灌注水下混凝土

在桩基础施工中，水下混凝土的灌注常采用直升导管法，需要用到以下设备：混凝土专用运输车、吊车、导管、漏斗、隔水栓。浇筑前应将浇筑、吊装、运输等机具准备好后，进行二次清孔，清孔合格后立即灌注。混凝土在拌和站集中搅拌后采用混凝土罐车运送至施工现场，直接输入浇筑漏斗。为保证首灌埋管深度，灌注前需计算漏斗容量是否能满足导管埋深要求，若不能满足，则需更换漏斗。认真做好灌注前的各项检查记录并经监理工程师确认后方可进行灌注，如图4-83所示。

首灌量(初灌量)指初次灌注混凝土满足施工要求时，所需要的最少的混凝土的用量，单

位是 m^3，如式(4-26)所示。计算的目的是初次灌注时混凝土的用量足以排除和挤出底部沉淀的残渣，避免桩身存在质量问题，保证桩基的承载能力。

$$V=h_1\times\frac{\pi d^2}{4}+H_c\times\frac{\pi D^2}{4} \tag{4-26}$$

式中：V 为首批混凝土所需数量(m^3)，实际计算时需要考虑扩孔系数、运输损耗；h_1 为井孔混凝土面高度达到 H_c 时导管内混凝土柱需要的高度(m)，按式(4-26-a)计算。

$$h_1\geqslant\gamma_w H_W/\gamma_c \tag{4-26-a}$$

式中：γ_c 为混凝土容重(kN/m^3)；γ_w 为孔内泥浆的容重(kN/m^3)；H_W 为孔内泥浆的深度(m)；H_c 为灌注首批混凝土时所需井孔内混凝土面至孔底的高度(m)，按式(4-26-b)计算。

$$H_c=h_2+h_3 \tag{4-26-b}$$

式中：H_W 为井孔内混凝土面以上水或泥浆深度；D 为井孔直径(m)；d 为导管内径(m)；h_2 为导管埋入混凝土深度，$h_2\geqslant1.0$(m)；h_3 为导管底端至钻孔底间隙，为 0.3~0.4 m。

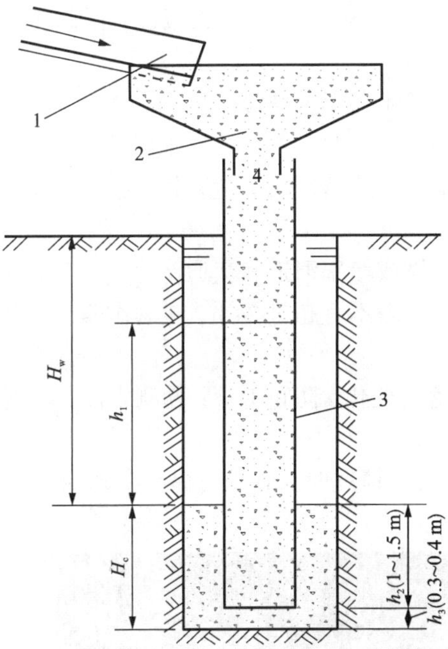

1—溜槽；2—漏斗；3—导管；4—隔水栓。

图 4-83　混凝土水下灌注示意图

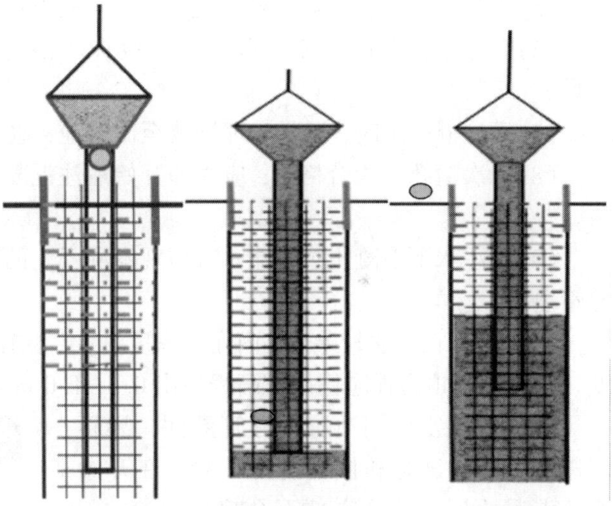

(a) 混凝土充满漏斗　(b) 灌注首批混凝土　(c) 继续灌注

图 4-84　混凝土灌注及导管拆除

首批混凝土浇筑工程中采用拔塞法或剪球法施工，如图 4-84 所示。拔塞法是指在导管和漏斗连接处设置一个活塞，待漏斗内混凝土装满后提塞，混凝土整体下落流入孔内，持续灌注。剪球法是在导管和漏斗连接处设置绳子吊起的木球隔水栓，待漏斗内混凝土装满后，剪断绳子，木球在灌注压力下沿导管内向下挤压浮出桩孔，排除多余的泥浆和水，混凝土逐步流入桩孔，持续灌注。首批混凝土浇筑成功后，连续浇筑，直至完成整根桩的浇筑。混凝土终凝前，与该桩相距小于 5 m 的邻近桩位不能进行钻孔作业。导管采用吊车提拔、拆除，并使混凝土储料斗口高出护筒顶不小于 3 m。导管安装时其底口至桩孔底端的间距控制在

0.3~0.4 m，首盘混凝土储料斗设计容积应满足导管初次埋置深度不小于 1.0 m 的要求。必须严格根据混凝土面上升高度控制拆除导管节数，使导管埋置深度控制在 2~6 m。混凝土顶离钢筋底 1 m 左右时，降低灌注速度，导管底口高于骨架底部 2 m 以上时，恢复正常灌注速度；混凝土上升到骨架底口 4 m 以上时，提升导管，导管提升时应保持轴线垂直和位置居中，拆除导管混凝土动作要快，时间不宜超过 15 min。

灌注过程中每车混凝土灌完后用测深锤探测孔内混凝土面标高。严格控制混凝土质量，随时检测混凝土坍落度，并根据规范要求抽样制作混凝土试件，以检验桩基混凝土质量。为确保成桩质量，桩顶加灌不小于 0.5 m 高度。灌注过程中，施工员认真填写水下混凝土灌注记录表。

(三)灌注水下混凝土时的注意事项

(1)要求水下混凝土灌注时间不得超过首批混凝土的初凝时间。

(2)灌注混凝土前，应检测孔底泥浆沉淀厚度，当不符合规范要求时，应二次清孔。

(3)分析地质资料、设计文件，应随时复核桩底地质情况，灵活应对，及时采取有效措施。

(4)为了避免人为事故发生，必须提高操作人员的责任心及技术素质。

(5)当混凝土拌和物运至灌注地点时，应检查均匀性和坍落度，不符合要求时严禁使用。

(6)做好成桩前的准备工作，认真检查严格把关，检查导管丝扣、垫片、漏斗、阀门质量。

(7)灌注混凝土时，泥浆合理排放至泥浆池，避免污染或堵塞河道和交通。

(8)二次清孔检测合格后，应立即开始灌注混凝土，一般不宜超过 24 h，连续作业，不中断。

(9)灌注水下混凝土过程中，密切观察混凝土的坍落度变化，防止卡管；勘测水深，控制导管埋深。

(10)当存在地质较差、孔内泥浆密度过大、桩径较大等情况时，应适当提高其超灌的高度。灌注的桩顶高程应比设计高程高出 0.5~1.0 m。

(11)混凝土应用适宜的导管灌注。导管应进行水密性试验和接头抗拉试验。在开始灌注混凝土时，导管底部至孔底应有 0.3~0.4 m 的空间。首批灌注混凝土的数量应能满足导管初次埋置深度(≥1.0 m)和填充导管底部间隙的需要。在整个灌注时间内，出料口应伸入先前灌注的混凝土内至少 2 m，以防止泥浆和水冲入管内，且不得大于 6 m。

(12)混凝土应连续灌注，直至浇筑的混凝土顶面高出图纸规定或监理工程师确定的截断高度才可停止灌注，确保截断面以下的混凝土质量均达到强度标准。

(13)混凝土初凝后，一般 7 d 后开挖桩基

图 4-85　凿除桩头到设计桩顶标高

础，凿除桩头多灌注的混凝土，如图 4-85 所示，并按规范要求进行桩基无破损质量检测。

学习任务 2　预制桩施工

学习情境

某项目工程为沿海城市厂房软基处理项目，地块位于滨海大道附近。由于项目靠近海边，该处软土地基中地层软弱，属于饱和软土地基，具有灵敏度高、含水量高、压缩性高、透水性较差、抗剪强度低、结构性和流变性显著等特点。土层情况如表 4-40 所示。该处地基施工精度要求高，变形控制要求高。基础形式采用预应力高强混凝土管桩，采用锤击桩机锤击法施工。该项目采用桩基工程型号为 PHC-600-AB-130-12，桩长为 43~50 m，桩端持力层选择为砂质粉土。请同学们思考该处软土地基采用预制桩施工加固处理合适吗？桩基工程型号是 PHC-600-AB-130-12，里面表达了什么信息？预制桩端选择砂质粉土作为持力层合适吗？锤击桩的施工流程是什么？如何控制预制桩的施工质量？

表 4-40　土层物理力学性质指标

层序	岩土名称	埋深/m	ω/%	γ/(kN · m^{-3})	e_0	a_{1-2}/(MPa^{-1})
1	素填土	1.0	—	18.0	—	—
2	淤泥质粉质黏土	9.4	37.2	17.9	1.042	0.46
3	黏质粉土	15.3	26.2	19.1	0.747	0.16
4	粉砂	20.7	—	20.0	—	—
5	淤泥质粉质黏土	42.0	42.1	17.2	1.212	0.76
6	砂质粉土	49.0	25.0	19.15	0.731	0.16

ω 为天然含水率；γ 为土的天然容重；e_0 为天然孔隙比；a_{1-2} 为压缩系数。

知识导航

预制桩的应用范围很广泛，在桥梁工程、港口工程、高速公路、城市主干道和地铁等地下工程、水利水电工程中均有应用，在软土地基处理、房屋建筑工程中常可以看到其身影。它和灌注桩在工程中发挥着不同的作用。预制桩根据下沉方式不同主要可以分为锤击沉桩、振动下沉桩、静力压桩等，下面以锤击沉桩为例介绍施工工艺。锤击桩靠桩锤的冲击能量将桩打入土中，桩径一般较小，桩的入土深度在一般土质中不超过 40 m，否则打桩设备要求较高，而打桩效率较低。锤击桩的施工工艺流程如图 4-86 所示，主要过程包括：预制桩制作、预制桩的吊运、存放和运输，桩位复核，桩机移动就位，吊桩就位、调平、试打桩或压桩，矫正垂直度，正式打桩或压桩，截桩或接桩，打桩至设计要求等。

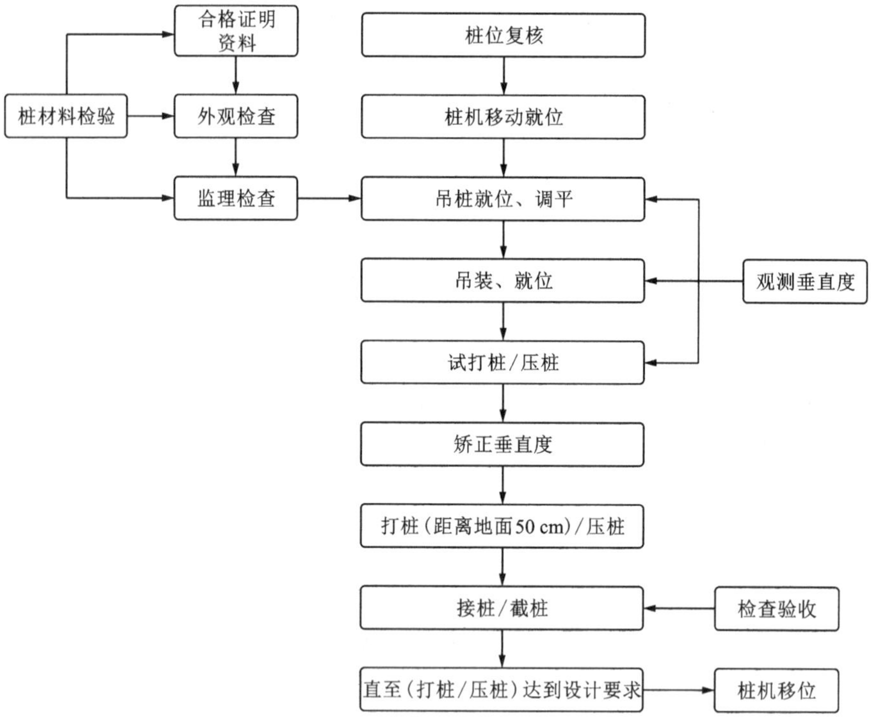

图 4-86　锤击桩施工工艺流程

一、预制桩的制作

桩的制作采用的原材料(钢筋、水泥、骨料)应符合设计和施工规范相关章节的规定。所有的成品桩根据长度因素、施工条件、运输条件大都分段制作，不同节段都要有出厂合格证、质量检验等相关资料。预制桩的制作工艺流程主要包括以下内容：预制场布置与平整、桩原材料进场、原材料检验(第三方)、钢筋骨架的制作、钢筋骨架入模、浇筑混凝土(模板制作、确定配合比、浇筑、拆模)、养护混凝土、桩身质量检测。

预制桩截面形状有方桩和管桩，分为空心和实心，有普通钢筋混凝土预制桩、预应力钢筋混凝土预制桩。不同类型的桩都有特殊的身份信息。比如，预制桩工程型号为 PHC-600-AB-130-12，“PHC”表示预应力高强混凝土管桩；“600”表示外径 600 mm；“AB”表示型号为 AB 型，AB 是指抗拉和抗压的承载方式；“130”表示壁厚 130 mm；“12”表示长度为 12 m。

二、桩的吊运、存放、运输

钢筋混凝土预制桩由预制场地吊运到桩架内，预制桩在起吊、运输、堆放时，都应该按照设计计算的吊点位置起吊(吊点一般在桩内预埋的钢筋吊环，或在桩身刷油漆标记)，吊点位置不对会使桩身受力情况与计算资料不相符，桩身自重较大，受力不均匀可能会导致桩身结构破坏和混凝土开裂。根据桩长 L 设置起吊数量，桩长为 5~10 m 时，一般采用单点起吊，起吊点距离桩顶 0.31L；桩长为 11~25 m 时一般采用两点起吊，两边等距，起吊点距离桩顶 0.207L；当桩长大于等于 25 m 时，为减小桩身的内力、节约材料，采用多点起吊，保持平衡，如图 4-87 所示。

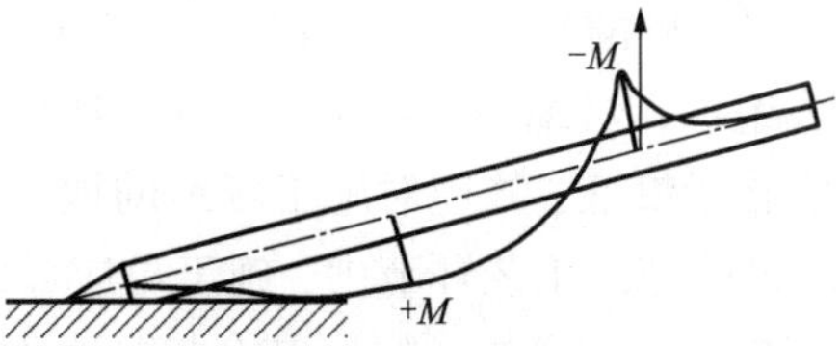

图 4-87　起吊点设置

《公路桥涵施工技术规范》(JTG/T 3650—2020)规定钢筋混凝土桩和预应力混凝土桩的吊运、存放、运输应符合下列要求：

(1)预制桩在厂(场)内吊运施工时，桩身混凝土强度应满足设计要求，不会对桩身混凝土产生损伤时方可施工。吊桩施工时，桩上吊点位置距设计规定位置的允许偏差应小于 20 mm，兼顾各吊点，均匀受力；采取有效措施保护每个吊点，确保绳扣或桩角不损坏。

(2)预制桩的存放场地要求坚实、平整，消除不均匀沉降，场地设置防排水设施。堆放时应设置垫木，支垫位置宜按设计吊点位置确定，其偏差宜小于等于 200 mm，满足上覆盖下支垫。多层堆放时，各层垫木应位于同一垂直面上，且层数宜不超过 3 层。

(3)预制桩在运输时，应采用多支垫堆放，垫木应均匀放置且其顶面应在同一平面上；桩的堆放形式应使装载工具在装卸和运输过程中保持平稳。水中运输预制桩，采用驳船装运时，对桩体应采取加撑和系绑等措施，防止驳船在风浪的影响下发生倾斜。

钢管桩的吊运、存放、运输应符合下列要求：

(1)钢管桩吊运时，吊点的位置应符合设计规定。

(2)不同规格钢管桩分类堆放，堆放的形式、层数应安全可靠，并应防止产生纵向变形和压曲变形；存放时间较长时，采取防腐蚀等保护措施。

(3)钢管桩在运输时，宜放置在半圆形专用支架上，保持稳固，必要时应采用缆索加固。

(4)在钢管桩吊运、存放、运输过程中，应采取适当保护措施，防止对钢管桩产生碰撞或摩擦而导致防腐涂料损坏、管身变形或其他损伤。

三、施工设备

锤击桩施工的主要设备有桩锤、桩架等。

桩锤的主要作用是施加外力迫使桩入土下沉。常用的桩锤有柴油锤、坠锤、汽锤(单动、双动)等。锤击桩(打入桩)施工时，合理选择桩锤重量，保证施工顺利，经济合理，不宜过重或者过轻。桩锤过轻，频率较低，施工效果不理想。桩锤过重，无形中增加其他设备的成本，不够经济合理。宜根据地质条件、桩身结构强度、单桩承载力、锤的性能并结合试桩确定选择桩锤，且宜选用液压锤和柴油锤，合理匹配其他辅助装备。

桩架的主要作用是支撑和装吊桩锤、插桩、打桩、控制桩锤方向，是打桩施工保持稳定的关键，有效防止打桩过程中桩架发生移位和变形，桩架在结构上必须有足够的强度、刚度、稳定性。

桩架由控制桩和锤的插打方向的导杆、起吊设备(滑轮组、绞车、动力设备等)、支撑导杆的撑架及底盘、移位行走部件等几部分组成。工程中常见的桩架形式有滚筒式桩架、多功能桩架(万能桩架)、履带式桩架三种。

四、锤击桩施工

预制桩沉桩施工前应在陆域或水域建立控制网点，包含平面体系的测量与高程体系的测量。在不受沉桩作业影响处，设置桩基础轴线的测量定位点。沉桩施工前应收集分析项目的地质条件、桩的类型、水文条件、施工环境条件等资料，确定沉桩的工艺、施工的机械，技术负责人组织人员编写专项施工方案，选择合适的机械设备，配置作业队伍，作业人员要进行培训和技术交底，并应对施工场地的地上和地下的障碍物进行合理的处置。在桩的制作、连接、沉桩的施工工艺环节中，施工员应详细记录，整理形成完整的施工记录。

打桩顺序。打桩顺序应结合桩的类型、地质条件、水文条件、打桩机械类型确定。打桩顺序不当会直接影响打桩的速度、打桩的质量。因为打桩施工时，桩对土体产生向下的挤压，先施工的桩会受到后施工桩的推挤影响，容易产生水平位移，桩数越多、桩距越小，挤土效应越突出，因此在桩的中心距小于 4 倍桩的直径(边长)时，应拟定合理的打桩顺序。当桩距小于 4 倍桩的直径(边长)时，根据桩基的分布情况、土质情况、周围条件、桩的密集程度可以采用以下几种方式施工：逐排打设施工、自中间向两侧对称施工、自中间向四周施工、分段打设。

此外，根据桩基础的设计高程、桩基规格、场地坡度情况，打桩顺序遵循先深后浅、先大后小、先长后短、先坡顶后坡脚原则。当桩埋的深浅不一样时，宜先下沉施工深桩，后下沉施工浅桩；当桩埋在斜坡上时，应先下沉坡顶的桩，后下沉施工坡脚的桩。在桩的沉入过程中，应始终保持锤、桩帽和桩身在同一轴线上。沉桩施工过程中如发现实际地质情况与勘测报告出入较大，宜补充地质钻探。打桩顺序和原则如图 4-88 所示。

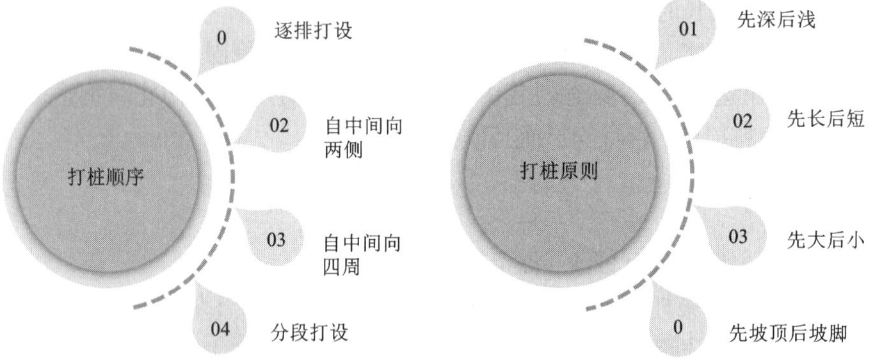

图 4-88　打桩顺序和原则

锤击桩施工过程。先根据设计文件复核桩位，移动打桩机械到测量放样的桩位上，提桩锤、桩帽，把提前运输过来的预制桩(预制钢筋混凝土桩和预应力混凝土桩在锤击沉桩前，桩身混凝土强度应达到设计要求)，使用吊车、桩架上配套的滑轮组、卷扬机吊成垂直状态送入桩帽内(扣桩帽)，严禁在场地上随意拖拉预制桩，避免柱身开裂。采用经纬仪检查桩锤底、桩帽、桩顶是否水平，控制施工精度，及时观察并校正桩的垂直度。在锤击作用和自重作用下，预制桩逐渐灌入土中，入土深度稳定后，还需要校核桩身垂直度，不断调整施工。开始沉桩时，宜采用小落距，保持柱锤、送桩、桩在同一轴线；正常锤击后，应采用重锤低击。打桩工程质量需要满足施工规范要求，桩施工完成后的桩位偏差在允许范围内，最终贯入度或标高符合设计要求。

五、预制桩接桩

混凝土预制桩在制作时为方便施工和运输往往会做成不同长度，因此施工现场需要接桩，常用的接桩方法有焊接、法兰接等，如图 4-89 所示。目前焊接桩应用最多。

(a) 焊接　(b) 法兰接　(c) 硫磺胶泥锚接

图 4-89　混凝土预制桩的接桩

焊接接桩需要用到钢板，钢板宜用低碳钢，可以采用环形焊接或竖向焊接。焊接前预埋铁件表面应干燥整洁，用铁片填实焊牢两端之间间隙，要求焊缝平整、连续、饱满。接桩时，确保上、下节桩的中心线偏差不超过施工规范要求。焊接操作先焊四角点，然后对称焊接。焊接完成后让焊缝在自然条件下冷到位，然后继续下沉施工，确保设计尺寸、接头焊缝质量。

桩的连接应满足下列规定：在同一墩、台的桩基中，同一水平面内的桩接头数不得超过基桩总数的 25%(法兰盘连接除外)。应保持接桩的各节桩的轴线重合，及时检查接桩情况，符合要求后可进行下道工序。接桩可采用焊接或法兰盘连接。当采用焊接连接时，焊接应牢固；法兰盘连接时，要求法兰盘的结合处应密贴，法兰盘的螺栓应对称拧紧，或加焊加设弹圈。

六、预制桩施工注意事项

(1) 在打桩过程中要随时注意观察桩穿过构造复杂的土层的情况，可能出现贯入度突变、桩身突然倾斜、桩锤严重回弹等问题，当发现桩顶或桩身出现严重裂缝或破碎时，应暂停施工，组织研究处理。有效处置后方可继续沉桩。

(2) 为了消除或减小打桩时产生的土体挤压，后施工的桩入土困难或被先打入的桩推移挤出时，打桩顺序应根据桩的数量、周围环境、桩的类型、地质条件、水文条件、打桩机械类型而确定。

(3) 在打桩前，应检查锤与桩的中心线是否一致，桩位是否正确，桩的垂直度或倾斜度是否符合设计要求，打桩架是否安置牢固平稳。采用桩垫、桩帽保护桩顶，防止桩头被打裂。

(4) 初打施工轻击慢打，冲击能小，打桩正式开始后，增大锤击的力度；及时记录桩的贯入度，衡量桩承载力是否达到设计要求。

(5)打桩施工中时刻观测打桩过程，控制桩的位置，并填写好打桩记录表。

(6)每根桩应持续作业，避免停顿，减小困难。

(7)接桩要使上下两节桩对准接准，检查上下两节桩的纵轴线是否在一条直线上。焊接接头要牢固，注意焊接工程的质量，宜对称同时焊接，减小不对称收缩，焊完待冷却到位再下沉，以免焊缝遇水热胀冷缩开裂。

(8)在建筑物密集区打桩，需注意打桩对周围建筑物、地面变形的影响。打桩施工完毕基坑开挖后，检查桩位、桩顶标高是否符合要求，然后进行下道工序浇筑承台施工。

锤击桩、静力压桩、振动沉桩几种沉桩方法对比如表 4-41 所示。

表 4-41　几种沉桩方法对比分析

类型	施工原理	沉桩特点		适用条件
锤击桩	利用锤击产生的冲击作用，克服桩身自重和桩周土的摩阻力，下沉入土到设计的深度	机械重量较小、移动灵活、机械化水平程度高、施工速度快、噪声大，振动大，造价低		地基土为砂性土、塑性土、粉土、细砂、松散的不含大卵石或漂石的碎卵石类土的情况
静力压桩	以自重和配重的总重量作为反力进行桩基施工，利用夹持装置送桩入土进行预制桩施工	施工速度较快，能控制桩身垂直度、控制精度较高、噪声小、对周围环境影响很小，施工文明程度高	均有挤土效应产生	除高压缩性黏土层或砂性较小的软黏土层等软土地基外，也适用于覆土层不厚的岩溶地区
振动沉桩	利用桩的自重和桩顶的振动力，克服桩身阻力，把整个桩体沉入地基土	设备构造简单，重量轻体积小，消耗动力少，有噪声污染		松散砂土，可塑状黏土及软塑的黏性土，中密及较松的碎石土

学习任务 3　深水中桩基础栈桥平台及围堰施工

学习情境

在深水中建设桥梁会受到较多因素的影响，水中施工桩基础显然比旱地上施工桩基础要复杂困难得多，尤其是在深水急流的大河中修筑桩基础。为了适应水中施工的环境，必然要增添浮运设备和采用水中施工的特殊方法。根据水中桩基础施工方法的不同，其施工场地分为两种类型，一类是用围堰筑岛法修筑的水域岛或长堤，称为围堰筑岛施工场地；另一类是用船或支架拼装建造的施工平台，称为水中作业平台。水中作业平台依据其建造材料和定位可分为船式、支架式、沉浮式等多种类型。如图 4-90 所示是横跨湘江的连接两城区的大型桥梁，水中部分(46#—52#墩)地质情况自上而下依次为覆盖层、强风化板岩、中风化板岩，覆盖层厚度小，桩基入岩部分主要为强风化板岩、中风化板岩。该江宽 1200~1250 m，每年 4 月至 6 月为丰水期，最高洪水位 39. 51 m，最低水位 25. 75 m，平均水位 29. 48 m，多年平均变幅10 m；多年平均流量2473 m^3/s，最大流速1.26 m/s，最小流速0.12 m/s；多年平均水温18.7~19.5℃。请同学们思考水中桩基础施工有什么特点？水中施工需要搭设哪些作业平台？深水区桩基础和旱地上桩基础施工有什么不同？

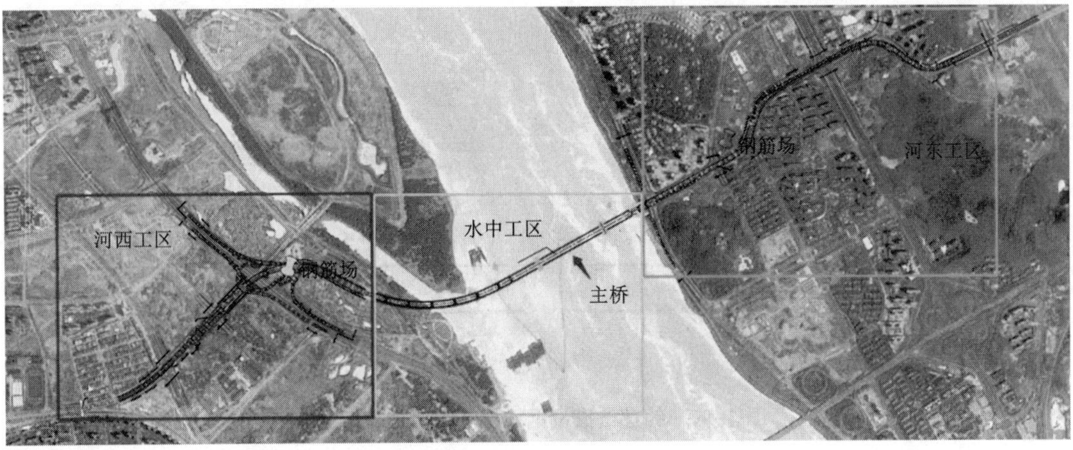

图4-90　湘江某大桥连接两城区

知识导航

一、桥梁深水基础的特点

深水环境对桥梁的深水基础有着直接的影响，同时给桩基础的设计和施工带来了新的挑战，需要结合水深选择基础类型、确定基础的埋深、计算外部荷载或力(冲刷、通航)，计算地基承载力和沉降。比如，对于常年有流水，冲刷较深，或水位较高，施工排水困难的工况，在受力条件允许时，应尽可能采用高桩承台基础。桥梁的深水基础设计和施工主要特点如下：

(1)深水基础所承受的水平外力(例如水压力、水流冲击力、船舶碰撞力、波浪力等)比河岸基础或浅水基础大很多；

(2)水文条件和地质条件直接影响深水基础的稳定性和安全性；

(3)深水基础需要考虑水(江、河、湖、海)的冲刷和侵蚀作用，考虑潮汐、洪水、流水夹带的砂岩及漂冰碰撞和磨损；

(4)慎重选择深水基础类型，进行全面的可行性分析，其直接影响基础施工成本，关系桥梁工程的成败；

(5)必须考虑流速和水深等因素，分析采取相应技术措施、辅助措施，拟定设计方案，编制施工方案，因为隐蔽工程出了问题返工都很麻烦。

二、栈桥和平台施工

栈桥和平台施工常采用“钓鱼法”。钓鱼法施工是指利用履带吊、振动锤施打钢管桩，单工作面逐跨推进的作业方式，每跨钢管桩下沉就位后，自下而上依次进行双拼工字钢横梁、贝雷梁、横向分配梁以及槽钢面板安装施工，面板铺好以后履带吊前行，依次进行下一跨施工。钓鱼法搭设钢栈桥及平台（无桥台施工）施工工艺如图 4-91 所示。

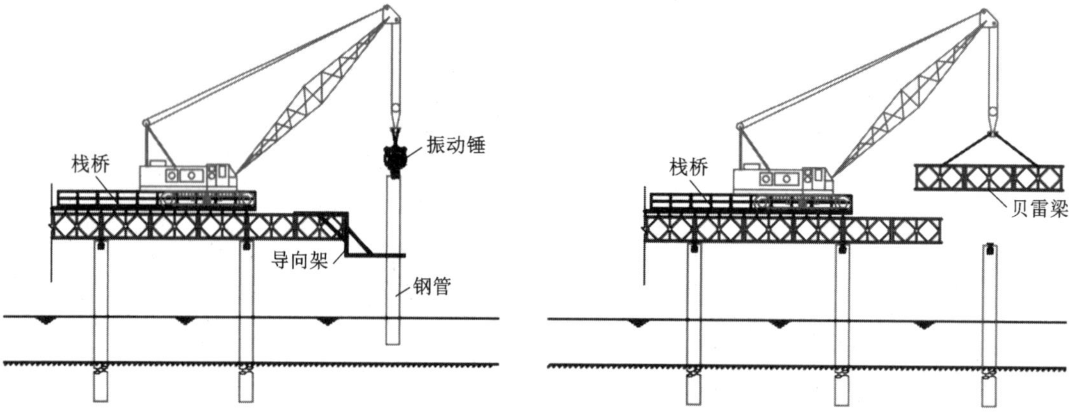

(a) 钢管振动下沉　　(b) 吊装贝雷梁

图 4-91　钓鱼法搭设钢栈桥及平台施工工艺

(一)施工工艺流程

栈桥及平台施工流程如图 4-92 所示。

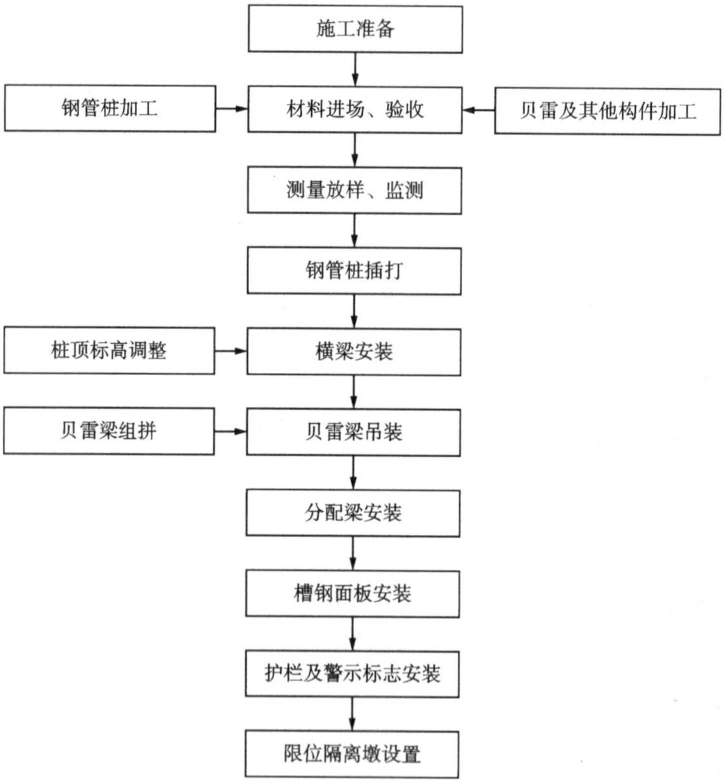

图 4-92　栈桥及平台施工流程图

钢栈桥及平台(无桥台施工)施工工艺流程主要包括栈桥桥台施工、栈桥平台钢管桩施工、栈桥下部结构安装、栈桥上部结构施工、平台下部结构施工、平台上部结构施工、栈桥平台拆除等内容。

(二)施工方案

1. 栈桥桥台施工

在栈桥端部设置混凝土桥台，两岸桥台均采用管桩基础，桥台前方回填土石锥坡。在桥台顶面设置型钢预埋件，用于固定栈桥贝雷梁。桥头设置防撞隔离墩作引道，并设置限重、限速标志牌等。

2. 栈桥平台钢管桩施工

(1)钢管桩的加工与运输。钢管桩在专业钢结构加工厂制作，要求其质量符合设计及规范，其表面不得有缺陷。检查钢管外周长、管端椭圆度、管端平整度、管端平面倾斜、桩长偏差、桩纵轴线的弯曲矢高、相邻管径偏差、对口板边高偏差，其加工质量须符合施工规范要求。要求钢管桩采用平板车运至施工现场，运输时，逐层摆放平整钢管桩，然后使用钢丝绳将钢管桩与车身绑扎稳定，防止其松动及运输中大幅晃动。

(2)选择沉桩设备。根据施工工艺选择合适的沉桩设备，包括振动锤、夹具、振动锤油管、履带吊等。

(3)钢管桩定位。布置栈桥的孔跨，施工放样完成后，用栈桥本身需使用的贝雷桁架与型钢加工成一整体悬臂导向架，导向架前端为定位架，按设计的桩位预留孔位并设置导向系统，全站仪控制钢管桩垂直度。

(4)钢管桩沉桩。先进行悬臂导向架精确定位，然后钢管桩沉桩施工。履带吊用吊钩将整根钢管桩起吊，让钢管桩在自重作用下下沉入土，松钩，用履带吊将振动锤与液压夹钳吊至钢管桩顶口，用液压夹钳将钢管桩顶口夹住，检查桩的垂直度，满足要求后，开动振动锤振动，先点动，再联动。每次振动持续时间控制在10~15 min，时间过长振动锤易遭到破坏，太短则难以下沉。沉桩须一气呵成，不可中途长时间停顿，防止桩周土恢复造成继续下沉困难。在沉桩过程中及时测量监测，做好记录。

(5)桩长控制。钢管桩插打以标高控制，复核贯入度。钢管桩入土长度应大于计算长度。若达到设计标高后贯入度过大，超过10 cm/min，需报告项目部，根据实际情况采取接桩或其他方式处理。当钢管桩入土深度大于4 m(还需考虑冲刷因素)，且振动锤在额定的电压电流范围内工作，钢管桩无法继续下沉时，可认为钢管桩打设完成，可进行下一工序的施工。

(6)钢管桩接长。钢管柱的连接采用焊接，并用钢板进行加固。

3. 栈桥下部结构安装

钢护筒搭设完成后，须根据测量提供数据，将钢管桩高出设计标高部分割除，并在钢管桩顶部按照图纸设计位置及尺寸开槽，工字钢搁置于凹槽内，桩顶横梁安装到位后，进行钢管桩与桩顶横梁间加劲板的焊接。加劲板和钢管桩接触面要求全部连续双面满焊，焊缝厚度大于1 cm，焊缝饱满。

4. 栈桥上部结构施工

(1)贝雷梁安装。桩顶横梁安装后，在横梁上测量放样确定贝雷梁位置。为吊装方便，将贝雷片在后场拼装成一定长度贝雷梁，用平板车运到墩位处，履带吊吊装就位。准确就位后，焊接限位器(U 形扣)。

(2)工字钢分配梁及桥面槽钢安装。用平板车转运分配梁和桥面槽钢，然后用履带吊吊装并固定。分配梁间距置于贝雷梁节点位置，分配梁与贝雷梁接触点均采用 U 形夹具固定，交错设置。槽钢在行车范围内满铺，相邻槽钢间设 3 cm 空隙，以便与分配梁焊接施工。

(3)护栏安装。完成面板铺设后进行两边安全护栏焊接，栈桥两侧均设置栏杆。栈桥护栏杆高 1.20 m，立柱间距 2 m，焊接在分配梁上；设置两道横杆，间距 60 cm，与立杆用扣件连接。防护栏杆挂过塑钢丝网，确保安全性。在栏杆底部内侧设置挡脚板，挡脚板采用钢板制作，高度 18 cm。栏杆统一用红白油漆涂刷以警示，交替布置。

(4)防撞隔离墩设置。在栈桥中间，用防撞隔离墩限制行车范围，车道宽 3 m，保证结构安全。隔离墩纵向间距 2 m，隔离墩之间用钢管进行连接。

5. 平台下部结构施工

平台下部结构施工工序与栈桥施工工序一致，由下至上逐次施工，平台结构如图 4-93 所示。

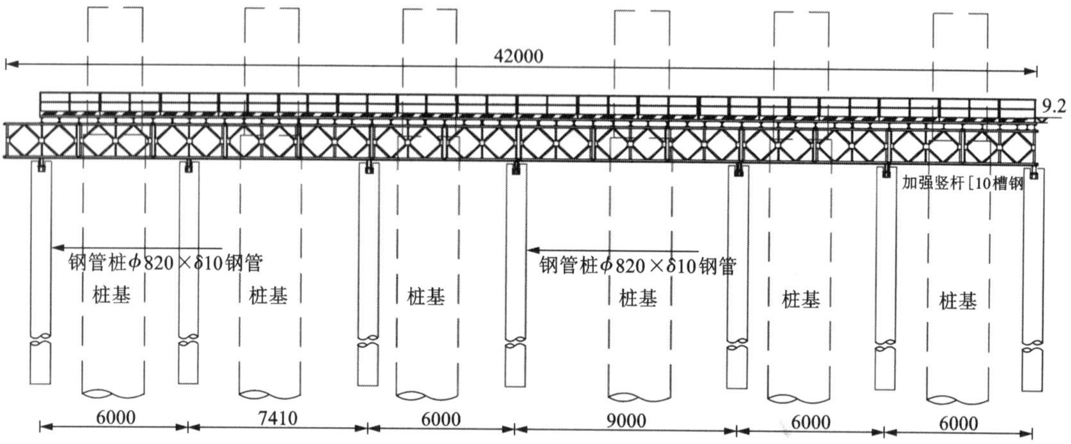

图 4-93　平台立面图

6. 平台上部结构施工

采用一定规格的工字钢作为分配梁，按一定间距布置，搁置在贝雷梁上。桩基孔位对应的区域采用工字钢作为分配梁，交错布置。各分配梁采用 U 形夹具，固定在贝雷片上弦杆上；分配梁上铺设槽钢(倒扣)，焊接固定在分配梁上。需注意在桩基孔位对应位置，槽钢也应对应断开，方便后续拆卸。

7. 栈桥平台拆除

栈桥由河中心向两端逐跨拆除，平台由远离栈桥侧向栈桥逐跨拆除，均由上至下依次拆除，包括桥面系割除、贝雷梁拆卸、钢管桩拔除。

三、深水中桩基础围堰类型

近年来，我国的深水桥梁层出不穷，对于桥梁质量的要求高，其中防水围堰在桩基础的建设中起着关键的作用。在宽大的深水中施工桩基础时，在地质条件复杂、水位变化大、流速快的深水中，深水基础需搭建深水施工平台，深水桥梁桩基础的围堰主要包括钢板桩围堰、双壁钢围堰、钢吊箱围堰、钢套箱围堰、锁扣钢管桩围堰几种类型。深水桩基施工受外部环境影响很大，因此桥梁桩基础的建设必须考虑防水围堰。

1. 钢板桩围堰

钢板桩围堰的主要组成部分包括钢板桩、钢围笼(临时性)。钢板桩围堰有挡土、挡水、封底的作用。围堰和基桩的施工顺序取决于现场水文条件、地质条件、施工条件、航运情况、基桩类型等。

钢板桩围堰桩基础施工的方法与步骤如下：①在导向船上拼制围笼，拖运至墩位，将围笼下沉、接高、沉至设计标高，用锚船抛锚定位；②在围笼内插打定位桩，并将围笼固定在定位桩上，退出导向船；③在围笼上搭设工作平台，安排钻机或打桩设备，沿围笼插打钢板桩，组成防水围堰；④完成全部基桩的施工；⑤吸泥挖坑；⑥基坑经检验合格后，灌注水下混凝土封底；⑦待封底混凝土满足强度要求后，抽水、修筑承台和墩身直至出水面；⑧拆除围笼，拔除钢板桩。在施工中也有采用先完成全部基桩施工，再进行钢板桩围堰施工的步骤。

2. 双壁钢围堰

双壁钢围堰自身结构简单，对水压的承受能力较强，施工工序简单且对施工条件的要求较低，在我国许多跨江大桥、跨海大桥修建的实际应用中效果较好。双壁钢围堰可选用圆形、异形、矩形等多种结构形式。

施工方法主要有三种：①先施工桩基后安装钢围堰；②施工桩基与安装钢围堰同时进行；③完成钢围堰的安装后利用围堰平台对桩基施工。在钢围堰的加工与生产方面，应当根据实际施工的工期、施工现场情况、交通运输设施的需求来选择工厂加工或现场加工。钢围堰着床后，其主干围堰必须保持高度的稳定性，围堰的加工、分块的尺寸应当根据施工现场的运 输、设备起重等条件综合确定，对围堰的刃脚与河床面间的缝隙进行科学处理，最后进行封底混凝土的浇灌工作，必须保证浇灌厚度、施工顺序、结合面的处理等符合相关国家标准。在九江长江大桥的建设中用到了双壁钢围堰，这是双壁钢围堰在深水桥梁桩基础建设中的首次应用并且取得了成功。

图 4–94　香炉洲大桥双壁钢围堰

3. 钢吊箱围堰

在深水中修筑高桩承台桩基时，由于承台位置较高不需坐落到河底，一般采用吊箱法修筑桩基础，或通过在已完成的基桩上安置套箱的方法修筑高桩承台。钢吊箱围堰也是深水桥梁桩基础围堰形式之一，它可以起到挡土、挡水的作用。钢吊箱围堰被分成了很多节，按照不同的需求再分成很多块。钢吊箱围堰的主要组成有钢板、型钢，根据不同需求分块，分节制作。钢吊箱防水围堰有着资金投入、材料使用少，节省成本等特点。

吊箱是悬吊在水中的箱形围堰，基桩施工时用作导向定位，基桩完成后封底抽水，灌注混凝土承台。吊箱一般由围笼、底盘、侧面围堰板等部分组成。吊箱围笼平面尺寸与承台相应，分层拼装，最下一节将埋入封底混凝土内，以上部分可拆除周转使用；顶部设有起吊的横梁和工作平台，并留有导向孔。底盘用槽钢作纵、横梁，梁上铺以木板作封底混凝土的底板，并留有导向孔以控制桩位。侧面围堰板由钢板形成，整块吊装。

4. 钢套箱围堰

套箱法是完成全部基桩施工后，修筑高桩承台基础的水中承台的一种方法。

套箱可预制成与承台尺寸相应的钢套箱或钢筋混凝土套箱，箱底板按基桩平面位置留有桩孔。基桩施工完成后，吊放套箱围堰，将基桩顶端套入套箱围堰内，并将套箱固定在定位桩上，然后浇筑水下混凝土封底，待达到规定强度后即可抽水，继而施工承台和墩身结构。

钢套箱围堰主要施工步骤如下：施工准备、河床整平、围堰制造、组拼、起吊下沉就位、清基、水下混凝土封底、堰内抽水、堵漏、承台钢筋绑扎、预埋件(含冷却水管)安放、承台混凝土灌筑、养护成型、拆除围堰。

5. 锁扣钢管桩围堰

锁扣钢管桩围堰是指由锁扣钢管桩、内支撑、内支撑联结系和封底混凝土等结构组成锁扣钢管桩。锁扣钢管桩围堰工艺先进，在很多工程中均有应用。在中砂大桥主桥围堰采用了锁扣钢管桩；株洲湘江特大桥拟采用钢管桩+拉森钢板桩锁扣钢管桩围堰结构形式；暮坪湘江特大桥 81 号墩钢围堰采用矩形拉森钢管桩围堰形式。

锁扣钢管桩围堰可适应于各种复杂地质，具有施工的方便安全、速度快、加工制作简单、工艺简单，可操作性强，安全性能好、工期短，所需设备少，成本低的优点。不足之处是一次性投入较大，单件不对称，容易发生倾斜。

锁扣钢管桩围堰施工流程包括施工准备(锁扣钢管桩制作、运输)、拆除钻孔平台、测量定位、吊放及安装围囹、插打锁扣钢管桩、水下清淤(围堰基底)、水下封底、围囹及内支撑的加工及安装、围堰内抽水及止水、围堰锁扣桩拔除、围堰脱扣及处理等。

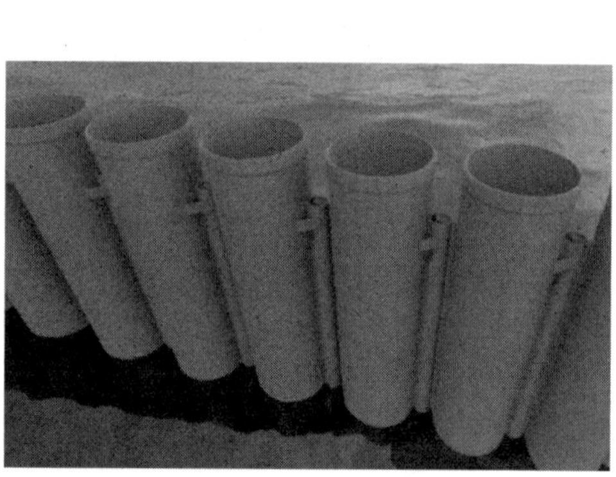

图 4-95　图锁扣钢管桩围堰(钢管桩与锁扣组合)

锁扣钢管桩围堰是将钢板桩用带锁扣的钢管桩代替，并通过导向架沉入到位，并且可以看作是将双臂钢板桩围堰变成一个个部件并组装起来。将这些钢管桩通过锁扣连接在一起的防水围堰的特点是：钢管桩的截面模量很大并具有很强的抗弯能力，可以大大简化围堰内部支护体系，便于施工；同时，钢管桩的刚度和稳定性较好，可采用强制下沉，更适合在有地下障碍物的区域使用。锁扣钢管桩围堰综合了钢板桩围堰和双壁钢围堰的结构受力特点。

学习任务 4　识读桩基础设计图，领悟施工重难点

学习情境

某桥位于南方某省会城市，横跨两个城区，连接市内道路和重要铁路桥。路线全长5.475 km，其中主线桥全长4.96 km，横跨江的主桥为双塔斜拉桥，跨径165 m+380 m+165 m。河西及跨江段设计速度为60 km/h，河东段设计速度为50 km/h，主桥双向六车道。该桥水中部分地质情况自上而下依次为覆盖层、淤泥层、细砂层、强风化板岩、中风化板岩，覆盖层厚度小(主墩基本无覆盖层)，桩基入岩部分主要为强风化板岩、中风化板岩。本区域属中亚热带湿润季风气候区，温和湿润，季节变化明显，冬寒夏热，四季分明。本工程过江段江面被江中小岛分为东西两侧，其中东侧主航道宽约970 m，河床断面呈不对称的“U”形，勘察期间水深为1.10~11.20 m，水面标高26.41~28.85 m；西侧宽约160 m。背景中采用了钻孔灌注桩施工，持力层为中风化板岩，钻孔方法为旋挖钻进成孔，为保证桩基施工安全及质量，现场采用跳桩钻进施工。请同学们思考为什么要这样设计呢？可不可以采用浅基础、沉井基础？结合背景环境、设计资料分析，水中桩基础施工重难点是什么？

知识导航

认真识读设计文件，通过设计交底充分了解设计意图和目的，结合行业规范标准、地质条件、水文条件、施工资料、经济因素等，才能合理全面地编制桩基础的专项施工方案，合理统筹安排，安全、有序施工。下面以某水中桥梁施工项目为背景简单介绍。

一、某项目设计图纸分析

某斜拉桥索塔基础构造如图4-96所示。本图尺寸除标高以m为单位，其余均以cm为单位。本图适用于50#、51#索塔基础，承台采用C35混凝土，桩基采用C30混凝土。单桩桩顶最大设计轴向力为50000 kN。水上部分(46#—52#墩)主要直径为2.5 m、2.8 m，桩长范围23~43 m。该桥的桩基累计96根。

群桩基础全部采用钻孔灌注桩基础，按端承桩设计。在桩基施工过程中有地质钻孔的桩先施工，所有桩基均应进行超前钻。如遇实际地质情况与设计不符，须会同勘察、设计单位协商解决。封底混凝土标号和封底厚度仅供参考，施工单位根据专项施工方案具体确定。封底采用C25混凝土。图4-96中括号外数据适用于50#索塔，括号内数据适用于51#索塔。桩身穿越地层条件依次为淤泥、细砂、粉质黏土、中砂(该层零星分布于沿线)、圆砾(该层零星分布于沿线)、硬塑粉质黏土、全风化板岩、强风化板岩、中风化板岩。

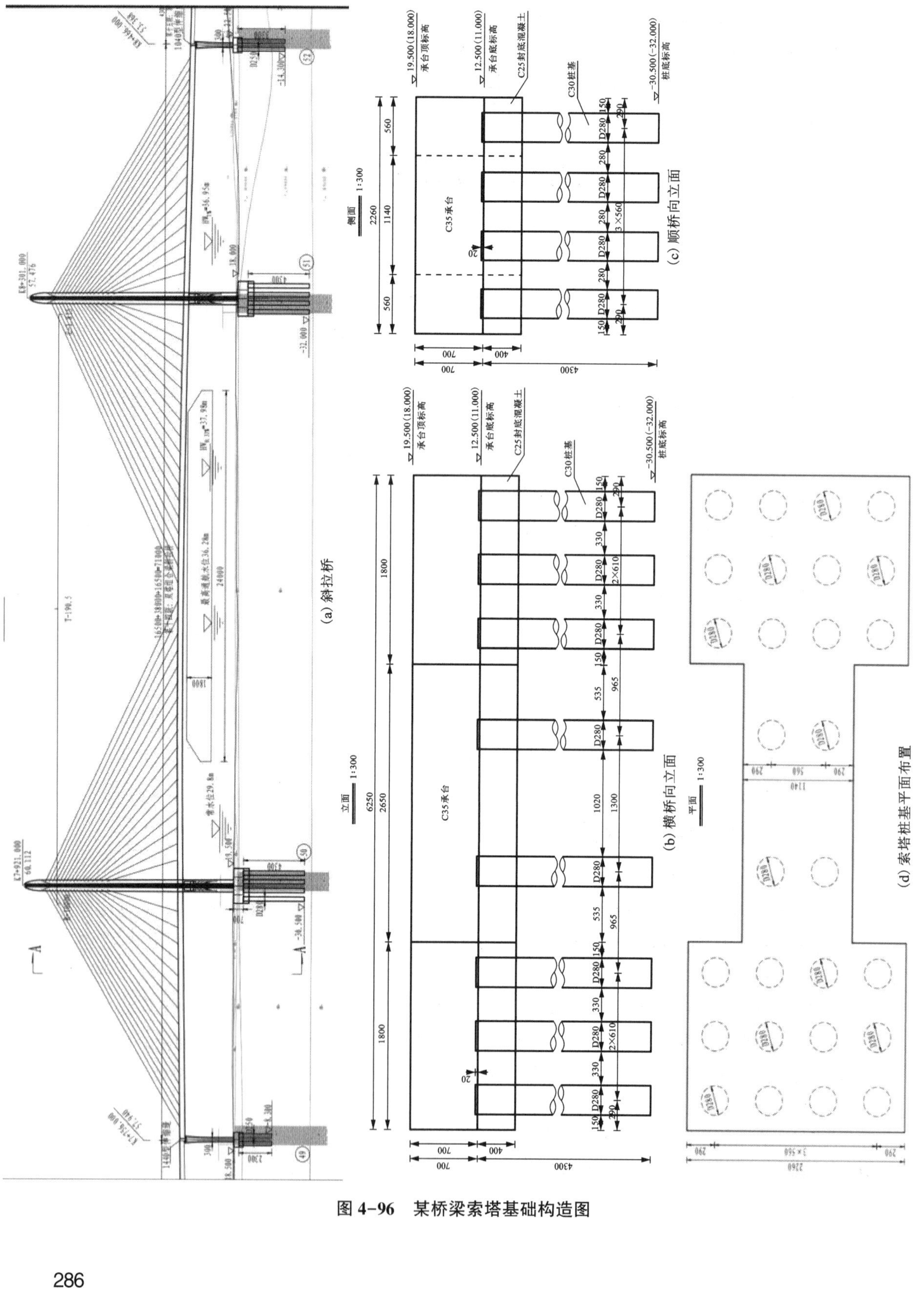

图 4-96　某桥梁索塔基础构造图

斜拉桥索塔桩基钢筋构造如图 4-97 所示。桥梁主塔下设置了哑铃形承台，水平分层布置了 28 根直径为 2.8 m 的桩，桩长 43 m，河流有冲刷，有通航要求。图中尺寸除钢筋直径及无缝钢管尺寸以 mm 计外，其余均以 cm 为单位。钢筋 N3 和 N4 为加强钢筋，竖向间距 2 m，设置于钢筋笼内部，并与主筋点焊。钢筋 N7 为定位钢筋，竖向间距 4 m，沿骨架周边均匀布置 6 根。每根桩基内对称布置 6 根 φ57 mm×2.5 mm 热轧无缝钢管，用于桩基混凝土超声波检测，钢管底部应封口，以免混凝土渗入。箍筋封闭接头均采用单面焊，焊接长度不小于 10 倍钢筋直径。群桩基础全部采用钻孔灌注桩基础，按端承桩设计。桩基伸入承台 20 cm，其混凝土数量已计入承台工程数量表中。钻孔达到设计标高后，应检查孔深和孔径，符合规范要求后方可进行清孔，清孔后检查桩底沉渣厚度。桩基施工时若发现实际地质与设计资料不符，应及时通知设计单位。

二、某项目桩基础施工方案分析——工程重难点及解决措施

1. 该桥梁项目水中桩基础施工重难点分析

(1) 钻孔灌注桩基础施工难度大。

水中主墩桩基直径为 2.8 m，属于直径较大的桩，布设钢护筒，定位精度要求高。钢护筒底部为中风化板岩，岩层强度高，护筒下沉施工时容易产生变形。桩长 23~43 m，钢筋笼直径和长度规格都很大，自重也会很大。分段制作后，多接头需要连接，需要大型吊车进行吊放和安装。在钢筋笼安装工程中存在钢筋笼易变形、对接难度大、吊装风险高等问题。桩基持力层为中风化板岩，钻进工艺的选择对实际成孔工效影响大。根据地质条件，发现有覆盖淤泥层和细砂层，若钻孔方法选择不当或施工不规范，容易出现塌孔、成桩质量差、夹砂超灌等质量问题，大直径较大较长桩水下混凝土施工质量难以控制。

(2) 施工安全管理和环保管理难度大。

本项目桥梁跨越湘江，连接河东、河西工业区，跨越湘江流域。项目周围附近施工作业区域有居民区，施工噪声大容易扰民，施工的废渣和泥浆处理不好容易污染环境。湘江是周围居民的“母亲河”，因此环境保护要求高，保护周围自然资源及水土资源尤为重要。另外，施工作业区的下游还有城市自来水的取水口，水中桩基础施工控制水污染很关键。

项目的主线桥全长 4.96 km，各项工程规模很大，施工环境和施工条件复杂，不同行业、不同部门、不同岗位施工组织难度大。水上钻孔灌注桩专项施工方案涉及施工内容多，施工过程中存在较多的不确定因素，组织协调施工难度系数大。项目的规模大，分部工程和分项工程多，河流有汛期，施工时间紧，各项资源（人力、物力、财力、技术等）需高效合理配置。施工中如何全面优化施工组织及监管过程，协调周密，保质、保量、安全有序施工，确保工期目标，是施工组织工作安排的重点。

2. 该桥梁项目水中桩基础施工解决措施

(1) 针对基础施工难度大。

合理设置钢护筒保持孔壁稳定，护筒的上部和下部增设加强箍钢，振动锤下沉护筒时注意控制时长和力度。用导向装置引导护筒下放，严格控制钢护筒下放精度。用旋挖钻机钻孔，适当减少噪声和水土污染的影响。清孔采用泵吸反循环清孔，提高清孔速度，节约时间。为了缩短钢筋笼下放时间，桩基钢筋笼下放时，多个作业组同时拼接，保障精度和质量。为了防止塌孔，下放临时钢护筒穿越不稳定的淤泥层和砂层，保障钻孔施工顺利进行。施工中

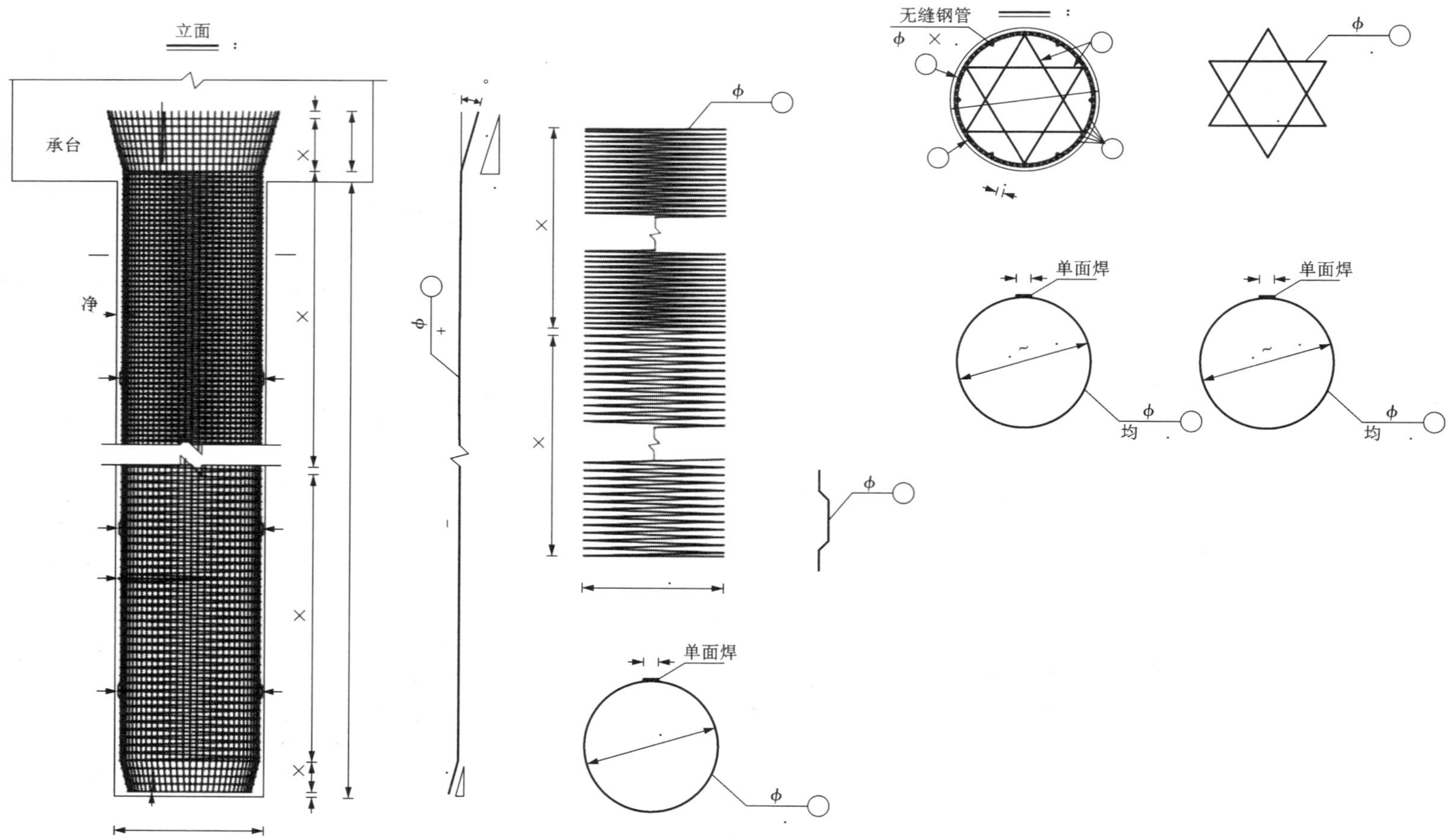

图4-97　某斜拉桥索塔桩基钢筋构造图

优化钻孔顺序，避免相邻桩间干扰，影响成桩质量，采用跳桩钻进施工。优化水泥混凝土的配合比设计，合理计算和充分考虑混凝土的用量，供应有序，控制混凝土品质，缩短工艺时间。

(2)针对安全环保管理难度大。

项目上需要建立和健全安全管理体系，编制各项详尽的安全作业操作规程，编制安全演练方案，制订应急预案，做好安全巡查及重点区域安全管理工作，建立健全环水保管理体系，建立环水保组织机构，完善环水保管理制度。施工中采用泵吸反循环清孔，需要用到泥浆，提前安排和处理泥浆进场、外运等工作。安排运输设备做好桥梁钻孔施工，清孔中产生的弃土、弃渣、泥浆等工作，施工中必须采取各类环保措施，桩基施工采用旋挖钻施工，尽量减少振动。施工现场采用洒水车或雾炮车进行除尘，最大限度地降低基础施工对环境的不利影响。

(3)针对工程规模大，条件复杂，施工组织难度大。

深入调查和研究，充分做好项目前期策划工作。保证材料供应有序，加强施工资源准备工作，做好原材料的调查、合同签订、招标平台的集中采购。为确保各工序有序衔接，加强现场组织的协调和调度，保证施工机械设备、专业技术人员、作业队伍按工程内容有序投入。认真筹划和部署制订详尽的总体施工计划及关键线路节点目标，组织人员进行学习和交底，做好外部沟通及协调工作。组织经验丰富的技术人员编制该项目钻孔灌注桩桩基础专项方案，聘请资深专家团队及时跟进、审核、优化方案，根据风险评估结果采取针对性的措施，同时编制好各项专项施工方案，落实各项交底工作。须进行夜间施工时，向当地主管部门办理相关手续，并向附近居民进行公告。

单元知识巩固和拓展

一、知识要点汇总

1. 钻孔灌注桩的施工流程主要包括施工准备(场地准备、测量准备、技术准备、人员物资机械准备、护筒准备、泥浆准备)，钻孔(旋转钻进成孔、冲击钻进成孔、冲抓钻进成孔)，清孔(抽浆清孔、掏渣清孔、换浆清孔)，成孔检查(“3 孔、2 度、1 指标”)，钢筋笼的制作、运输和吊装，灌注水下混凝土。

2. 预制桩的制作工艺流程主要包括以下内容：预制场布置与平整、桩原材料进场、原材料检验(第三方)、钢筋骨架的制作、钢筋骨架入模、浇筑混凝土(模板制作、确定配合比、浇筑、拆模)、养护混凝土、桩身质量检测。

3. 深水桥梁桩基础的围堰主要包括钢板桩围堰、双壁钢围堰、钢吊箱围堰、钢套箱围堰、锁扣钢管桩围堰几种类型。

二、习题练习

习题练习答案

(一)单选题

1. 灌注桩的承载能力与施工方法有关，其承载力由低到高的顺序依次是(　　)。

A 钻孔桩，复打沉管桩，单打沉管桩，反插沉管桩

B 钻孔桩，单打沉管桩，复打沉管桩，反插沉管桩

C 钻孔桩，单打沉管桩，反插沉管桩，复打沉管桩

D 单打沉管桩，反插沉管桩，复打沉管桩，钻孔桩

2. 下列关于钻孔灌注桩施工工艺顺序排列正确的是？(　　)

①钢筋笼制作与吊装；②钻孔；③灌注水下混凝土；④施工准备(场地准备、制备泥浆、埋设护筒、机械准备)；⑤成孔检测；⑥清孔。

A. ④②⑥⑤①③　　B. ④⑤②①⑥③

C. ④②⑤①⑥③　　D. ④②⑥①③⑤

3. 灌注桩与预制桩相比，灌注桩的主要不足是(　　)。

A. 桩长较小

B. 可以做变截面的，截面较小

C. 地层情况多变，桩身质量不易保证

D. 施工机具简单，工艺很简单

4. 首灌量计算的目的是要保证(　　)，满足施工工艺要求。

A. 将导管内水部分压出

B. 导管内水全部压出，将导管初次埋入 1~1.5 m 深

C. 将导管初次埋入 1.5~2 m 深

D. 不用将隔水栓挤出

5. 钻孔灌注桩的机械钻孔方法施工中不包括下面哪种？(　　)

A. 旋转钻进成孔　　B. 冲击钻进成孔

C. 冲抓钻进成孔　　D. 人工挖孔

6. 水下混凝土灌注时，桩顶标高应比设计值高出(　　)。

A. 0.2~0.5 m　　B. 0.5 ~1.0 m

C. 1.0~1.5 m　　D. 1.5 ~2.0 m

7. 在灌注水下混凝土的过程中，要随时测量和记录(　　)。

A. 孔内混凝土的强度和导管入孔长度

B. 孔内混凝土灌注标高和混凝土的强度

C. 混凝土灌注时间和导管拔出长度

D. 孔内混凝土灌注标高和导管入孔长度

8. 钻孔灌注桩施工工艺钻孔的下一道工序是(　　)。

A. 施工准备　　B. 吊装钢筋骨架

C. 清孔　　D. 灌注水下混凝土

9. 旋转钻进成孔方法适合于什么地层？(　　)

A. 适用于黏土、粉土、砂性土等土层，不含卵石、砾石地层，成孔深度上百米

B. 适用于含孤石的砂砾石层、漂石层，也能用于其他土层，成孔深度一般不超过 50 m

C. 适用于黏性土、砂性土及夹有碎卵石的砂砾土层，成孔深度宜小于 30 m

D. 适用于硬土层、岩石地层

10. 旋转钻进成孔中，正循环成孔的特点描述错误的是( )。

A. 不容易堵管

B. 泥浆上返速度慢，排渣能力弱

C. 泥浆上返速度快，排渣能力强

D. 设备简单，工艺成熟，操作方便

11. ( )是指用空气吸泥机抽出含有钻渣的泥浆而达到清孔。

A. 抽浆清孔　　B. 掏渣清孔

C. 换浆清孔　　D. 抽渣清孔

12. 设计无要求时，对于直径为 1.8 m，长度 35 m 摩擦桩，清孔后沉淀层厚度要求控制在( )以内。

A. 300 mm　　B. 500 mm

C. 200 mm　　D. 400 mm

13. ( )是指利用履带吊、振动锤施打钢管桩、单工作面逐跨推进的作业方式进行，每跨钢管桩下沉就位后，依次自下而上双拼工字钢横梁、贝雷梁、横向分配梁以及槽钢面板安装施工，面板铺好以后履带吊前行，依次进行下一跨施工。

A. 钓鱼法施工　　B. 桩基础施工

C. 便桥施工　　D. 平台施工

14. (2020 年注册岩土工程师试题) 采用泥浆护壁钻进工艺进行桩基成孔时，下列哪种地层条件下泥浆损耗最大？( )

A. 地下水位以上的粉土地层

C. 地下水位以下的中粗砂地层

B. 地下水位以下的黏性土地层

D. 地下水位以上的砂卵石地层

15. (2020 年注册岩土工程师试题) 下列哪种工艺不适合进入微风化岩嵌岩桩的施工？( )

A. 旋挖钻进　　B. 冲击钻进

C. 全套管回转钻进　　D. 长螺旋钻进

(二) 多选题

1. 深水桥梁桩基础的围堰类型主要包括( )几种类型。

A. 双壁钢围堰　　B. 钢板桩围堰

C. 钢吊箱围堰和钢套箱　　D. 锁扣钢管桩围堰

2. 桥梁的深水基础设计和施工主要特点描述正确的是( )。

A. 深水基础所承受的水平外力比河岸基础或浅水基础大很多

B. 水文条件和地质条件直接影响深水基础的稳定性和安全性

C. 深水基础需要考虑水的冲刷和侵蚀作用，考虑因潮汐、洪水、流水夹带的砂岩和漂冰碰撞和磨损

D. 慎重选择深水基础类型，全面的可行性分析，影响基础施工成本

E. 考虑流速和水深等因素，采取相应技术措施、辅助措施拟定设计方案编制施工方案

三、简答题

1. 钻孔灌注桩的施工工艺流程主要包括哪些？
2. 预制桩的制作工艺流程主要包括哪些？
3. 旋转钻进成孔中泥浆正循环和反循环的原理是什么？

三、知识点拓展

案例拓展一：某水中钻孔灌注桩施工危险源辨识

辨识某水中钻孔灌注桩施工危险源。根据钻孔灌注桩各施工工序以及所处作业位置，施工过程中的事故类型主要有淹溺、坍塌、触电、车辆（船）伤害、坠落、起重伤害、机械伤害、容器爆炸等。对可能发生的风险源进行辨识，如表 4-42 所示，便于学生们提前了解和出去实习时规避。

表 4-42　钻孔灌注桩施工危险源辨识表

<table>
<tr><th>编号</th><th colspan="2">施工工艺</th><th>事故类型</th><th>伤害形式</th><th>导致事故的主因</th></tr>
<tr><td>1</td><td rowspan="7">钻孔施工</td><td rowspan="7">旋挖钻施工</td><td>淹溺</td><td>落入孔口、人员坠水</td><td>(1)安全护栏未设置
(2)工人未穿戴救生衣，冒险作业</td></tr>
<tr><td>2</td><td>坍塌</td><td>平台坍塌</td><td>(1)平台施工质量较差
(2)违规作业
(3)平台受浮箱撞击</td></tr>
<tr><td>3</td><td>触电</td><td>电烧伤、电缆漏电</td><td>(1)电机线路老化
(2)绝缘保护不足</td></tr>
<tr><td>4</td><td>车辆(船)伤害</td><td>装载机碰撞</td><td>(1)装渣违章作业
(2)工作面狭小</td></tr>
<tr><td>5</td><td>起重伤害</td><td>起重作业时脱钩砸人、钢丝绳断裂抽人</td><td>(1)安全限位装置失效
(2)维护保养不及时
(3)无证上岗，违反操作规程
(4)起重作业无专人指挥</td></tr>
<tr><td>6</td><td>触电</td><td>电烧伤人员意外触电、电弧烧伤</td><td>(1)临时用电不满足要求
(2)焊工未佩戴安全防护罩</td></tr>
<tr><td>7</td><td>坠落</td><td>孔口、泥浆池防护不到位造成人员坠落</td><td>(1)安全意识淡薄
(2)视线不贯通
(3)安全护栏未设置，警示标志不足</td></tr>
</table>

续表4-42

编号	施工工艺		事故类型	伤害形式	导致事故的主因
8	钢筋笼制作及安装	钢筋笼制作	机械伤害	钢筋加工伤人、机械伤人	(1)机械安全防护装置失效 (2)违规操作 (3)操作人员未佩戴安全帽
9			车辆伤害	车辆碰撞、挤压、碾压	(1)司机无证上岗 (2)车辆安全制动装置失效 (3)违反操作规程
10			起重伤害	吊钩碰人、砸人,吊物坠落	(1)吊钩安全限位装置失效 (2)安全检查不到位 (3)吊钩钢丝绳强度不足、龙门吊维护保养不到位
11		钢筋笼运输及安装	车辆伤害	车辆碰撞、挤压、碾压	(1)司机无证上岗 2 车辆安全制动装置失效 (3)违反操作规程
12			坠落	车辆坠落水中	(1)无专人指挥 (2)无证上岗、违反操作规程 (3)安全措施不得力
13			淹溺	辅助施工时落入钻孔	(1)工人未穿戴救生衣 (2)危险作业、安全意识淡薄
14			起重伤害	导管滑落砸人、钢丝绳伤人	(1)吊物捆绑方式不正确 (2)钢丝绳强度不足
15	混凝土浇筑	导管安装	车辆伤害	车辆碰撞、挤压、碾压	(1)司机野蛮施工 (2)车辆安全制动装置失效 (3)违反操作规程
16			淹溺	辅助施工时落入钻孔	(1)工人未穿戴救生衣 (2)危险作业、安全意识淡薄
17			坠落	辅助施工时落入钻孔	(1)工人未穿戴救生衣 (2)危险作业、安全意识淡薄
18			容器爆炸	空压机爆炸伤人	(1)超载运行、容器维护保养不及时 (2)安全检查不到位 (3)操作人员无证上岗
19		二次清孔	淹溺	落入孔内溺亡	(1)工人未穿戴救生衣 (2)疲劳作业、安全意识淡薄
20			车辆伤害	罐车碰人、碾人,罐车倾覆	(1)司机无证上岗 (2)罐车制动装置失灵 (3)作业面湿滑、夜间照明不足等
21		混凝土浇筑	起重伤害	吊物脱钩、吊车侧翻	(1)钢丝绳老化,强度不足 (2)工人未戴安全帽 (3)安全检查不到位、无专人指挥

案例拓展二：灌注桩后压浆技术

钻孔灌注桩具有适用范围广，施工工艺成熟，承载力高，稳定性好，大部分无挤土效应等特点，广泛应用在不同工程领域。但是在钻孔灌注桩施工过程中产生的桩端沉渣、桩侧泥皮清除不彻底等问题影响了土体应力，限制了桩基承载力的发挥。桩基后压浆技术是一种有效解决灌注桩承载力不足(改善桩端沉渣、桩侧泥皮问题)，控制混凝土的离散性，减少桩身变形沉降的方法。桩基后压浆是指在桩侧面和桩底面两个部位压入水泥浆，不断地提高桩侧摩阻力和桩端承载力，从而提高地基承载力的一种技术措施。采用桩基后压浆技术不但可以缩短桩长，还可以缩短工期、降低工程建设费用。

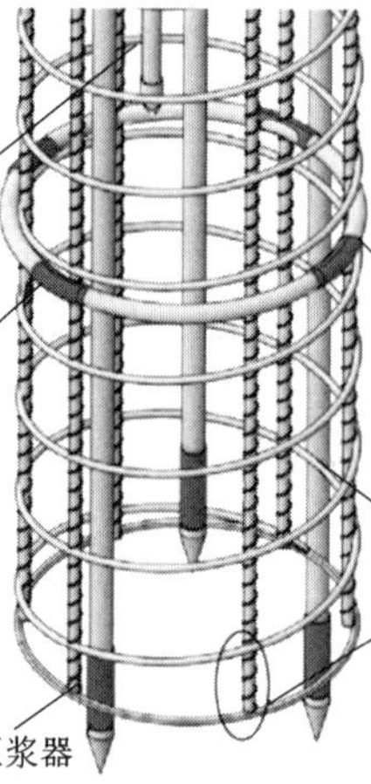

图 4-98　桩侧和桩端压浆布置

根据压浆部位和压浆方式的不同，桩基后压浆技术分为两种，即桩端后压浆、桩侧后压浆，如图 4-98 所示。桩端后压浆是指设计竖向桩端压浆管道，使浆液灌入较深的桩的底层，解决灌注不到位和桩端沉渣处理不干净的问题，提升桩端的承载力。桩侧后压浆是在桩侧设计压浆环或阶段性压浆，解决桩身周围泥皮处理不干净问题，提升桩侧的摩阻力。

高层建筑案例应用。桩基后压浆技术的采用可以有效规避摩擦端承桩桩长较长、成孔困难、桩质量难以控制、施工安全风险高等风险。例如，深圳市某超高层建筑的 2 根直径 2. 8 m 的钻孔灌注桩采用了桩身后压浆技术，后续采用自平衡测试法对后压浆钻孔灌注桩、普通钻孔灌注桩两种类型的桩进行比对试验，对包含桩身承载力、桩侧的摩阻力、位移结果、承载特性须内的各项指标进行了对比分析。通过自平衡试验发现：在地层条件相近的条件下，后压浆技术可以大幅提升钻孔灌注桩的竖向承载力，提升 46%~129%，桩侧的摩阻力可以提高约 147%，桩底土体的承载力提高约 100%。

公路桥梁案例应用。某跨江大桥全长 1860 m，钻孔直径 2. 2 m、3. 2 m，桩端持力层为卵石地层。采用分布式后压浆工艺，间隔 6 m 分 4 层布置 1 层分布式桩侧压设备，最下层距离桩端 6 m。选择辅助墩试桩(桩径 2. 2 m，桩长 35 m)进行原位试验，现场通过自平衡静载试验进行后压浆研究灌注桩承载性能。实践证明，卵石层灌注桩采用分布式后压浆有效提高了桩基的极限承载力，降低了桩顶沉降；提高了桩侧摩阻力和桩端承载力，桩侧和桩端初始刚度和承载性能显著改善。实测数据表明，桩基各承载性能指标比理论值提升了 10%，压浆后桩基各承载性能指标比压浆前提升了 80%~100%。

单元八　桩基础工程质量控制及检验

学习目标

【知识目标】

1. 知道灌注桩质量控制和检验的重要性。
2. 知道灌注桩质量控制和检验的要求和指标。
3. 知道预制桩质量控制和检验的要求和指标。

【能力目标】

1. 能判断灌注桩质量是否合格。
2. 能判断预制桩质量是否合格。
3. 能够进行桩基础工程质量的控制及检验。

【素质目标】

1. 培养自主学习、诚实守信的能力。
2. 培养认真负责、吃苦耐劳、团结协作的职业素养。
3. 培养质量意识、安全意识、环保意识。

学习导图

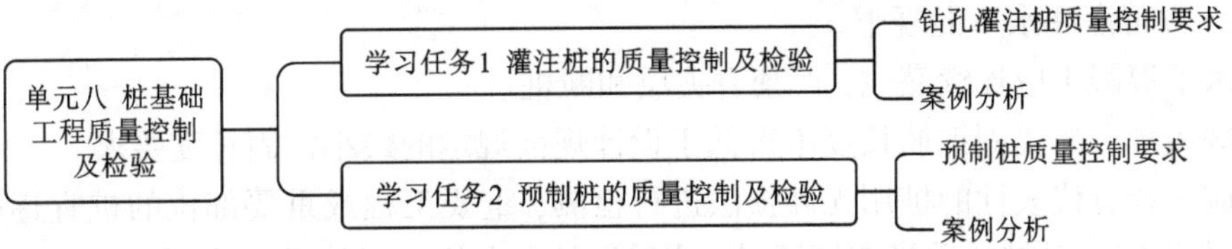

学习任务1　灌注桩的质量控制及检验

学习情境

俗话说“冰冻三尺，非一日之寒”，问题病害的出现一定有其原因，透过现象看本质，灌注桩的质量控制及检验尤为重要，下面分析如下两个案例。

案例一：某地一居民楼倒塌，在全国产生了很大的影响。该楼房的倒塌有着很多的影响因素，其中很重要的一个因素是在房屋结构改变(房子3层变5层，5层变8层)的情况下，地基和桩基的承载力严重不足，加建并没有经过专业机构真实准确的质量检测。检测公司8 h完成31户所谓的“现场检测”，平均每户15 min，形成“合格”报告，出具了虚假报告。此事故最终造成了54人死亡(含44名大学生)，62名公职人员(含4名中管干部)被追责，房屋设计、施工人员，检测公司负责人和技术人员等14人被依法采取强制措施。

案例二：某特大桥混凝土压力测试记录造假。某混凝土质量检测机构对混凝土压力测试造假，被告人在处理混凝土抗压强度测试时，使用抗压度更高的混凝土代替真正的测试样本，企图在测试时间窗口和样本方面误导工作人员。相关单位依法对参与的多名质检员进行逮捕，根据情节严重情况，分别判处有期徒刑 2 个月至 24 个月不等。

上述案例中，工作人员对于质量的控制和检验存在弄虚作假、以次充好、不规范操作，出具虚假数据、虚假报告的情况。学生们出去实习和工作该如何面对此种情况？对于当代大学生而言，从事本职工作必须坚持以数据为准绳，严守自己的底线，严谨务实，具备社会责任感和质量、安全、标准意识。

知识导航

桩基础的施工受周围环境影响大，施工较为复杂，在施工过程中很容易出现工程事故，造成财产损失及人员伤亡，所以有必要加强对桩基础施工技术的研究，提出施工过程中的质量控制要点，这样可以在一定程度上加快施工进程，保证施工的安全性，对实际工程有着重要的指导意义。桩基础施工按照施工方法的不同分为灌注桩和预制桩，不同的施工工艺决定了桩基础的质量控制和管理、质量检验手段也不相同，下面结合规范和工程案例，具体介绍灌注桩的质量控制与检验方法。

一、钻孔灌注桩质量控制要求

1. 基本要求

(1) 桩身混凝土所用的水泥、砂、石、水、外掺剂及混合材料的质量和规格必须符合有关规范的要求，按规定的配合比施工。

(2) 成孔后必须清孔，测量孔径、孔深、孔位和沉淀层厚度，确认满足设计或施工技术规范要求后，方可灌注水下混凝土。

(3) 水下混凝土应连续灌注，严禁有夹层和断桩。

(4) 嵌入承台的锚固钢筋长度不得低于设计规范规定的最小锚固长度要求。

(5) 应选择有代表性的桩用无破损法进行检测，重要工程或重要部位的桩宜逐根进行检测。设计有规定或对桩的质量有怀疑时，应采取钻取芯样法对桩进行检测。

(6) 凿除桩头预留混凝土后，桩顶应无残余的松散混凝土。

2. 钻孔灌注桩实测项目

钻孔灌注桩实测项目如表 4-43 所示。

表 4-43　钻孔灌注桩实测项目

项次	检查项目			规定值或允许偏差	检查方法和频率	权值
1	混凝土强度/MPa			在合格标准内 公路桥涵施工规范	按《公路桥涵施工规范》附录 D 检查	3
2	桩位/mm	群桩		100	全站仪或经纬仪：每桩检查	2
		排架桩	允许	50		
			极值	100		

续表4-43

项次	检查项目		规定值或允许偏差	检查方法和频率	权值
3	孔深/m		不小于设计规定	测量绳：每桩测量	3
4	孔径/mm		不小于设计规定	探孔器：每桩测量	3
5	钻孔倾斜度/mm		1%桩长，且不大于500 mm	用测斜仪或钻杆垂线法：每桩检查	1
6	沉淀厚度/mm	摩擦桩	按设计规定，设计未规定时按施工规范要求	沉淀盒或标准测锤：每桩检查	2
		支承桩	不大于设计规定		
7	钢筋骨架底面高程/mm		±50	水准仪：测每桩骨架顶面高程后反算	1

3. 外观鉴定

(1)无破损检测桩的质量有缺陷，但经设计单位确认仍可用时，应减3分。

(2)桩顶面应平整，桩柱连接处应平顺且无局部修补，不符合要求时减1~3分。

4. 质量检验

如图4-97、图4-98所示分别为质量自检体系框图、工程质量监理程序图，工程的开展

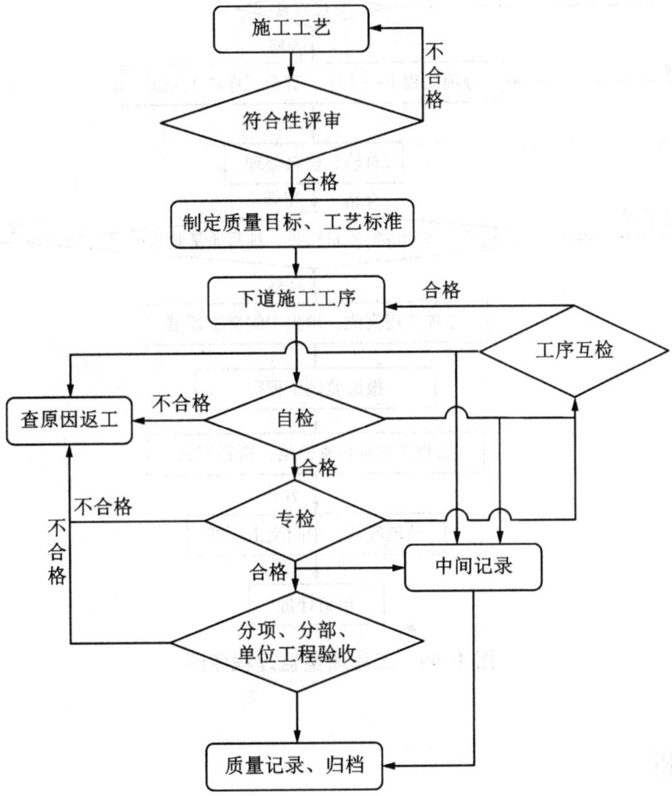

图4-97　质量自检体系框图

都要遵循相关的质量检验，每道工序按要求施工、按标准检验，这样质量才能有保障。施工单位自检是每一个工程项目施工的必需步骤，每一个项目的每一道工序完成后，必须由现场技术人员进行自检，再由项目部质检人员检查，合格后填写施检表上报监理工程师，经监理工程师签认后，方可进行下一个工序的施工。同时做好工程施工原始记录，严格执行工程施工的有关标准、规范和建设单位提出的特殊要求，一切按程序办事，确保工程施工有条不紊。尤其特别注意隐蔽工程的质量自检，无论何时，在质量和进度及成本相矛盾时，以安全第一，做到质量和进度有机结合，保质保量按时完成施工任务。

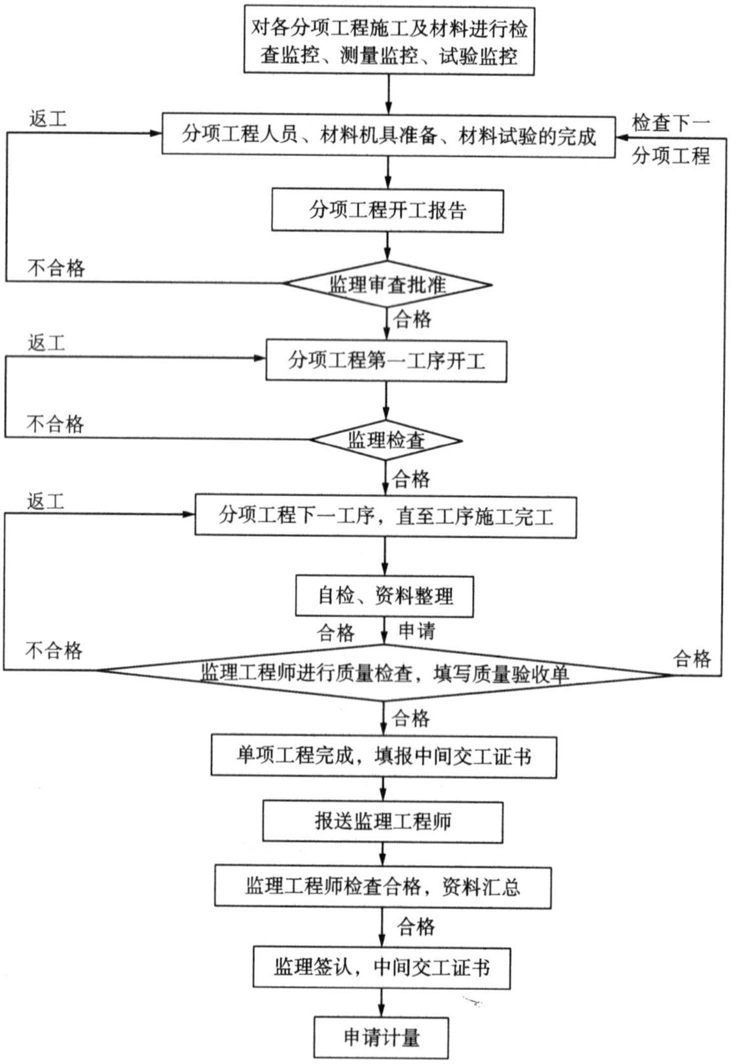

图 4-98　工程质量监理程序图

二、案例分析

某大桥桥墩下的基桩钻孔灌注桩的实测情况如表 4-44、4-45 所示，请同学们扮演施工员、质检员、实验员等判定该桩实测项目是否合格。流程如下：先施工单位质检，合格以后，质检工程师签字，报监理员审核，监理员审核通过后报监理工程师审核验收。根据其他各项指标规定值和允许偏差和实测值，判定该桩施工质量。请根据钻孔灌注桩现场质量检验记录表衡量钻孔灌注桩现场质量检验报告单是否合格。根据逐一分析，混凝土强度、桩位、孔深、孔径、钻孔倾斜度、沉淀厚度、钢筋骨架底面高程等各个指标的实测值均满足设计值要求，故该桩质量检验合格。

表 4-44　钻孔桩现场质量检验记录表

工程名称	某大桥	施工时间	2019-10-22
桩号及部位	8 墩 8-1#钻孔灌注桩	检验时间	2019-11-22

项次	检验项目	规定值或允许偏差	设计值	实测值与偏差值	检测结果 1	2	3	4	5	6	7	8	9
1	混凝土强度/MPa	在合格标准内	30	实测值	37.4	37.1	36.9						
2	桩位/mm 群桩	100		实测值	3								
2	桩位/mm 排架桩 允许	60		实测值									
2	桩位/mm 排架桩 极值	100		实测值									
3	孔深/m	不小于设计规定	43	实测值	43.2								
4	孔径/mm	不小于设计规定	2200	实测值	2220								
5	钻孔倾斜度/mm	1%桩长且不大于 500 mm	430	实测值	88								
6	沉淀厚度/mm 摩擦桩	符合设计规定，设计未规定按施工规范要求	300	实测值	50								
6	沉淀厚度/mm 支承桩	不大于设计规定		实测值									
7	钢筋骨架底面高程/mm	±50		实测值	10								

质检员：		监理员：		日期：	

表 4-45　钻孔灌注桩现场质量检验报告单

<table>
<tr><td colspan="2">工程名称</td><td colspan="3">某大桥</td><td>施工时间</td><td>2019-10</td></tr>
<tr><td colspan="2">桩号及部位</td><td colspan="3">8 墩-1#钻孔灌注桩</td><td>检验时间</td><td>2019-11</td></tr>
<tr><td>项次</td><td colspan="3">检验项目</td><td>规定值或允许偏差</td><td>检验结果</td><td>检验方法和频率</td></tr>
<tr><td>1</td><td colspan="3">混凝土强度/MPa</td><td>30</td><td>(　　)</td><td>按《公路桥涵施工规范》附录 D 检查</td></tr>
<tr><td rowspan="3">2</td><td rowspan="3">桩位/mm</td><td colspan="2">群桩</td><td>100</td><td>(　　)</td><td></td></tr>
<tr><td rowspan="2">排架桩</td><td>允许</td><td>50</td><td></td><td rowspan="2">全站仪或经纬仪：每桩检查</td></tr>
<tr><td>极值</td><td>100</td><td></td></tr>
<tr><td>3</td><td colspan="3">孔深</td><td>不小于设计规定</td><td>(　　)</td><td>测量绳：每桩检查</td></tr>
<tr><td>4</td><td colspan="3">孔径</td><td>不小于设计规定</td><td>(　　)</td><td>探孔器：每桩检查</td></tr>
<tr><td>5</td><td colspan="3">钻孔倾斜度</td><td>1%桩长，且不大于 500 mm</td><td>(　　)</td><td>用测壁(斜)仪或钻杆垂线法：每桩检查</td></tr>
<tr><td rowspan="2">6</td><td rowspan="2">沉淀厚度/mm</td><td colspan="2">摩擦桩</td><td>符合设计要求，设计未规定时按施工规范要求</td><td>(　　)</td><td rowspan="2">沉淀盒或标准测锤：每桩检查</td></tr>
<tr><td colspan="2">支承桩</td><td>不大于设计规定</td><td></td></tr>
<tr><td>7</td><td colspan="3">钢筋骨架底面高程</td><td>±50</td><td>(　　)</td><td>水准仪：测每桩骨架顶面高程后反算</td></tr>
<tr><td colspan="7">外观检查：
桩顶面平整，桩柱连续处平顺且无局部修补</td></tr>
<tr><td colspan="7">自检意见：

质检工程师：　　　　　　　　　　　　　日期：</td></tr>
<tr><td colspan="4">监理员意见：

监理员：　　　　　　　　日期：</td><td colspan="3">专业监理工程师意见：

专业监理工程师：　　　　　日期：</td></tr>
</table>

学习任务 2　预制桩的质量控制及检验

学习情境

桩基工程是道路桥梁工程的施工基础，对工程的质量及稳定性起关键作用，在较大程度上影响项目的施工安全和交付使用。桥梁工程的项目要求和施工条件决定了桩基结构和工艺要求存在较大的差异，这也是较难控制桩基工程施工质量的主要原因。施工中，如果桩基工程的质量控制有漏洞，会发生严重的工程质量事故，也会影响建筑工程的经济效益和社会价值。为了避免发生工程质量问题，施工前工程技术人员应全面勘察项目的地质条件、水文环境等情况，在工程设计要求的基础上，选择适合项目施工的桩基类型，实现桩基施工的工程价值，保障建筑项目的顺利实施，提升桥梁工程的整体质量。所以桩基工程的施工质量是影响桥梁工程整体质量的重要保证，管理者应加强对桩基工程的质量管理与控制，及时解决施工中的问题，避免各类质量、安全技术隐患，充分发挥管理的作用，提升企业在桥梁行业的竞争优势。

知识导航

桥梁工程的施工技术是决定工程质量的重要因素，由于涉及的施工内容和专业知识较复杂，在桩基工程施工过程中，应综合考虑多方面的施工影响因素，根据项目需求选择适合的施工技术，提高桩基础的稳定性和安全性，从而确保桥梁工程质量和工程项目进度。施工人员在实际工作中，必须熟悉桩基施工的技术要点和施工质量标准，结合实际情况灵活计划施工方案，提高工程作业的效率和确保效果。施工人员灵活应对在施工过程中的各种突发事件，首先应分析问题产生的原因，然后有针对性地制定解决措施，降低各类工程隐患的发生率，确保桩基工程按计划完成并达到质量标准。

一、预制桩质量控制要求

1. 基本要求

(1)混凝土桩所用的水泥、砂、石、水、外掺剂及混合材料的质量和规格必须符合有关规范的要求，按规定的配合比施工。

(2)混凝土预制桩必须按表4-46检查合格后，方可沉桩。

(3)钢管桩的材料规格、外形尺寸和防护应符合设计和施工技术规范的要求。

(4)用射水法沉桩，当桩尖接近设计高程时，停止射水，用锤击或振动使桩达到设计高程。

(5)桩的接头应严格按照规范要求，确保质量。

2. 预制桩质检表

预制桩质检表如表4-46所示。

表4-46 预制桩质检表

项次	检查项目		规定值或允许偏差	检查方法和频率	权值
1	混凝土强度/MPa		在合格标准内	按《公路桥涵施工规范》附录D检查	3
2	长度/mm		±50	尺量：每桩检查	1
3	横截面/mm	桩的边长	±5	尺量：每预制件检查2个断面，检查10%	2
		空心桩空心(管芯)直径	±5		
		空心中心与桩中心偏差	±5		
4	桩尖对桩的纵轴线/mm		10	尺量：抽查10%	1
5	桩纵轴线弯曲矢高/mm		0.1%桩长，且不大于20 mm	沿桩长拉线量，取最大矢高：抽查10%	1
6	桩顶面与桩纵轴线倾斜偏差/mm		1%桩径或边长，且不大于3 mm	角尺：抽检10%	1
7	接桩的接头平面与桩轴平面垂直度/%		0.5	角尺：抽检20%	1

二、案例分析

某省某高速公路某大桥采用预制桩施工，预制桩桩长 10 m，其质检表实测情况如表 4-47 所示，请同学们扮演施工员、质检员、实验员等并判定该桩实测项目是否合格。质量检验的流程如下：先进行外观检查，施工单位质检合格以后，质检工程师签字，报监理员审核，监理员审核通过后报监理工程师审核验收。请同学们根据预制桩各项指标规定值(允许偏差)和实测值，判定该预制桩施工质量及质量检验报告单是否合格。根据逐一分析，混凝土强度、长度、横截面、桩尖对桩的纵轴线、桩纵轴线弯曲矢高、桩顶面与桩纵轴线倾斜偏差、接桩的接头平面与桩轴平面垂直度等各个指标的实测值均满足设计值要求，故该桩质量检验合格。

表 4-47　某省某高速公路预制桩质检表

承包单位：　　　　　　　　　　　　　　　　合同号：

监理单位：　　　　　　　　　　　　　　　　编号：

工程名称			某高速	施工时间	2023-10	
桩号及部位			2 号墩-1 号桩	预制编号	1-1	
项次	检查项目		规定值或允许偏差	实测数据	检验文件代码	检验结果
1	混凝土强度/MPa		30	36		满足要求
2	长度/mm		±50		10020	满足要求
3	横截面/mm	桩径或边长	±5		400	满足要求
		空心中心与桩中心偏差	±5	±3		满足要求
4	桩尖对桩的纵轴线/mm		≤10	6		满足要求
5	桩纵轴线弯曲矢高/mm		≤0.1%桩长且≤20 mm	8		满足要求
6	桩顶面与桩纵轴线倾斜偏差/mm		≤1%桩径或边长，且≤3 mm	2		满足要求
7	接桩的接头平面与桩轴平面垂直度/%		≤0.5	0.3		满足要求

内外观检查：

外观检查完成，无缺陷

自检意见：

√ 混凝土强度合格，其他指标符合设计及规范要求

□混凝土强度合格，＿＿＿＿＿＿＿＿不符合设计及规范要求

质检工程师：张三　　　　　　　　　　　　　　　　2023 年 10 月 10 日

监理意见：

√ 混凝土强度合格，其他指标符合设计及规范要求

□混凝土强度合格，＿＿＿＿＿＿＿＿不符合设计及规范要求

监理员或专业监理工程师：李四　　　　　　　　　　2023 年 10 月 12 日

单元知识巩固和拓展

一、知识要点汇总

1. 灌注桩实测项目主要包括七项指标，分别是混凝土强度、桩位、孔深、孔径、钻孔倾斜度、沉淀厚度、钢筋骨架底面高程。

2. 预制桩实测项目主要包括七项指标，分别是混凝土强度、长度、横截面、桩尖对桩的纵轴线、桩纵轴线弯曲矢高、桩顶面与桩纵轴线倾斜偏差、接桩的接头平面与桩轴平面垂直度。

3. 灌注桩和预制桩质量的检测必须满足基本要求，然后进行实测项目检测、外观检测，先自检，合格后报监理工程师检测，验收没有问题后进行后续施工。

二、习题练习

习题练习答案

(一)单选题

某桥梁工程混凝土灌注桩桩长为 25 m，桩径为 1.5 m，当采用钻芯法检测桩体质量时，每根受检桩钻芯孔数和每孔截取的混凝土抗压芯样试件组数应符合下列(　　)的要求。

A. 1 孔，3 组　　B. 2 孔，2 组　　C. 3 孔，2 组　　D. 2 孔，3 组

(二)多选题

1. 关于钻孔灌注桩质量控制要求描述正确的是(　　)。

A. 桩身混凝土所用的水泥、砂、石、水、外掺剂及混合材料的质量和规格必须符合规范

B. 成孔后必须清孔，测量孔径、孔深、孔位和沉淀层厚度，确认满足设计或施工技术规范要求后，方可灌注水下混凝土

C. 水下混凝土应连续灌注，严禁有夹层和断桩

D. 嵌入承台的锚固钢筋长度不得低于设计规范规定的最小锚固长度要求

2. 钻孔灌注桩实测项目主要有(　　)。

A. 混凝土强度　　B. 桩位

C. 孔深和孔径　　D. 钻孔倾斜度和沉渣厚度

E. 钢筋骨架顶面的高程

3. 关于预制质量控制要求正确的是(　　)。

A. 混凝土桩所用的水泥、砂、石、水、外掺剂及混合材料的质量和规格必须符合规范

B. 混凝土预制桩必须按下表检查合格后，方可沉桩

C. 钢管桩的材料规格、外形尺寸和防护应符合设计和施工技术规范的要求

D. 桩的接头应严格按照规范要求，确保质量

4. 预制桩实测项目主要有(　　)。

A. 混凝土强度和长度

B. 横截面尺寸和偏差

C. 桩尖对桩的纵轴线和桩纵轴线弯曲矢高

D. 桩顶面与桩纵轴线倾斜偏差和接桩的接头平面与桩轴平面垂直度

三、知识点拓展

案例拓展一：基桩成孔质量分析

成孔质量检测包含桩位、孔深、孔径、孔的倾斜度和沉渣厚度。桩位、孔深、孔径、孔的倾斜度和沉渣厚度不满足设计要求或规范时，将导致桩的承载力和可靠性降低、工程造价增加和工期延误等，故检测时这些均应作为重点。在进行成孔质量检测时，经常碰到护壁假缩径、检测误差大、成孔坍塌等一系列问题，在检测过程中应重点对这些影响检测结果判断的问题进行分析。

(1)泥浆护壁造成假缩径现象。由于孔径大，上部泥浆持续沉淀，不断地堆积在孔壁上，使得越向下显示的孔径检测值越小，这些堆积的泥浆在灌注混凝土时会被冲击掉，因此由泥浆堆积造成的缩径异常属于假异常。当采用超声波法检测时，这个问题是难以处理的。采用接触式方法时，则可以逐点下放井径仪，利用井径仪自重使得撑脚端穿过泥浆而测得真实孔径，使该问题得以解决。

(2)沉渣厚度小于真实值。一般而言，当检测结果不满足规范要求(沉渣厚度超标)时，可以不考虑该问题而直接作清孔处理。当检测结果满足规范要求时，应至少重复检测一次。当确定操作正常，两次或多次检测结果无明显偏离时，采用该结果；如果重复检测的结果有明显偏离且可以确保重复检测时操作正常，则应以检测数据中的最大值作为检测结果。

(3)倾斜度达不到规范要求。在检测前结合孔深、孔径、规范要求的倾斜度指标等进行综合计算，就可以判断是否可能发生这种情况，如果可能，则需在检测时根据各参数调整测斜仪中轴的位置，确保不会漏过可能存在的倾斜量。

(4)成孔出现塌孔问题。塌孔本身对施工或检测影响不大，但是塌孔往往会造成钢筋笼以及应力检测传感器、电缆等被埋报废，需要进行处理而造成施工中断，成孔质量检测也相应终止。解决方法是在已出现或可能出现塌孔的场地开孔时，在工程桩桩位附近先做试验孔，用于观察对比，当试验孔的时间稳定性可以满足检测和施工要求时再开工程孔，这样可以有效地降低可能由塌孔造成的各种损失风险，保证施工安全。

案例拓展二：某高速公路大桥项目采用超声波法进行基桩完整性检测分析

某高速公路大桥项目采用超声波法进行基桩完整性检测，全桥(左幅)共2联：4×30+4×30；上部结构用预应力混凝土(后张)小箱梁，先支后连续；下部结构采用柱式墩，墩台采用桩基础，采用多通道超声波测桩仪、钢卷尺进行检测。基桩完整性反映的是声测管之间混凝土的均匀性和桩身缺陷及位置，基桩完整性对桩身结构强度和耐久性有直接影响。基桩检测主要是在基桩施工后进行，是基桩施工质量验收的重要组成部分。目前常用的基桩完整性检测方法主要是超声波法。基桩超声波法检测结果一览表如表4-48所示。

混凝土灌注桩超声波法检测工作原理是：在桩身预埋一定数量的声测管，通过水的耦合，超声波从一根声测管中发射，在另一根声测管中接收，可以测出被测混凝土介质的声学参数。由于超声波在混凝土中遇到缺陷时会产生绕射、反射和折射，因而到达接收换能器时，波幅及主频发生改变，根据这些声波特征参数的变化可以判别桩身的完整性，评定桩身缺陷的位置、范围和程度。

表 4-48　基桩超声波法检测分析结果一览表

序号	试桩编号	施工日期	检测日期	设计桩径/mm	设计桩长/m	地系梁高度/m	声测管距孔底高度/m	检测长度/m	平均声速/(km·s^{-1})	平均波幅/dB	桩身完整性评估	类别
1	右幅 0-0	2023-04-01	2023-06-01	1500	27.08	0	0.15	26.93	4.887	112.88	桩身完整	Ⅰ
2	右幅 0-1	2023-03-13	2023-06-01	1500	26.93	0	0.15	26.78	4.701	112.78	桩身完整	Ⅰ
3	右幅 1-0	2023-03-29	2023-04-26	1800	20.00	1.5	0.15	18.35	4.964	110.45	桩身完整	Ⅰ
4	右幅 1-1	2023-03-12	2023-04-26	1800	20.00	1.5	0.15	18.35	4.994	111.96	桩身完整	Ⅰ
5	右幅 2-0	2023-08-09	2023-08-30	1800	20.50	1.5	0.15	18.85	5.028	118.18	桩身完整	Ⅰ
6	右幅 2-1	2023-08-22	2023-08-30	1800	20.50	1.5	0.15	18.85	4.861	117.66	桩身完整	Ⅰ
7	右幅 3-0	2023-07-20	2023-08-30	2000	20.50	1.8	0.15	18.55	4.711	114.58	桩身完整	Ⅰ
8	右幅 3-1	2023-07-10	2023-08-30	2000	20.50	1.8	0.15	18.55	4.688	116.47	桩身完整	Ⅰ
9	右幅 6-0	2023-04-08	2023-04-26	1800	15.60	1.5	0.15	13.95	5.035	107.68	桩身完整	Ⅰ
10	右幅 6-1	2023-03-18	2023-04-26	1800	24.00	1.5	0.15	22.35	4.835	108.62	桩身完整	Ⅰ
11	右幅 7-0	2023-05-06	2023-07-21	1800	26.00	1.5	0.15	24.35	4.197	114.15	桩身完整	Ⅰ
12	右幅 7-1	2023-05-30	2023-07-21	1800	26.00	1.5	0.15	24.35	4.423	115.93	桩身完整	Ⅰ
13	左幅 0-0	2023-05-25	2023-06-19	1500	31.93	0	0.15	31.78	4.711	112.02	桩身完整	Ⅰ
14	左幅 0-1	2023-04-29	2023-06-19	1500	28.00	0	0.15	27.85	4.720	114.30	桩身完整	Ⅰ
15	左幅 1-0	2023-06-01	2023-06-19	1800	26.00	1.5	0.15	24.35	4.716	110.50	桩身完整	Ⅰ
16	左幅 1-1	2023-04-30	2023-05-17	1800	28.00	1.5	0.15	26.35	4.847	108.98	桩身完整	Ⅰ
17	左幅 3-0	2023-05-31	2023-06-19	2000	18.50	1.8	0.15	16.55	4.723	111.59	桩身完整	Ⅰ
18	左幅 3-1	2023-06-09	2023-06-19	2000	18.50	1.8	0.15	16.55	4.704	114.57	桩身完整	Ⅰ
19	左幅 4-0	2023-03-09	2023-05-17	2000	22.00	1.8	0.15	20.05	4.548	104.35	桩身完整	Ⅰ
20	左幅 4-1	2023-03-31	2023-05-17	2000	21.00	1.8	0.15	19.05	4.759	108.07	桩身完整	Ⅰ
21	左幅 5-0	2023-04-21	2023-05-17	2000	23.00	1.8	0.15	21.05	5.089	107.35	桩身完整	Ⅰ
22	左幅 5-1	2023-05-15	2023-06-01	2000	23.00	1.8	0.15	21.05	4.791	109.59	桩身完整	Ⅰ
23	左幅 6-0	2023-06-24	2023-07-21	2000	24.00	1.8	0.15	22.05	4.495	115.31	桩身完整	Ⅰ
24	左幅 6-1	2023-07-15	2023-07-21	2000	20.00	1.8	0.15	18.05	4.366	113.60	桩身完整	Ⅰ
25	左幅 7-0	2023-07-08	2023-07-21	1800	25.00	1.5	0.15	23.35	4.310	115.71	桩身完整	Ⅰ
26	左幅 7-1	2023-06-18	2023-07-21	1800	25.00	1.5	0.15	23.35	4.416	116.44	桩身完整	Ⅰ
27	左幅 2-0	2023-07-09	2023-07-28	1800	15.00	1.5	0.15	13.35	4.941	107.73	桩身完整	Ⅰ
28	左幅 2-1	2023-07-21	2023-07-28	1800	17.00	1.5	0.15	15.35	4.772	107.92	桩身完整	Ⅰ
29	左幅 8-0	2023-06-11	2023-07-28	1500	32.926	0	0.15	32.78	4.845	111.65	桩身完整	Ⅰ

续表4-48

序号	试桩编号	施工日期	检测日期	设计桩径/mm	设计桩长/m	地系梁高度/m	声测管距孔底高度/m	检测长度/m	平均声速/(km·s^{-1})	平均波幅/dB	桩身完整性评估	类别
30	左幅 8-1	2023-07-02	2023-07-28	1500	33.074	0	0.15	32.93	4.799	112.26	桩身完整	I
31	右幅 4-1	2023-09-07	2023-09-20	2000	19.199	1.8	0.15	17.25	4.923	110.43	桩身完整	I
32	右幅 5-0	2023-09-10	2023-09-20	2000	18.90	1.8	0.15	16.95	4.564	111.11	桩身完整	I
33	右幅 5-1	2023-08-06	2023-09-20	2000	22.50	1.8	0.15	20.55	4.952	111.58	桩身完整	I
34	右幅 4-0	2023-09-21	2023-10-04	2000	19.199	1.8	0.15	17.25	4.976	110.16	桩身完整	I
35	右幅 8-0	2023-07-11	2023-10-19	1500	23.07	0	0.15	22.92	4.969	113.50	桩身完整	I
36	右幅 8-1	2023-09-04	2023-10-19	1500	22.926	0	0.15	22.78	4.710	113.55	桩身完整	I

注：表中检测长度=设计桩长-地系梁高度- 0.15 m(其中 0.15 m 未埋入声测管，表中设计桩长由施工单位提供)。

目前，桩身混凝土缺陷判别主要依据实测声速、波幅及其随深度的变化曲线以及声速判据、波幅判据和 PSD 判据，综合分析后得出结果。该桥梁桩身完整，判定为Ⅰ类桩。

模块五　地下连续墙

单元一 认识地下连续墙

学习目标

【知识目标】

1. 了解地下连续墙的定义、发展。
2. 理解地下连续墙的类型、构造。
3. 领会地下连续墙的特点、适用条件。

【能力目标】

1. 能辨别不同类型的地下连续墙。
2. 能简单介绍地下连续墙的结构。
3. 能描述地下连续墙的应用领域。

【素质目标】

1. 培养自主学习、交际沟通的能力。
2. 培养敢于担当、求真务实的职业素养。
3. 培养不断钻研、不断探索的创新意识。

学习导图

学习任务1 了解地下连续墙的发展、特点，识别地下连续墙的类型

学习情境

地下连续墙是一种特殊的基础，也是“隐身”的高手。它集多种功能于一身，在工程中发挥着巨大的作用，在水利、港口、地铁、城市建筑、桥梁基础中应用广泛。图5-1所示是地下连续墙在悬索、桥梁基础中的应用情况。请大家思考：地下连续墙设置的作用是什么？有什么特点？为什么可以设计成这种类型？带着这些问题我们一起揭开它的神秘面纱。

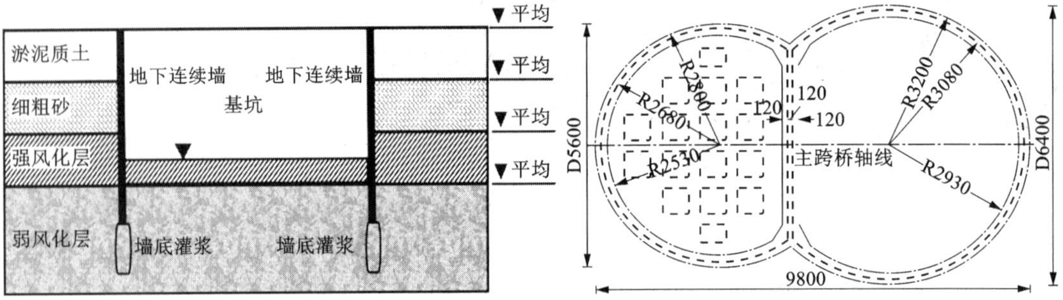

(a) 剖面示意图　　(b) ∞形平面布置

图 5-1　地下连续墙

知识导航

一、地下连续墙的定义

地下连续墙(简称地连墙)是指利用特定的成槽设备开挖出窄而深的沟槽，形成一个单元槽段深度的沟槽，在泥浆护壁作用下，开挖到设计深度，清除干净沉淀的泥渣以后，将提前预制好的钢筋笼用起重设备吊入槽内，然后利用导管在沟槽内浇筑混凝土，形成具有防渗、挡土、承重功能的连续的地下墙体，再陆续完成后续单元的墙段，用特定的接头连接各墙段，逐步形成的一道连续的钢筋混凝土墙。地下连续墙在不同国家叫法略有不同，在我国称为地下连续墙或防渗墙，在欧美国家称为混凝土地下墙或泥浆墙，在日本称为地下连续壁或连续地中壁等。

二、地下连续墙的发展

地下连续墙的施工技术起源于欧洲。1920 年，地下连续墙施工技术产生于德国，是在钻井打孔技术基础上演变而来的。1940 年，意大利的伊克斯(ICOS)公司发明了冲击式正循环钻机和地下连续墙工法。1950 年，意大利工程师维达尔采用机械设备成槽、后浇混凝土的工法——地下连续墙工法，并在意大利圣玛丽亚大坝的砂卵石地基中成功修建了防渗墙，防渗墙的深度为 40 m，起到了挡水、承受荷载的作用。1962 年，法国首次成功将地下连续墙应用于深基坑支护，此后地下连续墙后续作为重要的深基坑围护结构得到推广。随着泥浆的护壁技术、成槽设备不断发展更新，地下连续墙施工技术应用日渐广泛。1975 年，加拿大利用伊克斯工法建成的桩柱连锁地连墙，墙深 131 m，墙厚 0.6 m，在之后的 40 年内遥遥领先，一直保持着世界第一的水平。1980 年，随着成槽设备的更新，出现了使用水平多轴铣槽机成槽的超厚(3.20 m)和超深(170 m)的地下连续墙结构。日本是较先将地下连续墙施工技术应用于桥梁基础领域的国家之一。据统计，在 1979—2001 年，日本有约 340 项工程采用地下连续墙技术，涵盖了许多公路和铁路的桥梁设施。

随着中国经济的快速发展，地下连续墙被普遍用于地铁车站、大楼地下室、隧道竖井、大型桥梁等基础结构物的建设中，各类地下连续墙基础在我国均得到了不同程度的实践和探索。中国地下连续墙施工技术从 20 世纪 50 年代初开始起步，起初是在水利、水电工程中陆续使用地下连续墙作为围护结构，引进和学习国外经验，后续推广到城市工程、交通工程和航运工程、煤炭工程建设中。

20 世纪 80 年代中期，相关部门和一些大型企业开始大量引进国外先进的地下连续墙施工机械设备，补足了我国自主研发地下连续墙施工机械能力不足的短板。随着新设备的引进，地下连续墙的作用从最初的临时支护或防渗演变成了承重的基础。

20 世纪 90 年代，地下连续墙开始在我国桥梁深基础工程中应用，以虎门大桥东锚碇圆形地下连续墙基坑支护结构为标志，成功拉开了地下连续墙基础工程实践应用的大幕，并先后在润扬长江公路大桥、武汉阳逻大桥、广州珠江黄埔大桥、南京西霞山长江大桥(原名南京长江第四大桥)等锚碇深基础施工中成功应用。地下连续墙施工技术陆续在水利、港口、地铁、城市建筑、桥梁基础中应用广泛。随着地下连续墙施工设备技术创新，地下连续墙结构形式的演变及设计理念的完善，地下连续墙技术在各行各业应用越来越广泛，见表 5-1。

表 5-1 中国部分大跨径悬索桥地下连续墙应用一览表

桥梁名称	年份	部位	外观形状	厚度/m	开挖深度/m	作用
虎门大桥	1997	西锚碇基础	圆形 直径 61 m	0.8	14	防渗、支护结构
润扬长江公路大桥	2005	北锚碇基础	矩形 69 m×50 m	1.2	53	支护结构
武汉阳逻大桥	2007	南锚碇	圆形 直径 70 m	1.5	46	防洪、支护结构
广州珠江黄埔大桥	2008	南汉桥南、 北锚碇基础	圆形 直径 73 m	1.2	32	支护结构
南京西霞山 长江大桥	2012	南锚碇基础	∞ 型井 筒式	1.5	45	支护结构
武汉鹦鹉洲 长江大桥	2014	南锚碇基础	圆形 直径 68 m	1.5	29	支护结构，有抗渗要求
杭瑞洞庭大桥	2018	岳阳、君山 锚碇基础	葫芦形 直径 56~64 m	1.2	49	支护结构， 兼做承重基础结构
南沙大桥 坭洲水道桥	2019	东、西锚 碇基础	圆形 直径 90 m	1.5	30	支护结构、 兼作锚碇基础
棋盘洲大桥	2021	锚碇基础	圆形 直径 64 m	1.5	49.5	支护结构， 兼做承重基础结构
深中通道 伶仃洋大桥	2024	锚碇基础	∞ 型 直径 65 m	1.5	41.6~60	支护结构， 兼做承重基础结构

三、地下连续墙的特点

地下连续墙技术具有以下优点：施工噪声小，振动小，对环境的影响较小；墙身刚度大，整体稳定性好，结构形式多样，质量安全可靠，施工速度较快，地质适应性强，适合用于大部分土质条件，可用于逆作法施工；地下连续墙深入基础底板，具有较好的地层嵌固作用，抗滑移性和抗倾覆性好，具有较强的防水、防渗、深基坑围护作用，能承受较大的水平力。

地下连续墙技术具有以下缺点：接头施工较难控制；施工中会产生较多的弃土和废浆，施工处理比较困难；因为坑槽开挖深度较大，故槽壁性稳定要求较高，地下连续墙施工对周围的环境(管线破坏)会造成一定影响。

随着地下连续墙施工技术的不断发展和提高，原来用于基坑支护的地下连续墙，不再仅仅用来承受施工荷载和防渗，而且被用来承受永久(垂直)荷载，这样就变成集承重、挡土和防渗于一体的所谓“三合一”地下连续墙，极大地提升了施工的经济效益。地下连续墙的作用如图 5-2 所示。

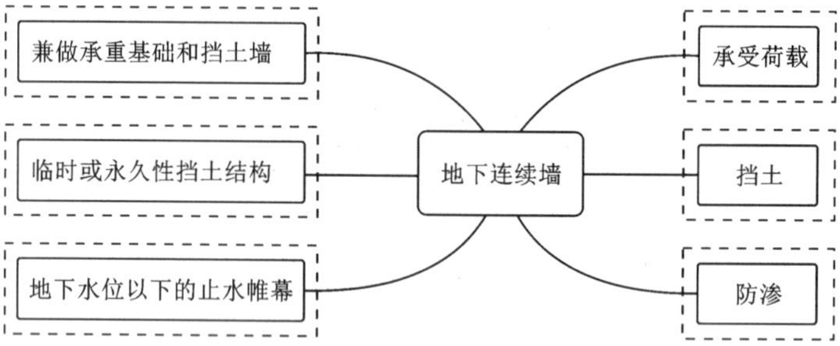

图 5-2　地下连续墙的作用

四、地下连续墙的类型

(一)按布置方式划分

根据墙段单元之间的连接组合、平面布置及使用功能的不同，地下连续墙的类型主要包括以下几种：部分地下连续墙、条壁式地下连续墙、井筒式地下连续墙、复合式地下连续墙。

1. 部分地下连续墙

作为基坑支护结构使用而形成的地下连续墙称为部分地下连续墙。地下连续墙作为基坑支护结构，基坑开挖后，根据地下连续墙与基础主体结构的连接关系的不同，其在运营期承受了部分基础主体的荷载，实际应用中部分地下连续墙常作为深埋刚性扩大基础使用，把其提供的承载能力作为安全储备。根据地下连续墙的平面布置形式，可分为矩形地下连续墙、圆形地下连续墙及灵活布置的异形地下连续墙。

2. 条壁式地下连续墙

根据墙段单元的布置和连接组合关系的不同而形成的地下连续墙称为条壁式地下连续墙。它可分为平行复壁式、单壁式、自由复壁式等几种类型，其中自由复壁式又可分为 T 形、十字形、H 形、工形、L 形、Y 形、角点不连接口字形、辐射形等类型。条壁式地下连续墙单元通常亦称为条形桩、矩形桩、墙桩、壁板桩。条壁式地下连续墙相较圆形桩具有更大的比表面积，在设计上可做到适应上部结构荷载方向进行布设且截面抗弯惯性矩大，实践中会更加合理、经济。

3. 井筒式地下连续墙

井筒式地下连续墙是一种闭合断面的地下连续墙形式。它利用构造接头把地下连续墙的墙段连接成一个外形为矩形、多边形或圆环形且其内部可分为一个或多个空格(室)的整体结构，其以充分发挥地下连续墙井筒内、外部地基土体的强度为主要特征，并在其顶部设置封口顶板，以便与上部结构连接。一般要求井筒式地下连续墙所有墙段接头采用刚性接头，或外墙墙段采用刚性接头，而内墙墙段可采用铰接接头。

4. 复合式地下连续墙

由条壁式地下连续墙和井筒式地下连续墙组合而成的形式，地下连续墙与桩基础或其他形式基础组合而成的基础形式，统称为复合式地下连续墙。

地下连续墙与其他形式基础的结构关系、平面立面布置形式、工法工艺等灵活多样，可根据具体情况和需求进行设计和应用。地下连续墙基础与沉井基础相比，优点主要见表5-2。

表5-2　地下连续墙与沉井基础对比

类型	地下连续墙	沉井基础
能与地基的联结	能与地基牢固地连接在一起，基础的侧面摩阻力大	能与地基牢固地连接在一起，基础的侧面摩阻力、基底的支持力均较大
结构类型	可以建成刚性很大的基础结构	比地下连续墙结构尺寸大，整体稳定性好，刚度更大
施工环境	可在任何复杂地基中施工；也可在水面施工平台上施工	施工环境多样，不适合用于下沉困难的地层
施工技术	施工不需要复杂设备，技术简单	
施工速度	施工速度较快，施工周期短	施工速度较慢，施工周期较长
截面类型	可建成任意截面、任意刚度的桩基础和深基础	截面、刚度不多变
深度	最大深度可达150 m	最大深度已超过200 m
安全性	在地表面上进行机械化施工，安全性比沉井基础高	安全性较高
噪声和振动	施工噪声和振动均很小	有较大施工噪声和振动
离建（构）筑物距离	可以接（贴）近已有建（构）筑物施工	适当远离已有建（构）筑物施工

（二）按材料不同划分

地下连续墙按填筑材料不同分为钢筋混凝土墙、组合墙、混凝土墙、土质墙。

五、地下连续墙的适用条件

地下连续墙在水利、港口、地铁、城市建筑、桥梁基础中应用广泛，下列工程中应用了地下连续墙。

（1）高层建筑的深基础工程，比如墙桩、条桩、群桩基础，也作为建筑结构的地下室、地下停车场、地下油库。

（2）桥梁承台下的条桩基础（代替圆桩）、桥梁深基坑围护结构。

(3)地铁车站深基坑的围护结构，广泛用于车站深基坑临时围护结构或永久性结构，例如地下铁道、地下道路，柱基下的桩基础。

(4)大型桥梁(例如悬索桥、斜拉桥)的井筒式基础(锚碇)。

(5)各种穿越江河、道路、铁路等隧道的进出口竖井。

(6)其他工程，类似管道、盾构工程的竖井、地下污水井等。

单元知识巩固和拓展

一、知识要点汇总

1. 地下连续墙是指利用特定的成槽设备开挖出窄而深的沟槽，形成一个单元槽段深度的沟槽，在泥浆护壁作用下，开挖到设计深度，清除干净沉淀的泥渣以后，将提前预制好的钢筋笼用起重设备吊入深槽内，然后利用导管在沟槽内浇筑混凝土，形成具有防渗、挡土、承重功能的连续的地下墙体，再陆续完成后续单元的墙段，用特定的接头连接各墙段，逐步形成的一道连续的钢筋混凝土墙。

2. 地下连续墙技术具有以下优点：施工噪声小，振动小，对环境的影响较小；墙身刚度大，整体稳定性好，结构形式多样，质量安全可靠，施工速度较快，地质适应性强，适合用于大部分土质条件，可用于逆作法施工；地下连续墙深入基础底板，具有较好的地层嵌固作用，抗滑移性和抗倾覆性好，具有较强的防水、防渗、深基坑围护作用，能承受较大的水平力。

3. 地下连续墙的类型主要包括以下几种：部分地下连续墙、条壁式地下连续墙、井筒式地下连续墙、复合式地下连续墙。

4. 20 世纪 90 年代，地下连续墙开始在我国桥梁深基础工程中应用，以虎门大桥东锚碇圆形地下连续墙基坑支护结构为标志，成功拉开了地下连续墙基础工程实践应用的大幕。

5. 地下连续墙在水利、港口、地铁、城市建筑、桥梁基础中应用广泛。

二、习题练习

习题练习答案

(一)单选题

1. (　　　)利用特定的成槽设备开挖出窄而深的沟槽，形成一个单元槽段深度的沟槽。

A. 地下连续墙　　　　B. 沉井基础

C. 桩基础　　　　D. 浅基础

2. 地下连续墙技术优点描述不正确的是(　　　)。

A. 施工噪声小、振动小，对环境的影响较小

B. 墙身刚度大，整体性稳定好，结构形式多样

C. 质量安全可靠，施工速度较慢

D. 地质适应性强，适合用于大部分土质条件

3. 关于地下连续墙作用的描述，下面哪项不正确？(　　　)

A. 地下连续墙可以做基础，起承重作用

B. 地下连续墙可以做挡土墙，起挡土作用

C. 地下连续墙可以做止水帷幕，起防渗作用

D. 地下连续墙不可以做施工围挡，不起支护作用

4. 地下连续墙技术缺点描述不正确的是(　　　)。

A. 地下连续墙接头施工较难控制

B. 处理施工中产生的较多的弃土和废浆较困难

C. 坑槽开挖深度较大，其槽壁稳定性要求较高

D. 地下连续墙施工不会对周围的环境造成影响

(二)多选题

地下连续墙的类型主要有(　　　)。

A. 部分地下连续墙　　B. 井筒式地下连续墙

C. 条壁式地下连续墙　　D. 复合式地下连续墙

(三)简答题

1. 地下连续墙的适用条件如何？

2. 地下连续墙基础与沉井基础相比有什么异同？

三、知识点拓展

湖南省某桥地下连续墙案例分析

某高速公路大桥是该高速关键控制性工程，它是连接几个大省的重要路径。桥梁的最大水深灰 20 m，河道水域宽度为 1.6~3.5 km。该大桥为双向六车道高速公路特大桥，设计速度为 100 km/h，设计洪水频率为 1/300，航道等级为Ⅰ(3)级，设计基本风速为 32.9 m/s，地震基本烈度为Ⅶ度。主桥的设计采用(1480+453.6)m 双塔双跨钢桁梁悬索桥，主缆跨径为(430+1480+460)m，矢跨比为 1/10，主桥的桥型布置、基础构造如图 5-3、图 5-4 所示。

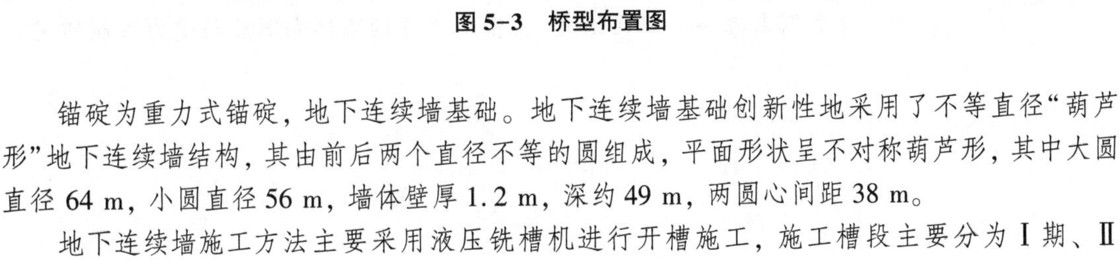

图 5-3　桥型布置图

锚碇为重力式锚碇，地下连续墙基础。地下连续墙基础创新性地采用了不等直径“葫芦形”地下连续墙结构，其由前后两个直径不等的圆组成，平面形状呈不对称葫芦形，其中大圆直径 64 m，小圆直径 56 m，墙体壁厚 1.2 m，深约 49 m，两圆心间距 38 m。

地下连续墙施工方法主要采用液压铣槽机进行开槽施工，施工槽段主要分为Ⅰ期、Ⅱ期，Ⅰ期槽段一共有 33 个，Ⅱ期槽段一共有 34 个。在大小圆与中隔墙连接处设置了 Y 形槽

段(Ⅰ期特殊槽段)，采用五铣成槽，Ⅱ期槽段则采用一铣成槽。槽段之间采用铣接法进行连接，也就是在两个Ⅰ期槽段中间进行Ⅱ期槽段成槽施工时，铣掉Ⅰ期槽段接头部分的混凝土，然后形成锯齿形搭接，Ⅰ期、Ⅱ期槽孔在地下连续墙轴线上的搭接长度为0.25 m。

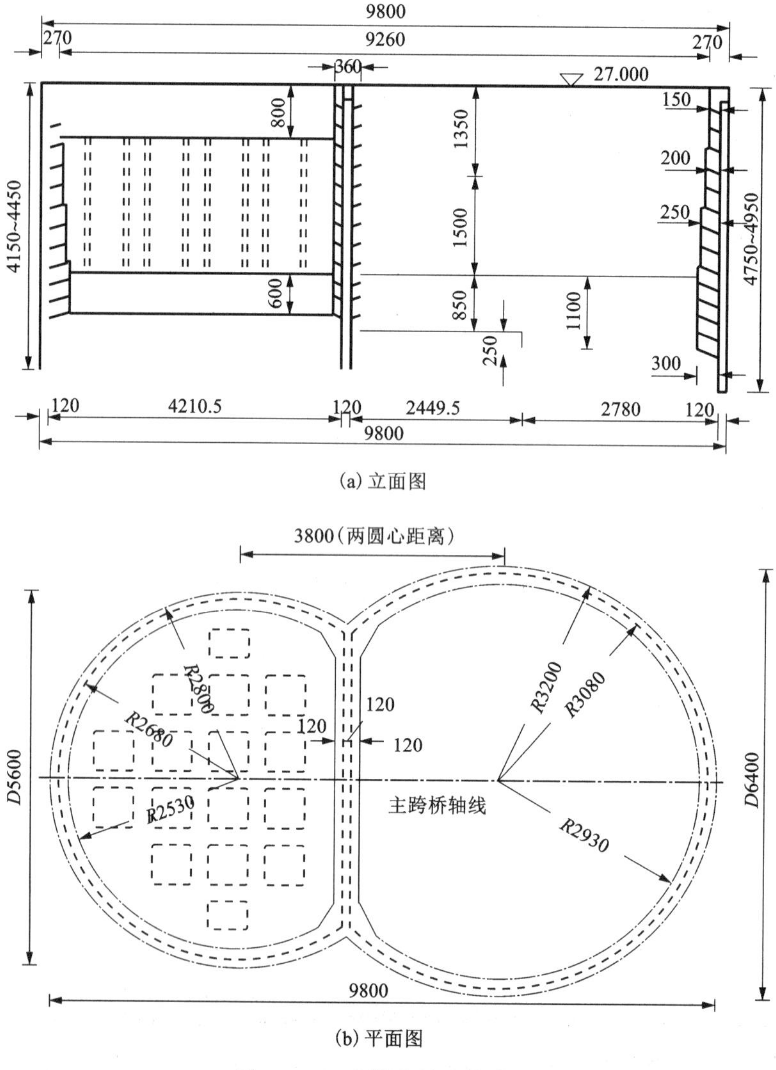

图 5-4　B 市锚碇基础构造图

(案例来源——知网论文《大型地下连续墙环向刚度与受力性能研究》)

单元二　地下连续墙施工

学习目标

【知识目标】

1. 了解地下连续墙的施工工艺流程。
2. 了解地下连续墙的导墙施工要点。
3. 熟悉地下连续墙的沟槽开挖的施工要点。

【能力目标】

1. 会应用地下连续墙在合适的工程中施工。
2. 能描述地下连续墙施工的主要工艺流程。
3. 能解决地下连续墙施工中简单的技术问题。

【素质目标】

1. 培养发现问题、解决问题的能力。
2. 培养严谨求实、一丝不苟的职业素养。
3. 培养刻苦钻研、团结协作的职业素养。

学习导图

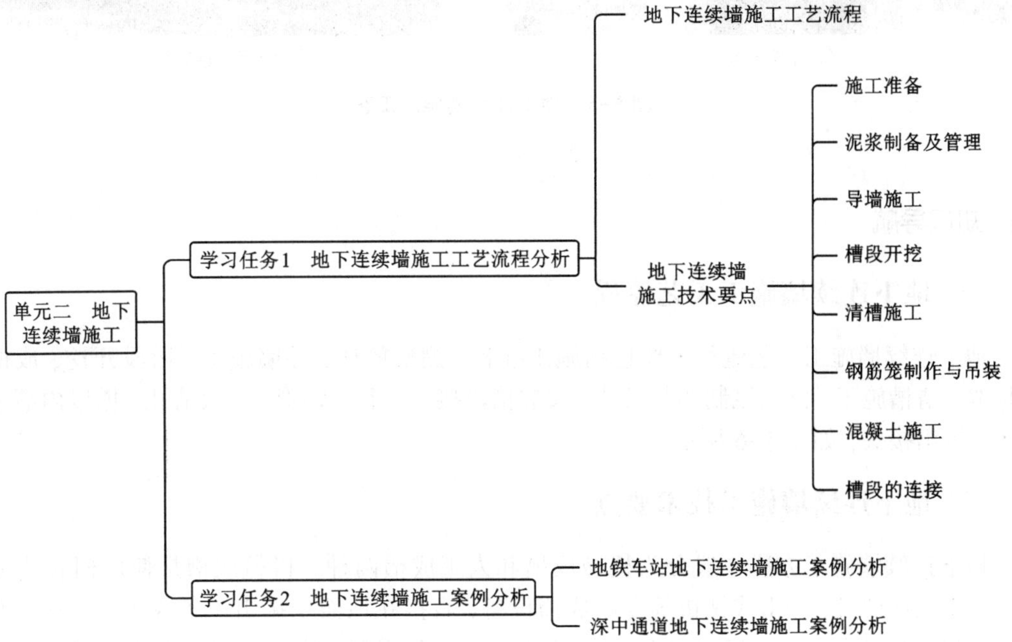

学习任务1　地下连续墙施工工艺流程分析

学习情境

地下连续墙的施工工艺如图5-5所示。在围护结构、防渗砌体、基础结构中，常常可以看到地下连续墙的身影，请同学们思考并归纳：其主要包括哪些工艺流程？它和我们前面学习的桩基础、沉井基础有什么不同？

(a) 开挖导沟　　　　(b) 吊装钢筋笼

图5-5　地下连续墙施工工艺

知识导航

一、地下连续墙施工工艺流程

地下连续墙施工工艺流程主要包括施工准备、测量放样、导墙施工、槽段开挖、成槽质量检验、清槽施工、钢筋笼制作与吊装、安装槽段接头、下放导管、二次清孔、槽段内灌注混凝土、拔出接头，如图5-6所示。

二、地下连续墙施工技术要点

地下连续墙施工方法一般分为机械成槽和人工成槽两种。机械成槽是使用回转式成槽机、挖斗式挖槽机、冲击式钻机等专门成槽设备，直接在地面挖掘出一条或多条沟槽，然后采用泥浆护壁的方法将沟槽中的土、泥浆挤出，下放钢筋笼、浇筑混凝土形成槽段。人工成

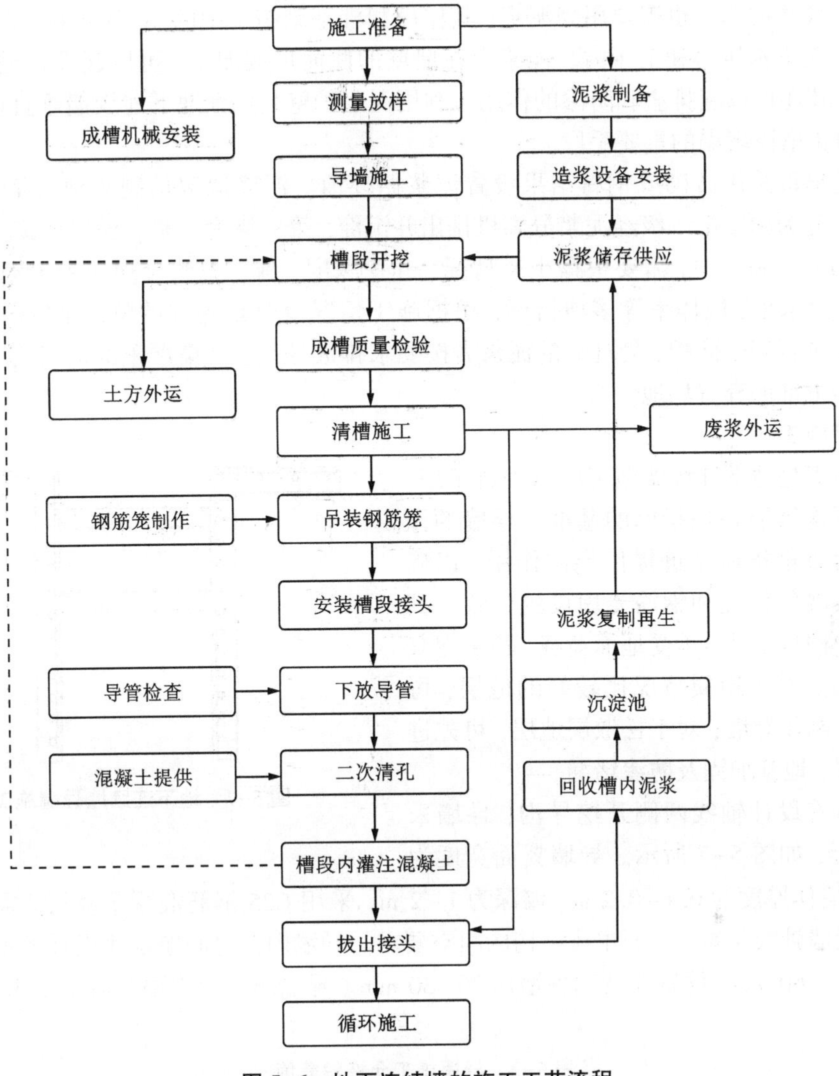

图 5-6　地下连续墙的施工工艺流程

槽则是通过人工的方式直接挖掘槽段，后续施工与机械成槽类似。

1. 施工准备

地下连续墙开始施工之前应认真做好以下各项工作。

(1)开工前准备。认真准备机具设备、劳动组织时间计划安排等。

(2)测量准备。利用工程测量的控制桩点，准确测量出地下连续墙的轴线和导墙内边线；为保证结构限界、墙体厚度以及成槽的宽度，将导墙外放 15 cm，内径加大 5 cm。

(3)环境调查。认真进行场地范围内和周边的地下管线普查工作，并在施工现场对地下管线进行醒目的标识。开挖范围内的管线应做好相应的保护措施。

(4)技术准备。组织人员认真编制施工技术交底、安全技术交底，向全体施工人员进行施工技术交底和安全技术交底，通过逐级交底，把技术难点问题落实到位。

2. 泥浆制备及管理

地下连续墙的施工也需要用到泥浆，其作用和桩基础施工中的泥浆作用类似，主要是平衡槽内侧向地下水压力和土压力。泥浆会在墙壁的侧面形成泥皮，可以起保护槽壁的作用，防止塌孔，其还可以起排渣和防渗的作用。利用泥浆护壁是保证地下连续墙垂直度的重要措施，也是防止槽段坍塌的重要手段。

在开挖槽段采用砖砌或钢材结果设置泥浆循环池。泥浆池包括制浆池、存浆池、沉淀池。泥浆池分为两级第一级经泥浆分离机排出并沉淀，第二级为纯浆。泥浆面需高出地下水位0.5~1.0 m。施工中，需要根据土质情况、开挖深度、施工方法合理地配置泥浆的浓度、黏度、pH、含水率、胶体率等多项指标，根据施工情况及时量测并调整，保障槽壁不塌孔。泥浆区域要进行安全防护，处理后的泥浆需按要求排放处理，污染严重的泥浆需外运，运输到相关部门批准的弃置场地。

3. 导墙施工

导墙施工是地下连续墙施工的第一道工序，是控制地下连续墙各项指标的基准。导墙的作用主要是为成槽机械钻进提供导向作用，以确定地下连续墙的位置和钢筋笼埋设的位置。其还起着支护槽口土体、承受地面荷载、稳定泥浆液面的作用。对于地质情况比较好的地层，可以直接施工制作导墙；对于松散层地层，可先进行地表注浆、地基加固及防渗堵漏。

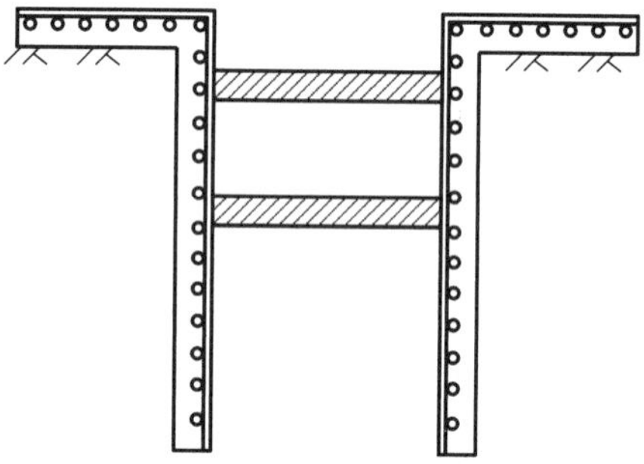

图 5-7　地下连续墙导墙施工

一般沿着设计轴线两侧开挖导沟，导墙采用“┐ ┌”形，如图 5-7 所示。导墙翼面宽度为1500 mm，墙体厚度为0.1~0.2 m，墙深为1~2 m，采用C25钢筋混凝土浇筑。需要准确测放地下连续墙轴线位置，保证主体结构的净空要求。导墙内部之间净空比设计的地下连续墙宽度增加40~60 mm，即轴线两侧各增加20~30 mm。导墙施工允许偏差值见表 5-3。

表 5-3　导墙施工允许偏差值

序号	项目验收	标准
1	内隔墙与地下连续墙纵轴线平行度	±10 mm
2	内外导墙间距	±10 mm
3	导墙内墙面垂直度	0.5%
4	导墙内墙面平整度	3 mm
5	导墙顶面平整度	5 mm

4. 槽段开挖

地下连续墙施工中最关键的工序是槽段开挖。墙体的截面形式和分段长度应根据整体平面布置、受力情况、槽壁稳定性、环境条件和施工条件等确定。根据不同的地质条件和开挖的深度选择不同的成槽机械施工。常用的成槽机械主要有钢丝绳抓斗式成槽机、液压抓斗成槽机、冲击钻、双轮铣成槽机等，如图 5-8、图 5-9 所示。对于普通土层或者软弱土层，常常采用抓斗、铲斗或回旋钻头。对于坚硬的地层或者含有大卵石或孤石地层，可以采用冲击钻成槽。墙体厚度应考虑成槽机械能力、墙段的布置由计算确定，不宜小于 800 mm。井筒式地下连续墙单室宽度不宜小于 5 m，且不宜大于 10 m，成槽竖直度不应大于 1/200，单元墙段成槽施工长度一般 4~8 m，墙体深度超百米。墙端应嵌入良好的持力层，在持力层地下连续墙的墙体的埋置深度要大于墙体的厚度。当墙体嵌入非岩石地基时，要考虑增加墙体的埋置深度，目的是提高墙体的竖向承载力。

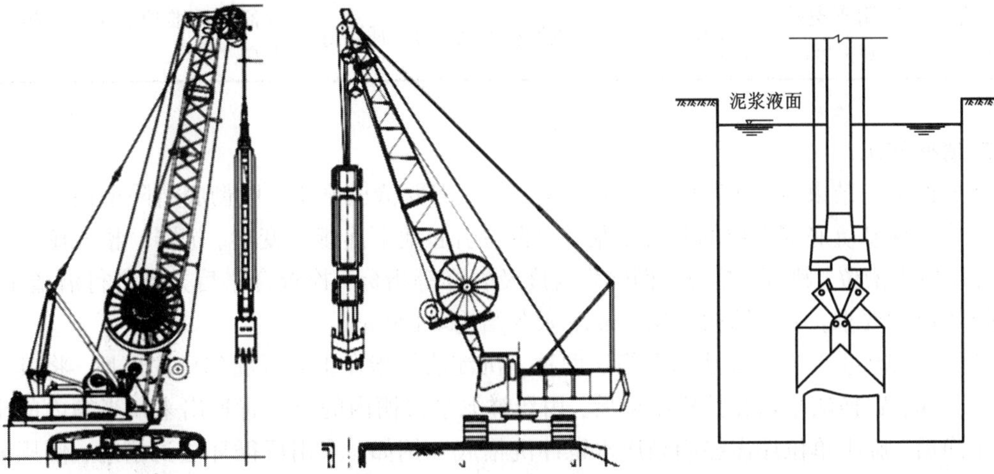

(a) 钢丝绳抓斗式成槽机　　(b) 冲击钻

图 5-8　成槽机示意图

（1）液压抓斗成槽机挖槽。使用液压抓斗成槽机对槽段内上部的土层进行抓取。抓土过程中，通过液压抓斗导向杆调整抓斗位置，对准导墙中心抓挖。单槽段成槽应先开挖两端，后开挖中间，标准段也一样。这样的顺序可以使抓斗两侧受力均匀，保证成槽垂直度。挖槽中通过成槽机上的垂直度检测仪，及时调整抓斗垂直度，确保垂直度合格；合理安排每个槽段中的挖槽顺序，使抓斗两侧土力均衡，确保垂直度。抓斗挖土过程中，上、下升降均缓慢进行，抓斗要闭斗下放，开挖时再张开，以免造成涡流冲刷槽壁，引起塌孔。

（2）双轮铣成槽机铣槽。采用双轮铣进行铣槽作业，单槽段铣槽顺序与抓槽顺序相同。铣槽时，两个滚筒低速转动，方向相反，其铣齿将地层围岩铣削破碎，中间液压马达驱动泥浆泵，通过铣轮中间的吸砂口将钻掘出的岩渣与泥浆排到地面泥浆站进行集中处理后返回槽段内。如此往复循环，直至终孔成槽。铣槽机的垂直度应与槽段轴线一致，由两台独立的测斜仪监测，可随时监控并通过改变铣槽机的转速、侧板的运动来实现对铣槽机垂直度的调整。

图 5-9　双轮铣成槽机施工

常见的地下连续墙成槽设备适用条件及主要优缺点见表 5-4。

表 5-4　常见的地下连续墙不同成槽设备适用条件及主要优缺点

设备类型	适用条件	主要优点	主要缺点
液压抓斗成槽机	适用于较软弱的覆盖层	挖槽能力强，施工效率高，施工设备较多，费用较少	当碰到坚硬土层或岩层时施工不方便，成槽效率偏低
冲击钻(配圆形或方形锤)	适用于各种类型的地层	构造简单，施工操作方便，设备较少，还可以清除地下障碍物(如孤石)	冲孔时噪声大，碎渣置换费工费时，成孔速度慢，易发生偏斜
双轮铣成槽机	适用于覆盖层和中硬强度的岩石	施工效率高，成槽精度高，接头质量好	设备少且维护成本高，施工成本高

5. 清槽施工

在成槽施工结束后，深基坑底部形成夹层，还需要清槽施工，以彻底清除槽内的沉渣和一些杂物。深基坑底部夹层的密实度很差，容易引起地下连续墙变形、沉降。槽段施工完毕后，必须检查槽位、槽深、槽宽、槽壁垂直度及岩样等指标，检查合格后方可进行清槽工作。槽底沉渣厚度要求：临时结构≤200 mm；永久结构≤100 mm。

清槽的方法主要有沉淀法与置换法两种。沉淀法是指在土渣沉淀到槽底以后，将其一次性清理干净；置换法是指在挖槽结束后，用新鲜泥浆将槽内的土渣置换出来。当槽内的土渣清除干净后，施工单位还需要用高压水枪冲洗槽底。例如，采用反循环法清槽时，使压缩空气压入槽底的吸泥装置中，吸上泥砂，通过泥浆净化器分离，不断输送新鲜泥浆到槽段内，从而置换出带渣的泥浆。应不断移动吸泥管的位置，确保清槽后槽底沉渣满足要求。在清底换浆时，要保持槽内始终充满泥浆，从而保持槽壁的稳定，避免塌孔。

6. 钢筋笼制作与吊装

埋设钢筋笼是为了提高混凝土结构的承载力，提升抵抗弯拉变形的能力，使其能够承受更大的荷载。施工单位需要根据地下连续墙的设计要求，将钢筋连接成特定形状的“骨架”，并确保“骨架”的稳定性。当槽很深或起重设备操作不方便时，施工单位需要在预制场合理分段制作钢筋笼。此时宜采用机械连接的方式连接各段钢筋笼。施工中需选择合适的吊装设备，保证吊具与吊绳具有良好的抗拉强度，保证吊点位置准确，定期保养吊装设备，如图 5-10 所示。若钢筋笼自重较大，且无法直接吊放至设计位置，施工单位就应采取临时固定措施。施工中应及时处理钢筋笼在下放过程中出现的位移、变形等问题。

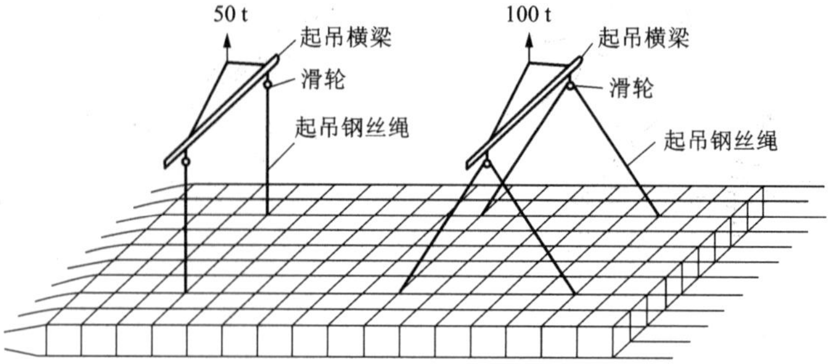

图 5-10　地下连续墙钢筋笼

7. 混凝土施工

地下连续墙施工过程中的最后一道工序是灌注混凝土，其施工质量与地下连续墙的质量密切相关。灌注施工前，拟订合理的混凝土灌注计划，根据导管的布置和混凝土灌注量，做到计划周密，施工有序。地下连续墙混凝土灌注采用直升导管法灌注。

混凝土灌注前，先检测槽底沉渣厚度，如不符合要求，利用导管进行二次清槽。导管应进行气密性和接头抗拉试验，保证导管的密封性能符合设计要求。选择合适的漏斗，首次灌注混凝土要满足导管埋入混凝土深度在 1 m 以上。在整个灌注过程中，要连续灌注混凝土，使槽中混凝土面不断均匀上升，并做好灌注记录，及时量测导管入孔长度和混凝土的灌注高度，使导管下端始终保持埋入混凝土中 2~4 m。在混凝土灌注过程中，控制导管与槽底距离为 0.3~0.4 m，以保证混凝土灌注施工质量，如图 5-11 所示。随着混凝土面的上升，导管向上提升时，禁止导管拔出混凝土面。混凝土面上升速度不小于 2 m/h，最长允许间隔时间为 20~30 min。灌注中要使导管做 30 cm 上下运动，使混凝土顺利向下灌注密实，且上下运动不宜过剧。在混凝土灌注完成后，须做好混凝土养护工作，保证混凝土的质量和耐久性。

图 5-11　地下连续墙混凝土施工

8. 槽段的连接

槽段的连接需要用到接头。槽段接头指的是浇筑地下连续墙的相邻施工单元墙段的施工连接部位，如图 5-12 所示。接头应满足止水、挡砼、传递应力、抗剪切等要求。槽段接头类型分为刚性接头和柔性接头。常用墙段接头有接头管接头、接头箱接头。

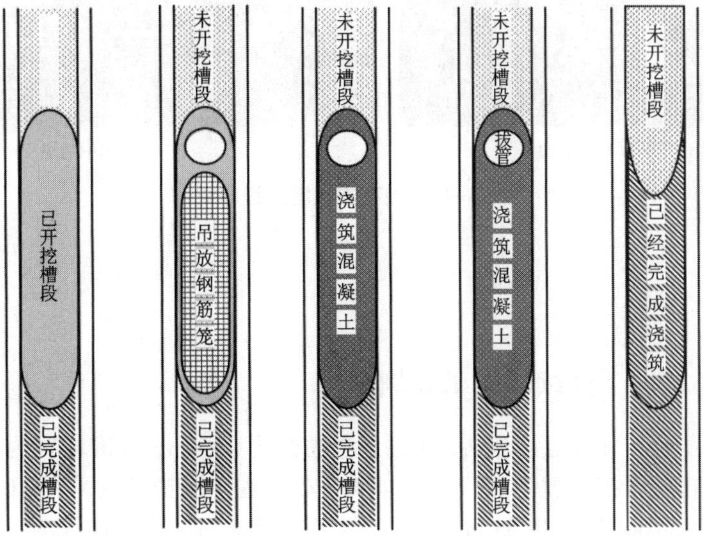

图 5-12　地下连续墙槽段的连接示意图（接头管）

槽段接头的选用原则：地下连续墙一般宜采用圆形锁口管接头、波纹管接头、楔形接头、工字形钢接头、混凝土预制接头等柔性接头。地下连续墙采用接头管连接的非刚性接头时，开挖导墙后，应在已挖好的槽段内先放入接头管，然后吊装钢筋骨架，浇筑混凝土，随后将接头管移除，形成半圆形接头。当地下连续墙作为主体地下结构的外墙，且需要形成整体墙体，宜采用刚性接头。刚性接头有一字形或十字形穿孔钢板接头、钢筋承插式接头等。当整体性和抗渗性要求比较高时，宜采用铣削接头、钢隔板接头或接头箱接头等接头形式。

学习任务 2　地下连续墙施工案例分析

学习情境

地下连续墙的应用范围很广泛，其在不同的领域中设置的作用不尽相同。在一望无垠的深海区域的桥梁基础中，或是在繁忙闹市的地铁车站中，地下连续墙该如何发挥其作用呢？地下连续墙的设计和施工中需要结合实际情况考虑其质量、安全，选择合适的施工方法。下面我们一起来了解一下。设计是工程的龙头和灵魂，施工是工程的实物展现，因此应思考：工程地下连续墙施工时，容易出现什么风险？适合采用什么类型的围护结构？施工工艺如何？如何进行质量的控制？具体问题具体分析，因地制宜地选择相应方案，才能有效地解决技术问题。地下连续墙工程应用如图 5-13 所示。

(a) 地铁车站原始地貌图　　(b) 深中通道

图 5-13　地下连续墙工程应用

知识导航

一、地铁车站地下连续墙施工案例分析

某市计划建设地下三层地铁车站，车站外包总长为 155 m，标准段宽为 21.4 m，车站扩大端宽为 27 m，车站开挖深度为 23.5~25.6 m。车站主体围护结构采用 1000 mm 厚地下连续墙，深入基坑底部 36.95~38.65 m，嵌岩深度不小于 2 m。地下连续墙混凝土强度等级为 C35。地质水文情况如下：车站区域地下水位埋深为 1.25~3.20 m，车站主体结构底板位于

地下水位下 15.54 m。超深嵌岩地下连续墙穿越约 17.5 m 厚的淤泥质砂质黏土、粉质黏土，以及 36.5 m 厚的粉质黏土夹粉砂层、粉细砂层、细砂层，进入持力层，为中风化泥岩。车站周围人口密集，两侧有大量居民楼，车站东西两侧基坑开挖范围内老旧建(构)筑物多，管线密集，涉及污水、电力、信息、给水、燃气等。

该地铁车站地下连续墙深度为 63 m，成槽设备选择是地下连续墙成槽施工的关键要素之一，必须结合工程的地质条件、槽深、墙厚、施工条件、设备参数、工期、造价等方面的要求综合考虑。经过综合比选后，该地铁车站工程最终采用液压抓斗成槽机挖槽和双轮铣成槽机铣槽。实际施工中，因为该地层深度大，在松软地层中易出现槽孔坍塌，极易引起周边地层变形，进而导致周边建筑物地基不均匀沉降，地下管线产生较大竖向变形，因此，在施工中需采取有效措施保证施工中不塌孔，严格监测和观察各种变形，对地下连续墙施工周边地层变形进行控制。地下连续墙中要吊放钢筋骨架。超长超重钢筋笼吊装风险大，需要制订合适的吊装计划，采取措施防止钢筋笼加固不足或吊装不规范，出现不可逆变形而无法下放问题。地下连续墙的深度越大，施工的垂直度控制越难，实际施工中还需要考虑超深地下连续墙成槽垂直度。地下连续墙接头质量控制对止水能力、对基坑稳定非常重要。

二、深中通道地下连续墙施工案例分析

中交集团参建的深中通道(图 5-14)是继港珠澳大桥之后，集桥、岛、隧、水下互通于一体的超级跨海集群工程，全长 24 km，其中海底隧道长约 6.8 km，沉管段长约 5 km，由 32 节管节和 1 个最终接头组成。深中通道于 2016 年 12 月开工，2024 年建成通车，深圳至中山车程仅 20 min。深中通道沉管隧道采用双向 8 车道设计，是目前世界最宽的海底沉管隧道。项目关键控制性工程为主跨 1666 m 的双塔悬索桥伶仃洋大桥和主跨 580 m 的双塔斜拉桥中山大桥。

图 5-14　深中大桥(伶仃洋大桥)

伶仃洋大桥是世界上最大跨径海上钢箱梁悬索桥，拥有世界最大海中锚碇，以 270 m 高的主塔跃居世界最高海中大桥。伶仃洋大桥东锚碇为重力式锚碇，采用∞字形地下连续墙基础作为基坑开挖施工的支护结构，基坑深 42 m，地下连续墙外直径为 65 m，墙厚 1.5 m，地下连续墙底标高 −63.0 ~ −44.6 m，墙底嵌入完整中风化花岗岩 5 m，内衬厚度有 1.5 m、

2.5 m、3.0 m三种，如图5-15所示。桥伶仃洋大桥东锚碇基坑支护采用海中筑岛围堰的总体方案施工。该桥东锚碇基坑支护施工前，在海中利用围堰筑岛形成施工陆域，对筑岛陆域进行地基的处理，待地基沉降稳定后进行后续施工。东锚碇基坑支护施工的关键工序为：施工准备→筑岛围堰(含地基处理)施工→地下连续墙施工→基坑开挖→内衬施工。

东锚碇的地下连续墙分为两期共79个槽段：Ⅰ期槽段39个，标准槽段长6.339 m，采用三铣成槽；Ⅱ期槽段40个，标准槽段长2.8 m，采用一铣成槽。为确保地下连续墙的垂直度满足要求，采用铣槽机直铣成槽的工艺施工。施工前采取以下措施：在地下连续墙施工前设置了导墙，导墙由两面L形钢筋混凝土墙组成，对称布置于地下连续墙两侧，是为了保护槽口，提高槽段定位的准确性，防止槽壁顶部坍塌。在导墙底部、Ⅰ期槽段两侧区域预先进行三轴搅拌桩施工，是为了控制导墙沉降，避免成槽过程中发生塌孔现象。三轴搅拌桩按双排、桩径85 cm、间距1.8 m布置，桩长20 m。三轴搅拌桩穿过淤泥层、黏土层，进入粉砂层中。在地下连续墙采用铣槽机直铣成槽施工时，应对成槽工艺进行优化，后期采用“旋挖引孔+铣槽”的复合成槽施工工艺，见表5-5。

表5-5　施工关键技术处理

方面	(工作)内容
施工措施	1. 采用旋挖引孔+铣槽复合成槽工艺施工 2. 在地下连续墙施工前设置导墙 3. 在导墙底部、Ⅰ期槽段两侧区域预先进行三轴搅拌桩施工。三轴搅拌桩穿过淤泥层、黏土层，进入粉砂层
解决问题	1. 提高地下连续墙的成槽工效，节约成槽时间约30%，降低了地下连续墙的塌孔风险 2. 保护槽口，提高槽段定位的准确性，防止槽壁顶部坍塌，确保地下连续墙的垂直度满足要求 3. 控制导墙沉降，避免成槽过程中发生塌孔现象

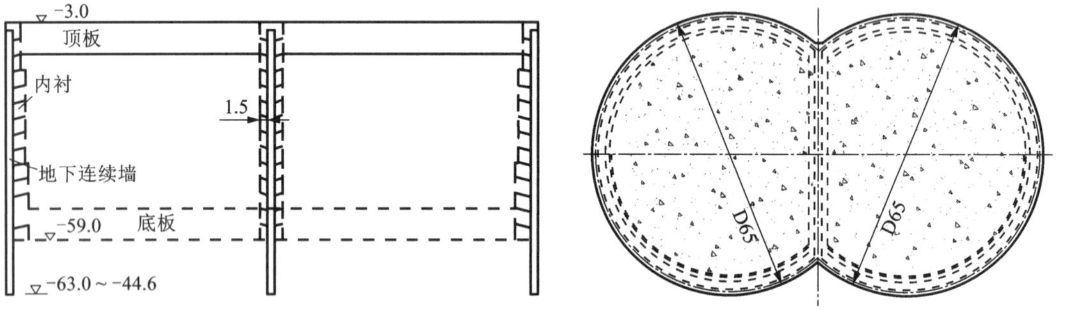

(a) 立面　(b) 平面

图5-15　伶仃洋大桥东锚碇支护结构构造(单位：m)

单元知识巩固和拓展

一、知识要点汇总

1. 地下连续墙施工工艺主要包括施工准备、测量放样、导墙施工、槽段开挖、成槽质量检验、清槽施工、钢筋笼制作与吊装、安装槽段接头、下放导管、二次清孔、槽段内浇筑混凝土、拔出接头。

2. 导墙施工是地下连续墙施工的第一道工序，是控制地下连续墙各项指标的基准。导墙的作用主要是为成槽机械钻进提供导向作用，以确定地下连续墙的位置和钢筋笼埋设的位置。其还起着支护槽口土体、承受地面荷载、稳定泥浆液面的作用。

3. 地下连续墙施工中最关键的工序是槽段开挖。墙体的截面形式和分段长度应根据整体平面布置、受力情况、槽壁稳定性、环境条件和施工条件等确定。应根据不同的地质条件和开挖的深度选择不同的成槽机械施工。常用成槽设备主要有钢丝绳抓斗式成槽机、液压抓斗成槽机、冲击钻、双轮铣成槽机等。

二、习题练习

习题练习答案

(一)单选题

1. 一般沿着设计轴线两侧开挖导沟，导墙采用“¬ ⌐”形，墙体厚度为(　　)，墙深为1~2 m，采用C25钢筋混凝土浇筑。

A. 0.1~0.2 m　　B. 0.2~0.3 m

C. 0.3~0.4 m　　D. 0.4~0.5 m

2. 地下连续墙施工中，清槽的方法不包含下面哪项？(　　)

A. 沉淀法　　B. 置换法　　C. 抽浆法

3. (　　)是地下连续墙施工的第一道工序，是控制地下连续墙各项指标的基准。它的作用主要是为成槽机械钻进提供导向作用，以确定地下连续墙的位置和钢筋笼埋设的位置。

A. 隔墙施工　　B. 槽段开挖

C. 导墙施工　　D. 清槽施工

4. (　　)是使用回转式成槽机、挖斗式挖槽机、冲击式钻机等专门成槽设备，直接在地面挖掘出一条或多条沟槽，然后采用泥浆护壁的方法将沟槽上的土、泥浆挤出，下放钢筋骨架、浇筑混凝土形成槽段。

A. 人工成槽　　B. 挖掘成槽　　C. 开挖成槽　　D. 机械成槽

5. 在基坑支护结构中，具有良好的挡土挡水效果的挡土结构是(　　)。

A. 钢板桩　　B. 钻孔灌注桩

C. 双排桩　　D. 地下连续墙

(二)多选题

1. 槽段施工完毕后，必须检查(　　)指标，检查合格后方可进行清槽工作。

A. 槽位、槽深、槽宽　　B. 槽壁垂直度

C. 槽底沉渣厚度　　D. 岩样

2. 地下连续墙施工中最关键的工序是槽段的开挖。墙体的截面形式和分段长度应考虑哪些情况确定？(　　)

A. 整体平面布置　　B. 受力情况

C. 槽壁稳定性　　D. 环境条件和施工条件

(三) 简答题

地下连续墙施工工艺流程主要包括哪些？

三、知识点拓展

案例拓展：惠民工程，三峡的防渗墙地下连续墙施工

我国水利工程中的防渗墙也采用了地下连续墙，如长江三峡二期围堰工程(图 5-16)，在 60 m 深水中修建土石围堰，最大高度 82.5 m；防渗墙长 1439.5 m，局部双排，最深 73.5 m。大河沿水电站土坝防渗墙最深达 186 m，墙厚 1.2 m，是迄今为止世界上最深的防渗墙。

图 5-16　三峡工程中的地下连续墙应用

(案例来源——丛蔼森《地下连续墙和深基础工程的发展概况与应用》)

模块六　沉井基础

单元一　认识沉井

学习目标

【知识目标】

1. 了解沉井的定义、特点、分类。
2. 了解沉井构造。
3. 理解沉井的应用领域。

【能力目标】

1. 能辨别不同类型的沉井。
2. 能区分沉井基础、桩基础、浅基础。
3. 能描述沉井的应用领域。

【素质目标】

1. 培养观察分析问题、及时解决问题的能力。
2. 培养严谨求实、一丝不苟的职业素养。
3. 培养刻苦钻研、团结协作的职业素养。

学习导图

学习任务1　了解沉井的发展、特点，识别沉井类型及构造

学习情境

在古代丝绸之路上，今广东阳江附近有一艘价值连城的商船因为天气原因沉船了，掩埋在茫茫大海中近百年。“南海一号”原本是南宋一艘时期通过海上丝绸之路向外运送瓷器的木质古船，里面装满了南宋时期的工艺品，是迄今为止发现的水下沉船中年代最早、船体最大、保存最完整的远洋贸易商船，很有研究价值。2007年，为了将沉船完整打捞，考古队、专家们通过多次下水调查，采用整体打捞方案，将5500 t重的沉船、文物与其周围的海水、泥砂，按照原状

吊浮起运打包装在一个“大箱子(沉井)”里，再整体吊出水面，转移到为其量身定做的花费了1.6亿元建造的“水晶宫”之中。从1987年到2007年，历经20年，在经过充分技术论证与准备后，“南海一号”终于成功出海，沉睡了800多年的古船得以重见天日，如图6-1所示。

请大家思考：沉井为什么可以巧妙地对南海一号沉船进行整体打捞？沉井还可以应用于哪些工程？沉井还有什么用途？还有什么材质、类型的沉井？带着这些问题我们一起来了解一下。

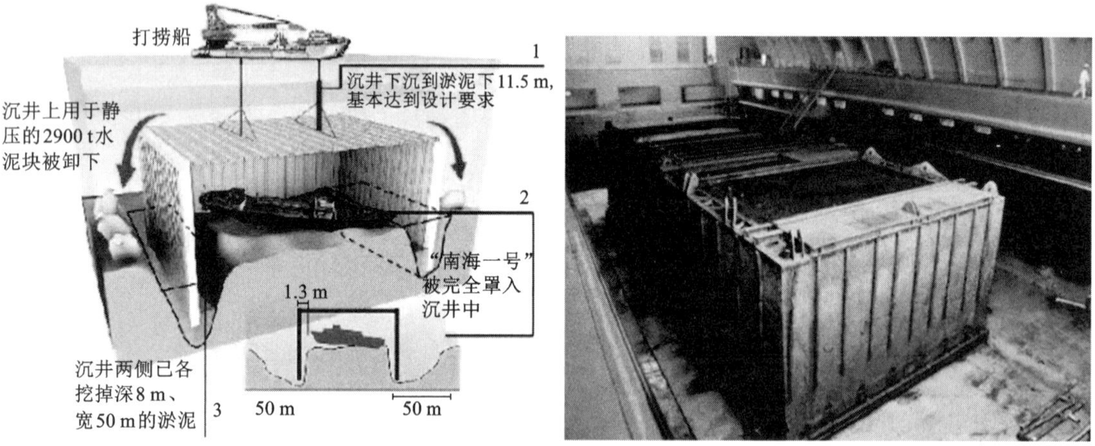

(a) 打捞设计　　(b) 打捞出水

图6-1　“南海一号”打捞图

知识导航

沉井基础(简称沉井)是指像井筒状的一种结构物，它通常周围有壁，上无顶下无底，是采用沉井法施工的一种的地下深基础。沉井施工先在地上预制一个钢壳混凝土井筒或钢筋混凝土井筒，待结构物筒身混凝土达到规定强度后，在井壁的围护作用下，用人工或机械不断向井筒内部挖土作业，沉井依靠自重或借助外力作用克服井壁与土的摩阻力，逐级接高井壁并下沉至设计标高，然后进行沉井内地基的检验和处理，最后沉井封底，构筑内部结构，填充井孔，制作盖板，使其作为公路桥梁的墩台或者其他结构物(建筑物)的基础，如图6-2所示。

一、沉井的发展

沉箱凿井法是沉井的雏形，后续演变成为一种使用混凝土或钢筋混凝土等建筑材料制造的井筒结构。1738年，瑞士工程师最早采用24 m×9 m×5 m的木沉井在泰晤士河上建桥。1885年，法国具有重要历史和文化价值的建筑埃菲尔铁塔采用了沉井基础。1936年，美国的建设者在旧金山-奥克兰海湾大桥主塔锚碇施工中采用沉井基础，其平面尺寸为43.5 m×28 m，下沉深度为73.28 m。1841年，法国工程师首次将气压沉井应用在煤矿工程中。1851年，英国工程师J.赖特在罗切斯特梅德韦河建桥时，首次采用深18.6 m的管状沉箱。1859年，法国工程师弗勒尔-圣德尼首次采用矩形沉箱作为桥锚沉箱，此后得到广泛应用。1998年，日本明石海峡大桥建成通车，其主跨跨径达1991 m，两座主塔基础均采用圆柱形沉井，沉井尺寸分别为ϕ 80 m×70 m和ϕ78 m×67 m。

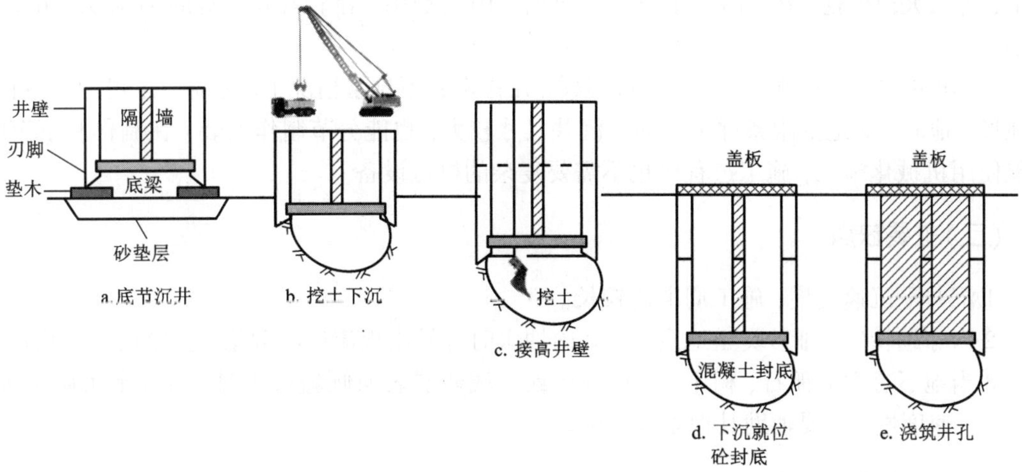

图 6-2　沉井下沉示意图

詹天佑在 1892—1894 年主持修建的天津滦河铁路大桥中成功采用气压沉箱法，这是中国最早的沉井法施工。1935—1937 年，著名桥梁专家茅以升主持设计建造我国第一座双层公路铁路两用桥梁——钱塘江大桥，首次成功采用了气压沉箱法掘泥打桩。随着国家经济的快速发展，沉井被广泛应用于煤炭工程、市政工程、房建工程、水利工程、桥梁工程等各领域中。近年来，中国建设实力不断提高，基础设施建设蓬勃发展，建设规模不断提升，沉井的类型和构造也越来越多样化，截面尺寸也愈来愈大，下沉深度越来越深，其中典型的工程案例包括：世界最大规模沉井群——向家坝水电站沉井群；世界深度最大的沉井——沪通长江大桥 29 号墩沉井基础，长度为 86.9 m，宽度为 58.7 m，高度为 115 m；国内首个圆形锚碇沉井——鹦鹉洲长江大桥北锚碇沉井基础；国内首个装配式沉井地下车库——厦门市海沧区行政中心周边沉井式地下机械停车库；中国造世界最大沉井——五峰山大桥，中国第一座公铁两用悬索桥，北锚碇沉井长度为 100.7 m、宽度为 72.1 m、高度为 56 m。沉井在不同领域中发挥它的作用。

二、沉井的特点

(一)主要优点

(1)沉井的埋置深度非常大，刚度很大，沉井下沉深度已超过 100 m。整体稳定性好，沉井截面尺寸很大，沉井底面尺寸大，有较大的荷载面积，因此，能承受较大的竖向荷载和水平向荷载，抗震性能较好。

(2)沉井不但可以作为基础，其井壁结构还可以作为挡土或挡水结构物。沉井下沉过程中无须设置坑壁支撑或钢板桩支护，节省了地下结构常规施工过程中基坑开挖和基坑降水的费用，节约了工程造价并缩短了工期。

(3)沉井施工既可以工厂预制，也可以实地浇筑，施工工艺灵活，施工操作简单；沉井抗渗性能、耐久性能好。

(4)沉井施工作业在井孔内部，施工占地面积小，施工技术上比较稳妥可靠，相比大开挖施工，可大大减少挖、运、回填土方量，能减少施工费用，比较经济，对周围构筑物的影响较小。

（5）沉井地质适用性广，施工环境多样，在排水和不排水情况下均能施工；可用于各种复杂地形、地质、场地受限条件下。如果沉井尺寸较大，也能分节制作安装，在制作和下沉时，均能使用机械化施工，施工过程中也不需要复杂的机械设备。

（二）主要缺点

①沉井下沉速度慢，施工周期比较长。

②当穿越粉砂、细砂类土地层时，井内抽水时容易出现流砂的现象，会导致沉井倾斜。

③当地下有大的孤石、树干、坚硬地层或井底岩层表面倾斜过大时，沉井下沉施工难度大，下沉速度慢，需要辅助其他处置措施。

三、沉井的适用条件

1. 用作桥梁的基础

沉井在基础类中的应用主要是桥梁工程，如特大桥梁的斜拉桥主塔的桥墩和悬索桥锚碇下的基础。沉井施工（重力墩式码头支墩结构）在港口航道施工中，优势突出，能有效提高施工质量和效率，被广泛应用。以下几种情况都可以优先考虑采用沉井基础：当采用扩大基础施工围堰制作有困难时；当岩层表面较平坦且覆盖层薄，但河水较深时；当上部荷载较大，浅层地基土的容许承载力不足，浅基础施工开挖工作量大，基坑支护困难，且地下一定深度下坚实的持力层采用沉井基础比其他深基础性价比更高时；当在山区河流中，土质虽好，但冲刷大或河中有较大卵石，桩基础施工不方便时。

2. 用作结构物（建筑物）的基础

沉井也可以用作各类地下厂房、大型设备基础、高层或超高层建筑物的基础，建筑物的地下室及烟囱、水塔、地下停车场的基础等，在建筑密集的城市中，可以防止基坑沉井周围的土方失稳，保证周围建筑物结构的安全，也无须采取临时支护措施和挡土结构，

3. 作为基坑支护结构

沉井不但可以作为基础，也可以作为基坑支护结构。沉井对周边环境土体影响小，是城市建设市政基坑方案的重要选择，普遍适用于盾构进出口井、管廊进出口井等项目。

在基坑支护结构中，其主要应用于软土地基中的深基础施工，顶管的临时工程中的工作井和接收井等。

4. 作为构筑物的其他应用

沉井作为构筑物的其他应用主要是起挡土、隔水、保持结构稳定的作用：在构筑物类中，主要应用于给排水工程中的集水井、地下水泵房、水池、矿山工程中的竖井等；沉井可用作塔机的基础，支撑塔机，承受塔机传递下来的竖向压力、弯矩、水平剪力、扭矩等。沉井在国内典型应用实例见表 6-1。

表 6-1　沉井在国内典型应用实例

沉井建成年份	项目名称	沉井部位	沉井尺寸	沉井作用
1995	江阴长江公路大桥	锚碇的钢筋混凝土沉井	矩形沉井，平面尺寸为 69 m×51 m，下沉 58 m	锚碇基础，承受各项荷载
2004	上海市肇嘉浜路泵站改造（地处肇嘉浜路瑞金南路）	排水系统	圆形沉井，沉井面标高为 4. 800 m，井底板标高-9. 500 m，沉井刃脚底标高-13. 400 m，井体内径 29 m，上部外径 31 m，下部外径 31. 2 m，井体壁厚为 1. 0～1. 1 m，底部设纵横 6 条地梁	挡土、隔水、保持结构稳定
2007	金沙江向家坝水电站沉井群——世界最大规模沉井群	沉井群呈 L 形分布，共 10 个沉井	最深沉井达 57 m，单个沉井平面尺寸为 23 m×17 m，平面布置 6 个内隔仓，单个内隔仓平面尺寸为 5. 2 m×5. 6 m	前期起挡土墙作用，在其保护下进行坝基开挖；后期起到围堰的作用
2008	马鞍山长江大桥	左汊主桥南锚碇沉井	60. 6 m×55. 8 m×48. 0 m	锚碇基础，承受各项荷载
2010	鹦鹉洲长江大桥——悬索桥	北锚碇沉井	圆形沉井，高度 41. 5 m，外径 66. 0 m，内径 41. 4 m，内外径间均匀布置了 16 个小圆孔，圆孔直径 8. 7 m	锚碇基础，承受各项荷载
2014	沪通长江大桥——斜拉桥	29 号主墩沉井	倒圆矩形沉井，平面尺寸为 86. 9 m×58. 7 m，沉井平面布置了 24 个 12. 8 m×12. 8 m 井孔。29 号沉井总高 115 m，钢沉井高 56 m	主墩基础，承受各项荷载
2016	五峰山大桥——有世界最大陆地沉井	北锚碇沉井	矩形沉井，长度为 100. 7 m、宽度为 72. 1 m、高度为 56 m	锚碇基础，承受各项荷载
2017	杨泗港长江大桥——双层悬索桥	主塔桥墩沉井	矩形沉井，沉井平面尺寸为 77. 2 m×40. 0 m，分 18 个井孔，深度 38～50 m	主墩基础，承受各项荷载
2017	厦门市海沧区文化中心及行政服务中心——地下机械停车库	国内首个装配式沉井地下车库	单库地下占地面积 380 m^2，地面占地面积 120 m^2，作为试点项目，每个库设计 10 个车位，地下 5 层，供给 50 个停车位	停车服务，提供附属功能
2019	温州市某跨江电力隧道工程	七都岛一侧为工作井	工作沉井内径为 12 m，壁厚 1. 1 m，总高度为 32. 42 m。内壁十字梁宽度为 1. 9 m，高度为 1. 5 m。刃脚踏面宽 0. 6 m，刃脚斜面高 0. 8 m	方便施工作业，施工通道

四、沉井的类型

1. 按建筑材料不同划分

沉井按建筑材料不同划分为混凝土沉井、钢筋混凝土沉井、钢沉井。下面具体介绍一下。根据制作沉井的材料综合荷载情况、下沉深度周围环境、因地制宜的原则确定采用哪一类沉井。

①混凝土沉井是指全部采用素混凝土制作而成的沉井。混凝土沉井适宜截面是圆形、小直径、下沉深度不大于 7 m 的松软土层的沉井。混凝土沉井具有混凝土的特性，其抗压强度高，抗弯拉能力低，施工成本低。其井壁竖向接缝应设置接缝钢筋。混凝土沉井刃脚不宜采用混凝土结构，容易受到过大集中力开裂。其不足之处是下沉时容易变形开裂。

②钢筋混凝土沉井是指全部采用钢筋混凝土制作而成的沉井。钢筋混凝土沉井适用范围较广，有各种类型及用途。钢筋混凝土沉井既具有钢材的特性也具有混凝土的特性。钢筋混凝土沉井的整体的抗弯拉变形能力及抗压能力较好，下沉深度可以很大；当下沉深度不大时，井壁上部用混凝土，下部(刃脚)用钢筋混凝土，这在桥梁工程中得到较广泛的应用。钢筋混凝土沉井可做成薄壁结构，也可以做成装配式，灵活性强。

③钢沉井是指钢板作为内外壳、型钢作为骨架拼焊而成的可作为建(构)筑物基础的沉井。水中施工常用钢沉井，宜于做浮运沉井。钢沉井具有显著的钢材的特性。其强度高、重量较轻、安装简单，但钢材消耗量大，国内较少采用。钢沉井可以分为钢壳沉井和钢板沉井。钢壳沉井适用于做浮运沉井。钢板沉井宜做成小型的，截面呈圆形。其作为临时沉井，自重轻，压重和水冲沉至设计标高。

2. 按下沉方法不同划分

沉井按下沉方法不同主要可以分为陆地沉井、筑岛沉井、浮运沉井。下面具体介绍一下。

①陆地沉井。陆地沉井是就地制造、就地挖土下沉的沉井基础。陆地沉井施工工艺主要有原地测量放线→施工准备→基坑开挖、盲沟集水井→构筑砂垫层→素混凝土垫层→砌筑砖胎膜→底节模板钢筋安装→浇筑底节混凝土→底模板拆除→沉井预制接高→沉井下沉准备→沉井隔水措施、沉井降水措施、沉井稳定措施→沉井下沉→钢筋混凝土底板施工→内部结构施工。

②筑岛沉井。筑岛沉井是指水中筑岛、岛上就地下沉的沉井。当基础位于水中时，先在水中利用材料筑岛，然后在岛上制作井筒下沉。当水深<1.5 m、流速≤0.5 m/s 时，亦可直接用土填筑，而不用设围堰。当水深<3 m、流速≤1.5 m/s 时，可采用砂或砾石在水中筑岛，周围用草袋围护；当水深或流速加大时，可采用围堤防护筑岛；当水深较大(通常<15 m)或流速较大时，宜采用钢板桩围堰筑岛。岛面应高出最高施工水位 0.5 m 以上，砂岛地基强度应符合要求，四周留出护道。当有围堰时护道宽度不得小于 1.5 m；当无围堰时护道宽度不得小于 2.0 m。低压缩性的砾石、粗砂、中砂都是常用的筑岛材料，禁用黏性土、细砂、淤泥、泥炭等筑岛；也不宜采用大块砾石，不然容易下沉。筑岛沉井的其余施工工艺与旱地沉井施工大致相同。

③浮运沉井。浮运沉井是指岸边制作、浮运就位、水中下沉的沉井。当水深大于 10 m，河流流速很大，采用人工筑岛困难或不经济，或有碍通航时，则采用浮运沉井，即将沉井在

岸边做成空体结构，或采用其他措施（如带钢气筒等）使沉井浮于水上或利用在岸边铺成的滑道滑入水中，然后用驳船牵引（托运）至设计位置。沉井在悬浮状态下，逐步将水或混凝土注入空体中，使沉井徐徐下沉至河底。若沉井较高，需分段制造，在悬浮状态下逐节接长下沉至河底，但整个过程应保证沉井本身稳定。当刃脚切入河床一定深度后，即可按前面沉井下沉方法施工。

3. 按外观形状不同划分

沉井按外观形状划分主要是按平面形状和立面形状进行划分，下面具体介绍。

（1）按平面形状划分。

沉井按平面形状可划分为单孔沉井、双孔沉井、多孔沉井，截面形状有圆形、矩形（倒圆角矩形）、正方形、圆端形、网格形或组合形状。矩形截面通常在港口工程或桥梁工程中使用较多，圆形截面通常在隧道和公路工程领域应用较多。多孔沉井内部设置多个井孔，且井孔之间由数道纵横交叉的隔墙分隔，如图 6-3 所示。

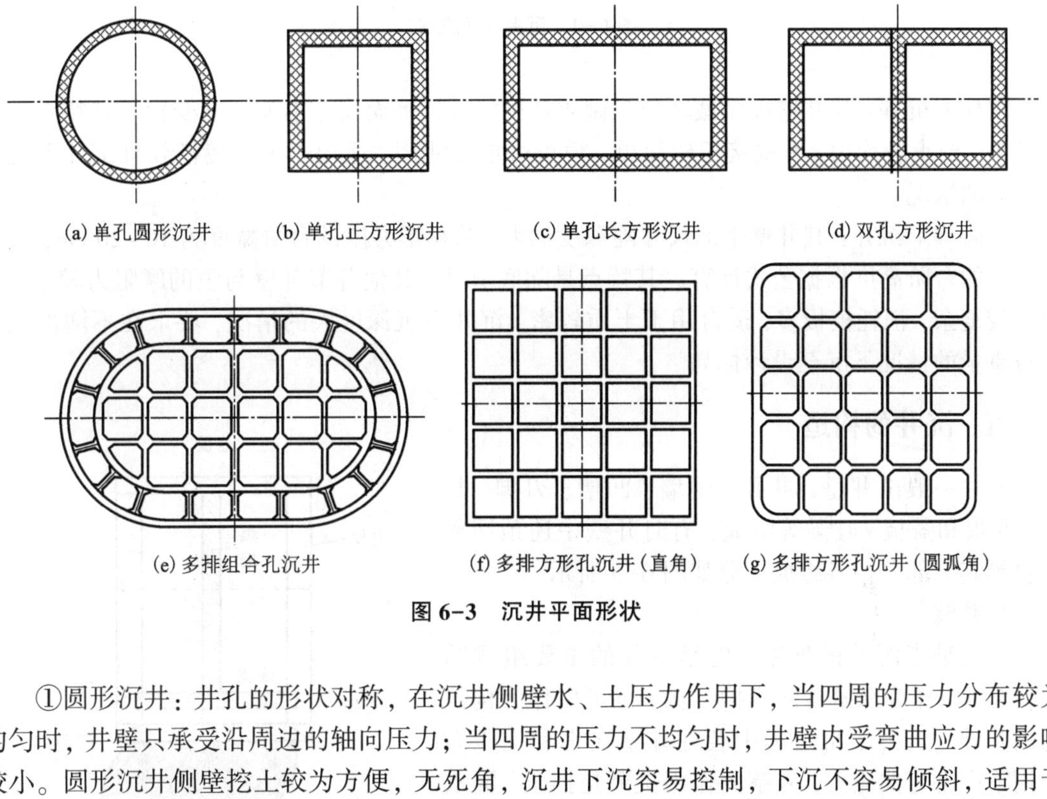
(a) 单孔圆形沉井　(b) 单孔正方形沉井　(c) 单孔长方形沉井　(d) 双孔方形沉井

(e) 多排组合孔沉井　(f) 多排方形孔沉井（直角）　(g) 多排方形孔沉井（圆弧角）

图 6-3　沉井平面形状

①圆形沉井：井孔的形状对称，在沉井侧壁水、土压力作用下，当四周的压力分布较为均匀时，井壁只承受沿周边的轴向压力；当四周的压力不均匀时，井壁内受弯曲应力的影响较小。圆形沉井侧壁挖土较为方便，无死角，沉井下沉容易控制，下沉不容易倾斜，适用于斜交桥或流向不稳定的河流，能够有效地减少水流冲击力和局部冲撞。但圆形截面与墩、台截面形状吻合度差。

②矩形沉井：制作方便，模板简单，但四角处的土不易挖除，有死角，而且水流受到阻力大，下沉容易倾斜。多孔矩形沉井预制时，内部设隔墙，在沉井侧壁土压力的作用下，划分小的单元孔能减少弯曲应力。内部隔断可以充分利用地基承载力，降低土方开挖量，矩形截面与上部墩、台结构截面吻合度较好。

③圆端形沉井：适用于圆端形的墩身，立模不便，但控制下沉与受力状态较矩形好。圆

端形沉井兼有上述两者的优点，在一定程度上兼有上述两者的缺点，是土木工程中常用的基础类型。

(2)按立面形状划分。

沉井按立面形状不同划分为(竖直式)柱形、阶梯式(台阶式)等，如图 6-4 所示。

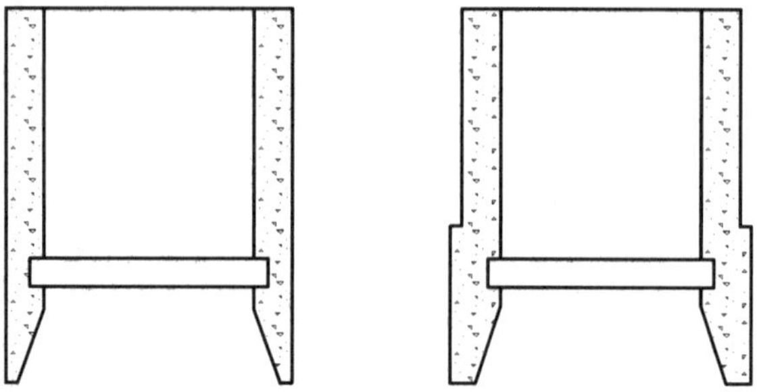

(a) 竖直式沉井　　(b) 阶梯式沉井

图 6-4　沉井剖面形式

①柱形沉井：其井壁按横截面形状做成各种柱形且平面尺寸不随深度变化。其特点是构造简单，挖土较均匀，井壁接长较简单，模板可重复使用，适用于土质较松软且沉井下沉深度不大的情况。

②阶梯形沉井：其井壁平面尺寸随深度加大，阶梯形井壁的台阶宽度为 10~20 cm，最底下一层的台阶高度根据公式计算。其特点是除底节外，其他各节井壁与土的摩阻力较小，但施工较复杂，消耗模板多，适合用于土质较密、沉井下沉深度大的情况，要求在不增加沉井本身重量的情况下沉至设计标高。

五、沉井的构造

沉井一般由井壁、井孔、隔墙、凹槽、刃脚、封底、底板和盖板、底梁等组成，有时井壁中还预埋射水管等其他部分。各组成部分如图 6-5 所示。

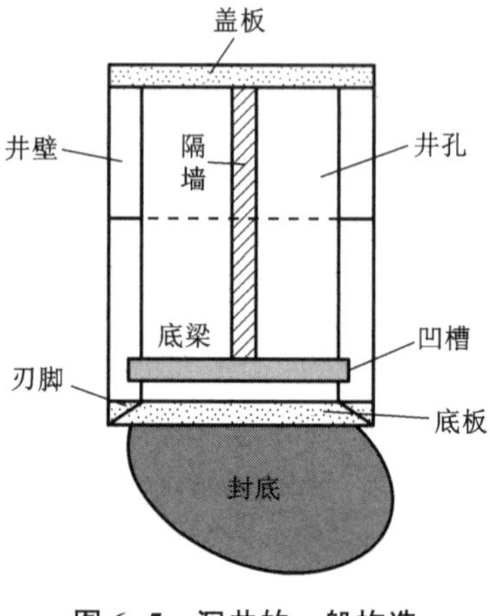

图 6-5　沉井的一般构造

1. 井壁

井壁是指沉井的外壁，也是沉井的主要组成结构，既可以作为深基础的围护结构，也可以作为构筑物的基础。沉井下沉过程中会使井壁在水和土压力作用下产生弯曲应力，井壁的作用主要是挡土、隔水及克服阻力。当沉井施工完毕后，井壁作为基础或基础的一部分要把上部荷载向下传递给地基，因此，井壁应有足够的强度，以便承受在下沉中各种最不利荷载组合所产生的内力，一般混凝土强度等级宜大于 C20；同时，井壁要有足够自重和厚度，以克服井壁摩阻力而顺利下沉到设计标高。

井壁主要分为竖直式井壁和阶梯式井壁两种。竖直式井壁的特点是能使周围土层较好地约束井壁，易于控制垂直下沉，施工简单方便，井壁接高时模板能反复使用。阶梯式井壁的特点是根据不同标高的水、土压力的受力情况设置不同厚度的井壁，能节约建筑材料。

井壁厚度一般为0.4~1.5 m，不宜小于0.4 m（薄壁沉井及薄壁浮运沉井可不受此限制）。对于薄壁沉井，应采用触变泥浆润滑套、壁外喷射高压空气等减阻助沉措施，以减小沉井下沉时的摩阻力，达到减小薄井壁厚度的目的。薄壁沉井应谨慎核算抗浮问题，并采取适当有效的措施防止上浮。

2. 刃脚

刃脚是井壁的下部呈刀刃状或砌状部分的结构。刃脚的作用是减小井壁下沉施工时端部土的摩阻力。沉井下沉时，刃脚部位会受到较大的集中应力，因此应具有足够的强度，避免下沉时出现破坏，一般刃脚混凝土强度等级不低于C20。刃脚底面类似高跟鞋跟接地面积，称为踏面宽度，踏面宽度一般为10~30 cm。刃脚斜面与水平面交角一般为40°~60°。刃脚底面需用角钢或槽钢加强处理，防止刃脚的损坏。刃脚高度根据井壁的厚度、抽垫的情况、封底的状况（干封底、湿封底）综合分析确定。当沉井湿封底（水下混凝土封底）时，刃脚的高度取1.5 m左右；当沉井干封底时，刃脚的高度取0.6 m左右。刃脚的形式应与土层的软硬程度、沉井自重、反力大小有关。当沉井比较重、土质较软时，踏面可以设计宽些。当沉井比较轻，土质条件较坚硬时，踏面要窄些，如图6-6所示。

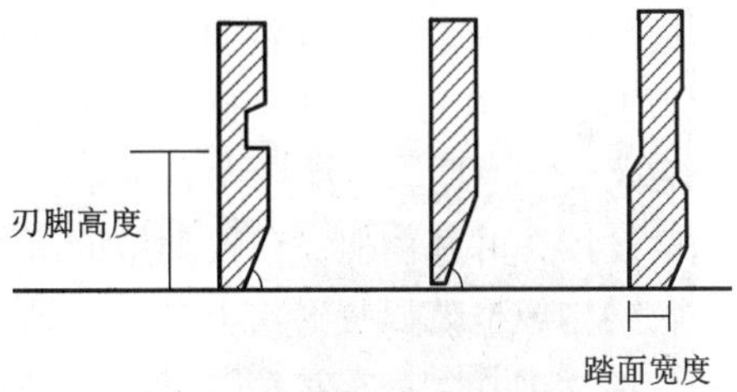

图6-6 刃脚踏面宽度示意图

3. 隔墙

隔墙（内墙）是井孔内部的分隔墙体，隔墙的主要作用是增加下沉过程中沉井结构的刚度，改善井壁受力条件，减小井壁跨径。隔墙把沉井分隔成多个井孔，方便后期挖土和使下沉时受力均衡，当沉井偏斜时也方便纠偏。值得注意的是，机械施工时，取土井的井孔尺寸应满足施工机械自由出入，取土井的布置应简单和对称，一般不小于2.5 m。

隔墙不承受水、土压力，主要满足使用需求和结构需求，因此隔墙设计的厚度比井壁的厚度薄，为0.5~1.0 m。隔墙底面需比刃脚踏面高出0.5~1 m，防止内墙下沉困难。当采用人工挖土时，会在隔墙下端设置过人孔（0.8 m× 1.2 m），以方便人工施工作业。

4. 凹槽

凹槽是井壁内侧下端、刃脚上方的凹陷部分。凹槽作用主要是衔接封底混凝土、底板、井壁，形成整体结构，类似一个卡槽，更好地传递荷载到基底。凹槽的高度取决于底板厚度，是为承担沉井底板反力而设计的构造。凹槽底面一般距离刃脚踏面大约2.5 m，凹槽高度约1.0 m，凹槽的深度为150~250 mm。

5. 井孔

井孔是指由井壁、纵横隔墙或纵横框架围起来的空间。井孔是机械施工作业、人员施工作业时挖土、运土的主要工作场所和施工通道。井孔的平面尺寸必须满足工艺需求，井孔的布局应简单、对称合理，以便对称挖土，保证沉井下沉均匀。井孔最小边长或直径一般大于3.0 m，且一般不超过6 m。当条件许可时，为节省材料减轻自重，有时在井孔内不填充任何东西，做成空心沉井基础或填充砂石材料。

6. 封底、底板及盖板

如果沉井下沉到设计标高，经相关人员检测合格后，并对井底清理平整，即可进行沉井的封底，防止外部的地下水渗入井内。刃脚上方井壁内侧预留凹槽，以便在该处浇筑钢筋混凝土底板和井内结构。封底混凝土顶面应比凹槽高出 0.5 m，以保证封底工作顺利进行。井孔内填充的混凝土强度等级和封底混凝土强度等级需要满足《公路桥涵施工技术规范》(JTG/T 3650—2020)要求。

底板是在封底素混凝土达到设计强度后，在封底混凝土上浇筑填充材料。底板的主要作用是使封底混凝土、底板、井壁更好地连接和传递反力，防止地下水涌入井内。阻止地下水的涌入和基底的隆起，需要在刃脚的水平支撑面到凹槽上部的空间填充防水，并使用能承受基底反力、具备一定刚度的材料。

盖板是在井顶设置钢筋混凝土。盖板的主要作用是承受上部结构的全部荷载。盖板的厚度一般为 1.5~2.0 m，由计算确定钢筋配置。

7. 底梁

底梁设计在井孔内侧，在较大型的沉井中，因使用要求而不能设置内隔墙时，可在井孔内设置底梁构成框架以提升沉井的整体刚度，防止结构变形破坏。有时因沉井高度过大，为使沉井结构受力均匀，常常在井壁不同高度处设置多道由纵横梁组成的框架体系，以此减小井壁在盖板、底板间的跨度。纵横梁底不宜设置得过于复杂，以免增加施工难度和工程造价。

单元知识巩固和拓展

一、知识要点汇总

1. 沉井基础(简称沉井)是指像井筒状的一种地下结构物，它通常周围有壁，上无顶下无底，是采用沉井法施工的一种地下深基础。

2. 沉井埋置深度大，刚度大，整体稳定性好，截面尺寸大，能承受较大竖向荷载和水平向荷载，抗震性能较好，既可作基础，又可挡土或挡水，节约工程造价并缩短工期；施工工艺灵活，施工操作简单；沉井抗渗性能、耐久性能好；施工占地面积小，对周围构筑物的影响较小；沉井地质适用性广，可用于各种复杂地形及地质、场地受限条件下。

3. 沉井按下沉方法不同主要可以分为陆地沉井、筑岛沉井、浮运沉井。

4. 沉井按建筑材料不同划分为混凝土沉井、钢筋混凝土沉井、钢沉井。

5. 沉井按平面形状不同划分为单孔沉井、双孔沉井、多孔沉井，其截面形状有圆形、矩形(倒圆角矩形)、正方形、圆端形、网格形或组合形状。

6. 井壁是指沉井外壁，也是沉井的主要组成结构，既可以作为深基础的围护结构，也可以作为建(构)筑物的基础。

7. 沉井基础一般由井壁、井孔、隔墙、凹槽、刃脚、封底、底板和盖板、底梁等组成。

二、习题练习

习题练习答案

(一)单选题

1. (　　　)是指像井筒状的一种结构物，它通常周围有壁，上无顶下无底，是一种特殊的地下结构物和深基础。

A. 沉井　　B. 桩基础　　C. 扩大基础　　D. 地下连续墙

2. (　　　)是沉井的主要组成结构，既可以作为深基础的围护结构，也可以作为建筑物的基础。沉井下沉过程中会使井壁在水和土压力作用下产生弯曲应力，主要起挡土、隔水及克服阻力作用。

A. 井孔　　B. 井壁　　C. 刃脚　　D. 凹槽

3. (　　　)是指由井壁、纵横隔墙或纵横框架围起来的空间。它是机械施工作业、人员施工作业时挖土、运土的主要工作场所和施工通道。

A. 井孔　　B. 井壁　　C. 刃脚　　D. 凹槽

(二)多选题

1. 沉井按下沉方法不同可分为(　　　)。

A. 陆地沉井　　B. 筑岛沉井　　C. 浮运沉井　　D. 水域沉井

2. 沉井基础施工有哪些特点？(　　　)

A. 开挖限制在沉井范围内，土方量和占地面积不大

B. 省去了开挖支护的费用

C. 节省了降水或排水的费用

D. 深度越大，沉井的优点越突出

3. (2019 年注册岩土工程师试题)近年来，铁路建设中采用挖井基础形式。下列关于铁路挖井基础和沉井基础特点的说法，哪些是正确的？(　　　)

A. 沉井基础适用于水下或地下水丰富的场地和地层条件，挖井基础适用于无地下水的场地和地层条件

B. 设计沉井基础和挖井基础时，井壁与土体之间的摩阻力都可根据沉井和挖井地点土层已有测试资料和参考以往类似沉井和挖井设计中的侧摩阻力

C. 沉井基础和挖井基础施工过程中都需要利用井身混凝土自重克服井壁与土的摩阻力和刃脚底面上的阻力

D. 沉井基础施工是垂直下沉，不需要放坡，挖井基础可根据场地条件放坡施工

三、知识点拓展

案例拓展：钱塘江大桥(桥“坚强”)——气压沉箱法

茅以升首次采用气压沉箱法掘泥打桩获得成功，打破了外国人“钱塘江水深流急，不可能建桥”的预言，增长了中国人民的志气。在建桥工作中，正桥的桥墩工程量最大，分为木桩、沉箱和墩身，它是决定工期的关键。茅以升在气压沉箱法的基础上，发明了现代化的沉箱法来修建钱塘江大桥。为了赶工，打完木桩、运沉箱，沉箱下落时筑墩身，墩身筑完了架钢梁，木桩、沉箱和钢梁，同时动工，一气呵成。1937 年 9 月 26 日，第一列火车驶过了钱塘

江大桥，如图 6-7 所示。茅以升于 1933 年 8 月筹备建桥、1937 年 12 月炸桥、1949 年 9 月复桥，他一生为桥，痴心为桥。

（备注：气压沉箱法是指在地下水位以下，将压缩空气送入形似有顶盖的沉箱内部下水，工人在沉箱里面的干土上进行挖土施工，并通过特殊的装置井运土的方法。在沉箱自重加荷重作用下，沉箱逐步下沉，至设计标高后，用混凝土填实工作室，称作沉箱基础。）

(a) 通车中

(b) 气压沉箱

图 6-7　钱塘江大桥

（案例来源——网络平台）

单元二　旱地沉井施工

学习目标

【知识目标】

1. 了解旱地沉井施工工艺流程，适用范围。
2. 领会旱地沉井拆模及抽垫、挖土下沉工艺要点。
3. 领会沉井的地基检验和处理、沉井封底工艺要点。

【能力目标】

1. 会在合适的工程中应用沉井施工。
2. 能描述旱地沉井的主要工艺流程。
3. 能解决旱地沉井施工中简单的技术问题。

【素质目标】

1. 培养自主学习、逻辑分析能力。
2. 培养严谨求实、一丝不苟的职业素养。
3. 培养刻苦钻研、团结协作的职业素养。

学习导图

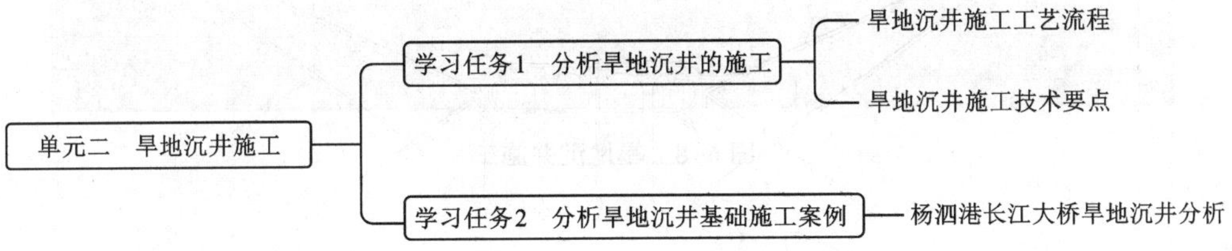

学习任务1　分析旱地沉井施工

学习情境

当不同结构物、建筑物、桥梁工程在地质条件受困，施工要求干扰小，施工方法安全可靠，对周围环境影响小的条件下进行基础施工，且基础需承担很大的竖向和横向荷载、弯矩、扭矩时，工程师们想出了一个新的办法来解决这一问题，就是原地做一个大的空箱体，向下进行挖土施工，类似竹笋反向长高，把它下沉到指定地点，密实填芯，然后在上面盖上“盖子”，相当于在地下修建了一个基础，作为结构物、建筑物、桥梁的基石，这种基础就是旱地的沉井基础，如图6-8所示。那么问题来了：这样一个几百上千吨的庞然大物是如何一节节“长高”，顺利向土里钻进的呢？请同学们思考：旱地沉井基础主要包括哪些工艺流程？它和前面学习的桩基础、地下连续墙基础有什么不同？

图6-8　旱地沉井施工

知识导航

一、旱地沉井施工工艺流程

旱地沉井（陆地沉井）的施工主要包括以下工艺：施工准备、平整场地、铺筑砂垫层、拼装钢刃脚、安装支撑排架和底模、立内模、绑扎钢筋、立外模、浇筑底节混凝土及养护、拆模及抽垫、下沉、接高沉井、基底清理及检验、沉井封底、井内填充及灌注盖板等，如图6-9所示。下面就其中关键工艺进行介绍。

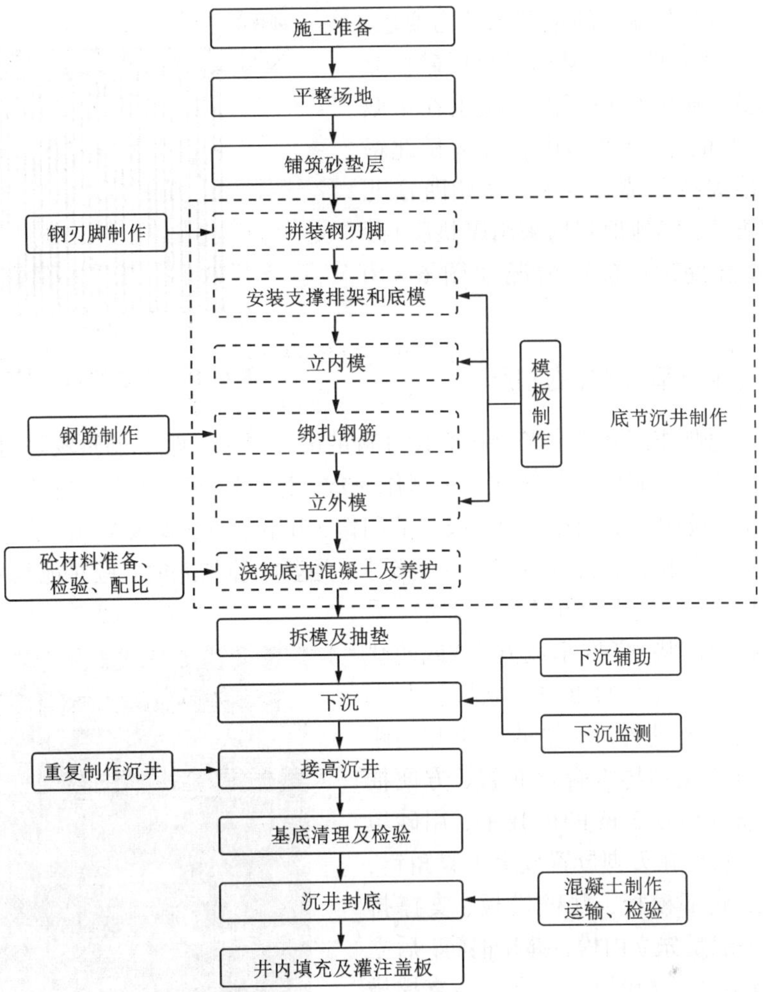

图 6-9　旱地沉井施工工艺

二、旱地沉井施工技术要点

(一)平整场地

旱地沉井施工时，需根据设计图纸放样。在地面上确定和放出沉井纵向与横向的中轴线、基坑轮廓线、水准点等，方便指导施工。当施工场地土质较硬时，清地表杂物、整平场地后，就在地上制造沉井。当施工场地土质一般时，则需要进行地基处理。地基处理包含地基浅层置换(铺垫)、砂桩复合地基。

①地基浅层置换。地基浅层置换是指在基坑处填筑深度大于 0.5 m 的砂垫层或砂砾垫层，用打夯机夯实，其厚度根据计算确定。这主要是防止沉井在混凝土浇筑初期因地面沉降不均产生裂缝。有时可以先人工或机械挖一浅坑，减小沉井下沉深度，然后在坑底制作底节沉井，但坑底应高出地下水面 0.5~1.0 m。该法适合沉井自重不太大情况下的中、小沉井。

②砂桩复合地基。砂桩复合地基是指为满足大型沉井对地基受力要求和施工要求而采用厚垫层+砂桩复合地基的形式进行加固处理。大型桥梁锚碇沉井通常都会在施工前进行地基

处理，以满足大型沉井施工的地基承载力要求。我国大型沉井地基处理通常采用厚垫层砂桩复合地基处理形式，旋喷桩加固的方法也在市政沉井中应用。比如，南京栖霞山长江大桥北锚碇沉井、五峰山大桥北锚碇沉井、温州瓯江北口大桥南锚碇沉井，场地地基均采用厚垫层+砂桩复合地基进行处理，布置情况如图 6-10 所示。

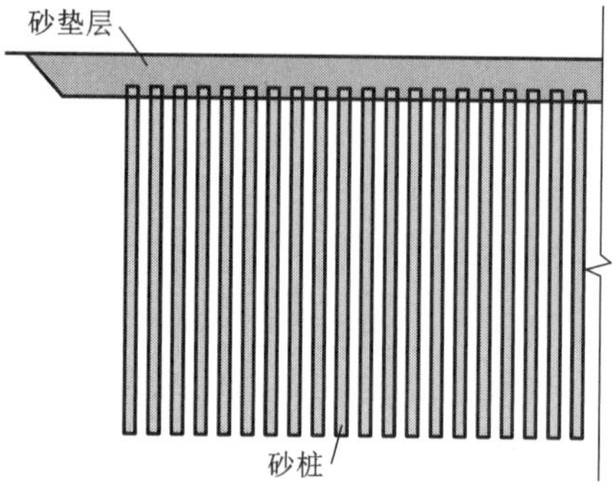

图 6-10　砂垫层+砂桩复合地基

(二)底节(第一节)沉井的制作

在无水的陆地制作沉井时，当地基承载力满足设计要求、地基土质较好时，直接在施工场地整平夯实形成平台制作，宜分节一次制作完成，挖土下沉；对于较高的沉井，应先挖下 3~4 m 土方，在基坑中一次制作下沉，或分节制作、分节下沉，以减少沉井自由高度，增加稳定性，防止倾斜。当地基承载力不满足设计要求、地基土质较差时，应对地基采取加固措施。

在沉井制作之前，通常会在刃脚下支垫。采用在刃脚处对称铺满垫木(枕木或方木)或砖垫的方法，以支撑底节沉井的重量。立模板和绑扎钢筋在垫木定位上进行，支垫的大小和间距应根据荷载计算确定。垫木合理布置，方便抽垫。垫木下常铺筑约 0.3 m 的砂找平，用砂填实垫木的间隙。然后在刃脚位置放上刃脚角钢，安装刃脚模板、底部模板、井壁模板、支撑排架。模板设立一般是先立内模，绑扎钢筋，后立外模，浇筑底节沉井，如图 6-11 所示。支撑排架应具有足够的强度和刚度，以避免不均匀沉降。沉井模板应具有足够的强度、刚度、稳定性、严密性，以避免挠曲变形、漏水等。

图 6-11　沉井钢筋绑扎

刃脚是起切土下沉的作用。施工刃脚时，要确保刃脚外侧与地面垂直，分段、连续、对称均匀地浇筑沉井刃脚及井壁的混凝土，强度达标后才可以下沉，防止结构倾斜或产生裂缝。井身混凝土应密实成型，外立面光滑平整。沉井有防水需要时，可以设置凸缝、加焊止水环、设钢板止水带。

(三)拆模及抽垫

①底节沉井拆模和抽垫。当底节沉井的混凝土强度达设计强度 75%时拆除模板，达到混凝土的设计强度且满足抽垫后受力的要求时，进行垫木抽撤。垫木抽撤遵循分区、依次、对称、同步向外抽出原则。垫木抽撤的顺序：先内壁下，再短边，再长边，后定位垫木。长边下垫木隔一根抽一根，以固定垫木为中心，由远及近对称地抽，最后抽除固定垫木，及时采用砂土回填捣实，防止沉井移动、偏斜开裂。

②沉井接高拆模。当沉井高度较大时，常常采用多次制作、多次下沉的方法。进行后续

接高施工时，模板底部应距地面不小于 1 m。强度满足后续施工要求，不影响结构质量时，可拆除接高沉井的模板。

(四)沉井挖土下沉

沉井挖土可采用人工或机械挖土。沉井内挖土作业先四周后中间核心区域，逐渐扩大挖土范围；机械挖土每层挖土厚度为 0.5 m，在刃脚处留 1.2~1.5 m 宽土台。沉井下沉时，从井孔中间向刃脚处预留的一定宽度土台，由人工或机械逐层切削，对称均匀施工，如图 6-12 所示。

(a) 抓斗挖土　(b) 挖掘机挖土

图 6-12　沉井下沉挖土

沉井下沉，应遵循先中间后四周、分层对称取土、先高后低、均匀下沉、挖掘均衡，以保证下沉顺利。机械(伸缩臂挖机)挖土作业时应分层、对称、均匀。井内靠周边的土方以人工开挖、扦铲为主，人工挖土可使沉井均匀下沉，且易于清除井内障碍物，但应有安全措施。应严格控制每层土的开挖厚度，防止超挖。

沉井下沉施工方法有排水下沉法、不排水下沉法、半排水下沉法，具体沉井下沉方法根据多方因素综合分析确定。大型陆地沉井宜采用不排水下沉法；在稳定的土层中，也可采用排水下沉法。沉井最基本的下沉方法是不排水下沉法。

1. 排水下沉法

排水下沉法是指通过降低地下水位使井孔内水位低于工作面，工人在排水后，进入井孔内进行挖土施工，逐步掏空中间隔墙下部土体，使沉井克服阻力在自重作用下沉的施工方法，如图 6-13 所示。排水下沉法的施工效率高，施工过程直观易懂。

图 6-13　排水下沉法

该方法适用于沉井下沉深度较小、地下水位较低、涌水量不大的情况，广泛适用于大型陆地沉井下沉前期。排水下沉法适用于渗水量不大(不大于 1 m^3/min)的稳定的黏土、亚黏土、各种岩质土，或砂砾层中渗水量虽很大但排水并不困难时。排水下沉法常用的排水方法有表面排水法、井点排水法、井点与表面排水法相结合的方法。

2. 不排水下沉法

不排水下沉法是在保证井孔内水位高于井外水位的情况下，利用吸泥机等机械从井孔内抽取泥水混合物，使沉井在自重作用下下沉的施工方法。不排水下沉法的主要类型有抓斗挖土下沉、水力冲射器冲土、水力吸石筒吸泥、空气吸泥机吸泥、水力吸泥机抽吸水中泥土、用钻吸排土下沉施工。

不排水下沉法不需要降水，施工过程中对周边环境、构筑物影响小，但施工工艺较复杂，效率相对较低，且沉井下沉姿态控制困难，费用较高。

不排水下沉法可在流砂严重的地层和渗水量大的砂砾地层中使用，以及地下水无法排除或大量排水会影响附近建筑物的安全的情况下使用，适用于沉井下沉后期降排水条件无法满足降水深度要求的情况。

①挖土机、抓斗挖土：采用挖土机或用起重机吊住抓斗挖掘井底中央部分的土，使沉井底形成“弧形锅底”。在砂或砾石类土中，一般当锅底比刃脚低 1～1.5 m 时，沉井即可靠自重下沉，而将刃脚下的土挤向中央“弧形锅底”，再从井孔中继续抓土，沉井即可继续下沉。在黏质土或紧密土中，刃脚下的土不易向中央塌落，辅助射水管持续松土。合理安排抓斗数量，在井孔施工作业，应使各个井孔均匀下沉，保证井孔内土面之间的高差小于 0.5 m，如图 6-14 所示。

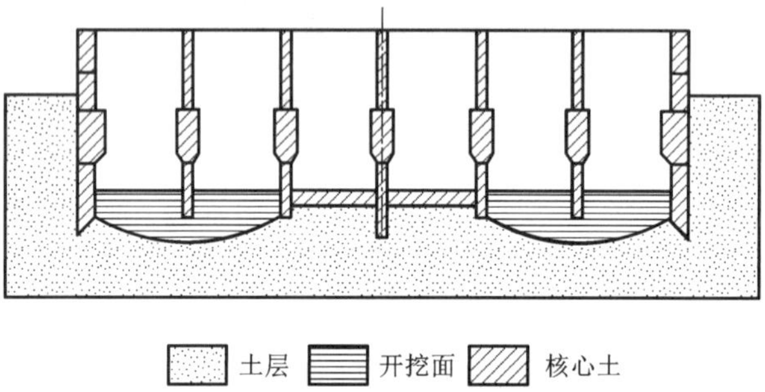

图 6-14　沉井下沉开挖示意图

②水力机械冲土：采用空压机、水力吸泥机、空气吸泥机、高压射水装置、供水、供气、吸泥起重等大量的配套设备，利用高压水枪射出的高压水流冲刷土层，使其形成黏稠的泥浆并聚集到泥坑，然后用水力吸泥机、空气吸泥机抽吸泥浆，利用排泥管把泥浆排出井孔外。简单来说，就是将土体冲刷转化为泥浆后排出。应注意不同土层的水力机械冲刷角度问题。施工时，应使水力吸泥机吸出的泥浆量与高压水枪喷出的泥浆量和地下渗入的水量齐平。

3. 半排水下沉法

半排水下沉法是在保持井孔内部与外部水头差，维持井外降水的同时向井内补水，即工人在井孔内的浮箱工作平台上操纵高压射水管、泥浆泵等机械进行吸泥，使沉井下沉的施工方法。该方法是介于排水下沉法和不排水下沉法之间的一种过渡性施工方法，马鞍山长江公路大桥锚碇基础沉井施工，就成功应用了半排水下沉法施工。

当采用排水下沉法下沉底节沉井时，对设计支承位置处的土，应在分层除土的最后同时挖除；当沉井为双孔沉井或多孔沉井，沉井井室较多时，挖除时应协调控制各井室间除土的高度，使之受力均匀，不发生沉井倾斜，并应避免底部土层顶托隔墙底部。当采用吸泥吹砂等方法下沉时，应及时向井内补水，保持井内外的水位平衡或井内水位不低于井外水位；井内吸泥吹砂和挖土作业时，均保持对称均匀，防止局部吸吹不当导致沉井失稳。

(五)沉井下沉辅助和沉井下沉监测

(1)沉井下沉辅助

沉井下沉常需要借助于一些辅助措施，来加速其进程，常用助沉措施有触变泥浆下沉、空气幕、高压射水、降水(抽水法)下沉、压重下沉、沉井井壁外侧挖土法下沉、震炮下沉、砂套助沉。沉井下沉还需要采取沉井周围隔水措施、深井降水措施、沉井稳定措施等。

(2)沉井下沉监测

沉井下沉施工需要制定现场监测控制方案。对沉井基础的监测主要包括以下几方面：沉井下沉过程姿态监测、沉井下沉阻力监测、沉井结构安全监测、沉井施工对周边环境及构筑物的影响。

①沉井下沉过程姿态监测主要包括沉井下沉量、下沉速率、沉井倾斜、水平位移、平面扭转。

②沉井下沉阻力监测包括侧壁摩阻力、刃脚反力监控。

③沉井结构安全监测包括隔墙底部应力、刃脚根部应力监测。

④沉井施工对周边环境及构筑物的影响包括环境温湿度、地下水位、周边构筑物(建筑物)沉降。

(六)接高沉井

钢筋混凝土沉井的制作有一次制作和多节制作、地面制作和地坑制作等方案。一次制作适合于沉井高度不大时，可减少接高作业，加快施工进度；多节制作适合于高度较大时，但尽量减少分节节数。每节制作高度的确定，应保证地基及其稳定性，并有适当重量使其顺利地下沉，一般每节高度以 6~8 m 为宜。计算每节下沉系数，保证沉井顺利下沉。

沉井接高时间为底节沉井下沉至一定深度(井顶露出地面大于 0.5 m)时，停止挖土，开始接高下节沉井。沉井接高前，保持刃脚周围台面土体不变，不得掏空，检查并纠正前节沉井的问题。钢筋混凝土沉井接高采用翻模法进行，按沉井结构与下沉顺序逐段进行混凝土沉井的结构施工，主要的施工步骤如下：凿毛底节沉井的顶面，钢筋接长，模板安装，混凝土浇筑养护，模板拆除，如图 6-15 所示。

(a) 沉井灌注混凝土接高　　(b) 灌注完毕

图 6-15　沉井接高

大型陆上沉井施工，工序繁多，项目控制难度大，相较其他工程需进行精细化施工。接高下沉是沉井最重要的施工工序，关系沉井施工成败。沉井施工中需确定沉井接高高度、沉井下沉开挖工艺，以及选择沉井开挖方法。

(七)基底检验和处理

沉井下沉至设计高程后，应检验基底地质条件是否与设计资料相符。采用排水下沉法时可直接检验，采用不排水下沉时则应进行水下检验，必要时可用钻机取样进行检验。当基底达到设计要求后，应对地基进行必要的处理。砂性土或黏性土地基，一般可在井底铺一层砾石或碎石至刃脚底面以上 200 mm。未风化岩石地基，应凿除风化岩层，若岩层倾斜应凿成阶梯形。要确保井底地基尽量平整，无浮土，清除干净软土，确保沉井、封底混凝土、地基衔接密实。

(八)沉井封底

当沉井下沉至离基底标高接近 0.5 m 时，应暂缓挖土作业，待沉井下沉稳定后，采用人工方式继续挖至设计标高，防止沉井超挖和超沉；沉井下沉到位沉降趋于稳定后(沉井下沉至设计标高，再经 2~3 d 下沉稳定，或经观测在 8 h 内累计下沉量不大于 10 mm)立即进行沉井的封底。沉井封底方法主要有干封底(排水封底)和水下封底(不排水封底)两种。

1. 排水封底(干封底)

排水封底是冲刷或凿毛新老混凝土接触面，修整井底，使之形成“弧形锅底”，由刃脚向中心开挖放射形排水沟，填充卵石做滤水暗沟，在中部设 1~4 口集水井，深 1~2 m，井间用盲沟相互连通，插入短钢管或混凝土管，管周填以卵石，使井底的水流汇集在井中，并保持地下水位低于井内基底面 0.3 m 的封底方法。适用条件为基底透水性低，涌水量小，无流砂。排水封底的优点是混凝土强度和密实性好，节约了水下封底混凝土养护和抽水时间。新浇混凝土底板未达强度不得承受地下水压力，多用集水井。

2. 不排水封底(水下封底)

不排水封底即在水下进行封底。封底混凝土用直升导管法灌注。灌注前清除干净井底的残渣，新老混凝土接触面用水冲刷干净，并铺碎石垫层。养护 7~10 d，待水下封底混凝土达到所需要的强度后，从沉井中抽水，按排水封底法施工上部钢筋混凝土底板，结合具体要求进行养护，并且保证相应的情况能满足设计强度。当浇筑混凝土面积较大、用量较大时，可以采用多根导管集中灌注，也可以采用中心集料斗灌注沉井混凝土，如图所示 6-16。

图 6-16　中心集料斗沉井混凝土灌注

(九)井孔填充和顶板浇筑

封底混凝土达到设计强度后，再排干井孔中的水，填充井内圬工。如井孔中不填料或仅填砾石，则井顶应浇筑钢筋混凝土顶板，以支撑上部结构，且应保持无水施工。最后砌筑井上构筑物，并拆除临时性的井顶围堰。

学习任务 2　分析旱地沉井基础施工案例

学习情境

杨泗港长江大桥是一座双塔悬索桥，是武汉市第十座长江大桥。该桥位于距离白沙洲长江大桥下游约 2.8 km、鹦鹉洲长江大桥上游约 3.2 km 处，东连武昌八坦立交，西起汉阳国博跨线桥。杨泗港长江大桥全长 4.134 km，如图 6-17 所示。1 号主塔桥墩沉井靠近岸边，属于陆地沉井。主塔基础设计采用了圆端形沉井，沉井底部位于硬塑黏土层，沉井高 38 m，底部为钢结构，上部采用混凝土结构，创新了钢混结构；沉井平面尺寸 77.2 m×40.0 m，分 18 个井孔，3 次下沉(分别采用排水下沉法、不排水下沉法、空气吸泥下沉法)，12 次接高，采用翻模法接高下沉。请同学们思考：为什么要这样设计？可以采用桩基础方案吗？杨泗港大桥 1 号桥墩下沉井基础如何施工？

(a) 大桥效果图

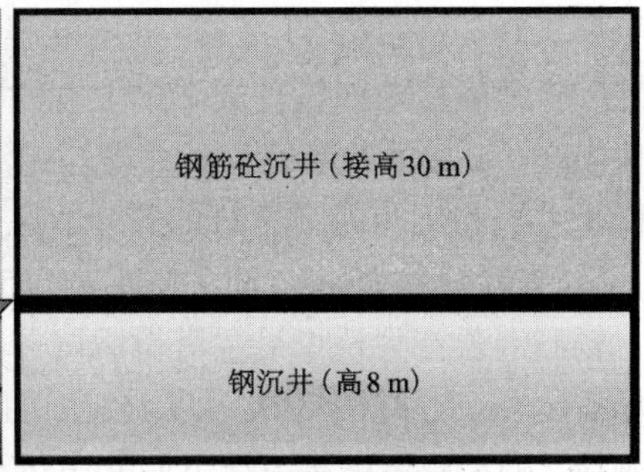

(b) 陆地钢混结构沉井

图 6-17　杨泗港长江大桥(1 号主塔桥墩沉井 38 m)

知识导航

杨泗港长江大桥旱地沉井分析

(一)大桥情况介绍

杨泗港长江大桥由中铁大桥勘测设计院集团有限公司设计，中铁大桥局集团有限公司施工，于 2014 年 12 月正式开工，2019 年 10 月 8 日通车运营，投资造价约 85 亿元。杨泗港长江大桥立面设计图如图 6-18 所示。主桥设置双层双向 12 车道，是世界上通行能力最大的公路桥梁；道路上层桥面为城市快速路，设计车速为上层 80 km/h；下层桥面为城市主干路，设计车速为 60 km/h。锚碇基础采用直径 98 m 的圆形地下连续墙结构，是世界上最大的圆形桥梁基础；主塔采用钢筋混凝土结构 38~50 m 高的大型沉井基础，采用钢壳混凝土和钢筋混凝土相结合形式，沉井为多孔矩形沉井，平面尺寸为 77.2 m×40.0 m，井壁砼约 5.0 万 m^3。

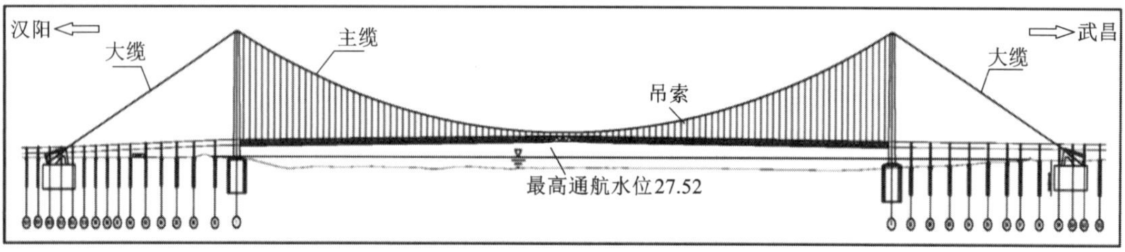

图 6-18　杨泗港长江大桥

(二)1 号墩旱地沉井施工介绍

武汉杨泗港长江大桥 1 号主塔桥墩基础采用圆端形沉井，沉井底高程为-15.0 m，顶高程为+23.0 m，总高 38 m，其中底节为钢沉井，高 8 m，混凝土沉井部分高 30 m；标准段井身平面尺寸为 77.2 m×40.0 m，圆端半径为 12.9 m，沉井平面布置为 18 个 11.2 m×11.2 m 井孔，为减少侧壁摩阻力，快速下沉，第一节沉井尺寸比标准节段长、宽每侧均增加 0.2 m，沉井壁厚 2.0 m，隔墙厚 1.2 m，井壁混凝土约 3.2 万 m^3；为保证封底混凝土抗剪受力需要，底节外壁板及隔墙断面设计成下窄上宽的楔形，并在第二节沉井及沉井封底混凝土高度范围内设剪力键。1 号沉井基础位于大堤外侧江滩上，大桥 1 号塔沉井一面临水，另一面临近大堤，为保障大堤和沉井周围建筑的安全，在沉井大堤间设置 C 形防护结构。在沉井靠近大堤侧 10 m 处布置深度为 40.5 m、桩径为 1.5 m 钻孔灌注防护桩，防护桩间距 1.8 m。

杨泗港长江大桥 1 号主塔桥墩沉井在汉阳岸，总高 38 m，设计成陆地沉井，施工方案为现场拼装，3 次接高，3 次下沉。施工的主要步骤：底节钢沉井在现场利用卧式胎模具上分节段制造，采用履带吊将节段下胎并吊运至沉井工作区进行安装，然后完成节段间焊接。钢沉井拼装完成后，浇筑刃脚混凝土，混凝土强度满足要求后，抽取垫块，再浇筑第二层高 5.4 m 的混凝土。然后采用翻模法接高混凝土沉井。混凝土沉井共 6 个节段，共分 12 次接高，每次接高 2.5 m。

沉井分 3 次下沉，分别下沉 13 m、10 m、15 m。沉井第一次下沉采用排水下沉法，因为土层为素填土，利用冲吸泥取土(高压水切割土体形成泥浆)，然后利用泥浆泵将泥浆抽排出沉井。沉井第二次下沉采用不排水下沉法，土质条件为粉质黏土层、砂层，利用空气吸泥机进行吸泥、排泥。第三次下沉采用空气吸泥法，土质条件为砂层、圆砾土层、硬塑黏土。进入圆砾土层后，采用爆破助沉、高压射水、空气幕等助沉措施。在圆砾土和硬塑黏土层中，空气吸泥机吸取泥土困难，因此采用潜水挖泥机进行取土，采用双头铰刀钻头。潜水动力装置驱动钻头切削泥土，通过空气吸泥机将泥浆排出井孔，持续作业，不断向下挖掘取土。原位拼装 8 m 高钢壳，浇筑混凝土，接高 5 m 混凝土沉井，第一次下沉 9.5 m；接高 10 m 混凝土沉井，第二次下沉 10 m；接高 15 m 混凝土沉井，第三次下沉 18.5 m。武汉杨泗港长江大桥 1 号主塔桥墩沉井基础施工如图 6-19 所示。

(a) 砂垫层施工　(b) 钢壳拼装　(c) 混凝土沉井接高

(d) 首次冲吸泥下沉　(e) 潜水挖泥机吸泥下沉　(f) 1 号主塔桥墩沉井下沉全景

图 6-19　武汉杨泗港长江大桥 1 号主塔桥墩沉井基础施工总图

(三)旱地沉井基础施工要点介绍

杨泗港长江大桥 1 号塔桥墩沉井基础下沉解决了桥塔超大型沉井在超厚超强硬塑黏土层中下沉困难的问题。杨泗港长江大桥 1 号主塔桥墩采用沉井基础，两岸主塔处覆盖层构成有差异，均包含较厚的坚硬黏土层。沉井基底持力层均为硬塑黏土层，承载能力较好。1 号主塔桥墩沉井靠近武昌立交，依次穿越粉质黏土层、细砂层、中砂层和硬塑黏土层，局部夹杂圆砾土层，硬塑黏土层厚度为 0.5~6.2 m，入土深度为 38 m。1 号主塔桥墩沉井基础需在硬塑黏土层中下沉 6.2 m。施工采用了如下沉井下沉助沉技术：水下爆破、弯头吸泥、高压射水除土、潜水挖泥机挖土、空气幕，技术保证沉井顺利下沉。

单元知识巩固和拓展

一、知识要点汇总

1. 旱地沉井施工主要包括以下工艺：施工准备、平整场地、铺筑砂垫层、拼装钢刃脚、安装支撑排架和底模、立内模、绑扎钢筋、立外模、浇筑底节混凝土及养护、拆模及抽垫、下沉、接高沉井、基底清理及检验、沉井封底、井内填充及灌注盖板等。

2. 沉井下沉遵循先中间后四周、分层对称取土、先高后低、均匀下沉、挖掘均衡，以保证下沉顺利。沉井下沉施工方法有排水下沉法、不排水下沉法、半排水下沉法。

3. 沉井下沉常需要借助一些辅助措施来加速其进程，常用助沉措施有触变泥浆下沉、空气幕、高压射水、降水（抽水法）下沉、压重下沉、沉井井壁外侧挖土法下沉、震炮下沉、砂套助沉。

4. 当底节沉井的混凝土强度达到设计强度75%时拆除模板，达到混凝土的设计强度且满足抽垫后受力的要求时，进行垫木抽撤。垫木抽撤遵循分区、依次、对称、同步向外抽出原则。

5. 沉井封底主要分为干封底（排水封底）和水下封底（不排水封底）两种。

二、习题练习

习题练习答案

（一）单选题

1. 沉井施工时混凝土达到设计强度的（　　）时可拆除模板，强度达到设计强度后才能抽撤垫木。

A. 70%　　B. 75%　　C. 85%　　D. 100%

2.（　　）遵循先中间后四周、分层对称取土、先高后低、均匀下沉、挖掘均衡，以保证下沉顺利。

A. 沉井下沉　　B. 沉井开挖　　C. 沉井封底　　D. 沉井填充

3. 当底节（第一节）沉井下沉至一定深度（井顶露出地面大于0.5 m）时，停止挖土，开始接高下节沉井。沉井接高不包括哪个施工步骤？（　　）

A. 凿毛底节沉井的顶面　　B. 钢筋不接长

C. 模板安装　　D. 混凝土浇筑

4. 沉井挖土可采用人工挖土或机械挖土，沉井内挖土作业先四周后中间核心区域，逐渐扩大挖土范围；机械挖土每层挖土厚度为0.5 m，在刃脚处留（　　）宽土台。

A. 0.5~1 m　　B. 0.5~1.2 m　　C. 1~1.2 m　　D. 1.2~1.5 m

（二）多选题

旱地沉井下沉施工有哪些方法？（　　）

A. 抽排法　　B. 排水下沉法　　C. 不排水下沉法　　D. 半排水下沉法

（三）简答题

旱地沉井施工工艺流程是什么？

三、知识点拓展

案例拓展：南京新生圩长江大桥北岸锚碇沉井基础

南京新生圩长江大桥位于南京八卦洲长江大桥和南京栖霞山长江大桥之间，全长约13.17 km。南京新生圩长江大桥为主跨1760 m的双塔单跨悬索桥。南京新生圩长江大桥北岸锚碇采用矩形沉井基础，平面上共分20个井孔，前侧一排填水，其余四排填砂，如图6-20所示。沉井基础长和宽分别为70 m和50 m，南京新生圩长江大桥北岸锚碇沉井基础首节沉井长度为70.4 m，宽度为50.4 m，高度为50 m。沉井一共有9节，其中第一节为钢壳混凝土沉井，高度为 8 m；第二至九节为钢筋混凝土沉井，其中第二节高度为 6 m，第三至八节高度为 5 m，第九节高度为 6 m。沉井封底混凝土厚度为 12 m。基底置于密实的圆砾土层。沉井第一节井壁厚由 2.4 m 渐变至 2.25 m，隔墙厚由 2.0 m 渐变至 1.7 m；第二节井壁厚度为 2.8 m，隔墙厚度为 3.2 m；其余各节井壁厚度为 2.2 m，隔墙厚度为 2.0 m。除第一节未设置倒角外，其余几节隔墙与隔墙间的倒角、隔墙与井壁间的倒角均为 0.8 m×0.8 m，沉井刃脚高度为 2.05 m，刃脚踏面宽度为 0.2 m。沉井穿越的土层从上往下依次为杂填土层、粉质黏土层、粉砂层、粉细砂夹少量粉质黏土层、粉细砂层、中砂层、粉细砂层、圆砾层；沉井底部位于密实的圆砾土层中。采用砂桩复合地基加固的方法对地表软弱土层进行地基处理。

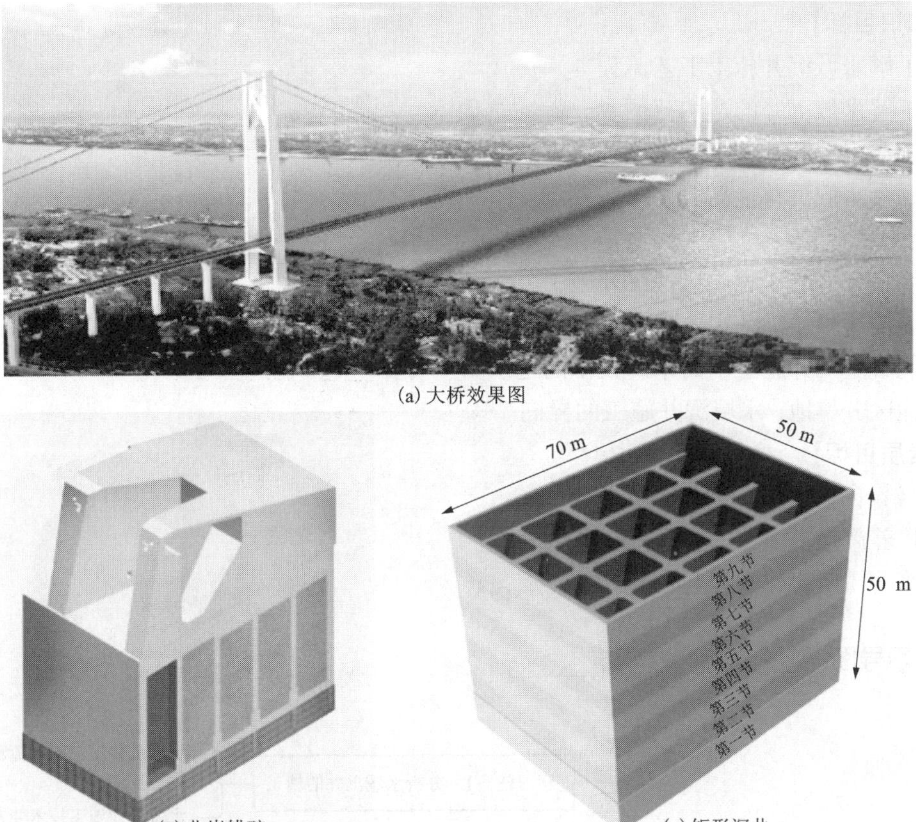

(a) 大桥效果图

(b) 北岸锚碇

(c) 矩形沉井

图 6-20　南京新生圩长江大桥

（案例来源——知网论文）

单元三　水域沉井施工

学习目标

【知识目标】

1. 了解水域沉井施工工艺流程。
2. 了解水域沉井的适用范围。
3. 领会水域沉井挖土下沉工艺要点。
4. 领会水域沉井接高沉井工艺要点。

【能力目标】

1. 能在合适的工程中选择沉井施工。
2. 能描述水域沉井主要工艺流程。
3. 能解决沉井施工中简单的技术问题。
4. 能区分旱地、水域沉井施工的异同。

【素质目标】

1. 培养自主学习、逻辑分析能力。
2. 培养严谨求实、一丝不苟的职业素养。
3. 培养团队协作意识与创新精神。

学习导图

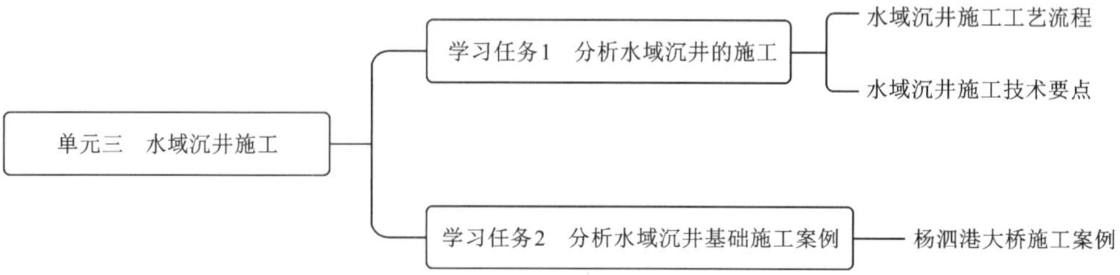

学习任务 1　分析水域沉井施工

学习情境

桥梁在穿越有水流冲刷的河流、深水区域中，没有很好的土层作支撑，但是基础需要承担很大的竖向和横向荷载时，工程师们想出了一个新的办法来解决这一问题，就是人为地在地上做一个大的空壳结构，把它下沉到指定地点，然后空壳内密实填芯，最后在上面盖上“盖子”，相当于在地下修建了一个基础作为桥墩下牢固的基石，这就是水中的沉井基础，它就像水中的“定海神针”，如图 6-21 所示。那么问题来了：这样一个几百上千吨的庞然大物是如何从岸边运送到较远的深水区域，然后顺利下沉到设计标高呢？请同学们思考：水域沉井基础主要包括哪些工艺流程？它和我们前面学习的旱地的沉井基础有什么不同？

图 6-21　水域沉井施工

知识导航

一、水域沉井施工工艺流程

近年来，随着桥梁科学技术的不断发展，针对在水深、流急、覆盖层厚的水文、地质条件下修建桥梁基础，工程师们设计了一种沉井基础。沉井是一个带有斜面刃脚的筒形结构，分节段制作，每节段包含数个单元箱体，对称布置。施工时，将已拼就的底节沉井浮运就位，起吊下水，然后接高并在沉井内灌水下沉，沉井定位着床后，视需要在沉井内灌注混凝土(或灌水)以增加沉井的重量，并在沉井内吸泥下沉，水中接高继续下沉，使其渐渐均匀地下沉到设计标高，然后封底，填芯施工，制作盖板，如图 6-22 所示。

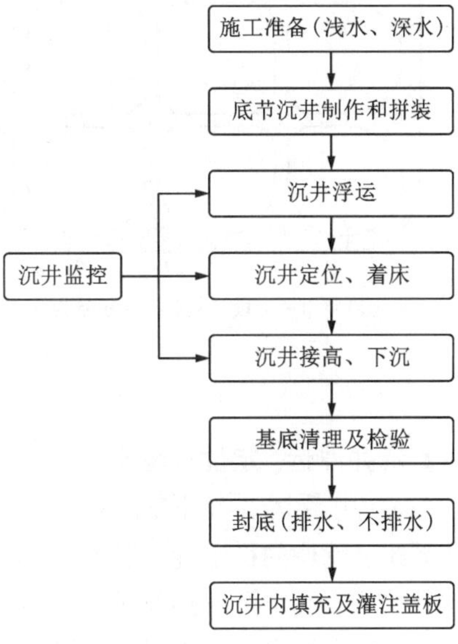

图 6-22　浮运沉井施工工艺流程

水域沉井施工工艺和旱地沉井施工工艺有相同之处，也有不同之处，主要分为几个阶段，即沉井下沉前、下沉中。沉井下沉前，旱地沉井是就地制造、就地下沉，对于地基土承载力要求高，侧重于地基处理方面，可以铺筑砂垫层，地基换填，砂桩复合地基；水域沉井是岸边制作、水中下沉，侧重于沉井如何浮运到设计位置，水中“大个头”如何精准定位与着床。常采用的定位方法有锚墩定位、锚碇定位、导向墩定位。沉井下沉中，旱地沉井可以采用排水下沉法，下沉遇到困难可以采用井壁高压射水、砂套、水下爆破、降水减浮等辅助措施；水域沉井可以注水下沉，要考虑河床的冲刷，考虑强大的河水(海水)、台风的影响，制定相应的技术措施。其他施工工艺大致相同，不做详细展开。

二、水域沉井施工技术要点

1. 沉井的制作

浅水或浅滩时，沉井宜就地筑岛制作；制作沉井的筑岛平面和开挖基坑的基坑底部标高高出施工期可能出现的最高水位 0.5~0.7 m，有流冰时，应再适当加高。筑岛的尺寸应满足沉井制作及沉井抽垫的要求。

沉井每节制作高度应能保证其自身稳定，有足够的重力，便于顺利下沉。一般来说，底节沉井的最小高度应满足抵抗拆除支垫后的竖向挠曲应力。当土质条件比较好时，可增加沉井的制作高度。浇筑前混凝土应检查沉井纵向、横向中轴线位置等各项指标是否符合设计要求。

水域沉井制作主要是钢沉井和浮运沉井。钢沉井在工厂内加工制作，分段分块吊装拼装，浮运沉井综合沉井的规模大小、河流地形情况、各种设备条件，确定下水施工方案、制作场地，如图 6-23 所示。

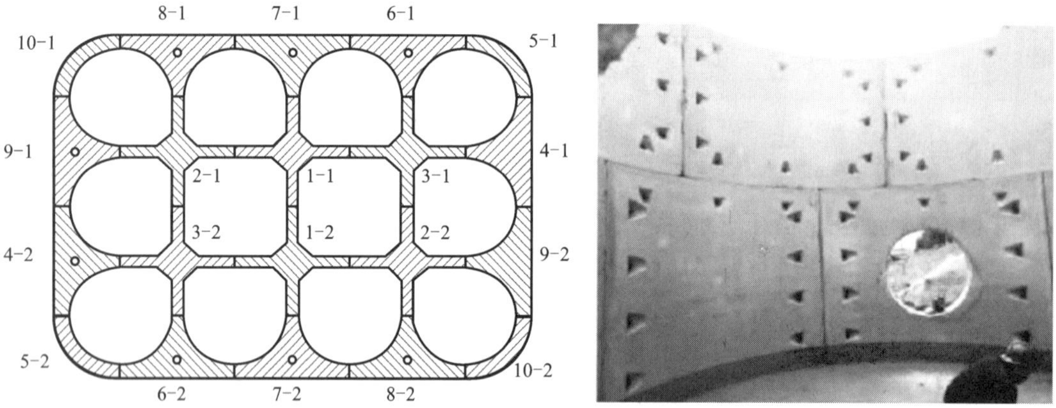

(a) 钢沉井分段吊装顺序（序号为分段顺序）　　(b) 钢筋混凝土装配式沉井

图 6-23　沉井制作

2. 沉井浮运、定位和着床

(1)沉井浮运。沉井在浮运之前应制定专项浮运施工方案，专项方案应验算定位系统、浮运系统、就位的稳定性。除此之外，各种浮运沉井在浮运前、下水前，还需要进行结构的水密性检查，底节沉井还要进行水压试验，满足各项要求后，才可以进行浮运施工。岸边制作的浮运沉井，水中施工时，应根据下水方法、结构形式、环境条件等情况综合分析确定下水方法。底节沉井可采用滑道法、船坞法、气囊法、起吊法等方法浮运至指定地点，如图6-24所示。可以采用拖轮拖运或绞车牵引，在气象和水文条件有利时浮运沉井，当水深和流速大时，为了保证沉井稳定性，可在沉井两侧设置一定数量牵引船助力。在沉井浮运、沉井定位的施工过程中，沉井露出水面的高度应大于1.5 m。

(a) 滑道法下水　(b) 气囊法下水　(c) 船坞法下水

图6-24　沉井下水方法

(2) 沉井定位。沉井的定位系统主要有锚墩定位法、锚碇系统定位法、导向墩定位法。定位方法的选择需结合工程特点、施工方案合理比选。钢沉节段的定位系统的设计施工至关重要，应使沉井在强潮急流中精确定位，而且要能方便、快速地调整定位系统各锚缆张力，使钢沉井段最终精确定位。沉井定位系统布置是施工过程的重难点。图6-25所示为采用锚墩法定位系统。

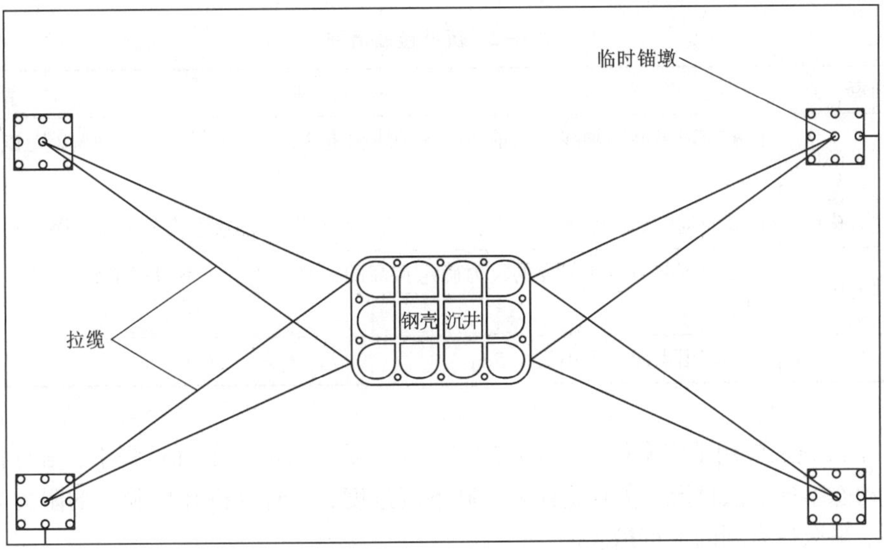

图6-25　强潮急流中沉井锚墩定位示意图

(3) 沉井着床。沉井在着床过程中，需要充分考虑浮力、风力、水流压力、波浪力、冰压力等对沉井的影响。比如，沉井着床时，底部会出现强大的水流冲刷，使河床面前低后高，严重影响沉井的着床和定位精度，需要精准控制河床冲刷深度、淤积堆积情况，使钢沉井着床前河床底面保持平整，计算和判断预偏方向和预偏量，确保沉井在深水急流中准确定位和着床施工。

3. 沉井下沉、沉井接高及纠偏

沉井接高下沉是施工中的重要工序之一。沉井尺寸往往比较大，穿越地层比较深，应根据不同的地质、施工环境、机械设备情况，合理采用相应的下沉方法。目前，国内外沉井不排水下沉吸泥工艺主要有以下几种方法：水中机械抓斗取泥、水力吸泥、冲吸法空气吸泥、钻吸法空气吸泥。以上各种吸泥方法的方案特点、对施工的影响、适用土层、取土效率、与沉井接高灵活度、施工安全、施工费用均不相同，需对比分析后综合选用。

沉井吸泥下沉施工遵循“先中间后侧边、分层对称取土、先高后低、及时纠偏”的原则，保持沉井姿态稳定，垂直沉降。为了避免沉井在井底过深时突然下沉和翻砂，导致沉井下沉和倾斜失控，通常将沉井中间的底部深度控制在 2 m 左右，如图 6-26 所示。

图 6-26　沉井水中下沉施工

采用下沉辅助措施。当沉井下沉困难时，可采用空气幕、泥浆润滑套、井外高压射水、压重或接高沉井等辅助措施助沉。例如，压重排水是指在沉井顶端增设平台压重或强制性排井孔的水，降低井孔内的水位而相对增加自重，迫使沉井下沉。

沉井接高。接高前应满足各项要求，着床前后和水上接高采取措施如表 6-2 所示。

表 6-2　沉井接高措施

时间点	接高措施
水域沉井接高前	接高节段纵向中轴线应与前节的中轴线相重合，沉井的倾斜在允许偏差范围内，开始接高下沉
水域沉井着床前	接高应均匀、对称地进行，并应采取措施防止沉井在悬浮状态接高过程中发生倾斜
水域沉井着床后	应结合沉井下沉所需要的重力确定接高的适宜高度，并不得提前将刃脚下部的土层掏空
水域沉井水上接高	井顶露出水面应不小于 1.5 m

沉井下沉施工应制定安全措施，防止发生安全、质量事故。下沉过程中，信息化管理下沉情况，动态掌握土层情况，实时监控和控制下沉进度，及时分析和检验土的阻力与沉井重力的关系，采取最有利的下沉措施。

沉井下沉中，针对沉井基础水文、地质条件和结构自身特点，对沉井下沉过程中可能遇到的问题进行研究，比如，沉井刃脚发现异物，沉井下沉困难，沉井偏位、沉井倾斜，沉井突沉，沉井超沉，汛期来临。及时发现沉井施工中可能出现的上述现象，分析其产生原因（土质不好、地层软硬不均、挖土不均匀、受偏压荷载等因素），并提出相应的控制措施。比如，沉井下沉时应随时纠偏，保持竖直下沉，检查频率是每下沉 1 m 至少应检查一次；当沉井出现倾斜时，应及时纠偏。下沉至设计高程以上 2 m 左右时，应适当调整下沉速度，合理控制井孔除土量和除土位置，使沉井能平稳顺利下沉，准确到位。

4. 沉井基底检验与沉井封底

沉井下沉至设计高程后，应检验基底的地质条件是否与设计资料相符。

不排水下沉的沉井基底面应整平，基底为岩层时，岩面残留物应清除干净，清理后的有效面积不得小于设计要求，岩面倾斜时的处理应符合《公路桥涵施工技术规范》的规定。

排水下沉沉井的基底处理应符合《公路桥涵施工技术规范》的规定。井壁隔墙及刃脚与封底混凝土接触面的泥污亦应清除干净。对下沉至设计高程后的沉井尚应进行沉降观测，沉降稳定且满足设计要求后方可封底。

沉井基底经相关人员检验合格及沉井沉降趋于稳定后，应立即封底。不排水下沉的沉井应采用水下混凝土的浇筑方法进行封底；对排水下沉的沉井，基底渗水的上升速度小于6 mm/min时，可用普通混凝土的浇筑方法进行封底，当渗水的上升速度超出要求时，采用水下混凝土进行封底。当为水下压浆混凝土封底时，按设计要求施工。封底质量至关重要，要求水下混凝土沉井封底宜全断面一次连续灌注成型；对特大型沉井，可分区、分块、分幅进行封底，每一区域的封底施工连续灌注成型。

5. 沉井内填充及灌注盖板

沉井井孔填充时，选用的材料的质量、数量、填充流程需要满足相关设计要求。灌注沉井盖板的钢筋混凝土应满足相关要求。

学习任务2 分析水域沉井基础施工案例

学习情境

杨泗港长江大桥2号墩沉井基础在水中，属于水域沉井(图6-27)。主塔基础设计采用了圆端形沉井，沉井底部位于硬塑黏土层，沉井高50 m。底部为钢结构，上部采用混凝土结构，创新了钢混结构；沉井平面尺寸为77.2 m×40.0 m，分18个井孔，3次注水下沉，分9节接高下沉。请同学们思考：为什么要这样设计？可不可以采用桩基础？杨泗港大桥2号墩沉井基础如何施工？

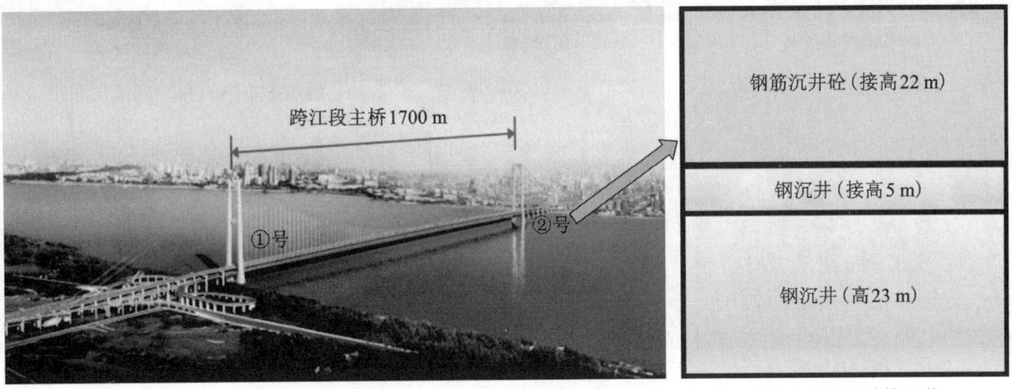

(a) 大桥效果图　　(b) 水中钢混结构沉井

图6-27　杨泗港长江大桥(2号主塔沉井基础50 m)

知识导航

杨泗港长江大桥施工案例

(一)2 号墩水域沉井施工介绍

杨泗港长江大桥 2 号墩位于武昌侧河中，为水域沉井，墩位处水深 2~18 m。2 号墩采用沉井基础，标准段井身平面尺寸为 77.2 m×40.0 m，平面布置 18 个 10.6 m×10.6 m 的井孔，井壁厚 2.3 m，隔墙厚 1.8 m。沉井高 50 m，其中下部 28 m 为钢壳混凝土结构(分 2 节，高度分别为 23 m 和 5 m)，钢沉井重约 4850 t，井壁内填充混凝土 30298 m^3；上部 22 m 为钢筋混凝土结构(分 9 节，高度为 5×2.5 m+1.85 m+2×2.5 m+2.65 m)，其混凝土量为 18098 m^3。沉井总重约 12.1 万 t。沉井设计顶高程为+11 m、底高程为-39 m，墩位处河床高程为+7~+11 m。2 号墩沉井持力层为硬塑黏土层，下沉需穿过厚 1.8~10.8 m 的硬塑黏土层。

杨泗港长江大桥 2 号墩沉井施工的主要步骤如下：沉井分段制作 23 m 高的底节钢沉井在工厂内加工后，采用气囊法下水；采取在钢沉井底部设置纵梁、横梁及底托板，封闭 12 个井孔的助浮措施，以减小沉井浮运吃水深度。底节钢沉井采用以顶推为主、帮拖为辅的方式浮运，下水后经过 20 km 运输至桥墩位置后抛锚、定位；定位后接高余下 5 m 高的钢沉井，第一次注水下沉，并浇筑钢沉井混凝土；钢沉井下沉到位后，分 6 次接高 14.35 m 高的钢筋混凝土沉井，第二次下沉；分 3 次接高 7.65 m 高的钢筋混凝土沉井后再接高 16 m 高的双壁钢围堰，第三次下沉。沉井下沉至设计高程后，进行封底、抽水施工，封底总厚度为 9 m，封底混凝土总量为 22000 m^3，沉井内抽水后施工承台，如图 6-28 所示。

(a) 底节钢沉井拼装　(b) 气囊法下水　(c) 沉井浮运

(d)5 m 钢沉井接高　(e) 混凝土沉井接高并下沉　(f) 钢围堰接高并下沉

图 6-28　杨泗港长江大桥 2 号墩沉井工艺流程

(二)水域沉井基础施工要点介绍

1. 解决了桥塔超大型沉井在超厚超强硬塑黏土层中下沉困难的问题

杨泗港长江大桥 2 个桥塔墩均采用沉井基础，两岸主塔处覆盖层构成有差异，均包含较厚的硬塑黏土层。沉井基底持力层均为硬塑黏土层，承载能力较好。1 号墩沉井靠近武昌立交，依次穿越粉质黏土层、细砂层、中砂层和硬塑黏土层，局部夹杂圆砾土层，硬塑黏土层厚度为 0.5~6.2 m，入土深度为 38 m。2 号墩沉井靠近武昌立交，依次穿越粉细砂层、中砂层、圆砾土层和硬塑黏土层，入土深度为 47 m，硬塑黏土层厚度为 1.8~10.8 m。其中，1 号和 2 号桥塔墩沉井需分别在硬塑黏土层中下沉 6.2 m 和 10.6 m。

沉井井孔内进行硬塑黏土取土时，综合采用了绞吸取土法、空气吸泥法、水下抓斗法等 3 种方法施工。两个桥塔墩沉井均采用不排水下沉法，当沉井刃脚进入硬塑黏土层后，井内的硬塑黏土采用绞吸法取土，先利用潜水挖泥机对土体进行强制式切削，再利用吸泥管将钻屑与水的混合物排出；刃脚下方的硬塑黏土采用水下爆破法取土，先将硬塑黏土炸松，再抛掷到井孔内，利用潜水挖泥机取出；沉井下沉时还采用了空气幕助沉技术。最终，两个桥塔墩沉井基础在硬塑黏土中均顺利下沉到位。

2. 采用了多种辅助措施助力沉井下沉

(1)优化设计方案，设计了十字隔墙吸泥孔，井壁内侧还设置射水孔。

(2)沉井结构内设置空气幕助沉措施，两岸沉井均采用了空气幕助沉，效果比较好。

(3)沉井基础构造创新，采用了新钢混连接构造。2 号墩沉井底部是 28 m 钢壳沉井，上端是 23 m 钢筋混凝土沉井。图 6-29 所示为 2 号墩沉井下沉接高示意图。钢沉井如同长方体的空心钢壳箱子，下水的 22 m 高沉井为钢结构，抵达江中指定墩位后，3 次下沉，同时在水中继续接高，上部分还将接高 27 m 的钢壳结构与钢筋混凝土结构，最终总高度将达到 50 m，相当于 17 层楼高。50 m 沉井盖上“箱盖”后，大桥的主塔将在沉井上浇筑长高，沉井默默成为桥墩下面牢固的奠基石。

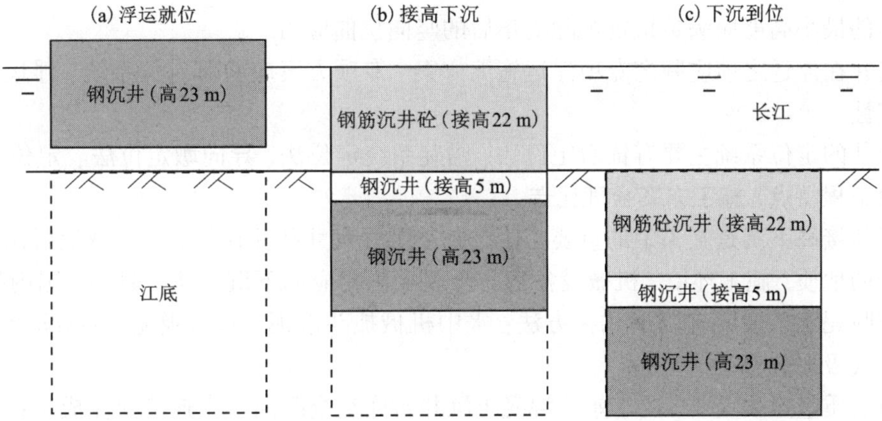

图 6-29　2 号墩沉井下沉接高示意图

单元知识巩固和拓展

一、知识要点汇总

1. 综合前面分析，旱地沉井与水域沉井常用工艺对比如图 6-30 所示。

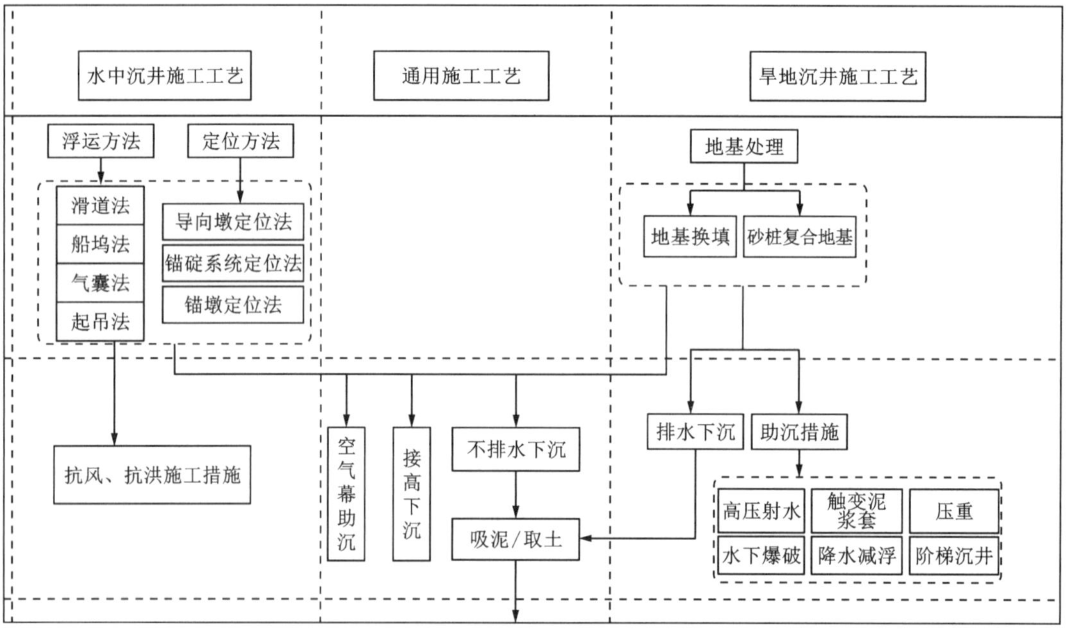

图 6-30 旱地沉井与水域沉井常用工艺对比

2. 沉井每节制作高度应能保证其自身稳定，有足够的重力，便于顺利下沉。一般来说，底节沉井的最小高度应满足抵抗拆除支垫后的竖向挠曲应力。

3. 沉井在浮运之前应制定专项浮运施工方案，专项方案应验算定位系统、浮运系统、就位的稳定性。

4. 沉井的定位系统主要有锚墩定位法、锚碇系统定位法、导向墩定位法。定位方法的选择需结合工程特点、施工方案合理比选。

5. 沉井接高下沉是施工中的重要工序之一。沉井尺寸往往比较大，穿越地层比较深，应根据不同的地质、施工环境、机械设备情况合理采用相应的下沉方法。目前，国内外沉井不排水下沉吸泥工艺主要有以下几种方法：水中机械抓斗取泥、水力吸泥、冲吸法空气吸泥、钻吸法空气吸泥。

6. 封底质量至关重要，要求水下混凝土沉井封底宜全断面一次连续灌注成型；对特大型沉井，可分区、分块、分幅进行封底，每一区域的封底施工连续灌注成型。

二、习题练习

习题练习答案

(一)单选题

1. 当底节(第一节)沉井下沉至一定深度，井顶露出地面大于(　　　)时，停止挖土，开始接高下节沉井。

A. 0.5 m　　B. 1 m　　C. 1.5 m　　D. 2 m

2. (　　　)在水下进行封底，封底混凝土采用直升导管法灌注。灌注前清除干净井底的残泥，新老混凝土接触面用水冲刷干净，并铺碎石垫层。

A. 排水封底　　B. 不排水封底　　C. 干封底　　D. 湿封底

(二)多选题

1. 沉井下沉时常用助沉措施有(　　　)。

A. 压重下沉、砂套助沉　　B. 抽水法、高压射水

C. 炮震法、挖土下沉　　D. 泥浆润滑套法、空气幕

2. 沉井的定位系统主要有(　　　)。

A. 锚墩定位法　　B. 锚碇系统定位法

C. 导向墩定位法　　D. 抛锚定位法

3. 沉井吸泥下沉施工遵循(　　　)的原则施工，保持沉井姿态稳定，垂直沉降。

A. 先中间后侧边　　B. 分层对称取土

C. 先高后低　　D. 及时纠偏

(三)简答题

1. 水域沉井和陆地沉井施工工艺上有什么不同?

2. 水域沉井如何施工?

三、知识点拓展

案例拓展：五峰山大桥北锚碇超大沉井(世界最大井)

五峰山大桥是中国第一座公铁两用悬索桥、世界首座高速铁路悬索桥，是连镇铁路和京沪高速公路南延的关键控制性工程。2020 年 12 月通车，五峰山大桥全长 6409 m，主跨为 1092 m，采用单跨悬吊钢桁梁悬索结构，悬索桥分为上、下两层，上层是 8 车道的高速公路，下层是 4 线的高速铁路。五峰山大桥北锚碇沉井长度为 100.7 m、宽度为 72.1 m、高度为 56 m，沉井平面面积比足球场大，北锚碇重 133 万 t，相当于 186 座法国巴黎埃菲尔铁塔质量，相当于 13 艘世界上最大航空母舰满载排水量。五峰山大桥北锚碇沉井从体积和质量来说都是名副其实的“世界第一井”。五峰山大桥北锚碇沉井分 10 次浇筑混凝土，通过三阶段逐渐下沉到位。由于设计尺寸巨大，在下沉过程中沉井结构的刚度会变得很小，而超大沉井下沉在国内、国际上没有现成经验可供借鉴，建设者们边科研边实践，攻克多项施工难题，如图 6-31 所示。

建设者们针对地质条件复杂、首次下沉时，针对沉井结构刚度弱的特点，采取十字槽开挖下沉法，优化刃脚开槽宽度，控制下沉速度；研发了五峰山长江大桥北锚碇信息化施工监测平台，将实景建模和监控数据完美融合以指导工程实践，解锁了数字化下沉新技术；采用

图 6-31　五峰山大桥北锚碇超大沉井

空气幕技术助力沉井下沉，减少下沉摩阻力；调节下沉的偏位，把下沉平面误差控制在 10 cm 内，远小于规定值(50 cm)；沉井下沉中首次成功应用了三维声呐探测立体成像技术。以上多种创新技术方案和工艺方法的有效实施，成功实现“巨无霸”沉井安全、平稳、顺利着床。五峰山大桥超大沉井成功下沉到位，打造了中国桥梁“航母”建设升级版，为中国高铁走向世界提供有力的支撑。

(案例来源——上观网络新闻)

参考文献

[1]中华人民共和国交通运输部. 公路桥涵设计通用规范：JTG D60—2015[S]. 北京：人民交通出版社，2015.
[2]中华人民共和国交通运输部. 公路桥涵施工技术规范：JTG/T 3650—2020[S]. 人民交通出版社，2020.
[3]中华人民共和国交通运输部. 公路桥涵地基与基础设计规范：JTG 3363—2019[S]. 北京：人民交通出版社，2019.
[4]中华人民共和国住房和城乡建设部. 建筑地基基础设计规范：GB 50007—2011[S]. 北京：中国建筑工业出版社，2012.
[5]中华人民共和国住房和城乡建设部. 建筑桩基技术规范：JGJ 94—2008[S]. 北京：中国建筑工业出版社，2008.
[6]中华人民共和国住房和城乡建设部. 建筑基桩检测技术规范：JGJ 106—2014[S]. 北京：中国建筑工业出版社，2014.
[7]中华人民共和国住房和城乡建设部. 建筑地基基础工程施工规范：GB 50004—2015[S]. 北京：中国计划出版社，2015.
[8]中华人民共和国住房和城乡建设部. 建筑地基处理技术规范：JGJ 79—2012[S]. 北京：中国建筑工业出版社，2012.
[9]中华人民共和国建设部. 中华人民共和国国家质量监督检验检疫总局岩土工程勘察规范(GB 50021—2001)[S]. 北京：中国建筑工业出版社，2009.
[10]国家铁路局. 铁路工程岩土分类标准(TB 10077-2019)[S]. 北京：中国铁道出版社有限公司，2019.
[11]中华人民共和国产通运动部.《公路钢筋混凝土及预应力混凝土桥涵设计规范》JTG 3362—2018. [S]，人民交通出版社，2018.
[12]中华人民共和国住房和城乡建设部.《建筑地基检测技术规范》JGJ 340—2015. [S]，中国建筑工业出版社，2015.
[13]中华人民共和国交通运输部. 公路工程地质原位测试规程：JTG 3223—2021. [S]，人民交通出版社，2021.
[14]中华人民共和国住房和城乡建设部. 湿陷性黄土地区建筑标准：GB 50025—2018[S]. 北京：中国建筑工业出版社，2018.
[15]中华人民共和国住房和城乡建设部. 膨胀土地区建筑技术规范：GB 50112—2013[S]. 北京：中国建筑工业出版社，2012.
[16]中华人民共和国住房和城乡建设部. 盐渍土地区建筑技术规范：GB/T 50942—2014[S]. 北京：中国计划出版社，2014.
[17]中华人民共和国住房和城乡建设部. 冻土地区建筑地基基础设计规范：JGJ 118—2011[S]. 北京：中国建筑工业出版社，2011.
[18]陈方晔. 基础工程[M]. 北京：人民交通出版社，2015.
[19]杨侣珍. 工程岩土与地基基础能力训练习题集[M]. 成都：西南交通大学出版社，2016.
[20]中华人民共和国交通运输部. 公路工程技术标准：JTG B01—2014[S]. 北京：人民交通出版社，2014.
[21]赵明华. 基础工程[M]. 3 版. 北京：高等教育出版社，2017.

[22]莫海鸿，杨小平. 基础工程[M]. 3 版. 北京：中国建筑工业出版社，2014.
[23]曹志军，孙宏伟. 基础工程[M]. 成都：西南交通大学出版社，2017.
[24]戴国亮，程晔. 基础工程[M]. 武汉：武汉大学出版社，2015.
[25]郭继武. 地基基础设计与算例[M]. 北京：中国建筑工业出版社，2015.
[26]刘汉龙. 基础工程[M]. 北京：机械工业出版社，2021.
[27]黄强. 新中国 66 周年岩土工程的人和事[M]. 北京：建筑工程出版社，2015.
[28]肖明和，张成强，张毅，等. 地基与基础[M]. 3 版. 北京：北京大学出版社，2021.
[29]陈方烨，盛湧. 基础工程[M]. 3 版. 北京：人民交通出版社，2021.
[30]张求书，姜仁安，高峰，等. 土力学与地基基础[M]. 2 版. 北京：人民交通出版社，2018.

图书在版编目(CIP)数据

地基与基础工程 / 杨侣珍，张平主编. --长沙：
中南大学出版社，2024.8.
ISBN 978-7-5487-5871-6
Ⅰ. TU47；TU753
中国国家版本馆 CIP 数据核字第 2024AK3361 号

地基与基础工程
DIJI YU JICHU GONGCHENG

主　编　杨侣珍　张　平
副主编　李颜艳　肖宏宇
主　审　周德泉

□出 版 人　林绵优
□责任编辑　谭　平
□责任印制　李月腾
□出版发行　中南大学出版社
社址：长沙市麓山南路　　邮编：410083
发行科电话：0731-88876770　　传真：0731-88710482
□印　　装　长沙超峰印刷有限公司

□开　　本　787 mm×1092 mm　1/16　□印张 24　□字数 610 千字
□互联网+图书　二维码内容　字数 8 千字　视频 57 分钟
□版　　次　2024 年 8 月第 1 版　□印次 2024 年 8 月第 1 次印刷
□书　　号　ISBN 978-7-5487-5871-6
□定　　价　59.00 元